國家社科基金重大項目“中國歷史上的災害與國家治理能力建設研究”階段性成果

全國高等院校古籍整理研究工作委員會直接資助項目資助成果

国家出版基金项目
NATIONAL PUBLICATION FOUNDATION

明代氣象史料編年

第五册

展龍◎編

社會科學文獻出版社
SOCIAL SCIENCES ACADEMIC PRESS (CHINA)

# 神宗萬曆年間

## （一五七三至一六二〇）

## 萬曆元年（癸酉，一五七三）

### 正月

夜，白氣見，自東而西，其色如銀，其聲如雷。（萬曆《襄陽府志》卷三三《災祥》）

### 二月

乙亥，湖廣巡按舒鰲題稱："承天、荊州、岳州等府州縣頻年堤塍衝決，洪水橫溢，民遭陷溺，非止一處，量過丈尺，不下十數萬計，其所估錢糧不止萬餘。議將解京贓罰銀内（廣本作'兩'）扣留五千兩，以爲修堤之費。"户部依議具覆，從之。（《明神宗實錄》卷一〇，第 358 頁）

大風，黃塵蔽天，黑暗終日。（康熙《商丘縣志》卷三《災祥》）

旱，麥苗枯。（萬曆《蒲臺縣志》卷七《災異》）

有異常，大鳥飛集縣衙，隨霖雨，城崩三百六十丈。（康熙《定安縣志》卷三《災祥》）

### 三月

己亥，以大同旱荒（廣本作"荒旱"），量蠲民屯本折，以客餉積餘補

給主餉之不敷者，仍酌災傷輕重隨宜賑濟。（《明神宗實錄》卷一一，第376頁）

至八月，淫雨。（乾隆《石屏州志》卷一《災異》）

至八月，淫雨，湖水溢丈許，田廬、城堞多傾没。（隆慶《雲南通志》卷一七《災祥》）

## 四月

甲寅日（廣本、抱本無"日"字）。京師大風。是夜，四川叙州府地震。（《明神宗實錄》卷一二，第386頁）

戊辰，旱（廣本"旱"上有"以"字），禮部請行順天府官祈雨，及各衙門官一體修省，從之。（《明神宗實錄》卷一二，第400頁）

庚午，上因雨澤愆期，于宮中竭（廣本、抱本作"虔"）誠致禱，仍令百官青衣角帶，着實修省，停刑禁屠如例。次日（廣本"日"下有"即"字）雨。（《明神宗實錄》卷一二，第400~401頁）

甲戌，刑科右（廣本、抱本無"右"字）給事中侯於（廣本、抱本作"于"）題奏："皇上御極以來，敬以事上帝，孝以奉兩宮，仁以惠羣黎，誠以御（廣本、抱本作'馭'）臣下。宜其天道順軌，雨暘以時，顧乃日食星變，迭示災異。去歲二（廣本作'三'）冬無雪，今春徂夏少雨，風霾屢日，雷霆不作，二麥無成，百穀未播。大江以北，將有赤地千里之狀。百姓嗷嗷，莫知為計。如此者何故？蓋上天警戒聖心，欲其（廣本、抱本作'陛下'）省身修德，為保邦之計耳。"（《明神宗實錄》卷一二，第402~403頁）

二日，風雨大作，屋瓦皆震，多有去其椽宇者。（康熙《沭陽縣志》卷一《祥異》）

甘露降。（光緒《海鹽縣志》卷一三《祥異考》）

不雨，秋八月始雨。（萬曆《蒲臺縣志》卷七《災異》）

雨雹。（天啟《鳳陽新書》卷四《星土》；同治《霍邱縣志》卷五《祥異》）

夜冰雹，大如雞子，須臾，平地如山積，二麥土平。民饑，賑。（康熙《陽武縣志》卷八《災祥》）

## 五月

辛巳，以久旱遣官禱山川社稷之神。（《明神宗實錄》卷一三，第 413 頁）

壬午，京師雨雹。（《明神宗實錄》卷一三，第 414 頁）

郧西甲河水溢上津，壞城六十餘丈，人民廬舍漂没無算。（同治《郧陽府志》卷八《祥異》）

青城、蒲臺黑風晝晦。（咸豐《武定府志》卷一四《祥異》）

十八日夜，淮水暴發，千里汪洋，没室潡田，瀕河民多溺死。（乾隆《重修桃源縣志》卷一《祥異》）

月中夜，雨雹大如鵝子，積地二三寸，經宿不融，殺禾稼。（萬曆《舒城縣志》卷一〇《祥異》）

舒城雨雹。（嘉慶《廬州府志》卷四九《祥異》）

水。（天啟《封川縣志》卷四《事紀》）

興隆大雨雹。（康熙《貴州通志》卷二七《災祥》）

咸寧大水。秋，大旱。（康熙《湖廣通志》卷三《祥異》）

至六月，水。（道光《高要縣志》卷一〇《前事》）

## 六月

壬子（廣本、抱本無此二字），以淮安水災異常，發常盈倉米六萬石賑之，仍緩徵今年起運錢糧，及准明年改折（抱本脫"折"以上十五字）。（《明神宗實錄》卷一四，第 449 頁）

旱。（乾隆《龍溪縣志》卷二〇《祥異》；光緒《銅梁縣志》卷一三《藝文》）

大颶。（光緒《潮陽縣志》卷一三《災祥》）

大颶，南橋溪艚船吹於陸地，折桅毀檣。（嘉慶《澄海縣志》卷五

《災祥》）

寧波府海湧數丈，沒戰船、廬舍、人畜不計其數。（光緒《鎮海縣志》卷三七《祥異》）

杭、寧四府海湧數丈，沒廬舍人畜不計其數。（民國《海寧州志稿》卷四〇《祥異》）

雨雹，大如拳。（康熙《永平府志》卷三《災祥》）

大水。六月，遣賑。（乾隆《邳州志》卷四《賑邮》）

旱。七月，大雷雨。（萬曆《漳州府志》卷三二《災祥》）

大颶，南橋溪艖船吹於陸地，折桅毀牆。冬，大有年。（乾隆《潮州府志》卷一一《災祥》）

水。（天啟《封川縣志》卷四《事紀》）

## 七月

辛巳，工部覆給事中趙思誠疏言："黃河挾百川萬壑之勢，益以伏秋潢潦之水，拔木揚沙，排山倒海，所向無堅不瑕。"（《明神宗實錄》卷一五，第453~454頁）

壬辰，河南道御史田樂請差憲臣督治順、永、保、真四府水患（廣本作"災"），章下工部。（《明神宗實錄》卷一五，第460頁）

丁未，湖廣荊州、承天二府大水。（《明神宗實錄》卷一五，第470頁）

初一，洪水驟漲，漂鄉市房屋。（康熙《德安縣志》卷八《災異》）

大水，自是月至八月潦水大至，浸傷禾稼。（康熙《順德縣志》卷一三《紀異》）

大水。（光緒《荊州府志》卷七六《災異》）

河決徐州，徐、蕭、碭大水。（同治《徐州府志》卷五下《祥異》）

風雨壞屋，人畜多傷，大水，有全家漂没者。（同治《宿遷縣志》卷三《紀事沿革表》）

風潮。（光緒《靖江縣志》卷八《禒祥》）

山水數丈。（民國《臨晉縣志》卷一四《舊聞記》）

旱。霜降日，雷電大作。（康熙《衢州府志》卷三〇《五行》）

大旱。（萬曆《龍游縣志》卷一〇《災祥》）

大旱，七月乃雨，蕎麥一斗銀三錢。（康熙《新城縣志》卷一〇《災祥》）

大旱，七月始雨。（康熙《山東通志》卷六三《災祥》）

十六日夜，西方虹見，三見而三沒，大風交作。（崇禎《慶元縣志》卷七《紀變》）

承天大水。（乾隆《鍾祥縣志》卷一五《祥異》）

大水，衝城郭，沒民舍。歲大歉。（順治《遠安縣志》卷四《祥異》）

大水，無禾。（道光《晉寧州志》卷一一《祥異》）

大水。冬，雷電。（宣統《南海縣志》卷二《前事補》）

荆州大水，二年、三年亦如之。（乾隆《石首縣志》卷一《災祥》）

## 八月

戊申，湖廣荆州地震，至丙寅方止。（《明神宗實錄》卷一六，第471頁）

庚申，以山西平陽府旱災，蠲折民屯稅粮各有差。（《明神宗實錄》卷一六，第483頁）

己巳，夜，月犯井宿第一星。（《明神宗實錄》卷一六，第487頁）

婺源水驟起數丈，漂流船隻舂碓。（道光《徽州府志》卷一六《祥異》）

朔，水突從東北來，驟起數丈，漂流船隻舂碓。（康熙《婺源縣志》卷一二《機祥》）

河漲，澠池縣張成口深五丈。（雍正《河南通志》卷一四《河防》）

靖州蝗殺禾稼，大饑。（乾隆《湖南通志》卷一四二《祥異》）

又水。（天啟《封川縣志》卷四《事紀》；道光《高要縣志》卷一〇《前事》）

望，大風潮，人民淹死，東沙尤多。（光緒《靖江縣志》卷八《祲祥》）

大水傷禾。（乾隆《香山縣志》卷八《祥異》）

## 九月

癸未，以湖廣荆州、承天二府水災異常，山東濟南府旱荒，各蠲折有差，仍行令賑濟。（《明神宗實錄》卷一七，第494頁）

癸未，以渾河水泛，傷永清縣麥禾，蠲稅糧之半，屯畝照分數折色。（《明神宗實錄》卷一七，第494頁）

甲辰，河道侍郎萬恭奏："今年七月，黃河水漲，沔〔澠〕池縣張成口至深五丈。徐州黃（廣本'黃'下有'河'字，誤）水驟發，閱月方始歸漕，皆故老所競言未見者。因自稱調度機宜合房村口隄一百餘丈，正河千里安流，通茶城口淤一十餘里，回空千艘速出，仍開國初以來治河之法，及今所探各處淺深以聞。"疏下工部。（《明神宗實錄》卷一七，第512~513頁）

大風拔木。（光緒《容縣志》卷二《氣候》）

霜降日，雷電大作。（嘉慶《西安縣志》卷二二《祥異》）

大旱。九月，發粟賑之。（乾隆《歷城縣志》卷二《總紀》）

十有八日，雪，行旅有凍死。（萬曆《蒲臺縣志》卷七《災異》）

## 十月

二日，大震電。（萬曆《無錫縣志》卷二四《災祥》）

大雷，雨雹，桃李華。（乾隆《南安府大庾縣志》卷一《祥異》）

初二夜，有火起于龍家橋水中，自東徂西，聲如雷。（同治《宣城縣志》卷一〇《祥異》）

（十日），雷電大作。（康熙《順德縣志》卷一三《紀異》）

初十，雷電大作。（乾隆《香山縣志》卷八《祥異》）

## 十一月

辛卯，太常寺官奏："冬至大祀，是日夜望，月食初虧。丑四刻至寅初三刻，食既。"（《明神宗實錄》卷一九，第536頁）

## 十二月

丁巳，大風。（《明神宗實錄》卷二〇，第547頁）

雷震。（道光《江陰縣志》卷八《祥異》）

## 是年

雷擊東塔，壞其頂。（康熙《漳浦縣志》卷四《災祥》；光緒《漳浦縣志》卷四《災祥》）

雨水。（乾隆《新野縣志》卷八《祥異》）

遷學宮，白日大雨，群鵲噪于文廟及尊經閣。（光緒《光化縣志》卷八《祥異》）

徐州大水。（民國《銅山縣志》卷四《紀事表》）

大水，遣撫王宗沐奏發常盈倉米六萬石振濟。（光緒《安東縣志》卷五《民賦下》）

旱，復大水，淮水暴發，民多溺死。是年，振淮安水災。（光緒《淮安府志》卷四〇《雜記》）

旱。（光緒《餘姚縣志》卷七《祥異》；光緒《霑化縣志》卷一四《祥異》；民國《霑化縣志》卷七《大事記》；民國《陽信縣志》第二册卷二《祥異》）

韓家坊土地廟門首雷，震死一人胡才富。（咸豐《濱州志》卷五《祥異》）

濟南府屬大旱。（道光《長清縣志》卷一六《祥異》）

濟南府大旱。（乾隆《濟陽縣志》卷一四《祥異》）

蝗食稻，葉盡穗落。（嘉慶《白河縣志》卷一四《祥異》）

晉寧、嵩明大水，無禾。（康熙《雲南府志》卷二五《菑祥》）

大水。（天啟《滇志》卷三一《災祥》；順治《徐州志》卷八《災祥》；順治《蕭縣志》卷五《災祥》；康熙《丘縣志》卷八《災祥》；康熙《三水縣志》卷一《事紀》；乾隆《彌勒州志》卷二四《祥異》；乾隆《陸涼州志》卷五《雜志》；乾隆《盱眙縣志》卷一四《菑祥》；乾隆《碭山縣志》卷一《祥異》；嘉慶《沅江縣志》卷二二《祥異》；光緒《續修嵩明州志》卷二《災祥》；光緒《東鄉縣志》卷九《祥異》）

霜降日，雷電大作。（天啟《衢州府志》卷六《禮典》；雍正《常山縣志》卷一二《拾遺》；同治《江山縣志》卷一二《祥異》）

雨土，行人衣帽沾黃。（康熙《金華縣志》卷三《祥異》）

霜降日，雨，雷電大作。（民國《衢縣志》卷一《五行》）

大旱。（萬曆《淄川縣志》卷二二《災祥》；萬曆《龍游縣志》卷一〇《災祥》；乾隆《武城縣志》卷一二《祥異》）

麗水旱，早禾枯稿。（雍正《處州府志》卷一六《雜事》）

秋，大水。（萬曆《襄陽府志》卷三三《災祥》；同治《宜城縣志》卷一〇《祥異》）

秋，德安洪水驟漲，漂鄉市。（同治《九江府志》卷五三《祥異》）

秋，不雨，無麥。（民國《德縣志》卷二《紀事》）

春雷不發聲。（順治《沈丘縣志》卷一三《災祥》）

春，旱。（康熙《長垣縣志》卷二《災異》；咸豐《大名府志》卷四《年紀》）

夏，蝗害稼。（乾隆《潮州府志》卷一一《災祥》）

旱。冬，雷電。（同治《南豐縣志》卷一四《祥異》）

夏，大雨雹。冬，雷電。（同治《南城縣志》卷九《記》）

自夏徂秋不雨。（萬曆《將樂縣志》卷一二《災祥》）

安鄉水。（乾隆《直隸澧州志林》卷一九《祥異》）

白日大雷。（萬曆《襄陽府志》卷二三《災祥》）

蝗。（康熙《宜都縣志》卷一一《災祥》；康熙《松滋縣志》卷一七《祥異》；同治《長陽縣志》卷七《災祥》；同治《枝江縣志》卷二〇《災異》）

泗州水。（萬曆《帝鄉紀略》卷六《災患》）

蝱傷禾稼。（萬曆《和州志》卷八《祥異》）

旱。復大水，淮水暴發，民多溺死。（乾隆《山陽縣志》卷一八《祥祲》）

淮水暴發，千里汪洋，瀕河民多溺死。（民國《寶應縣志》卷五《水旱》）

户科賈近三試行海運，至山東即墨福島，異常風雨，壞糧船七隻、哨船三隻，漂没糧米五千石，淹死丁五名，遂罷海運。（同治《即墨縣志》卷一一《大事》）

蝗，食稻葉盡，穗落。（嘉慶《白河縣志》卷一四《附祥異》）

旱，蝗。（康熙《興安州志》卷三《災異》）

秋，大旱。（乾隆《廣濟縣志》卷二二《祥異》）

秋，旱。（康熙《紫陽縣新志》卷下《祥異》）

秋月，螟。（康熙《天柱縣志》卷下《災異》）

冬，不雨雪，無麥。（康熙《德州志》卷一〇《紀事》）

# 萬曆二年（甲戌，一五七四）

## 二月

甲寅，河南歸德府永城縣申時地震有聲。（《明神宗實録》卷二二，第581頁）

癸亥，是夜，火星犯房宿。（《明神宗實録》卷二二，第586頁）

大田大水。（乾隆《永春州志》卷一五《祥異》）

雷異。（宣統《東明縣續志》卷三《年紀災祥》）

大風，屋瓦皆飛。（同治《宜城縣志》卷一〇《祥異》）

建昌下藍雨。（同治《南康府志》卷二三《祥異》）

丙辰，驟熱，雷電。（乾隆《杭州府志》卷五六《祥異》）

滿縣下蘭雨。（同治《建昌縣志》卷二《祥異》）

大水。（康熙《大田縣志》卷九《災祥》）

不雨，至夏四月雨。（康熙《德州志》卷一〇《紀事》）

## 三月

壬寅，大風，晝晦。（《明神宗實錄》卷二三，第 609 頁）

霹靂巖前地陷十二丈，深二尺，所居房屋盡圮。（乾隆《汀州府志》卷四五《祥異》）

大風盡晦。時黑風起西北，自午至酉始息。（民國《大名縣志》卷二六《祥異》）

蘭谿大風，雨雹。（萬曆《金華府志》卷二五《祥異》）

風雹。（嘉慶《蘭谿縣志》卷一八《祥異》）

大雨拔樹，雨雹大如鵝卵，壞屋，傷人甚眾。（康熙《新城縣志》卷一〇《災祥》）

## 四月

十一日，龍巖大風，拔木撤屋。（道光《龍巖州志》卷二〇《雜記》）

大風折木，雨雹傷麥。（乾隆《柏鄉縣志》卷一〇《祥異》）

大雨雹。（嘉慶《昌樂縣志》卷一《總紀》）

大雨雹，平地積五六寸，形多異狀，大者如鵝卵，樹木田禾爲之一空。（萬曆《安邱縣志》卷一下《總紀》）

至于六月不雨，兵使兼參政楊一魁及知府萬賑孫徒禱，遂雨，四郊充足。（萬曆《襄陽府志》卷三三《災祥》）

至六月不雨，大風拔樹。（康熙《大冶縣志》卷四《災異》）

## 五月

戊寅，上諭禮部：“雨澤愆期，朕于宮中齋戒虔禱，百官修省，及應遣告事例，便查擬來。”行越三日雨，遠近霑足。（《明神宗實錄》卷二五，第 627 頁）

己卯，火星逆行，犯氐宿。（《明神宗實錄》卷二五，第 628 頁）

戊子，工部覆：“順天巡撫楊兆、巡按王湘等題順永八府歲遭昏墊，保

定、真定為水所自出，多橫流蕩沒之患。順天、河間為水所瀦匯，半沮洳、
萑葦之場，或當築塞，或當挑濬。言（抱本'言'下有'官'字）建白非
一人，本部題勘非一次矣。茲者撫按議報前來，燦若指掌。但近來畿輔州縣
旱潦頻仍，賦役煩急，如更興工動眾，恐利未及收，而害已不支矣。合將前
議備註在牘，待數年後公私稍裕為之。其瀋占田糧，將各淤出見種地畝，起
科抵補。"報可。（《明神宗實錄》卷二五，第 634 頁）

己丑，夜望，月食。（《明神宗實錄》卷二五，第 634 頁）

辛卯，淮水大決。（《國榷》卷六九，第 4247 頁）

雷擊鼓樓西角。（康熙《漳浦縣志》卷四《災祥》）

大雷自西北起，火光滿空，有婦人王氏在城北十餘里震死，布裙如故
紙，底衣皆爐，身旁有穴水溢出。（康熙《玉田縣志》卷八《祥眚》）

水，宮墻溪塝崩。（嘉慶《順昌縣志》卷二《學校》）

## 六月

己巳夜，福建永定縣大水，溺七百餘人。（《國榷》卷六九，第
4249 頁）

大風雨七晝夜，沿溪民多溺死。（光緒《永嘉縣志》卷三六《祥異》）

萬曆二年，大水。青田大水，六月初三日，大雨，溪水暴漲，壞官民田
一頃四十餘畝，蕩垯地民居無算。（雍正《處州府志》卷一六《雜事》）

二十六夜，永定大雨。頃刻，水高數丈，壞民田二百餘畝，漂沒一十六
家，溺死五百餘人，詔賑恤。（乾隆《汀州府志》卷四五《祥異》）

旱。（萬曆《蒲臺縣志》卷七《災異》）

陰雨連旬，寒氣凜冽如冬，花禾没腐。（宣統《彭浦里志》卷八
《祥異》）

二十五日，永嘉大風雨，禾稻多淹，連水三次，城中可通舟楫，江溪之
民溺死者眾。瑞安亦然。（萬曆《溫州府志》卷一八《災變》）

大風雨七晝夜，山崩地坼，壓斃人畜無算。（嘉慶《瑞安縣志》卷一
〇《祥異》）

大雨，雷震出蛟，拔木，火雲布空，四望盡赤。（萬曆《東流縣志》卷八《雜考》）

# 七月

乙未，初，昭陵神宮監太監陶金等題："六月以來，陰雨二（廣本、抱本作'連'）日，本陵祾恩門裏外磚石沉陷。"工部奉旨查看，主事王淑陵回稱與陶金奏同，但祾恩殿、明樓、寶城緊要處所俱無損傷。部覆陵寢重地，鼎建未及一年，內外經管員役俱當究治。（《明神宗實錄》卷二七，第675~676頁）

丙申，淮安大風雨，海溢。壞廬舍萬餘區，溺千六百餘人。（《國榷》卷六九，第4250頁）

朔，星子大風雨，揚砂走石，平地水深丈餘，漂沒田廬舍若干。（同治《南康府志》卷二三《祥異》）

十二日，大水復入城七尺許。（民國《沙縣志》卷三《大事》）

大水。（嘉慶《昌樂縣志》卷一《總紀》；同治《公安縣志》卷三《祥異》）

十四日，風雨異常，江海泛溢，拔木發屋，溺死者不可勝計。（光緒《通州直隸州志》卷末《祥異》）

十四日，大風兼水災。（萬曆《興化縣新志》卷一〇《外紀》）

十四日至十七日，大風拔木，橫雨穿牆，房屋傾圮過半，禾稼淹沒。是年大饑，斗米銀一錢五分。（康熙《郯城縣志》卷九《災祥》）

十四日夜，大風雨拔木，公廨民居倒塌無算。（萬曆《新修崇明縣志》卷八《災祥》）

十四日，大風兼水災。（康熙《興化縣志》卷一《祥異》）

十四日，海潮騰沸，沿海居民溺者千餘人。（咸豐《古海陵縣志》卷二《人物》）

十五日，睢寧、宿遷大風雨，屋瓦皆飛，人畜死者甚眾。是年大水環州城，四門俱塞，蕭城南門內成巨浸，徐、蕭民饑。（同治《徐州府志》卷五

下《祥異》)

十五日，大風雨，屋瓦皆飛，人畜死者不可勝紀，知縣劉維藩請發帑金二千賑。（康熙《睢寧縣舊志》卷九《災祥》）

十六日，大風霆雨，飄瓦拔木。（康熙《費縣志》卷五《災祥》）

二十四日，大風雨，河淮溢。（光緒《盱眙縣志稿》卷一四《祥祲》）

二十四日，大風拔木徹屋，河淮并溢，漂官民廬舍，溺死男婦無算。（光緒《清河縣志》卷二六《祥祲》）

五保帆歸邨，朱姓家有異鳥集舍前，色如墨，大如鶴，數入室中，朱捍之，鳥以翼擊其臂，痛入骨髓。頃之，雷電交作，風雨大至，屋瓦盡飛，場間所貯稻困及浣濯之衣，無一存者。（光緒《崑新兩縣續修合志》卷五一《祥異》）

海水大上，河蕩并溢，漂没清河、安東、鹽城等處官民廬舍萬二千餘間，溺死男婦一千六百餘口，撫按奏留贓罰並船鈔銀五萬九千兩，漕米五萬石振濟。（光緒《安東縣志》卷五《民賦下》）

水衝潰西津圩岸，漂没廬舍。（康熙《饒州府志》卷三六《祥異》；同治《饒州府志》卷三一《祥異》）

淫雨，水溢，潰西津圩，漂没廬舍，人多溺死。（同治《餘干縣志》卷二〇《祥異》）

連城大水，壞田廬。（乾隆《汀州府志》卷四五《祥異》）

江陵、公安大水。（光緒《荊州府志》卷七六《災異》）

壬辰暮，三屯營暴風起，教塲西南飄戰車於空中，碎之如紙葉。（乾隆《遷安縣志》卷二七《祥異》）

某日，五保帆歸村，雷電合作，怪雨飄風并至，屋瓦盡飛，場圃間所貯稻穀及浣濯之衣，無一存者。（萬曆《重修崑山縣志》卷八《災異》）

大風雨，江潮漲，人物斃者無算。（康熙《泰興縣志》卷一《祥異》）

二十四日，東海大嘯，河蕩並溢，漂蕩安、鹽、清等邑官民廬舍一萬二千五百餘間，溺死男婦鄭江等一千六百餘名曰（疑當作“口”）。（雍正《安東縣志》卷一五《祥異》）

朔，大風雨，揚沙走石，平地水深丈餘，漂没田廬無算。（同治《星子縣志》卷一四《祥異》）

大水三日，湮没民居田塘甚多。（康熙《連城縣志》卷一《歷年紀》）

## 八月

壬寅，兩淮巡鹽御史王琢玉題稱："兩淮運司所屬呂四等三十場大旱之後，加以惡風暴雨，江海驟漲，人畜淪没，廩鹽漂没（抱本作'蕩'），廬舍傾圮〔圮〕，流離饑饉，請乞賑恤竈丁。"戶部覆議，將運司餘剩鹽銀并扣賑挑河銀內動支二萬兩賑恤。從之。（《明神宗實錄》卷二八，第679頁）

癸丑，輔臣張居正等題："涿州橋工初蒙聖母捐賜銀伍萬兩，後工部處補約二萬兩。工程已畢。乃七月以來，雨水衝壞磚岸、鴈翅及橋下空口出水處，俱成深坑，將來漸衝，大致傷橋（廣本、抱本'橋'下有'矣'字）。今欲着實（廣本、抱本作'為今計，必須'）修理，約用募工（廣本、抱本'工'下有'費'字）銀一萬五千（廣本、抱本'千'下有'餘'字）兩。但昭陵興工，錢糧浩大，各處班軍，俱有役占。若責之（廣本無'之'字）工部出銀，兵部出夫，勢難借（廣本作'措'）處。伏乞皇上轉奏聖母，再捐施萬五千金，庶濟人利物之心，有始有終。"從之。（《明神宗實錄》卷二八，第685~686頁）

乙丑，詔（抱本"詔"上有"詔立懷遠縣社師三名"九字）順天撫按散預備倉糧，賑霸州、涿州、永靖（廣本、抱本作"清"）、東安、固安、武清等（廣本作"府"）州縣被水居民。（《明神宗實錄》卷二八，第696頁）

庚午，以淮、徐、揚州等處積雨，海嘯河溢，損稼漂產，各蠲賑有差。（《明神宗實錄》卷二八，第700頁）

辛未，戶部覆湖廣撫按趙賢等題："公安、華容等州縣并荆州右衛，節年水衝沙壓田地，合行蠲免。其抛荒田糧，以前積欠及以後三年差徭，一體查免，本色酌議改折，以蘇民困……"（《明神宗實錄》卷二八，第700頁）

淫雨，宣城、寧國諸山蛟發，鴻〔洪〕水溢，漂廬舍，人畜溺死甚眾。（嘉慶《寧國府志》卷一《祥異附》）

淮安、徐州河溢傷稼。（咸豐《邳州志》卷六《民賦下》）

大雨雪。（咸豐《南寧縣志》卷一《災祥附》）

大風雨，水浸城半壁。（光緒《樂清縣志》卷一三《災祥》）

大雨，水浸半壁，傷晚禾。（萬曆《溫州府志》卷一八《災變》）

縣東四十里山出蛟蜃，頃刻洪水暴至，澎湃洶湧，漂没甚眾，三日始退。（康熙《建平縣志》卷三《祥異》）

滛雨，諸山蛟發，洪水汎溢，漂田舍，人畜溺死甚眾。（乾隆《宣城縣志》卷二八《祥異》）

十六日，迅雷，暴風拔木。（康熙《增城縣志》卷三《事紀》）

颶風。（康熙《番禺縣志》卷一四《事紀》；康熙《三水縣志》卷一《事紀》）

颶風，壞屋拔木。（崇禎《肇慶府志》卷二《事紀》）

（曲靖）雨雪。（天啟《滇志》卷三一《災祥》；乾隆《陸涼州志》卷五《雜志》）

## 九月

癸酉，湖廣荊、岳等府，松、滋等縣老垸堤新築不堅，水災異嘗（廣本作“常”），撫臣趙賢請將公安、石首等五縣南兑二糧，照例改折，内公安等縣仍與安鄉縣蠲免存留，多方賑濟，及將衝決前堤，仍令原管官戴罪修築。部覆，報可。（《明神宗實録》卷二九，第 701 頁）

甲戌，豁減鎮江府丹徒、丹陽、全〔金〕壇三縣及常州靖江縣錢糧，以水旱災傷，從巡撫應天宋儀望請也。（《明神宗實録》卷二九，第 702 頁）

己卯，夜，月犯火星，在箕宿度。（《明神宗實録》卷二九，第 707 頁）

壬午，巡按山東御史俞一貫言：“山東兖州、沂州、郯（廣本、抱本作‘鄆’）城、濟南、濱州、霑化（廣本、抱本無‘霑化’二字）等縣旬日大雨，秋禾被淹，百姓愁苦，請乞修省寬恤。”章下所司。（《明神宗實録》卷

二九，第 708 頁）

泉州大雨水，壞廬舍民畜亡算。（《國榷》卷六九，第 4253 頁）

暴雨三日，洪水高漲，郡城東西隅尤甚，市可行船，廬舍傾圮，瀕溪民畜溺死無數。（乾隆《晉江縣志》卷一五《祥異》）

大雨水。（康熙《漳浦縣志》卷四《災祥》）

大水。（萬曆《金華府志》卷二五《祥異》）

秋，大水，九月圩破，穀不登。（順治《高淳縣志》卷一《邑紀》）

水。（乾隆《蘇州府志》卷七七《祥異》）

二日，大雨，暴注三日，應魁亭前民居水幾及瓦，人畜溺死無數。（康熙《南安縣志》卷二〇《雜志》）

## 十月

朔，夜三更，電。（《明神宗實録》卷三〇，第 721 頁）

壬寅，上親享太廟。夜，雨雹。（《國榷》卷六九，第 4254 頁）

壬戌，户部覆：“順天撫按官王一鶚等言永清等縣水災重大，民皆轉徙，條議六事。其兑寄養官馬，係兵部覆。餘請停重災錢粮，派剩草銀、鹽鈔銀兩，帶徵錢粮，及免拖欠存留。”報可。（《明神宗實録》卷三〇，第 732 頁）

## 十一月

丙戌，夜，月食。（《明神宗實録》卷三一，第 740 頁）

癸巳，浙江撫按官（廣本、抱本“官”下有“員”字）楊鵬舉等言：“處州、安吉、嘉善等府州縣水災，已經會議改折減免屯糧，分别賑恤。其隨時加派者，或量減分數，或暫行停徵。”巡按御史復請貪官趙文華侵冒邊餉十餘萬，沈永言侵欺蠟茶等銀三萬餘兩，姑為緩追。户部覆言：“有災州縣帶徵錢糧，姑准徵一分，趙思慎、沈永言等各犯變産，暫令改限完奏，奉旨追徵侵欠，與灾傷地方何干？撫按官借言蠲恤，背公市恩，姑不究，餘依擬行（廣本作‘議’）。”（《明神宗實録》卷三一，第 743 頁）

大雨雪，平地深三尺，人畜多凍死，竹樹多枯。（乾隆《諸城縣志》卷二《總紀上》）

## 十二月

丙辰，大風自西北來，倒屋拔木飛瓦，一晝夜不息。（嘉慶《松江府志》卷八〇《祥異》；光緒《重修華亭縣志》卷二三《祥異》）

丙辰，大風從西北來，倒屋拔木，一晝夜不息。（乾隆《婁縣志》卷一五《祥異》）

丙辰，大風自西北來，倒屋拔木，一晝夜不息。（光緒《奉賢縣志》卷二〇《災祥》；光緒《川沙廳志》卷一四《祥異》）

丙辰，大風自西北來，拔木飛瓦，一晝夜不息。（光緒《青浦縣志》卷二九《祥異》）

### 是年

春，潮水入西水關，至學宮之前。（光緒《無錫金匱縣志》卷三一《祥異》）

夏，鉛山晝晦冥如夜，移時乃復。貴溪、弋陽大饑。（同治《廣信府志》卷一《星野》）

夏，旱。（順治《光山縣志》卷一二《災祥》；民國《光山縣志約稿》卷一《災異》；民國《確山縣志》卷二〇《大事記》）

夏，大水，橫浦墩圮。（同治《南安府志》卷二九《祥異》）

夏，大雨，壞昭陵祾恩殿。（光緒《昌平州志》卷六《大事表》）

邑東南鄉大風拔木，大鳥來。（康熙《休寧縣志》卷八《機祥》）

大水壞田廬甚多。（民國《連城縣志》卷三《大事》）

大水，漂没人畜，邑令洪一謨拯救之。（民國《安次縣志》卷一《地理》）

大風，晝晦。（民國《重修滑縣志》卷二〇《大事記》）

天雨蟲蛾。（民國《禹縣志》卷二《大事記》）

大水。（乾隆《裕州志》卷一《祥異》；同治《麗水縣志》卷一四《災祥附》；同治《漢川縣志》卷一四《祥祲》；同治《武岡州志》卷三五《外篇》）

大風雨，江潮漂溺，死者甚眾。（嘉慶《如皋縣志》卷二三《祥祲》）

大水環州城，四門俱塞，民飢。（民國《銅山縣志》卷四《紀事表》）

大水，決蕭城南門，爲巨浸，民饑，巡撫王宗沐請賑。（嘉慶《蕭縣志》卷一八《祥異》）

大旱，地赤數百里，禾麥枯。（同治《玉山縣志》卷一〇《祥異》）

水決南沙岸堤，顧尹九思修築。（道光《豐城縣志》卷三《河渠》）

玉山大旱。（同治《廣信府志》卷一《祥異附》）

秋，大水。（乾隆《新蔡縣志》卷一〇《雜述》）

秋，烈風發屋拔木，霆雨如注，淮決高家堰，高郵湖決清水潭，漂溺男婦無數，淮城幾没。（光緒《淮安府志》卷四〇《雜記》）

秋，大雨水傷禾，民饑。（康熙《宣鎮西路志》卷上《災祥》；康熙《西寧縣志》卷一《災祥》；同治《西寧縣新志》卷一《災祥》；民國《陽原縣志》卷一六《前事》）

夏，旱。秋，大水。（順治《息縣志》卷一〇《災異》）

夏，潦。（道光《南城縣志》卷二七《祥異》）

夏，山水暴漲，人民浸溺，房屋漂流，跨河五橋盡廢。（同治《鉛山縣志》卷三〇《祥異》）

大旱。（道光《寶慶府志》卷一〇八《政績》）

澂江大雨，湖水泛溢，米價騰貴。（天啟《滇志》卷三一《災祥》）

大水，城塌。（乾隆《雲陽縣志》卷一《城池》）

大水，臨江一帶崩塌。（乾隆《夔州府志》卷二《城池》）

大旱，赤地千里。又值倭寇内訌，斗米二錢。（康熙《文昌縣志》卷九《災祥》）

安鄉水。（乾隆《直隸澧州志林》卷一九《祥異》）

漢水漲溢，城盡圮。（同治《宜城縣志》卷五《秩官》）

大水，蝗。（光緒《江陵縣志》卷六一《祥異》）

木稼。（康熙《咸寧縣志》卷六《災祥》；康熙《德安安陸郡縣志》卷八《災異》）

旱。（康熙《新建縣志》卷二《災祥》；康熙《長垣縣志》卷二《災異》；民國《湖北通志》卷七五《災異》）

天雨蟲蛾，形如麥大，白色四翅，晝飛如雪，城中尤甚，拂面眯目，人不可行。（乾隆《禹州志》卷一三《災祥》）

雨水暴漲，東門樓及東南城一帶壞。（光緒《漳州府志》卷五《規制》）

洪水衝迫城基，知縣許兼善修築。（同治《永春州志》卷六《城池》）

水。（乾隆《贛州府志》卷七《陂塘》）

洪水衝決，（長春）石橋復圮。（萬曆《永新縣志》卷一《建置》）

河決碭山等處。（乾隆《臨清直隸州志》卷一《運河》）

旱，秋螟傷苗。（萬曆《和州志》卷八《祥異》）

淮、河并溢，漂沒廬舍，人多溺死。（民國《泗陽縣志》卷三《大事》）

河決水患，同隆慶三年，賑。（雍正《泰州志》卷一《水旱祥異》）

通、泰、高郵、興化、如皋、泰興風雨異常，江潮漂沒人民無數。（萬曆《揚州府志》卷二二《異攷》）

海大嘯，河淮并溢，通、泰等州縣江潮漂沒人民無數。（乾隆《江南通志》卷一九七《襪祥》）

河決碭山等處，北淮亦決，河道湮塞。（宣統《增修清平縣志》卷三《河渠》）

蝗。（乾隆《東明縣志》卷七《灾祥》）

山陰縣大雨七日夜，平地水深丈餘，禾稼盡沒。歲大饑。（萬曆《山西通志》卷二六《災祥》）

水復大漲。（康熙《館陶縣志》卷三《堤防》）

秋，大水。（順治《沈丘縣志》卷一三《災祥》）

秋，鹹潮湧浸。（康熙《遂溪縣志》卷一《事紀》；康熙《海康縣志》卷上《事紀》）

秋，烈風發屋拔木，暴雨如注，淮決高家堰，高郵湖決清水潭，漂溺男婦無數，淮城幾没。知府邵元哲開菊花潭以洩淮安、高、寶三城之水。東方芻米稍通。（同治《重修山陽縣志》卷二一《祥祲》）

# 萬曆三年（乙亥，一五七五）

## 正月

癸丑，巡按直隸監察御史邵陛（廣本作"升"，抱本作"陞"）跡言："蘇、松、常、鎮等府憲臣久缺，水潦頻災（廣本作'仍'），節年逋賦，難以逼追（廣本、抱本作'迫'），乞于考成簿内寬限，節次完銷。"事下工部。于是工部條覆以逋賦久近、上供緩急，分別酌量，仍立限催督，違者查參，詔如議行。（《明神宗實錄》卷三四，第788頁）

辛酉，三（廣本"三"上有"先是"二字）宮地土子粒原銀三萬六千八百九十四兩零，後因改撥抛荒除豁外，雖有補抵，未及原額，尚少銀三（抱本作"一"）千九百三十七兩零。户部題："以宮闈歲用，委不可缺。議將原地先因初墾今種久成者，量行增收；向如數徵納今又輕減者，仍應照舊（廣本、抱本作'仍因照内'），不足之數，別查備邊地土湊補，務足原額。水退之日，抛荒起科，抵補備邊。"奉旨，是（廣本"奉旨是"作"得旨是之"）。（《明神宗實錄》卷三四，第795～796頁）

## 二月

癸酉，夜，西南方有流星，大如雞彈，青白（廣本"白"下有"色"字）有光，起（廣本"起"下有"自"字）參宿，東南行至翼宿乃散。（《明神宗實錄》卷三五，第805頁）

辛巳，應、朔、大同、山（陰）、馬（廣本"馬"下有"邑"字）、懷

仁六州縣，大同、陽和等十七衛所去年旱澇，軍民饑饉。入春以來，米價益貴。（《明神宗實録》卷三五，第 817 頁）

瀏陽旱。（乾隆《長沙府志》卷三七《災祥》）

## 三月

丁未，廣寧左、右、中衛雨塵，一望黃色。義州後屯衛雨泥沙，亦黃色。（《明神宗實録》卷三六，第 841 頁）

二十八日，城西南風雨驟至，冰雹蝟集，頃刻徧地，禾麥一空。（宣統《恩縣志》卷一〇《災祥》）

## 四月

己巳朔，日有食之。（《明神宗實録》卷三七，第 855 頁）

甲戌，上以天氣暄熱，諭兩法司并錦衣衛見監罪囚，笞罪無証者釋放，徒流以下減等發落，重囚情可矜疑及應枷號者，俱奏聞。（《明神宗實録》卷三七，第 860 頁）

丙子，上諭禮部："朕見入夏以來，氛霾示異，雨澤未均，慮成燥旱，宜行預禱。合行事宜，查擬來看。"（《明神宗實録》卷三七，第 861 頁）

丁丑，是日，雨。（《明神宗實録》卷三七，第 863 頁）

甲午，淮、徐等處大水，直隸巡按御史舒鰲議以為海口淤塞，橫絕下流，故淮、揚、徐、邳諸處頻年水害，郡邑幾廢。宜開草灣、濬洋（廣本無"洋"字，抱木"洋"作"澤"）麻港口、石礎諸口，以備淮黃之衝。又欲蠲折糧留商稅，請贜罰（廣本"罰"下有"發"字）漕米，以備賑濟。（《明神宗實録》卷三七，第 877 頁）

初二日，雨雹。（光緒《新樂縣志》卷一《災祥》）

大風折木，雨雹。（康熙《贊皇縣志》卷九《祥異》）

天雨冰雹，形如雞子，麥半打傷。（康熙《東平州志》卷六《災祥》）

雨，至五月，水漲，近水屋宇漂蕩十分之七。知縣舒倬計口給米，發廩賑濟，民賴以活。冬，禾稼倍熟。（康熙《順昌縣志》卷三《災祥》）

大雨，冰雹。（順治《祥符縣志》卷一《災祥》）

大雨雹，傷麥。（萬曆《原武縣志》卷上《祥異》）

朔，大理晝晦，自巳至未乃霽。（天啟《滇志》卷三一一《祥異》）

大旱，自四月至五月不雨，野無尺潤。（萬曆《襄陽府志》卷四七《記》）

# 五月

庚子，先是，元年二月間，徐、淮、揚等處數被水災。撫臣王宗沐、按臣舒鰲、科臣賈三近等，俱先以蠲免賑濟爲请。（《明神宗實録》卷三八，第882頁）

壬寅，延平大水。（《國榷》卷六九，第4268頁）

己酉，是日，□禮部祈雨。卜日齋戒，遣官分禱。俄而，大雨乃止。（《明神宗實録》卷三八，第890頁）

乙卯，淮水大决。（《國榷》卷六九，第4268頁）

淮决高家堰，黄水躪淮，漸逼鳳泗。（光緒《盱眙縣志稿》卷一四《祥祲》）

霪雨。（光緒《邵武府志》卷三〇《祥異》）

五日，大水衝入城，高二丈餘，是年大饑。（民國《尤溪縣志》卷八《祥異》）

二十日夜，大風雨，海水湧溢，漂没數十里。（光緒《平湖縣志》卷二五《祥異》）

丁卯，大風海溢，壞捍海塘，漂没廬舍，死者數百人，鹹潮入内地。經歲，田爲斥鹵。（乾隆《金山縣志》卷一八《祥異》；光緒《重修華亭縣志》卷二三《祥異》）

丁卯，大風海溢，漂没廬舍，鹹潮入内地。經歲，田爲斥鹵。（乾隆《婁縣志》卷一五《祥異》）

高淳旱，知縣張佐治步禱赤日中，雨至，猶不止。（光緒《金陵通紀》卷一〇下）

晦夜，颶風駕潮，水高出地二丈餘，漂溺死三千餘人。（康熙《嘉興府志》卷八《海塘》）

十四日，德清有龍自西北來，至新市蔡家漾吸水，三十里內，雨盈尺。（同治《湖州府志》卷四四《祥異》）

十四日，有龍自西北來，至新市蔡家漾吸水。頃時，周三十里內，盈雨盈尺。（康熙《德清縣志》卷一〇《災祥》）

三十日，夜，颶風，海水湧入，河水多鹹，田禾潦死。月餘水退，亢旱，大荒。（光緒《嘉善縣志》卷三四《祥眚》）

三十日夜，大風，海溢。（光緒《海鹽縣志》卷一三《祥異考》）

颶風大作，海嘯，漂溺民居，塘圮，鹹水湧入內河。（乾隆《杭州府志》卷五六《祥異》）

三十日，漕涇海溢，俗謂海嘯，漂没千餘家，鹹潮入内地六里許，潦死苗稼。三年水尚鹹，田爲斥鹵。時計敗塘于〔圩〕漂闕者六百五十丈。（崇禎《松江府志》卷五八《志餘》）

晦，潮溢。（民國《海寧縣志》卷四〇《祥異》）

晦，潮溢，壞塘二千餘丈，溺百餘人，傷稼八萬餘畝。（康熙《海寧縣志》卷一二上《祥異》；道光《海寧州志》卷一六《災祥》）

不雨，至七月，晚禾無收。（嘉慶《西安縣志》卷二二《祥異》；民國《衢縣志》卷一《五行》）

風敗漂闕塘，潮乘其缺，日兩次，禾黍荳蔬立淹槁。（光緒《奉賢縣志》卷四《海塘》）

三十，夜，大風，海潮湧入。（康熙《秀水縣志》卷七《祥異》）

颶風大作，海嘯，海鹽及海寧民溺死者百餘，漂房屋二百餘間。塘圮，咸水湧入內河，壞田地八萬餘畝。（崇禎《寧志備考》卷四《堤塘》）

春，合郡苦旱。五月十四，有龍自西北來，至新市蔡家漾吸水，頃時，周三十里內盈雨盈尺。（康熙《德清縣志》卷一〇《災祥》）

三十日，大風雨，壞各關兵船數十，溺死兵民萬餘，禾稼盡淹。（民國《定海縣志》冊一《輿地》）

大水，漂没民居，知縣王繼孝請築隄防。（光緒《龍南縣志》卷一《禨祥》）

霪雨不止，至初五日酉時大水入城二丈餘，漂流西郊外及水南、水東等處民居二百餘家，溺死者不可勝計。是年大饑，有司賑之。（康熙《南平縣志》卷四《祥異》）

洪水。秋，米價騰踴。（萬曆《將樂縣志》卷一二《災祥》）

霪雨，泰寧水，漂蕩廬舍，民溺死無算。（萬曆《邵武府志》卷六二《祥異》）

旱四十日。饑。（萬曆《歸州志》卷三《災祥》）

三十日至六月朔，颶風傷禾。十三日，風潮繼作，禾淬殆盡。（崇禎《吳縣志》卷一一《祥異》）

至七月，不雨，米價湧貴。（同治《江山縣志》卷一二《祥異》）

至秋七月，不雨，民饑。（康熙《衢州府志》卷三〇《五行》）

至七月，不雨。（萬曆《龍游縣志》卷一〇《災祥》）

至七月，不雨，晚禾無收，米價昂貴。（天啟《衢州府志》卷六《禮典》）

不雨，至次年二月始雨。（康熙《續修武義縣志》卷一〇《庶徵》）

## 六月

丁丑，河南巡按（廣本、抱本作"撫"）孟重題："五月初二日，信陽等處地震。"（《明神宗實錄》卷三九，第906頁）

己卯，雷擊建極殿鴟尾。（《明神宗實錄》卷三九，第908頁）

丁亥，鄖陽巡撫王世貞奏："本年五月初一、初二、初三（廣本'三'下有'日'字）襄陽、鄖陽二府屬，河南南陽府屬等處地震。"（《明神宗實錄》卷三九，第911頁）

戊子，福建福州汀、漳等處及廣東海陽縣地震。（《明神宗實錄》卷三九，第911~912頁）

壬辰，是日（廣本、抱本作"夜"），雷擊端門鴟尾。（《明神宗實錄》卷三九，第915頁）

乙未，工科都給事中侯于趙等覆議："淮、揚地方頻年水災，惟在下流壅滯，宜通草灣，以分河流入海之路，開漁溝老黃河，以疏淮揚湧激之勢，濬新洋石磓諸口，以濟興鹽墊溺之危，築安東縣堤（抱本'築安東縣堤'作'築安東縣之堤'），以為水趨該縣之備。其開濬先後，則欲先草灣石磓，而後漁溝，度緩急以舒物力。"俱報可。（《明神宗實錄》卷三九，第916頁）

乙未，保定撫臣報："是年五月二十六日，河間府景州城北，天鼓鳴三聲，有流星二，晝隕，化為石，黑色，一重三十七兩，一重二十七兩。"（《明神宗實錄》卷三九，第917頁）

戊辰，杭州、嘉興、紹興、寧波大風，海溢，潏人畜廬舍亡算。（《國榷》卷六九，第4269頁）

初一日夜，杭州怪風震濤，衝擊錢塘江岸，坍塌數千餘丈，漂流官民船千餘隻。（乾隆《杭州府志》卷五六《祥異》）

初一日，夜，上虞、餘姚大風雨，北海水溢。（萬曆《紹興府志》卷一三《災祥》）

朔日，大風壞民居，傷禾稼。（萬曆《通州志》卷二《機祥》）

大旱，令陳履步禱雨于齊雲。（康熙《休寧縣志》卷八《機祥》）

大旱，績溪亦旱。（道光《徽州府志》卷一六《祥異》）

毒熱，農夫耕牛多中暑死。（乾隆《金山縣志》卷一八《祥異》；嘉慶《松江府志》卷八〇《祥異》）

無雨，知縣張璿禱雨三日。壬午申，大風雨雷雹，揚沙石，人雄寺側占樹拔倒於城郊。（民國《靈川縣志》卷一四《前事》）

朔，大風壞民居，傷禾稼。（光緒《通州直隸州志》卷末《祥異》）

霖雨不止，風霾大作，河淮並漲，居民結筏，採蘆心草根以食。（光緒《安東縣志》卷五《民賦下》）

霖雨不止，河淮竝漲，匯而為一。（光緒《淮安府志》卷四〇《雜記》）

颶風連旬，海溢。（民國《太倉州志》卷二六《祥異》）

初一日夜，大風雨，北海水溢，有火色，漂没田廬，衝入城河，以杖擊之。（萬曆《上虞縣志》卷二〇《災祥》）

初一日夜，大風雨，北海水溢，有火色，漂没田廬，衝入城河，以杖擊之，有火星見。（光緒《上虞縣志》卷三八《祥異》）

初一日，颶風大作，洪潮衝瀉海岸，傷禾壞屋幾半。十三日風潮繼作，淹禾殆盡，諸沙告災。（萬曆《新修崇明縣志》卷八《災祥》）

戊辰，杭、嘉、甯、紹大風海溢，溺人畜廬舍。（光緒《鎮海縣志》卷三七《祥異》）

戊辰，大風海溢，淹人畜廬舍。（光緒《慈谿縣志》卷五五《祥異》）

冰雹異常，圓者若轂，片者若扉，崚嶒者若牛、若馬，折樹如粉，水没演武亭並官民平地五百餘頃，行人牧子六畜死者不可計。（康熙《靜樂縣志》卷四《災變》）

六日，霖雨如注，山水暴至，破堤百餘丈，徑逼城東南北門，水爲通流，壞官民廬舍二三百所。（萬曆《靈石縣志》卷三《祥異》）

河決一處。（康熙《德州志》卷一〇《紀事》）

大風，壞屋傷稼，江潮溢。（萬曆《泰興縣志》卷八《祥異》）

霖雨不止，烈風大作，河淮並漲，匯而為一，居民結筏浮箔，採蘆心草根以食。（乾隆《山陽縣志》卷一八《祥禮》）

霖雨不止，風霾大作，河淮並漲，千里共成一湖，居民結筏浮箔，採蘆心草根以食。（乾隆《重修桃源縣志》卷一《祥異》）

海溢塘壞，自海鹽教場迤北至于乍浦一帶，皆開河取土築塘。（乾隆《平湖縣志》卷一《塘堰》）

旱。知縣張瞻禱雨三日，午申刻風雨雷雹，揚沙石，拔樹木，大雄寺側大樹倒於城郊。（雍正《靈川縣志》卷四《祥異》）

## 七月

庚申，是年五月三十日、六月初一日，浙江杭、嘉、寧、紹地方海潮滾溢，湧高數丈，人畜淹没，大小戰船打壞飄散者，不計其數。撫臣謝鵬舉以

聞。(《明神宗實錄》卷四〇，第 926 頁)

二十五日申刻，虹見西方。須臾，圍繞其日，光燄徧天。(光緒《潮陽縣志》卷一三《灾祥》)

颶風。(乾隆《潮州府志》卷一一《災祥》)

初四日，白晝有龍起，自東北黑雲回繞，黑中有一白如雪，迤邐升去，是夜雨如注。(民國《莆田縣志》卷三《通紀》)

初五日，夜，雨雹，大如杵，三陵、臻底等村樹枝折，屋瓦碎。(乾隆《雞澤縣志》卷一八《災祥》)

初八，夜，大風雷雨。(康熙《德清縣志》卷一〇《災祥》；同治《湖州府志》卷四四《祥異》)

初八日，夜，大風雷雨。(康熙《德清縣志》卷一〇《災祥》)

大同雨四十日，壞城垣、樓鋪、官民廬舍千餘間。(萬曆《山西通志》卷二六《災祥》)

馬邑大雨四十日，壞城屋廬舍千餘。(雍正《朔平府志》卷一一《祥異》)

十五日，海潮暴至，人民禽鳥悉罹災，大風壞木傷禾。(嘉慶《東臺縣志》卷七《祥異》)

二十日，大風自西來，拔木，傾城垛。(順治《潁上縣志》卷一一《災祥》)

二十五日申刻，虹見於西方，須臾圍繞白日，燄光遍天。(乾隆《南澳志》卷一二《災異》)

## 八月

甲戌，工科都給事中侯于趙疏言：“高寶湖堤大壞，蘇、松水（廣本、抱本‘水’下有‘利’字）久湮，宜專委任督理，以裨國計。巡鹽巡撫俱難兼管，宜于南京巡江、巡倉、屯田，三差歸併一員專管。”下工部覆如議。(《明神宗實錄》卷四一，第 932 頁)

丁丑，河決高郵、碭山及邵家口、曹家莊、韓登家等處，總理都御史傅希摯議以高郵決口，當呕築；碭山決口，當改築月堤。其餘三口，宜留以為洩水之路。工部（廣本"部"下有"奏"字）覆議是不得已，而為權宜之術耳，安能必三口之不愈決愈深，而奪正河耶？宜隨機相度，近河縷（廣本作"諸"）堤，有當轉（廣本作"增"，抱本作"傅"）築，以廣容納。或上流有可分殺，以減水勢，皆當從常計議，無得因循。奉旨，是。（《明神宗實錄》卷四一，第 934 頁）

戊子，淮、揚、鳳、徐四府州所屬大水災。戶部覆撫按奏："將本年夏季稅粮存留者照例蠲免，係起運者暫准停徵其三年應運漕粮，再准改折一年。各衛屯粮，亦視災重輕，照例折處。其巡撫、巡按、巡鹽當年贓罰，及徐州商兌（廣本、抱本作'稅'）銀兩准留支，以備賑恤。"報可。（《明神宗實錄》卷四一，第 940 頁）

免被水田租。（光緒《五河縣志》卷八《蠲賑》）

颶風大作。（道光《南海縣志》卷五《前事》；咸豐《順德縣志》卷三一《前事畧》）

戊子，免徐州被水田租，并蠲賑有差。四月，徐大水。秋八月丁丑，河決碭山，徐、邳、淮南北漂没千里。（同治《徐州府志》卷五下《祥異》）

揚州大水。（光緒《增修甘泉縣志》卷一《祥異附》）

大雨雪。（天啟《滇志》卷三一一《災祥》；咸豐《南寧縣志》卷一《災祥附》）

河決碭山，江浙頻歲水潦為災。是年五月，淮、揚又大水，詔察二府有司貪酷老疾者罷之。至是河決碭山而北，淮決高家堰而東，高郵湖亦決清水潭口，淮城幾没。（嘉慶《揚州府圖經》卷八《事志》）

大水。秋八月戊子，免鳳陽被水田租。（乾隆《鳳陽縣志》卷一五《紀事》）

颶風。（民國《龍山鄉志》卷二《災祥》）

## 九月

己亥，時蘇、松、常、鎮水災異常，撫按具疏要將太倉、華亭、上海、常熟、嘉定、丹徒、丹陽七州縣，將（抱本無"將"字）漕粮改折，并減免應徵錢粮，改折三分。從之。（《明神宗實錄》卷四二，第 947 頁）

己亥，優恤遼東（廣本、抱本作"陽"）被水淹没人家，及修理台牆軍夫，并遼左二十五衛屯粮，照例折解。（《明神宗實錄》卷四二，第 947 頁）

壬寅，准浙江海鹽縣改折本色錢粮，其存留錢粮，與平湖、海寧、定海照例分別蠲免。浙東鄞縣、山陰等縣，聽撫按衙門從宜撥派，以海潮災故。（《明神宗實錄》卷四二，第 950 頁）

甲辰，薊州三屯營地震如雷。（《明神宗實錄》卷四二，第 954 頁）

壬子，免徵保定、河間所屬安州等六州縣本年存留銀，以地畝水淹也。（《明神宗實錄》卷四二，第 955 頁）

己亥，未立冬，無雨而雷鳴。（民國《靈川縣志》卷一四《前事》）

水。（光緒《蘇州府志》卷一四三《祥異》；民國《吳縣志》卷五五《祥異考》）

大水。（同治《上海縣志》卷三〇《祥異》）

鎮江水。（嘉慶《丹徒縣志》卷四六《祥異》）

己未，至二刻立冬，無雨而雷鳴。（雍正《靈川縣志》卷四《祥異》）

大水，明年饑。（光緒《川沙廳志》卷一四《祥異》）

大水。明年丙子饑。（民國《南匯縣續志》卷二二《祥異》）

## 十月

丁卯，京師地震，詔百官修省三日。（《明神宗實錄》卷四三，第 964 頁）

己卯，岷州衛地震。（《明神宗實錄》卷四三，第 973 頁）

乙丑，岷州地復震，自是至十八日震百餘次。是日，洮州亦震。（《明神宗實錄》卷四三，979 頁）

壬申，河間滄州所屬天津等處大雨，水災。户部覆允撫臣所請，於存留粮内，分別蠲豁，其起運之數，不許混免。（《明神宗實錄》卷四三，第 967~968 頁）

癸未，淮安分司所屬劉莊等十場大水，巡鹽御史許三省先發在庫賑剩併折稻銀三千八百餘兩，給散被災竈丁，而後以聞。許之。（《明神宗實錄》卷四三，第 976 頁）

大雨雪。十月，淫雨，淹沒田禾。（乾隆《陸涼州志》卷五《雜志》）

霪水沒田禾。（咸豐《南寧縣志》卷一《災祥附》）

曲靖淫，淹沒田禾。（天啟《滇志》卷三一《災祥》）

## 十二月

乙丑，祈雨雪。（《明神宗實錄》卷四五，第 1001 頁）

辛未，總理河道傅希摯疏言："邵家等三決口（疑當作'口決'），向因伏秋之際水勢盛漲，堵塞不易，故議權留，以資分洩。今秋深水耗，支流少緩，業築塞竣事，其繆堤應否展築，上源應否分殺，容另（廣本'另'下有'行'字）勘報。"章下工（廣本作"戶"）部。（《明神宗實錄》卷四五，第 1009 頁）

## 是年

春，苦旱。（同治《湖州府志》卷四四《祥異》；光緒《烏程縣志》卷二七《祥異》）

春，合郡苦旱。（康熙《德清縣志》卷一〇《災祥》）

夏，大旱。冬，大雨水，米價騰貴。（雍正《常山縣志》卷一二《拾遺》）

夏，大旱。冬，復大水，米價騰貴。（光緒《常山縣志》卷八《祥異》）

夏，大風，海水決捍海塘，民死者幾及萬。（民國《川沙縣志》卷一《大事年表》）

夏，大水，無麥。秋，大水無禾。（乾隆《新蔡縣志》卷一〇《雜說》）

夏，大田霪雨不止，是年饑。（乾隆《永春州志》卷一五《祥異》）

　　榆村大風壞屋。（康熙《休寧縣志》卷八《機祥》）

　　大水，屋宇漂没甚眾，溺死者不可勝計。冬，禾稼倍熟。（嘉慶《順昌縣志》卷九《祥異》）

　　澇，邑居韓江下流，暴雨江漲，循、梅、汀、漳諸州之水，奔匯韓江，建瓴而下，以邑爲壑，前此水漲，海口未淤，易於宣洩，頃刻即退。後海坪漸拓，水道淤塞，平疇漫溢，竟成澤國。　　（嘉慶《澄海縣志》卷五《災祥》）

　　雨霾着屋稽，經歲不落。（康熙《新鄭縣志》卷四《祥異》）

　　大風，壞木傷禾。（崇禎《泰州志》卷七《災祥》；嘉慶《如皋縣志》卷二三《祥祲》）

　　徐、蕭水益大。（嘉慶《蕭縣志》卷一八《祥異》）

　　淮决高家堰清水潭，廟灣大水。（民國《阜寧縣新志》卷首《大事記》）

　　泗水泛漲，堤决高郵清水潭。（雍正《揚州府志》卷三《祥異》）

　　河决崔鎮而北，淮决高家堰而東，漂没千里，漕艘梗滯。（光緒《安東縣志》卷三《水利》）

　　大水，疫。（萬曆《嘉定縣志》卷一七《祥異》）

　　地震，旱。（康熙《豐城縣志》卷一《邑志》；民國《南昌縣志》卷五五《祥異》）

　　旱，饑。（康熙《鄱陽縣志》卷一五《災祥》；同治《樂平縣志》卷一〇《祥異》；同治《饒州府志》卷三一《祥異》）

　　河决。（民國《德縣志》卷二《紀事》）

　　雨雹如雞子，傷麥。（民國《東平縣志》卷一六《災祲》）

　　大水。（康熙《成安縣志》卷四《災異》；乾隆《碭山縣志》卷一《祥異》；民國《續修范縣縣志》卷六《災異》；民國《連江縣志》卷五《水利》）

　　大水，民饑。（民國《高密縣志》卷一《總紀》）

　　大旱。（康熙《金華縣志》卷三《祥異》；嘉慶《沅江縣志》卷二二

《祥異》）

旱。（康熙《瀏陽縣志》卷九《災異》；乾隆《直隸澧州志林》卷一九《祥異》；光緒《蘭谿縣志》卷八《祥異》；民國《湯溪縣志》卷一《編年》）

大旱，禾稼枯槁，無收。（萬曆《金華府志》卷二五《祥異》）

麗水旱，斗米價銀一錢伍分。遂昌大旱，慶元大飢。（雍正《處州府志》卷一六《雜事》）

海嘯，壞廬舍。（光緒《餘姚縣志》卷七《祥異》）

秋，大水傷禾。（康熙《續修陳州志》卷四《災異》；民國《淮陽縣志》卷八《災異》）

春，大風雨。（道光《高要縣志》卷一〇《前事》）

春，大風。（康熙《延津縣志》卷七《災祥》）

春，尉氏縣雷雨交作，天地晦冥。（萬曆《開封府志》卷二《襪祥》）

春，久雨，幾無麥。（萬曆《東流縣志》卷六《惠政》）

夏，晝晦冥如夜，移時乃復。（同治《鉛山縣志》卷三〇《祥異》）

夏，大風，雨雹。（乾隆《德安縣志》卷一四《祥禨》）

夏，旱。（萬曆《續溪縣志》卷一三《祥異》；順治《高淳縣志》卷一《邑紀》）

夏，不雨。（萬曆《六合縣志》卷二《災祥》）

夏，雨雹，暴風拔木。（康熙《博平縣志》卷一《禨祥》）

夏，大水。秋冬恒暘，旦暮天赤。（同治《南城縣志》卷九《記》）

夏，霆雨不止。是年大饑。（康熙《大田縣志》卷九《災祥》）

夏，桂陽雷擊三人于鹿峰墻藍山。（康熙《衡州府志》卷二二《祥異》）

（灌縣）江大溢，堰盡壞。（雍正《四川通志》卷一三《水利》）

大旱，饑。（乾隆《懷集縣志》卷一〇《編年》）

老龍堤決，壞城郭。（光緒《襄陽府志》卷九《堤防》）

旱，禱而雨。遂大有年。（乾隆《宣城縣志》卷二四《藝文》）

大旱，艱食。（康熙《遂昌縣志》卷一〇《災眚》）

潮勢東奔，西興古塘盡坍。（康熙《蕭山縣志》卷一一《水利》）

水益大，爲害愈甚。（順治《徐州志》卷八《災祥》）

淮決高家堰，決高郵湖清水潭、廣志等口，高、寶、興、鹽爲巨浸。知縣李廷春請發帑振濟。（光緒《鹽城縣志》卷一七《祥異》）

河決，秋禾盡没。（康熙《沭陽縣志》卷一《祥異》）

邑方大水。（乾隆《清河縣志》卷一〇《名宦》）

河決，水入市。渰没同隆慶三年，賑。（崇禎《泰州志》卷七《災祥》）

決黄浦口。（萬曆《興化縣新志》卷三《水利》）

泰、通、如皋、泰興皆大風，壞木傷禾。（萬曆《揚州府志》卷二二《異玫》）

水。（康熙《朝城縣志》卷一〇《災祥》）

大雨雹。（萬曆《汶上縣志》卷七《災祥》）

河決，縣人將漂流，論召工力塞之，水遂無患。值甚旱，論禱於神，雨大沛。歲以成稔。（乾隆《河間府新志》卷八《宦跡》）

河決窑廠，害稼。（康熙《青縣志》卷三《祥異》）

渾河潰溢，知縣周文謨復築大隄及護城隄。（民國《固安縣志》卷一《地理》）

灤河淤，潘家口斷流一里許，魚鰕涸於河，人争取之，自巳至午復流。（康熙《遵化州志》卷二《災異》）

畿内不雨，上布袍獨步郊壇祈禱，特加賑貸。（嘉慶《青縣志》卷六《蠲恤》）

夏秋，大水傷麥禾。（順治《沈丘縣志》卷一三《災祥》）

秋，大水，霽虹橋圮。（光緒《井研志》卷四一《紀年》）

冬，一夕雷震，牆壁摇動有聲。（同治《永豐縣志》卷三九《祥異》）

三、四年，連旱。（康熙《孝感縣志》卷一三《蠲賑》；光緒《孝感縣志》卷七《災祥》）

三年、四年、五年，俱大水。（萬曆《濮州志》卷一《災異》）

（泗縣）三、四、五年，俱大水。（萬曆《帝鄉紀略》卷六《災患》）

# 萬曆四年（丙子，一五七六）

## 正月

乙巳，四川松潘地方於去年十一月初三日辰時，有流星二道，各長丈餘，起正東方，向西南流去，天鼓隨鳴。（《明神宗實錄》卷四六，第1026～1027頁）

己酉，高郵州清水潭堤口衝決。時督漕侍郎張翀以修復老堤，工力浩大，數年始可成功，恐新運已臨，決口未就，且令粮舡暫由圈田裏行。而御史陳功則稱圈田淺澀，不便牽挽，外湖水面濶四十餘里，風有不順，必至稽阻。工科給事中侯于趙，亦以兩臣持論未決，恐致過淮後期，乞勅所司速議，并欲以淮南運道，崇責漕臣，而以淮北運道，命河臣傅希摯一意經理，務時加挑濬，以圖萬全。從之。（《明神宗實錄》卷四六，第1036～1037頁）

辛酉，太平寨灤河斷流數里，二時而續。（民國《遷安縣志》卷五《記事》）

高郵清水潭決。（光緒《鹽城縣志》卷一七《祥異》）

龍見唐帽山。（乾隆《普安州志》卷二一《災祥》）

## 二月

庚辰，夜，薊遼地震。（《明神宗實錄》卷四七，第1069頁）

辛巳，又震，灤河斷流。（《明神宗實錄》卷四七，第1069頁）

壬辰，是日，城以東河水乾。（《明神宗實錄》卷四七，第1086頁）

癸巳，城以西河水亦乾。（《明神宗實錄》卷四七，第1086頁）

## 三月

南京雨雹。（光緒《金陵通紀》卷一〇下）

雨雹。（萬曆《應天府志》卷三《郡紀下》；萬曆《江浦縣志》卷一《縣紀》；康熙《休寧縣志》卷八《襪祥》；道光《上元縣志》卷一《庶徵》）

二十七日，風雨狂暴，禾盡傷。（道光《文登縣志》卷七《災祥》）

二十七日，風雨狂暴，禾苗盡傷。（道光《榮成縣志》卷一《災祥》）

雪雹，大風雷損苗。（康熙《安鄉縣志》卷二《災祥》）

象州雨雹，大如雞卵。（乾隆《柳州府志》卷一《襪祥》）

## 四月

乙酉，以雨免經筵。（《明神宗實錄》卷四九，第 1134 頁）

丙子，沂州大風，雨雹積尺餘。（《國榷》卷六九，第 4290 頁）

癸未，太原大雨雹傷稼。（《國榷》卷六九，第 4290 頁）

壬辰，博興縣大雨雹，如拳如卵。明日亦如之。擊斃男婦五十餘人，牛馬無算，禾麥毀盡。（《國榷》卷六九，第 4290 頁）

三屯營演武場颶風陡作，車房鼓車自擊，裂者數輛，又一輛飛颭雲表，裂毀四墜。（乾隆《直隸遵化州志》卷一一《物異》）

雨雹。（乾隆《曲阜縣志》卷三〇《通編》）

雨雹，毀麥禾。（順治《封邱縣志》卷三《祥災》）

## 五月

乙巳，未時，定襄大雨雹，小如桃，大如卵，禾苗盡損。（《明神宗實錄》卷五〇，第 1153 頁）

丙午，蠡縣大雨雹，傷人畜。（《明神宗實錄》卷五〇，第 1154 頁）

丙辰，阜平、南宮各冰雹傷人稼。（《國榷》卷六九，第 4292 頁）

大水。（雍正《應城縣志》卷七《祥異》；康熙《休寧縣志》卷八《襪

祥）；乾隆《南雄府志》卷一七《編年》；民國《始興縣志》卷一六《編年》）

初一日，城西雨雹，寬五里，長三十餘里。（康熙《郯城縣志》卷九《災祥》）

初七日，午、未時，七、八都雨雪，頃刻山野皆白；儒學化龍池水騰高三尺許，復大水。（嘉慶《績溪縣志》卷一二《祥異》）

休寧大水，績溪雪。又儒學化龍池水騰高三尺許，深湖水騰高數尺者三。（道光《徽州府志》卷一六《祥異》）

應城大水。（光緒《德安府志》卷二〇《祥異》）

十三日晡時，黑風自西北來，晝晦，拔樹發屋。（萬曆《益都縣志》卷八《災祥》）

十四日，黑風晝暝，風來自西北，發屋揚麥，拔樹毀巢，禽鳥死傷甚眾，行人有吹至數十里外者。（康熙《新城縣志》卷一〇《災祥》）

十四日，黑風自西北來，發屋傷禾。（康熙《山東通志》卷六三《災祥》）

十四日未時，黑風起自西北，折禾拔木，天地晦暝。（萬曆《淄川縣志》卷二二《災祥》）

十有四日，大風破屋，害禾木。冬旱。（萬曆《蒲臺縣志》卷七《災異》）

十四日申時，黑風驟作，晝為之暝，發屋拔木，禾盡偃。（康熙《高苑縣志》卷八《災祥》）

十五日，大風自西北來，折木揚麥，屋瓦皆飛。（萬曆《樂安縣志》卷二〇《災異》）

二十四日，大雨水驟漲，漂廬拔舍。（民國《萬載縣志》卷一《祥異》）

大風折木，屋瓦皆飛。（民國《續修廣饒縣志》卷二六《通紀》）

大風雨拔木，昭慶寺佛殿獸飄在漏澤園。（萬曆《青城縣志》卷二《災祥》）

大水，（黃洲橋）壞墩石。（光緒《撫州府志》卷八《津梁》）

漢水溢，大雨雹。（萬曆《襄陽府志》卷三三《災祥》）

## 六月

辛未，以久雨命順天府官致禱。（《明神宗實錄》卷五一，第1184頁）

癸酉，巡撫山東右僉都御史李世達奏：“本年四月二十九日，博興縣大雨雹，如拳如卵。至五月初一日復雨，打死男婦卞守才（疑脫‘等’字）五十餘人，牛馬無算，禾麥盡毀，鳥雀臭爛，氣不可聞。及兗州等府相繼見之，人畜禾麥，亦多傷損。”（《明神宗實錄》卷五一，第1185頁）

癸未，慶都縣雨雹。（《國榷》卷六九，第4294頁）

大風雨雹。（民國《沙縣志》卷三《大事》）

## 七月

甲午，山西巡撫崔鏞奏：“四月二十日，太原府忻州狂雨雹十五里，深厚尺餘。五月十三日，定襄縣雨雹二十五里，自未至申積地二尺余，損壞田苗人畜不可勝計。五月十五日，祁縣地震。”報聞。（《明神宗實錄》卷五二，第1207頁）

丁巳，巡按直隸御史劉良弼奏：“五月十四日，蠡縣雨雹，大如鵝（抱本作‘雞’）卵，傷苗破屋，打死鄉民劉橫頭及牛畜數十。六月二十五日，慶都縣雨雹。七月初六日，安州雨雹，各傷禾，大雨連綿，秋苗盡潦。”時巡按直隸御史于鯨又奏：“五月十四日，獲鹿縣雨雹，大如雞卵。五月二十四日，阜平縣、南宮縣同日各報水（北大本作‘冰’）雹打傷民人田苗。”俱報聞。（《明神宗實錄》卷五二，第1232頁）

丁酉，安州雨雹，尋大雨水害稼。（《國榷》卷六九，第4294頁）

河決，大水浸城三尺許，米價增倍，百姓逃移者三之一。（康熙《睢寧縣舊志》卷九《災祥》）

大風雹，傷禾稼。（光緒《保定府志》卷四〇《祥異》）

雞澤雨雹大如杵。（光緒《廣平府志》卷三三《災異》）

二十四日，雨雹，大如鵝卵，傷屋瓦野獸。（光緒《祁縣志》卷一六《祥異》）

## 八月

渾源州雨雹殺禾。（《國榷》卷六九，第 4298 頁）

未幾，河決韋家樓，又決沛縣縷水堤，豐、曹二縣長堤，豐、沛、徐州、睢寧、金鄉、魚臺、單、曹田廬漂溺無算，河流齧宿遷城。（《明史·河渠二》，第 2048 頁）

河決太行堤數處，民多流移。（光緒《豐縣志》卷一六《災祥》）

河決海漲，居民逃散，始有廢縣之議。撫按奏留徐州一年商稅振給，又留漕米五萬石，輕齎銀二萬千四百兩，挑河代振。（光緒《安東縣志》卷五《民賦下》）

隕霜殺稼。（雍正《朔州志》卷二《祥異》）

三屯營大風忽起幕前，東西坊楔俱摧。（康熙《遵化州志》卷二《災異》）

大雨雹。（康熙《米脂縣志》卷一《災祥》）

河決沛縣縷水堤，豐、曹二縣長堤。豐、沛、徐州、睢寧田田廬漂溺無算。（民國《沛縣志》卷四《河防》）

河決，自徐州上淤梨林舖直抵睢寧，縣治水深丈餘，廬舍、倉困、牲畜盡空。（天啟《淮安府志》卷二三《祥異》）

## 九月

癸卯，巡撫山東僉都御史李世達奏：「勘博興縣五月內冰雹，打傷禾地三千九十八（抱本作‘餘’）頃四十畝有奇，打死男婦卞守才、蕭氏等四十二名口，樹木折倒，牲畜死者無數。乞將夏稅及臨、德二倉米麥，盡數蠲免。」下戶部覆議，臨、德二倉米俱免五分，德州倉麥每石減折二錢，以示寬邮。從之。（《明神宗實錄》卷五四，第 1265～1266 頁）

乙巳，夜望，月食。（《明神宗實録》卷五四，第 1266 頁）

丁未，大同巡撫鄭雒奏："萬曆四年八月，渾源州雨雪殺禾。本月十八日地震。同日，應州亦震。"報聞。（《明神宗實録》卷五四，第 1266 頁）

癸丑，宣大山西督撫方逢時等奏："朔州、馬邑二州縣及朔州、平虜二衛冰雹毀稼，乞請蠲折。"下部議存留民粮，炤被災分數，豁免屯田地畝粮，每石折銀三錢。許之。（《明神宗實録》卷五四，第 1268 頁）

壬寅，河决豐、沛、曹、單。（《國榷》卷六九，第 4298 頁）

河决，冲及沛縣縷水隄，豐、曹二縣長隄，豐、沛、徐州、睢甯田廬漂溺無算，河嚙宿遷城。（同治《徐州府志》卷五下《祥異》）

大雷，殺禾稼。（光緒《洋縣志》卷一《紀事沿革表》）

初七日，大雪盈尺，殺禾稼。（光緒《鳳縣志》卷九《祥異》）

初七日，大雪盈尺，殺禾稼。次年春道饉相望。（民國《漢南續修郡志》卷二三《祥異》）

初七日，大雪盈尺，田禾折壞。（萬曆《重修寧羌州志》卷七《災異》）

壬戌，營東城河乾百步。（民國《遷安縣志》卷五《記事》）

下旬，清晨陰霧蔽天，昏若凝塵，咫尺不辨，柳葉滴潤如大雨。（光緒《常昭合志稿》卷四七《祥異》）

## 十月

乙亥，鳳陽巡撫吳桂芳等以河决豐、沛、徐州、睢寧四州縣，民居漂溺，災沴異常，請發各庫倉貯積銀粮，及留徐州商稅銀三千六百兩有奇僦賑，各項起解錢粮分别被災輕重緩徵。會山東巡撫李世達亦以金鄉、魚臺、單、曹等縣田廬盡没，請蠲漕米站銀，并動庫積官銀備賑，俱下户部議可。從之。（《明神宗實録》卷五五，第 1273 ~ 1274 頁）

雷。（萬曆《應天府志》卷三《郡紀下》；道光《上元縣志》卷一《庶徵》）

癸亥，西河亦乾，并逾時而方績。（民國《遷安縣志》卷五《記事》）

雪。（康熙《霍邱縣志》卷一〇《災祥》）

## 十一月

丁亥（疑當作"丁酉"），以黃水衝潒，詔山東曹、單、金、魚四縣徭編、淺鋪、閘溜、河夫等銀，及存留永豐、廣盈等倉米銀，暫與蠲免。其臨、德二倉小麥亦令停徵，有司官仍動支倉庫賑恤，俟水落地出，招撫復業，量給牛種，務使均霑。（《明神宗實錄》卷五六，第1285頁）

甲午（疑當作"甲辰"），是夜三更，有四星賈于費縣，火光随之，天鼓鳴。質明有紅點落于費縣城西北，色如硃，長二里，闊一（抱本無"一"字）二尺。（《明神宗實錄》卷五六，第1288頁）

雨血。（民國《臨沂縣志》卷一《通紀》）

聞雷，城西北十餘里雨血。（光緒《費縣志》卷一六《祥異》）

淮、黃交溢，海嘯。（光緒《鹽城縣志》卷一七《祥異》）

## 十二月

己未朔，命禮部官祈雪。（《明神宗實錄》卷五七，第1301頁）

丁卯，禮部類奏災異，言今年自二月以來，地震雨雹河水斷流頻形奏報，豈聖世所宜……（《明神宗實錄》卷五七，第1306頁）

丁亥，南京太僕寺卿石星以淮揚一帶連歲水災，民困已極，奏免節年拖欠馬價草料場租銀。（《明神宗實錄》卷五七，第1327頁）

## 是年

夏，大雨，無麥。（康熙《上蔡縣志》卷一二《編年》）

水，饑。（光緒《盱眙縣志稿》卷一四《祥祲》）

大水。（萬曆《濮州志》卷一《災異》；萬曆《帝鄉紀略》卷六《災患》；乾隆《橫州志》卷二《萄祥》；道光《觀城縣志》卷一〇《祥異》；道光《東阿縣志》卷二三《祥異》；咸豐《興甯縣志》卷一二《災祥》；民

國《成安縣志》卷一五《故事》；民國《清苑縣志》卷六《災祥》）

大水傷穀。（乾隆《東明縣志》卷七《灾祥》；嘉慶《長垣縣志》卷九《祥異》）

霖雨，傷禾稼。（嘉慶《如皋縣志》卷二三《祥祲》）

大水，高下皆没。（道光《崑新兩縣志》卷二九《祥異》；光緒《崑新兩縣續修合志》卷五一《祥異》）

河決諮城，遷治避之。（同治《宿遷縣志》卷三《紀事沿革表》）

高郵清水潭決。（道光《續增高郵州志·災祥》）

大風折木。（民國《岳陽縣志》卷一四《災祥》；民國《安澤縣志》卷一〇《祥異》）

秋，大水。（萬曆《杞乘》卷二《今總紀》；崇禎《廣昌縣志·災異》；乾隆《杞縣志》卷二《祥異》；乾隆《直隸易州志》卷一《祥異》；道光《尉氏縣志》卷一《祥異附》）

夏，旱。（同治《元城縣志》卷一《年紀》）

夏，岳陽大風折木。（萬曆《平陽府志》卷一〇《災祥》）

夏，霖雨大水。（萬曆《雄乘·災異》）

洪水大至。（光緒《增修崇慶州志》卷一一《藝文》）

大雨水。（萬曆《惠州府志》卷二《郡事紀》；萬曆《林縣志》卷八《災祥》）

天雨米。（乾隆《連州志》卷八《祥異》）

水。（萬曆《澧紀》卷一《災祥》；同治《漢川縣志》卷一四《祥祲》）

旱。（萬曆《代州志書》卷二《水旱》；康熙《瀏陽縣志》卷九《災異》；民國《石屏縣志》卷三《沿革》）

楚冲里大雲山龍起，居民毛氏人畜田廬罄爲漂没。（康熙《臨湘縣志》卷一《祥異》）

河潰劉務村堤。（萬曆《原武縣志》卷上《河防》）

城潦冰花。（康熙《延津縣志》卷七《災祥》）

蝗。（萬曆《將樂縣志》卷一二《災祥》）

海鹽海嘯，寧塘盡圮，漂廬舍溺人無算。（乾隆《杭州府志》卷七八《名宦》）

河決，海嘯。（乾隆《山陽縣志》卷一八《祥祲》）

霖雨，禾苗生耳，米價騰貴。（崇禎《泰州志》卷七《災祥》）

螟。（康熙《高淳縣志》卷二〇《祥異》）

河決豐、沛、曹、單，漂没田廬無算。（乾隆《曹州府志》卷一〇《災祥》）

河決，大水没禾，淹壞民屋大半。（康熙《金鄉縣志》卷一六《災祥》）

大雪。（嘉慶《中部縣志》卷二《祥異》）

河決許家營，害稼。（康熙《青縣志》卷三《祥異》）

夏秋，大水。（康熙《安州志》卷七《災異》）

秋，大霧傷棗。（萬曆《懷柔縣志》卷四《災祥》；雍正《密雲縣志》卷一《災祥》）

秋，淫雨，禾生耳，穀價騰貴。（嘉慶《東臺縣志》卷七《祥異》）

秋，大水，霪雨連日，平地水三尺。（嘉慶《昌樂縣志》卷一《總紀》）

冬，雷。（萬曆《泰興縣志》卷八《祥異》）


# 萬曆五年（丁丑，一五七七）

## 正月

乙酉，巡撫直隸監察御史邵陛言：“鳳、淮土廣人稀，加以水災，民半逃亡，二千里皆成灌莽，當急為勞來安定之計。”（《明神宗實錄》卷五八，第1334頁）

癸丑，以文安縣司丘等里水災，命見在寄養馬三百餘匹，先行調兑，其站銀暫免派徵一年。（《明神宗實錄》卷五八，第1341頁）

戊午，江西定南縣地震，聲如雷，屋瓦皆裂。（《明神宗實錄》卷五八，第1346頁）

朔，雷震，大雨。秋旱。（乾隆《亳州志》卷一〇《祥異》）

甲寅，大雪，大雨電擊死樊城女人。丙辰，大雨震電，擊北太山廟棗樹。（萬曆《襄陽府志》卷三三《災祥》）

至夏四月，不雨，井泉多涸。（乾隆《溫縣志》卷一《災祥》）

至夏五月，旱，麥枯，人疫。（萬曆《蒲臺縣志》卷七《災異》）

## 二月

己卯，雲南騰越州地震二十餘次。次日復震，山崩水湧，倒壞廟廡、官舍、監倉一千三百余間，民房十分之七，壓死者百七十餘人。（《明神宗實錄》卷五九，第1363頁）

乙酉，減文安縣肆淀、三營地租之半，以水占（抱本作"災"）故也。（《明神宗實錄》卷五九，第1363頁）

晉寧雷震，東城樓四柱碎裂。（康熙《雲南府志》卷二五《菑祥》）

大雨雹。（乾隆《德慶州志》卷二《紀事》）

十六日，雷震東城樓，四柱俱裂。（康熙《晉寧州志》卷一《災異》）

## 三月

戊子朔，工部覆給事中劉鉉奏："丹陽一帶，河身淺涸，漕艘阻滯。參政王叔杲（北大本、抱本作'叙杲'）不行挑濬，臨事倉皇，倡為開孟瀆河壩之議。"得旨："奪俸二月，孟瀆可開，俟秋水落後興工，為来歲運計。"（《明神宗實錄》卷六〇，第1365頁）

庚子，雲南澂江、臨安等府地震。（《明神宗實錄》卷六〇，第1370頁）

壬寅，丑正三刻，月食既。（《明神宗實錄》卷六〇，第1373頁）

黑雲蔽天，晝晦二日。（民國《景東縣志稿》卷一《災異》）

旱，秋禾無實，洚水壞民田廬。（民國《台州府志》卷一三四《大事略》）

旱，秋禾無實，洚水壞民田廬。（光緒《黃巖縣志》卷三八《變異》）

天雨黑穀。（同治《奉新縣志》卷一六《祥異》）

大雨雹。（崇禎《肇慶府志》卷二《事紀》）

至五月恒雨，西河水發，由高家堰一概東漫。鹽城縣災尤甚，百姓逃移者三之一。（乾隆《淮安府志》卷二五《五行》）

## 四月

大雨雹，大者如雞卵。（道光《定州志》卷二〇《祥異》）

弋陽大水，河溢，天雨黑子。（同治《廣信府志》卷一《星野》）

二日，富城里民方姓者擔鬻砂器，道經襄城縣東南，冰雹驟至，野無所避，砂器盡為擊碎。（乾隆《禹州志》卷一三《災祥》）

## 五月

癸巳，是日，上以久旱，率百官修省齋三日，令順天府官致禱。（《明神宗實錄》卷六二，第1393頁）

乙未，雨。（《明神宗實錄》卷六二，第1394頁）

丙申，大雨。（《明神宗實錄》卷六二，第1394頁）

十三日，大風晝晦，發屋拔木。（民國《壽光縣志》卷一五《大事記》）

旱。（康熙《衢州府志》卷三〇《五行》）

旱。秋，大雨水。（雍正《常山縣志》卷一二《拾遺》）

十三日，大風晝晦，發屋拔樹。（嘉慶《昌樂縣志》卷一《總紀》）

大水入市，蕩去民舍。（康熙《通山縣志》卷八《祥異》）

五、六月，郇陽旱。（同治《郇陽府志》卷八《祥異》）

五、六月間，睢寧蝗蝻徧地，食盡青苗。（天啟《淮安府志》卷二三《祥異》）

## 六月

丁巳，順天大雨，自是月至九月始止，渾河溢，田禾殆絕。（《國榷》

卷七〇，第 4312 頁）

蘇江雨連旬，寒如冬，傷稼。(《國榷》卷七〇，第 4313 頁)

廿一日辰時，雷震風烈，雨潮暴至，壞民間廬舍及漂死者無算。(乾隆《海澄縣志》卷一八《災祥》)

大雨，寒如冬，傷稼。(光緒《蘇州府志》卷一四三《祥異》；民國《吳縣志》卷五五《祥異考》)

蘇松連雨，寒如冬，傷稼。(嘉慶《松江府志》卷八〇《祥異》)

寒如冬令，霪雨傷稼。(同治《上海縣志》卷三〇《祥異》)

雨寒如冬，傷稼。(光緒《奉賢縣志》卷二〇《灾祥》)

甚寒，積雨沒民田，禾爛死。(光緒《青浦縣志》卷二九《祥異》)

連雨，寒如冬，傷稼。(乾隆《吳江縣志》卷四〇《災變》；光緒《震澤縣志》卷二七《災變》)

寒如冬，連雨傷稼。(光緒《南匯縣志》卷二二《祥異》)

陰雨連旬，寒氣凝，凜如冬，田成巨浸。(乾隆《婁縣志》卷一五《祥異》；乾隆《華亭縣志》卷一六《祥異》)

霪雨傷稼，寒如冬。(光緒《川沙廳志》卷一四《祥異》)

連雨，寒如冬。(同治《湖州府志》卷四四《祥異》；光緒《烏程縣志》卷二七《祥異》)

暴雨不止，壞廬舍，沒民田。(康熙《河間縣志》卷一一《祥異》)

夏，淫雨。六月內，暴雨不止，壞廬舍，沒民田。(萬曆《任丘志集》卷八《祥異》)

大水。(康熙《平鄉縣志》卷三《前朝》)

不知水從何來，驟漲深丈餘。七月初旬，風雨異常，漂溺牛畜房屋不可勝紀。海、清、鹽、安、宿、沭大略相同。(天啟《淮安府志》卷二三《祥異》)

攸縣、醴陵天雨細黑黍。(崇禎《長沙府志》卷七《祥異》)

大雨。(萬曆《樂亭志》卷一一《祥異》)

至于九月，雨，漢水溢，傷禾稼。 (萬曆《襄陽府志》卷三三

《災祥》）

## 七月

甲寅，福州府、興化府地震，太原府冰雹。（《明神宗實錄》卷六四，第 1427 頁）

大旱。七月，米價騰，河缺魚。（嘉慶《瀏陽縣志》卷三四《祥異》）

潦。明年饑。（萬曆《樂亭志》卷一一《祥異》）

## 八月

癸亥，河復決崔鎮。（《明神宗實錄》卷六五，第 1431 頁）

甲戌，是日，大雨。（《明神宗實錄》卷六五，第 1436 頁）

辛巳，大同府地震。（《明神宗實錄》卷六五，第 1439 頁）

辛巳，陽和城、渾源州、龍門衛等處地震。（《明神宗實錄》卷六五，第 1439 頁）

河復決宿遷、沛縣等縣，兩岸多壞。（同治《徐州府志》卷五下《祥異》；民國《沛縣志》卷二《災祥》）

二十二日，無雲而雷。（民國《平陽縣志》卷五八《祥異》）

陽城螟。（雍正《澤州府志》卷五〇《祥異》）

## 閏八月

乙酉朔，午正一刻，日應食六十三秒〔秒〕，雲遮不見。（《明神宗實錄》卷六六，第 1441 頁）

庚子，卯初四刻，月應食不食。（《明神宗實錄》卷六六，第 1450 頁）

淮河南徙，決高、寶諸湖隄。（光緒《盱眙縣志稿》卷一四《祥祲》）

府屬雨小黑實。永新、永寧人病瘴死者無算。（乾隆《吉安府志》卷一《機祥》）

天雨小黑實，視之乃薊薪實也，近數邑皆然。（乾隆《安福縣志》卷二《祥異》）

決劉獸醫口。(康熙《開封府志》卷六《河防》)

## 九月

十一日，雨雪。(康熙《衢州府志》卷三〇《五行》；雍正《常山縣志》卷一二《拾遺》)

## 十月

戊子，時彗星見西南，光明大如盞，芒蒼色，長數丈，繇尾箕越斗牛，直逼女宿。(《明神宗實錄》卷六八，第1474頁)

壬辰，先是，浙江海鹽縣有土、石二塘，以捍潮勢。萬曆三(抱本作"二")年間，忽遇颶風衝決。至是，興築工完，巡撫徐栻以聞，下工部知之。(《明神宗實錄》卷六八，第1475頁)

辛丑，火星順行，犯氐宿。(《明神宗實錄》卷六八，第1478頁)

辛丑，命支運司庫銀一萬兩、稻六百六十餘石，賑兩淮各場竈丁，以水災重大故也。(《明神宗實錄》卷六八，第1479頁)

大暑熱，民無所避。桃李復花，筍枝拔地數尺。大寒中，雷有霹靂聲。明春，轟轟不已，電光晝爍，雹如大珠，人死於疫者無算。(同治《贛縣志》卷五三《祥異》)

桃李皆華，大雷雨雹。(乾隆《會昌縣志稿》卷三四《雜志》)

十三日，天雨雪，平地深三尺，銀江河冰合。(雍正《靈川縣志》卷四《祥異》)

## 十一月

甲戌，戶部覆："淮、揚、桃等州縣水災重大，議將本年起存錢粮一概停徵，漕糧改折一半，正兌每石折七錢，改兌每石折六錢。席板耗價在內，并留贓罰銀五千兩，以備(抱本作'給')賑粟。"得旨："小民困苦，深軫朕懷，被災州縣准停徵改折賑濟，以甦民困。其運軍行糧亦准于徐州商稅銀內量給，地方官著實奉行，俾窮民得霑實惠。"(《明神宗實錄》卷六九，

第 1500 頁）

辛巳，以湖廣荊州府屬水災，蠲萬曆二年以前所欠軍餉，并存留本折銀米。（《明神宗實錄》卷六九，第 1504 頁）

甘露降于榕。（康熙《漳浦縣志》卷四《災祥》）

## 十二月

己丑，先是，淮水南徙，泛濫淮揚間。已而，漕運侍郎吳桂芳報稱，草灣開通，淮水消落。至是，淤墊如故。給事中劉鉉言：“治淮以開通海口為策，宜簡方略大臣一員，會同河漕諸臣相踏諮度，為新運計。”（《明神宗實錄》卷七〇，第 1508 頁）

辛丑，是日（北大本、抱本無此二字），金星順行，犯土星在斗度。（《明神宗實錄》卷七〇，第 1513 頁）

二十八日……申刻，陰雲陡作，大雷雨。（乾隆《杭州府志》卷五六《祥異》）

大雷。（康熙《桐鄉縣志》卷二《災祥》）

大風，斷漢江浮橋，溺死者甚眾。大雨震電，擊死舟中三人。（萬曆《襄陽府志》卷三三《災祥》）

## 是年

春，大雨雹傷麥。（康熙《內鄉縣志》卷一一《災祥》）

春，南京旱，井泉竭，河可涉。（光緒《金陵通紀》卷一〇下）

春，不雨，井泉多竭。（萬曆《六合縣志》卷二《災祥》；同治《上江兩縣志》卷二下《大事下》）

夏，大水。（同治《南安府志》卷二九《祥異》）

復大水。（乾隆《東明縣志》卷七《灾祥》）

漢水溢。（光緒《光化縣志》卷八《祥異》）

大水城崩，知縣伍維翰申請上疏發帑，遷新治於三台山之陽。（嘉慶《蕭縣志》卷一八《祥異》）

大水，時黃決崔鎮，淮決高堰，漕渠決黃浦，八淺、高寶等邑滙爲巨浸。（嘉慶《揚州府志》卷七二《雜志》）

徐州河淤，淮河南徙，決高郵湖隄。（道光《續增高郵州志·災祥》）

海漲，壞范公堤，死人無算。（民國《阜寧縣新志》卷首《大事記》）

都御史潘季馴塞寶應河堤決口，以蛟龍宅其中，鑿舟沉鐵。夜有蛟作雷雨化去，浮蛻水面。（雍正《揚州府志》卷三《祥異》）

決湖隄。（道光《重修寶應縣志》卷九《災祥》）

海嘯。（光緒《上虞縣志》卷三八《祥異》）

旱。（光緒《綏德直隸州志》卷三《祥異》）

冬，雪深數尺。（康熙《商丘縣志》卷三《災祥》）

春，雹。（康熙《番禺縣志》卷一四《事紀》；康熙《廣東通志》卷二一《災祥》）

春，不雨，井泉多竭，河可涉。（萬曆《應天府志》卷三《郡紀下》）

臨安春夏，不雨，斗米三錢，民多殍。（天啟《滇志》卷三一《災祥》）

時年饑，久不雨，越春徂夏不雨。（乾隆《石屏州志》卷五《藝文》）

夏，大水。秋冬，大疫。（同治《大庚縣志》卷二四《祥異》）

夏，大水潰城。知縣伍維翰遷城于三台山麓。（同治《徐州府志》卷一六《建置》）

夏，陰雨，寒凜如冬，田盡潯。（光緒《常昭合志稿》卷四七《祥異》）

武隆蝗虫生，禾根如刈。（乾隆《涪州志》卷一二《祥異》）

福隆堤潰，淹沒廬舍民田無數。知縣周昌晉修復。（道光《廣東通志》卷一一五《水利》）

水。（康熙《安鄉縣志》卷二《災祥》）

旱，知縣劉作民賑濟。（光緒《柘城縣志》卷一〇《雜志》）

水，傷穀。（嘉慶《長垣縣志》卷九《祥異》）

雨霖。（乾隆《滑縣志》卷一三《祥異》）

大水。（萬曆《興化縣新志》卷一〇《外紀》；萬曆《帝鄉紀略》卷六《災患》；康熙《延津縣志》卷七《災祥》；道光《江陰縣志》卷八《祥異》；光緒《金壇縣志》卷一五《祥異》）

大旱，自五月至十月，收穫無十之三。又時疫大作，死喪載路。（同治《興國縣志》卷三一《祥異》）

大旱。（乾隆《雩都縣志》卷二《災異》）

大水灌城。（乾隆《鳳陽縣志》卷一五《紀事》）

海溢，鹽邑受害特甚。（嘉慶《嘉興府志》卷七二《雜志》）

苦雨。（嘉慶《東臺縣志》卷七《祥異》）

淮水大溢，民廬漂没殆盡，百姓逃移者三之一。（萬曆《鹽城縣志》卷一《祥異》）

河決嚙城，遷治避之。（同治《宿遷縣志》卷三《紀事沿革表》）

大水，田與海連，百里無烟，錢粮無徵。（雍正《安東縣志》卷一五《祥異》）

河決崔鎮，黄水北流，清河口淤澱，全淮南徙，高堰湖隄大壞，淮、揚皆為巨浸。（乾隆《山陽縣志》卷一九《名宦》）

苦雨，彗星告變。（崇禎《泰州志》卷七《災祥》）

大水決堤。（萬曆《寶應縣志》卷五《災祥》）

河決曹縣韋家樓、碭山縣張家屯。（乾隆《曹州府志》卷五《河防》）

大水，平地深丈餘。（康熙《魚臺縣志》卷四《災祥》）

雨，頹城垣。知縣侯鶴齡修補。（乾隆《昌邑縣志》卷二《城池》）

蝗復生。（乾隆《洵陽縣志》卷一二《祥異》；嘉慶《白河縣志》卷一四《附祥異》；光緒《洵陽縣志》卷一四《祥異》）

蝗。（康熙《興安州志》卷三《災異》）

白虹見。（崇禎《蔚州志》卷四《祥異》）

秋，大霖雨，傷稼。（咸豐《大名府志》卷四《年紀》）

秋，雹。（康熙《永平府志》卷三《災祥》）

秋，大雨傷禾。（康熙《開州志》卷四《災祥》）

秋，忽大水，漂没異常。（康熙《濮州志》卷六《數集》）

秋，雨色黑，成塊如粟粒。（同治《永豐縣志》卷三九《祥異》）

秋，河溢，大水夜至，城幾陷，……水自西南水門入，城危甚。（萬曆《沛志》卷一《邑紀》）

秋，大水，柳子口河四野泛流。（康熙《薊州志》卷八《藝文》）

五年、六年水，大雪。（乾隆《盱眙縣志》卷一四《菑祥》）

五年、六年、七年，皆大水，田與海連，百里無煙，舟行城市，復有廢縣之議。（光緒《安東縣志》卷五《民賦下》）

# 萬曆六年（戊寅，一五七八）

## 正月

丙子，户部覆議直隸巡按御史王民順稱："蘇松四府今年夏秋之間大雨連旬，潮水橫溢，高田僅可薄收，卑下顆粒無賴，重以賦煩役重，民生不堪。查該地方先荷蠲免，并經撫按會題，除已徵在官及借支外，臣等覆議蠲免，逋前數一應起存折色共計銀五十八萬六千三百三十餘兩，本色米二萬九千九百一十餘石。愛養休息，不為不至，然所議仍行帶徵者，皆係内府布疋顏料，與元年、二年拖欠，例不應遽豁者也。"（《明神宗實錄》卷七一，第1537頁）

大雨雪，冬嚴寒，大川巨浸，冰堅五尺，舟楫不通。（乾隆《吳江縣志》卷四〇《災變》；乾隆《震澤縣志》卷二七《災祥》）

開化縣雨黑水，著物皆黑。（康熙《衢州府志》卷三〇《五行》）

大雨雪，二月、三月恒雨。（乾隆《杭州府志》卷五六《祥異》）

黑雨。冬，大水。（康熙《東鄉縣志》卷四《灾祥》）

初五日，雨雹，大如卵，須臾遍地盈尺，林鳥池魚死不可計。春夏間，狂雷非常，連日不止。（康熙《陽春縣志》卷一五《祥異》）

元宵日寅卯時，黑雨如注。（雍正《開化縣志》卷六《雜志》）

至三月終，連雨，麥盡死。（康熙《德安縣志》卷八《災異》）

## 二月

壬午，榆林鎮靜堡、靖遠營地震。（《明神宗實錄》卷七二，第1537頁）

辛卯，申時，桂林府臨桂縣江頭村，田中土忽擁起青煙一道，直上，地隨裂丈餘，地內鼓聲響，陷民房十餘間，大樹大石皆陷入地。（《明神宗實錄》卷七二，第1549頁）

丁酉，是夜，戌正三刻，月食。（《明神宗實錄》卷七二，第1554頁）

## 三月

大水。（同治《餘干縣志》卷二〇《祥異》；同治《萬年縣志》卷一二《災異》）

大水，害禾稼。（同治《萍鄉縣志》卷一《祥異》；民國《昭萍志略》卷一二《祥異》）

## 四月

壬辰，以天氣暄熱，命法司并錦衣衛獄囚，笞罪無佐驗者釋之，徒（抱本“徒”下有“流”字）以下即從末減，重囚情可矜疑并枷號者，具錄以聞。（《明神宗實錄》卷七四，第1606頁）

丙午，工科都給事中王道成題：“當今之事，莫急治河。日者，黃淮水發，勢且滔天，以數千里之巨津而僅洩於雲梯之一線。於是，南北并受其害，謂宜塞崔鎮之決口，築桃宿之長堤，修理高家堰，開復老黃河。仍嚴督當事諸臣，務在疏通壅滯。庶幾有濟。”議下所司。（《明神宗實錄》卷七四，第1611頁）

壬午，雨雹。（光緒《德安府志》卷二〇《祥異》）

壬午朔，雨雹。（道光《安陸縣志》卷一四《祥異》；光緒《咸甯縣

志》卷八《災祥》)

江潮復至，自三年七月以後，每日止暗長水。(乾隆《杭州府志》卷五六《祥異》)

故縣以東大雨雹，禽鳥盡死。(康熙《雒南縣志》卷七《災祥》)

四日，大雨雹。(順治《潁上縣志》卷一三《文翰》)

雨雹。(雍正《應城縣志》卷三《災祥》)

二十六夜，迅雷，暴風拔（木）。(康熙《增城縣志》卷三《事紀》)

## 五月

五日，縣城大水，衝没田廬，人多溺死。(同治《新昌縣志》卷四《紀異》)

初八日，柘洋大雪。(乾隆《福寧府志》卷四三《祥異》)

十七日，雷震文廟。(民國《岑溪縣志·災祥》)

二十九日，崇武驛樓雷震，殺男子一人。(萬曆《東昌府志》卷一七《祥異》)

又大旱。(順治《潁上縣志》卷一三《文翰》)

大水，侯官、懷安稼損十之八。是秋，大旱。(萬曆《閩書》卷一四八《祥異》)

大水，入城丈餘，漂流民居數十家。(康熙《南平縣志》卷四《祥異》)

朔，福建都御史劉恩問履任經此，淫雨不止，水溢入城。(康熙《南平縣志》卷八《壇廟》)

大雨雹，麥災。民饑。(康熙《淅川縣志》卷八《災祥》)

不雨，至于秋七月。(康熙《齊河縣志》卷六《災祥》)

## 六月

辛巳，清河大水，溢固安。(《國榷》卷七〇，第4337頁)

二十七日，大雨如注，平地水深數尺，河水卒漲入城，傷禾稼，淹没官

署民居。（乾隆《新鄉縣志》卷二八《祥異》）

大風自西南來，揚石拔木，颺田車於空中。（光緒《豐縣志》卷一六《災祥》）

小峪口山上有聲如雷，頃刻水下，將房屋漂毀，溺死四十餘人。（萬曆《榆次縣志》卷八《災祥》）

寶應湖於六月内暴風驟雨，本工衝決。（民國《寶應縣志》卷五《水旱》）

大水。（乾隆《泰和縣志》卷二八《祥異》；乾隆《武緣縣志》卷一四《禨祥》）

大旱。知縣楊萬春齋宿神祠，素服率邑士庶步拜。越宿，夜雷雨大作，三日乃止。歲仍熟。（康熙《上杭縣志》卷一一《祲祥》）

大雨，平地水深數尺，河水漲，衝没官署民舍甚多。（乾隆《汲縣志》卷一《祥異》）

暴雨，自晨至夜，河水泛溢入城東南門，街可行船，廬舍淪没大半。七月朔，復雨潦同前。（乾隆《威遠縣志》卷一《祥異》）

至九月，襄陽雨，漢水溢，傷稼。（同治《宜城縣志》卷一〇《祥異》）

## 七月

壬子，雷擊南京承天門左簷閣脊獅儸。（《明神宗實錄》卷七七，第1651頁）

大風，禾死風。（乾隆《清水縣志》卷一一《災祥》）

河溢，徐、邳縣境被災尤甚。（同治《宿遷縣志》卷三《紀事沿革表》）

十八日，大雨，縣東北小樊川山崩，壓死數人。（光緒《黄巖縣志》卷三八《變異》）

十八日，大雨，黄巖縣東北小樊川山崩，壓死數人。（民國《台州府志》卷一三四《大事略》）

隕霜殺禾。（民國《岳陽縣志》卷一四《災祥》；民國《安澤縣志》卷一〇《祥異》）

大雨雹。（順治《易水志》卷上《災異》；康熙《定興縣志》卷一《禨祥》）

大風雹，傷禾稼。（乾隆《滿城縣志》卷八《災祥》）

大風，死禾。（康熙《清水縣志》卷一〇《災祥》；乾隆《直隸秦州新志》卷六《災祥》）

黃水暴漲，邳、宿、睢被災尤甚。（嘉慶《邳州志》卷一七《祥異》）

天雨黑黍。（崇禎《長沙府志》卷七《祥異》）

初一日，城中水深數尺，西城溪水自城垛入，西南二郊民房湮沒三十餘家。（乾隆《井研縣志》卷一《祥異》）

## 八月

丁未，新野大雨水，壞田舍人畜。（《國榷》卷七〇，第4338頁）

大雨雹，傷禾稼。（光緒《保定府志》卷四〇《祥異》）

旱。（康熙《番禺縣志》卷一四《事紀》）

## 九月

初六日，容縣大風拔木。是歲饑。（乾隆《梧州府志》卷二四《禨祥》）

十四日，大雷。（康熙《衢州府志》卷三〇《五行》）

十四日，大霜。（萬曆《常山縣志》卷一《災祥》）

## 十月

雨，木冰。（同治《湖州府志》卷四四《祥異》；同治《長興縣志》卷九《災祥》；光緒《歸安縣志》卷二七《祥異》）

秋，螟害稼。冬十月，雨，木冰。（崇禎《烏程縣志》卷四《災異》）

## 十一月

庚戌，以安州新安縣水災，准于萬曆六年存留秋糧馬草内，炤依災傷分數查免。（《明神宗實錄》卷八一，第 1723～1724 頁）

冰華成人物、車馬、草木狀。（康熙《休寧縣志》卷八《機祥》）

大雨雪。（康熙《杞紀》卷五《繫年》；嘉慶《昌樂縣志》卷一《總紀》）

雨，大冰。（萬曆《秀水縣志》卷一〇《祥異》）

大冰。（光緒《嘉善縣志》卷三四《祥眚》）

西城濠中冰成龍形，鱗甲頭角皆具，如雕鏤狀，蜿蜒曲折長里許。（乾隆《長治縣志》卷二一《祥異》）

大雨雪，平地深三尺，生畜、樹木凍死幾半。（萬曆《安邱縣志》卷一下《總紀》）

大雨雪，平地深及三尺，人畜多凍死，竹樹多枯。（萬曆《諸城縣志》卷九《災祥》）

大雪，至次年初一日尤甚，平地深數尺，浹月始霽。（萬曆《舒城縣志》卷一〇《祥異》）

冬至前八日，雷屢鳴，善化里雨雹，大如雞卵，或有稜腳，水面不沉。（乾隆《長泰縣志》卷一二《災祥》）

## 十二月

沛、豐大雪二十餘日。（同治《徐州府志》卷五下《祥異》）

雷。（崇禎《泰州志》卷七《災祥》；嘉慶《揚州府志》卷七〇《事略》；嘉慶《東臺縣志》卷七《祥異》）

大雨雪，平地深三尺，河水成冰。（乾隆《興安縣志》卷一〇《祥異》）

庚午，震永昌三賢祠，蕩屋瓦，祠内外死傷十餘人。（天啟《滇志》卷三一《災祥》）

## 是年

夏，雨雹，龍見。（民國《盩厔縣志》卷八《祥異》）

夏，澇。秋，旱。（康熙《興安州志》卷三《災異》；乾隆《洵陽縣志》卷一二《祥異》；嘉慶《白河縣志》卷一四《祥異》；光緒《洵陽縣志》卷一四《祥異》）

夏，大雨。（乾隆《新鄉縣志》卷二八《祥異》）

夏，霖雨大水。（光緒《永年縣志》卷一九《祥異》）

休寧冰花成人物、車馬、草木狀。（道光《徽州府志》卷一六《祥異》）

仁化大水，壞城垣九十丈，知縣袁伯睿修復。（同治《韶州府志》卷一一《祥異》）

大水，壞城垣九丈，知縣袁伯睿修復。（民國《仁化縣志》卷五《災異》）

雨雹。（康熙《瀏陽縣志》卷九《災異》；光緒《孝感縣志》卷七《災祥》）

豐縣大風，自西南來，揚沙拔木，掀田車於空中。秋，沛河溢，睢寧亦大水。（同治《徐州府志》卷五下《祥異》）

大水，雨，木冰。（嘉慶《如皋縣志》卷二三《祥祲》）

大旱，歲饑。（康熙《文水縣志》卷一《祥異》）

夏秋，俱不雨。（咸豐《興甯縣志》卷一二《災祥》）

秋，大水，民饑，知縣徐密請發帑金三千賑。（康熙《睢寧縣舊志》卷九《災祥》）

秋，旱。（乾隆《潮州府志》卷一一《災祥》；嘉慶《澄海縣志》卷五《災祥》）

浙江大水。秋，螟害稼。（同治《湖州府志》卷四四《祥異》）

秋，螟害稼。（同治《長興縣志》卷九《災祥》）

大水。秋，螟害稼。（光緒《歸安縣志》卷二七《祥異》）

大雪。（同治《嵊縣志》卷二六《祥異》）

冬，合郡大雪；寒，運河冰合。（萬曆《紹興府志》卷一三《災祥》）

水，冬，大雪。（光緒《盱眙縣志稿》卷一四《祥祲》）

冬，大冰雪，飛鳥墜地死。（乾隆《直隸通州志》卷二二《祥祲》；光緒《通州直隸州志》卷末《祥異》）

蟲。冬，大雪，木冰。（道光《江陰縣志》卷八《祥異》）

冬，大雪，彌月地裂。（光緒《潛江縣志續》卷二《災祥》）

冬，極寒，大樹洌死，窮民旅途次者多死於雪。次年春，多雨，麥秋俱無收。（乾隆《新蔡縣志》卷一〇《雜述》）

冬，大雪，人畜凍死者甚眾。（民國《洪洞縣志》卷一八《祥異》）

冬，大雪，人畜多凍死。（民國《翼城縣志》卷一四《祥異》）

春，不雨，劉君率民步禱，天乃雨。（嘉慶《惠安縣志》卷三二《文集》）

春，雩都雷聲轟轟不已，電光晝爍，雹如大圓珠下擊。人死於疫無算，又大旱。（乾隆《贛州府志》卷一《磯祥》）

春，水猶注地中，民田十頃種不得布，萬姓嗷嗷。（同治《清河縣志》卷四《山川》）

夏，大旱，禾稼就枯。竭誠懇禱，是夜即雨，三日沾濡。（乾隆《任邱縣志》卷一〇《五行》）

夏，霪雨，傾圮（城垣）。（康熙《湖廣武昌府志》卷一《建置》）

雲南縣霖淹山崩。（天啟《滇志》卷三一《災祥》）

水漲，堤崩。（乾隆《富順縣志》卷一《城池》）

大旱，潮溢，溪井盡鹹，汲者苦之。（康熙《文昌縣志》卷九《災祥》）

（南海縣）大旱。（道光《廣東通志》卷二二九《寺觀》）

龍水驟至，吉口、慈口二里田盡沒。（光緒《興國州志》卷三一《祥異》）

大水。（乾隆《雩都縣志》卷二《災異》；同治《漢川縣志》卷一四

《祥祲》；民國《文安縣志》卷終《志餘》）

　　天落黑穀，内有米如小麥狀。（乾隆《寧州志》卷二《祥異》）

　　泗州夏，大水。冬，大雪，淮冰盱合，山谷迷漫，禽獸草木多凍死者，自十一月初至明年二月終，始霽。（萬曆《帝鄉紀略》卷六《災患》）

　　嘉興螟。衢州雨黑水。（康熙《浙江通志》卷二《祥異附》）

　　海嘯，廬舍漂没。（乾隆《平湖縣志》卷二〇《機祥》）

　　蚄蝗食穀成穗落地。（萬曆《淄川縣志》卷二二《災祥》）

　　大風，摧折鎮朔門、迤東第三城樓一座。（康熙《陽曲縣志》卷一《祥異》）

　　尚壯鄉雨雹，深五寸。（康熙《郯城縣志》卷九《災祥》）

　　大水，饑。（康熙《大城縣志》卷八《災祥》）

　　夏秋，以霖雨河决。（康熙《新河縣志》卷一〇《藝文》）

　　大水，夏秋無禾。冬，雷大震，一日三次。（雍正《安東縣志》卷一五《祥異》）

　　秋，沛河溢，大水。（康熙《徐州志》卷二《祥異》）

　　冬，大雪二十餘日不止。（萬曆《沛志》卷一《邑紀》）

　　冬，雨雪。（康熙《新會縣志》卷三《事紀》）

　　冬，大雪彌月。（康熙《鍾祥縣志》卷一〇《災祥》；民國《湖北通志》卷七五《災異》）

　　冬，冰積綴樹枝。（康熙《桐鄉縣志》卷二《災祥》）

　　冬，大雪，木冰，飛鳥墜地死。（萬曆《泰興縣志》卷八《祥異》）

　　冬，澱湖忽湧冰成山，約高數丈，長二里許。先是，居民聞萬馬之聲，從牖中窺之，見燈火千餘，及明乃見冰山，月餘始融釋。（崇禎《松江府志》卷四七《災異》）

　　冬，大雪，深三尺許，竹盡枯，果樹死大半，民有凍死者。（康熙《金鄉縣志》卷一六《災祥》）

　　冬，大雨雪，深及牛目，樹木皆凍死。（康熙《滕縣志》卷三《灾異》）

　　冬，大雪。（乾隆《曲阜縣志》卷三〇《通編》）

冬，大雪三日，深五尺，樹木凍死。（天啟《新泰縣志》卷八《祥異》）

冬，大雪彌月，平地深丈許，壓没廬舍，人多僵死道間，果樹、花竹凍死者十之七，鳥雀鹿兔魚蝦死幾盡。（康熙《嶧縣志》卷二《災祥》）

冬，三白，井凍。（萬曆《續朝邑縣志》卷八《紀事》）

冬，久雪。（天啟《同州志》卷一六《祥祲》；乾隆《富平縣志》卷一《祥異》）

冬，大雪凝寒，人畜凍死者多，榴柿樹死者大半。（萬曆《洪洞縣志》卷八《祥異》）

冬，趙城、洪洞大雪，人畜凍死者甚眾。（道光《趙城縣志》卷三六《祥異》）

# 萬曆七年（己卯，一五七九）

## 正月

不雨，大旱，蝗，民饑饉。六月，乃雨。（乾隆《晉江縣志》卷一五《祥異》）

元旦，雷震，雪飛。（康熙《郯城縣志》卷九《災祥》；民國《臨沂縣志》卷一《通紀》）

朔，雨雪積三四尺，壓倒房屋無算。五月望大雨，至七月晦，乃晴。田廬盡成巨浸，彌望如海，攘奪蜂起，城門辰啟申闔，人不自保。十二月十一日，昏時大雷電，風雨。（光緒《常昭合志稿》卷四七《祥異》）

八日，大冰。（宣統《恩縣志》卷一〇《災祥》）

不雨，至六月乃雨，饑。（嘉慶《惠安縣志》卷三五《祥異》）

## 二月

晝晦。（康熙《堂邑縣志》卷七《災祥》）

至十一月，不雨，歲饑。當道發帑金倉粟，修浚城池，籍饑民爲夫，廩食之。（康熙《漳浦縣志》卷四《災祥》；光緒《漳浦縣志》卷四《災祥》）

## 三月

十八日大雷，雨，決口南岸，平地穴深丈餘，方廣二十八丈，内遺骨甚多。（宣統《續纂山陽縣志》卷一五《雜記》）

十三日，雨雹，大如雞子。（民國《滎經縣志》卷一三《五行》）

十八日申時，大雷，決口南岸，平地穴深丈餘，方二十八丈，内遺骨甚多，蓋蛟龍所蜕云。（民國《寶應縣志》卷五《水旱》）

十都雨血。（光緒《石門縣志》卷一一《祥異》）

大雨雹，碎民屋瓦。（康熙《東鄉縣志》卷四《灾祥》）

十都雨血。五月，大水，淹禾。（道光《石門縣志》卷二三《祥異》）

## 四月

大霜，二麥俱壞，氣臭。（乾隆《諸城縣志》卷二《總紀上》）

大水。（萬曆《秀水縣志》卷一〇《祥異》；光緒《嘉興府志》卷三五《祥異》）

大水潗禾。（同治《湖州府志》卷四四《祥異》；光緒《歸安縣志》卷二七《祥異》）

大水淹田禾。（光緒《嘉善縣志》卷三四《祥眚》）

大水，白龍從西北來，尾帶乍城墮一角，南河塘積水三畝，一時都涸。（光緒《平湖縣志》卷二五《祥異》）

大水，潗禾。十一月冬至前一日大雷，虹見。（崇禎《烏程縣志》卷四《災異》）

## 五月

乙卯，巡鹽御史房寰奏：“寬河東額鹽二十七萬八千餘引，以滟潦爲

災，撈辦不敷故也。"（《明神宗實錄》卷八七，第 1811 頁）

壬申，蘇、松大水。（《國榷》卷七〇，第 4350 頁）

大水爲災。八月，又水。（光緒《五河縣志》卷一九《祥異》）

鳳陽、徐州大水。（光緒《盱眙縣志稿》卷一四《祥祲》）

颶風大作。（民國《陽江志》卷三七《雜志上》）

己巳朔，雹大如拳。（民國《盧龍縣志》卷二三《史事》）

久雨，大水一望無際，禾苗潯盡。（乾隆《震澤縣志》卷二七《災祥》）

徐大水。（民國《銅山縣志》卷四《紀事表》）

雨雹傷麥。（民國《沛縣志》卷二《沿革紀事表》）

朔，雹大如拳。（康熙《永平府志》卷三《災祥》）

大旱。大風拔樹飄屋，壓死數人，傷者甚眾，毀禾稼，東西數里、南北十餘里俱盡。秋，大雨雹，鳥雀遭之皆死。（乾隆《平原縣志》卷九《災祥》）

久雨，大水連天。長洲、吳江、常熟、崑山、華亭諸縣一望無際，禾苗潯盡。（康熙《吳江縣志》卷四二《祥異》）

大水，八月，又水。（乾隆《鳳陽縣志》卷一五《紀事》；同治《徐州府志》卷五下《祥異》）

不雨，我邑侯章公殫精誠徒跣禱而雨，而民悅。明年夏四月，不雨。六月，不雨，侯禱如初而再雨，而歲再不敗。（道光《江西新城縣志》卷二《倉廩》）

下黑黍，狀如樟子，民炊可食。（同治《瀘溪縣志》卷一一《休咎》）

大雨水湧，崩城，漂没民房，溺死男婦二十餘人。（崇禎《梧州府志》卷四《郡事》）

## 六月

晦，大雨，東關大河驟溢。（順治《招遠縣志》卷一《災祥》）

晦，大雨，平地水深丈餘，淹没廬舍、人畜無算。（民國《萊陽縣志》

卷首《大事記》)

岳陽旱。(萬曆《平陽府志》卷一〇《災祥》)

晦，蓬萊、招遠等縣大雨，平地水溢，山摧石崩，淤田畝，漂民居，没人畜無算。(光緒《登州府志》卷二三《水旱豐饑》)

晦，夜，大雨，平地水溢，廬舍盡圮。(乾隆《海陽縣志》卷三《災祥》)

大水。六月，黑雨，雨蟲。(順治《高淳縣志》卷一《邑紀》)

雨雪。(康熙《瀘溪縣志》卷一《災異》)

六月、七月，大旱。(康熙《永康縣志》卷一五《祥異》)

## 七月

己酉，壽、徐等十二州縣水災，命勘别輕重，量議停免。(《明神宗實録》卷八九，第 1838 頁)

壬子，蘇州水災，撫按官請先行賑饑，旋(抱本"旋"下有"賜"字)蠲免。得旨：以災傷重大，命撫按官作速勘處。(《明神宗實録》卷八九，第 1839 頁)

戊午，上以京師亢旱，命順天府率屬虔禱。是日即雨，入夜大雨，連三日，遠邇霑足。輔臣張居正等上表稱慶，上手諭慰答之。(《明神宗實録》卷八九，第 1840 頁)

戊午，昏刻，地震二次。是夜望，月食不見。(《明神宗實録》卷八九，第 1840 頁)

癸亥，户科給事中李涞以江南水災疏陳四事。(《明神宗實録》卷八九，第 1841 頁)

蓮花口決，入於衛。(道光《武陟縣志》卷一二《祥異》)

大水，田廬盡没。(乾隆《諸城縣志》卷二《總紀上》)

不雨。予憂之，祈雨於潭，次日雨，三日後又大雨，龍之爲靈昭昭也。(乾隆《泰安府志》卷二五《藝文》)

十三日，颶風，海溢，溺死無算。又大疫。(光緒《江東志》卷一

《祥異》）

大風從西拔地來，卷石飛瓦，勢若天摧，雨復大至。大疫。（嘉慶《淞南志》卷二《災祥》）

朔，白日中怪風從西拔地而來，卷石飛沙，勢若天摧，雨復大作。次日暮，又大風，湖中挾水湧捲，高低淹浸，一望無際。民艱食。（崇禎《吳縣志》卷一一《祥異》）

## 八月

丁酉，蘇松水災。（《明神宗實錄》卷九〇，第1858頁）

又水。（民國《銅山縣志》卷四《紀事表》）

大水，八月尤甚。（光緒《丹陽縣志》卷三〇《祥異》）

大水。八月，又水。（同治《徐州府志》卷五下《祥異》）

二十三日，雨雹，有大如拳者，津期店東北諸村房瓦皆碎。（宣統《恩縣志》卷一〇《災祥》）

己亥，灤州雨雹。（光緒《永平府志》卷三〇《紀事》）

潦，民饑。八月，洪水至，幾沒城市。（崇禎《泰州志》卷七《災祥》）

至八年春三月，不雨，麥苗枯。（萬曆《蒲臺縣志》卷七《災異》）

## 九月

乙卯，上用大婚龍袍，命太監孫隆提督蘇杭等府織造，諭以憫念民力。於是，隆上言："天雨頻仍，地氣蒸潯，請乞袍叚之雨濕塵顗者，照例解進，免以退換，累及小民。"從之。（《明神宗實錄》卷九一，第1868頁）

辛未，蘇松等屬邑水災，田荒，賦逋，詔減各驛馬價十之四，并停徵以前未完者。（《明神宗實錄》卷九一，第1879頁）

二十一日，又雨雹。（宣統《恩縣志》卷一〇《災祥》）

二十一日未時，無雲而電，其先有霏烟若縷，有龍形，首尾彷彿可辨，自東北上見。（乾隆《長治縣志》卷二一《祥異》）

## 十月

乙亥，泗州等七州縣水災，巡撫江一麟請于本年應免（抱本作"兌"）漕粮通行改折，且分作三年徵解。部覆從之，令以二年解完。（《明神宗實錄》卷九二，第 1881 頁）

辛巳，以蘇松水災，賜減明年牲口藥材等銀（抱本"銀"下有"兩"字）十之五，併暫停徵以前逋欠者。（《明神宗實錄》卷九二，第 1884 頁）

丙戌，蠲蘇、松二府段疋、軍器等十之四，仍於舊逋者，暫行停徵，以水災異常故也。（《明神宗實錄》卷九二，第 1886 頁）

丙申，廣西撫按官張任等疏言："柳州府所屬五州縣旱災，饑民當賑，欲以貯庫銀一千四百五十余兩，留以賑荒。"（《明神宗實錄》卷九二，第 1891 頁）

雷。（康熙《巢縣志》卷四《祥異》）

## 十一月

癸卯朔，應天巡撫吳執禮，直隸巡按田樂、董光裕等題："常、鎮府屬江陰、靖江、金壇等州縣水災，議以協濟各驛遞馬價，自萬曆五年以前未完者，三縣俱暫停徵。"部覆從之。（《明神宗實錄》卷九三，第 1895 頁）

丁巳，今歲南直隸浙江一帶水災，頃蒙特恩蠲賑，又取回織造太監，窮民稍得安生。（《明神宗實錄》卷九三，第 1897～1898 頁）

冬至前一日，大雷，虹見。（萬曆《秀水縣志》卷一〇《祥異》；同治《湖州府志》卷四四《祥異》；同治《長興縣志》卷九《災祥》；光緒《嘉善縣志》卷三四《祥眚》；光緒《歸安縣志》卷二七《祥異》；光緒《嘉興府志》卷三五《祥異》）

大風拔木。十一月大風，壞漕舟民船千餘。（嘉慶《揚州府志》卷七〇《事略》）

大雪，至次年初一日尤甚，平地深數尺，浹月始霽。（萬曆《舒城縣志》卷一〇《祥異》）

## 十二月

天雨雪，銀江復冰。（雍正《靈川縣志》卷四《祥異》）

## 是年

春，多雨，饑。（康熙《興安州志》卷三《災異》；乾隆《洵陽縣志》卷一二《祥異》；嘉慶《白河縣志》卷一四《祥異》；光緒《洵陽縣志》卷一四《祥異》）

水。（康熙《太平府志》卷三《祥異》）

大旱。（乾隆《汀州府志》卷四五《祥異》）

大旱，知府徐一忠禱雨，應期，不爲害。（光緒《長汀縣志》卷三二《祥異》）

乳源大水，壞學宮。（同治《韶州府志》卷一一《祥異》）

大旱，饑，餓殍枕藉。（民國《來賓縣志》下篇《機祥》）

大水。（萬曆《銅陵縣志》卷一〇《祥異》；康熙《貴池縣志略》卷二《祥異》；乾隆《直隸澧州志林》卷一九《祥異》；嘉慶《上海縣志》卷一九《祥異》；道光《璜涇志稿》卷七《災祥》；同治《上海縣志》卷三〇《祥異》；光緒《蘇州府志》卷一四三《祥異》；光緒《川沙廳志》卷一四《祥異》；民國《淮陽縣志》卷八《災異》；民國《南匯縣續志》卷二二《祥異》）

淫雨，沁河決，田禾潡没，民舍漂流千餘家，邑南城崩。（乾隆《獲嘉縣志》卷一六《祥異》）

旱。（光緒《餘姚縣志》卷七《祥異》；光緒《零陵縣志》卷一二《祥異》）

大風雨，湖水湧捲，高低盡没。（民國《吳縣志》卷五五《祥異考》）

振水災，蠲免税糧。（民國《太倉州志》卷二六《祥異》）

海颶爲灾，大疫。（萬曆《嘉定縣志》卷一七《祥異》）

蝗。（同治《稷山縣志》卷七《祥異》）

雨雹大如雞子，屋瓦皆碎，鳥鵲盡死。（乾隆《雅州府志》卷六《祥異》）

彗星見武定府。矢納廠大雨，溺死者甚眾。（民國《禄勸縣志》卷一《祥異》）

蝗害稼。（嘉慶《蘭谿縣志》卷一八《祥異》；光緒《蘭谿縣志》卷八《祥異》）

螟，歲饑。（康熙《衢州府志》卷三〇《五行》）

水傷禾稼。（民國《光山縣志約稿》卷一《災異》）

秋，雨傷禾。（民國《確山縣志》卷二〇《大事記》）

冬，木冰。（道光《徽州府志》卷一六《祥異》）

冬，大水。（同治《餘干縣志》卷二〇《祥異》）

春，不雨。秋，復不雨。（崇禎《興寧縣志》卷六《災異》）

春，霪雨無麥。明年，大饑。（順治《息縣志》卷一〇《災異》）

春，多雨，麥秋俱無收。（乾隆《新蔡縣志》卷一〇《雜述》）

春，霖雨。夏秋旱，無麥禾。八年如之，九年亦如之。民食樹皮草根，餓死甚眾。（乾隆《靈璧縣志略》卷四《災異》）

春，雨三月，大饑。（康熙《蒙城縣志》卷二《祥異》）

春，大雪。（萬曆《江浦縣志》卷一《縣紀》）

夏，蝗蝻遍野，害稼。民饑。（順治《泗水縣志》卷一一《災祥》）

夏，復大水，山麓激水丈餘，平地一望巨浸，居民田廬蕩然無一存焉。詢之故老，亦謂百年所無也。（康熙《嶧縣志》卷二《災祥》）

夏，大旱。（雍正《廣東通志》卷五三《古跡》）

夏，旱。（康熙《興國州志》卷下《祥異》）

夏，恒雨，河水溢，人移城避。（康熙《德安安陸郡縣志》卷一四《節婦》）

洪水至。（嘉慶《揚州府志》卷七〇《事略》）

矢納廠大雨，溺者甚眾。（天啟《滇志》卷三一《災祥》）

婺川大水。（康熙《貴州通志》卷二七《災祥》）

雨雹大如雞子，瓦屋皆碎，鳥鵲盡死。（咸豐《天全州志》卷八《祥異》）

雨雪，河水為冰。（乾隆《興安縣志》卷一〇《祥異》）

象州旱，饑。（乾隆《柳州府志》卷一《機祥》）

大雨水。（康熙《新會縣志》卷三《事紀》）

大水壞學宮。（康熙《乳源縣志》卷一一《災異》）

潮水復至。（乾隆《清遠縣志》卷二《年表》）

河決。（乾隆《原武縣志》卷一〇《祥異》）

大旱，蝗，饑饉。至六月雨。（康熙《同安縣志》卷一〇《祥異》）

鹽、安大水。（乾隆《淮安府志》卷二五《五行》）

大旱，民無生理。公（王應修）勸諭富戶，貸麥種於貧民。（順治《新泰縣志》卷四《職官》）

大冰雹。（康熙《沂水縣志》卷五《祥異》）

大旱，人食榆楊葉。（萬曆《淄川縣志》卷二二《災祥》）

麥枯。夏大熱，閨閣者熱死。（萬曆《續朝邑縣志》卷八《紀事》）

漳水決于邑之東南，分爲四。（萬曆《廣平縣志》卷五《災祥》）

夏秋，大水，街市行舟，復議廢縣。（雍正《安東縣志》卷一五《祥異》）

秋，水傷禾稼。（順治《光山縣志》卷一二《災祥》）

七、八年，俱大水。（嘉慶《溧陽縣志》卷一六《雜類》）

七年、八年，連大水。（萬曆《常熟縣私志》卷四《敘產》）

七年、八年皆旱，不甚饑。（同治《南豐縣志》卷一四《祥異》）

七年、八年皆旱。（同治《鄱陽縣志》卷二一《災祥》）

大水，八年尤甚。（萬曆《重修鎮江府志》卷三四《祥異》；乾隆《丹陽縣志》卷六《祥異》；光緒《丹徒縣志》卷五八《祥異》）

七年、十年，漢水再溢，城餘三板。（同治《襄陽縣志》卷二《建置》）

七年、八年、九年，俱大水，斗豆百錢，鬻子女者甚眾。(康熙《續修陳州志》卷四《災異》)

# 萬曆八年（庚辰，一五八○）

## 正月

丙辰，夜望，月食。(《明神宗實錄》卷九五，第 1915 頁)

雨水。(民國《夏津縣志續編》卷一○《災祥》)

龍見於沂水之南城。(乾隆《沂州府志》卷一五《記事》)

雨，木冰。(萬曆《東昌府志》卷一七《祥異》)

## 二月

辛未朔，日食。(《明神宗實錄》卷九六，第 1923 頁)

初五夜，大風，雷雨雹。(民國《靈川縣志》卷一四《前事》)

## 三月

癸丑，鎮武堡城內忽起火二塊，大如斗，風迅，延燒軍民房屋五百餘間，燬館驛，并堆積官木三百餘根，及男婦十數人、盔甲、弓箭、糧米無算。(《明神宗實錄》卷九七，第 1951～1952 頁)

甲寅，東勝堡降天火，延燒軍民房屋四百余間，燒死軍士男婦一百四十余人，糧草盡燒絶。(《明神宗實錄》卷九七，第 1952 頁)

丙寅，大雨。(《明神宗實錄》卷九七，第 1957 頁)

武隆雨沙，時黃雲四塞，牛馬嘶鳴，沙積如堵。(康熙《重慶府涪州志》卷三《祥異》)

## 四月

雨雹傷稼。(民國《和順縣志》卷九《祥異》)

## 閏四月

二十八日，風雷拔木，雨雹尺餘。（道光《重修武強縣志》卷一〇《機祥》）

大水，民饑。（萬曆《秀水縣志》卷一〇《祥異》；崇禎《烏程縣志》卷四《災異》；光緒《歸安縣志》卷二七《祥異》；光緒《平湖縣志》卷二五《祥異》）

九都雨雹。（光緒《石門縣志》卷一一《祥異》）

九都大雨雹。（道光《石門縣志》卷二三《祥異》）

既望，至五月中大雨連綿，晝夜傾倒。六月，復大雨，一望皆成巨浸，遍野行舟。又疫札枕籍，殍殣盈途，比嘉靖四十年更甚。（崇禎《吳縣志》卷一一《祥異》）

## 五月

夜，漢水大漲没禾。（光緒《潛江縣志續》卷二《災祥》）

大水淹禾。（光緒《石門縣志》卷一一《祥異》）

大雨水，西湖水湧進湧金門，船至三橋址。（萬曆《錢塘縣志·灾祥》；乾隆《杭州府志》卷五六《祥異》）

大風拔禾。（萬曆《沃史》卷二《今總紀》）

淹禾。（道光《石門縣志》卷二三《祥異》）

大水。夏五月，霪潦綿注，蛟起數十窟，山崩石決，平地忽湧水數丈，禾稼盡損。歲大祲。（萬曆《銅陵縣志》卷一〇《祥異》）

大水。夏五月，霪潦綿注，蛟起數十窟，山崩石決，平地忽湧水數丈，禾稼盡損。歲大祲。（萬曆《池州府志》卷七《祥異》）

大水。（乾隆《鍾祥縣志》卷一《祥異》）

## 六月

丙午，太原地震。（《明神宗實錄》卷一〇一，第1997頁）

癸丑，夜，月食。（《明神宗實錄》卷一〇一，第1999頁）

雨，至八月乃止，湯峪山崩。（乾隆《清水縣志》卷一一《災祥》）

雨，至八月乃止。（乾隆《直隸秦州新志》卷六《災祥》）

雨雹，大如雞子，碎屋瓦，折樹枝。（同治《瀘溪縣志》卷一一《休咎》）

旱，虫食禾。饑。（萬曆《歸州志》卷三《災祥》）

## 七月

甲申，以雨免講讀。（《明神宗實錄》卷一〇二，第2013頁）

甲申，蘇松水利御史林應訓奏稱所屬地方復被水災（抱本"災"下有"渰没必須酌"五字），議設法鬮賑。上以報災請恤，乃地方撫按事應訓，疏洩無功，又代請掩罪，命工部同該科會查以報。既而部科為地方水患，固人事未盡，亦天時適逢，宜寬之以責後效，乃令之策勵供職。（《明神宗實錄》卷一〇二，第2013頁）

甲午，大同井坪路地大震搖所倒城墻數百丈。（《明神宗實錄》卷一〇二，第2017頁）

龍巖大風，捲人自西山，騰至紫金山麓而墮。（道光《龍巖州志》卷二〇《雜記》）

復漲，決白鶴寺，大浸稽天，經旬不消，歲大饑，野有殍。（光緒《潛江縣志續》卷二《災祥》）

雨雹。（乾隆《太原府志》卷四九《祥異》）

大雨雹。（萬曆《沃史》卷二《今總紀》）

懷仁里涂水漲發，田舍盡毀。（萬曆《榆次縣志》卷八《災祥》）

二十五日，青龍見于南城三里。（康熙《郯城縣志》卷九《災祥》）

大雨水。秋七月大風，拔木飄屋，損禾稼。（乾隆《盱眙縣志》卷一四《蓄祥》）

潛江漲，決白鶴寺，經旬不退。（康熙《安陸府志》卷一《郡紀》）

## 八月

庚申，夜，有異星見於東南方。每夜，形體漸長，有光芒，占為彗星。至十一月望後，始退。（《明神宗實錄》卷一〇三，第 2023 頁）

庚申，南直隸廬、鳳、淮、揚等處水災，詔准改折漕糧，及停徵歲額，以被災輕重為差。從巡按御史陳用賓請也。（《明神宗實錄》卷一〇三，第 2023～2024 頁）

海嘯潮溢，大雨連二旬，菽、木綿無收。（康熙《太平縣志》卷八《祥異》）

至八年春三月不雨，麥苗枯。（萬曆《蒲臺縣志》卷七《災異》）

## 九月

戊子，兵部奏稱："天氣漸寒，河水將凍，西虜雖已款關，變詐叵測。東虜屢窺邊塞，出沒無常。議行各邊總督，嚴飭各將領防備之（抱本'防備之'作'防守'）。"（《明神宗實錄》卷一〇四，第 2034 頁）

螟傷禾及菽。（同治《陽城縣志》卷一八《兵祥》）

初一日，隕霜殺稼。（民國《臨晉縣志》卷一四《舊聞記》）

隕霜殺稼。（雍正《猗氏縣志》卷六《祥異》）

陽城螟傷禾豆。（雍正《澤州府志》卷五〇《祥異》）

雨雪，雹大者如磚塊，小者如雞卵。（乾隆《威遠縣志》卷一《祥異》）

## 十月

二十一日，大雪，至明年正月，樹木凍折者大半，荒村不得火食，至有凍饑死者。（雍正《瑞昌縣志》卷一《祥異》）

## 十一月

壬申，以雪免朝賀。（《明神宗實錄》卷一〇六，第 2049 頁）

十九日，考城大雷雨。（民國《考城縣志》卷三《事紀》）

## 是年

春，旱，無麥。夏秋，渾河溢，傷禾稼。（民國《安次縣志》卷一《地理》）

夏，連三月雨，田澇，大饑。（乾隆《震澤縣志》卷二七《災祥》）

夏，休寧大水，譙樓壞。績溪大水雷震，雀死萬（疑當作"無"）數，又多虎。（道光《徽州府志》卷一六《祥異》）

夏，大水。（康熙《休寧縣志》卷八《機祥》）

大水，南陵尤甚。（嘉慶《寧國府志》卷一《祥異附》）

大水。（萬曆《常州府志》卷七《賑貸》；萬曆《宜興縣志》卷一○《災祥》；康熙《當塗縣志》卷三《祥異》；康熙《太平府志》卷三《祥異》；康熙《巢縣志》卷四《祥異》；乾隆《宣城縣志》卷二八《祥異》；嘉慶《高郵州志》卷一二《雜類》；道光《璜涇志稿》卷七《災祥》；道光《江陰縣志》卷八《祥異》；同治《漢川縣志》卷一四《祥祲》；民國《南陵縣志》卷四八《祥異》；民國《淮陽縣志》卷八《災異》）

大旱，民饑。（光緒《五河縣志》卷一九《祥異》）

雨澇，淮薄泗城，且至祖陵。（光緒《盱眙縣志稿》卷一四《祥祲》）

大水，無禾。撫按奏撥府縣存倉雜糧一萬三千七百五十七石振濟。（光緒《安東縣志》卷五《民賦下》）

大水決堤。（康熙《寶應縣志》卷五《災祥》；道光《重修寶應縣志》卷九《災祥》）

水。（萬曆《興化縣新志》卷一○《外紀》；萬曆《六合縣志》卷二《災祥》；乾隆《无为州志》卷二《灾祥》；光緒《懷仁縣新志》卷一《祥異》）

河大漲。（民國《平民縣志》卷四《災祥》）

旱，大饑。（同治《孝豐縣志》卷八《災歉》）

秋，霖雨害稼。（民國《平民縣志》卷四《災祥》）

秋，蟲饑。冬至，大雷電。（雍正《常山縣志》卷一二《拾遺》）

螟，歲饑。冬至夜，常山縣大雷電。（康熙《衢州府志》卷三〇《五行》）

湖州旱，大饑。冬，大寒，太湖冰。（同治《長興縣志》卷九《災祥》）

旱，大饑……冬，大寒，太湖冰。（同治《湖州府志》卷四四《祥異》）

冬，大寒，太湖冰，自胥口至洞庭山下埠至馬蹟山，人皆履冰而行。（民國《吳縣志》卷五五《祥異考》）

春，大風，拔樹仆墙。（康熙《大冶縣志》卷四《災異》）

春夏，旱，初伏方雨。（康熙《長垣縣志》卷二《災異》）

夏，大水，泡進南門，滿城驚懼。（萬曆《帝鄉紀略》卷六《災患》）

夏，河陰大旱。秋大雨。（萬曆《開封府志》卷二《機祥》）

夏，大水，雷震，雀死者無數。（嘉慶《績溪縣志》卷一二《祥異》）

夏，連三月雨，田潦，大饑。冬十月賑之，明年四月又賑之。（乾隆《吳江縣志》卷四〇《災變》）

夏，大雨，水溢城內，街衢及田廬悉成巨浸。兼以疫癘盛行，死者相續，至有一家斃二十餘人者。（光緒《常昭合志稿》卷四七《祥異》）

夏，大水，民饑，食榆皮。（順治《高淳縣志》卷一《邑紀》）

夏，大旱。秋霖，陰霜殺菽。（乾隆《盩厔縣志》卷一三《祥異》）

夏，大旱。秋霖十日乃止，陰霜殺菽。（康熙《鄠縣志》卷八《災異》）

大水。饑，人相食。（順治《沈丘縣志》卷一三《災祥》）

蝗。（萬曆《河內縣志》卷一《災祥》；康熙《懷慶府志》卷一《祥異》；康熙《武昌府志》卷三《災異》）

雨錢。（順治《封邱縣志》卷三《祥災》）

旱。（康熙《登封縣志》卷九《災祥》；光緒《撫州府志》卷八四《祥異》）

洪水，沖壞（白石橋）。（道光《清流縣志》卷二《橋樑》）

大旱。（同治《東鄉縣志》卷九《祥異》）

大水，山崩石決，平地水高數丈。是歲大祲。（宣統《建德縣志》卷二〇《祥異》）

大水，饑。（民國《南潯志》卷二八《災祥》）

洪水大至。（乾隆《小海場新志》卷一〇《災異》）

麥有一莖三歧者，雙歧者甚多，時連年水災。（萬曆《鹽城縣志》卷一《祥異》）

大雨，水大溢，滔滔東逝，洪汛奔突，而數百里之水皆由茲下，因而入江，波湧雲溢，勢不可遏。端雲橋閱歲太久而圮。（道光《江南直隸通州志》卷三《橋樑》）

（水）尤甚，低鄉民居水至半壁。水退後，僅高之田稍種穜稑。霜早，盡萎無收，民有菜色。（光緒《金壇縣志》卷一五《祥異》）

復大水。（隆慶《溧陽縣志》卷一六《瑞異》）

大旱，榆楊皮根殆盡。（萬曆《淄川縣志》卷二二《災祥》）

河決蒲州，民多遷徙。（乾隆《蒲州府志》卷二三《事紀》）

蝗遍野。秋，大風，城市屋脊牌坊俱傾圮。（光緒《興國州志》卷三一《祥異》）

河大西徙，衝崩田廬墟墓。秋，淫雨，壞稼。（萬曆《華陰縣志》卷七《祥異》）

河又西徙，墳墓廬落衝決，哀號盈野，聞者酸鼻。其秋，雨霖，壞稼。（萬曆《續朝邑縣志》卷八《紀事》）

河漲，房屋侵崩入水，居民遷徙散處。（光緒《永濟縣志》卷二三《事紀》）

冬，大寒，湖冰，自胥口至洞庭山，昆陵至馬跡山，人皆履冰而行。九年冬復然。（康熙《具區志》卷一四《祥異》）

冬，大寒，太湖冰。（光緒《烏程縣志》卷二七《祥異》）

桃李冬華。（光緒《慈谿縣志》卷五五《祥異》）

冬，天雨冰。（康熙《長葛縣志》卷一《災祥》）

冬，雨，木冰。（萬曆《原武縣志》卷上《祥異》）

冬，大寒。大湖冰。自胥口至洞庭山下埠至馬蹟山，人皆履冰而行。（民國《吳縣志》卷五五《祥異考》）

八年、九年，四鄉生野稻，連年水災，生民賴此得食。（民國《重修蒙城縣志》卷一二《祥異》）

大水，八年尤甚。（乾隆《丹陽縣志》卷六《祥異》）

八年、九年俱水。（咸豐《重修興化縣志》卷一《祥異》）

# 萬曆九年（辛巳，一五八一）

## 正月

丙子，試御史范鳴謙題：“本月初五日，狂霾蔽天，人情悚懼。隨蒙皇上傳諭飭邊，仰見遇災憂懼之誠。但邊防固所當飭，而內治尤所當修。”（《明神宗實錄》卷一〇八，第 2080 頁）

己丑，月犯南斗魁第三星。（《明神宗實錄》卷一〇八，第 2087 頁）

庚午，大風霾。（《國榷》卷七一，第 4380 頁）

至五月，不雨。（康熙《清河縣志》卷一七《災祥》）

## 二月

乙卯，月犯心宿東星。（《明神宗實錄》卷一〇九，第 2101 頁）

辛酉，火星順行，犯井宿北第一星。（《明神宗實錄》卷一〇九，第 2104 頁）

## 三月

十五日起，霪雨連綿。至十九日，異風冰雹，大傷禾稼。秋，大水，民居盡沒，知縣龍德謙請發帑金三千賑。（康熙《睢寧縣舊志》卷九

《災祥》）

十五日起，滛雨連綿，晝夜不止。至十九日，異風冰雹，打傷田禾。通郡州縣災同。（天啟《淮安府志》卷二三《祥異》）

十九日，宿遷、睢甯大風雹傷麥禾。秋，復大水。徐州大饑。（同治《徐州府志》卷五下《祥異》）

三月霪雨，十九日大風雨雹。（光緒《鹽城縣志》卷一七《祥異》）

三、四月，連雨大水，久而不退，圩田無復苗者。（同治《建昌縣志》卷一二《祥異》）

## 四月

丁酉，巡撫山西辛應乾等奏稱：“去歲解州夏縣等七處旱潦相仍，蒲州、臨晉等處秋禾將成，復遭霜隕，小民艱食。乞將各處預備社倉動支倉穀六萬四千七百三石零，庫貯（廣本作‘貯庫’）無礙銀一千五百三十兩零，及應動撫按紙贖銀一千二百一十五兩，分賑被災州縣，使軍民共霑實惠。”上從之。（《明神宗實錄》卷一一一，第2119頁）

乙巳，上諭禮部：“入夏雨澤愆期，遣官祭告郊壇。自十四日始，百官素服致齋三日。”（《明神宗實錄》卷一一一，第2121頁）

戊申，山西蔚州地震，有聲如雷，房屋震裂。同時，大同鎮堡各州縣俱地震有聲。（《明神宗實錄》卷一一一，第2125頁）

大風雹，驟雨如注，牆屋圮〔圮〕，大木斯拔。（乾隆《上饒縣志》卷一《祥異》；同治《廣信府志》卷一《星野》）

大風雹，雨如注，壞田廬，大木皆拔。（同治《興安縣志》卷一六《祥異》）

襄陽自四月旱魃煽虐，蘊隆之氣蟲蟲不寧，苗爍爍如在甑中。（民國《南漳縣志》卷五《建置》）

## 五月

丙寅，廣東從化、增城、龍門等縣大雨，溪壑泛漲，禾田盡没，傾毀民

居，淹死男婦不計其數。（《明神宗實錄》卷一一二，第 2138 頁）

大水，麥田淹没。秋，旱。（民國《清苑縣志》卷六《災祥》）

大旱，人死大半……五月，榆城里風雷大作，拔樹百餘株。（萬曆《榆次縣志》卷八《災祥》）

初三日，蛟出，雨如注，壞城舍，溺人無數。（康熙《同安縣志》卷一〇《祥異》）

四日，大雨，平地水高丈餘，浸至縣治前，毀城内外暨諸鄉居民廬舍以千萬計，漂没田廬無算。（康熙《從化縣志·災祥》）

二十四日，有龍起於十一都，盧州渡江至雲洞而止，禾稼損傷而無風雨。（乾隆《龍溪縣志》卷二〇《祥異》）

增城溪壑泛漲，田禾盡没，溣死男婦無算。（乾隆《增城縣志》卷五《祥異》）

大雨，鸚鵡山崩，時太平都一方流陷田地無數，鸚鵡山忽然裂開一折，聲響如雷，山下突出一潭，淵淵莫測，又有奇石，如刀削八面。（康熙《陽春縣志》卷一五《祥異》）

## 六月

辛亥，有流星如盞大，青白色，尾跡有光，起天棓星，行至西北，二小星随之。（《明神宗實錄》卷一一三，第 2157 頁）

大水。六月二十二日雨，至二十五日止。（萬曆《寶應縣志》卷五《災祥》）

大雨没禾。知縣楊瑞雲請帑三千餘兩、稻四百餘石振濟，又奉旨發帑一千五百餘兩再振。（光緒《鹽城縣志》卷一七《祥異》）

復大雨，民間家無完宇。（崇禎《從化縣志》卷八《災祥》）

## 七月

己巳，福建福安縣霪雨不止，洪水驟至，踰城，官民廬舍漂没殆盡。（《明神宗實錄》卷一一四，第 2166 頁）

大水，壞城郭公署民舍。（民國《連江縣志》卷二《氣候》）

狂風大作，傷損禾稼。（光緒《新樂縣志》卷一《災祥》）

雨雹傷稼。（康熙《上蔡縣志》卷一二《編年》；康熙《汝陽縣志》卷五《機祥》）

十四，颶風狂發，湖海嘯，漂室廬人畜萬計，兩日息。（萬曆《常熟縣私志》卷四《敘産》）

大水，民饑，官給穀四千石賑之。（道光《武進陽湖縣合志》卷一一《食貨》）

七月，雨雹傷稼。（萬曆《汝南志》卷二四《災祥》）

雨雹傷稼。（順治《息縣志》卷一〇《災異》）

## 八月

庚子，遼東定遼等衛雨雹如雞卵（廣本作“子”），秋禾盡傷，自長安堡至青石嶺約百餘里。（《明神宗實録》卷一一五，第2177頁）

丁未，揚州泰興、海門、如皋等處狂風大作，屋瓦皆飛，驟雨如注，塘圩坡埂盡決，漂没官民廬舍數千間，男婦死者不計其數。（《明神宗實録》卷一一五，第2179頁）

戊申，上御皇極殿受百官朝賀，以雨命免宣表，止行八拜禮。（《明神宗實録》卷一一五，第2179頁）

旱，至次年七月方雨。夏，禾枯。秋，禾萎。（乾隆《清水縣志》卷一一《災祥》）

大水，塘圩坡埂盡決，溺死甚眾。（嘉慶《如皋縣志》卷二三《祥祲》）

大風，拔木飛瓦，甘露寺鐵塔折。（康熙《鎮江府志》卷四三《祥異》；光緒《丹徒縣志》卷五八《祥異》）

朔，霜殺稼。（雍正《遼州志》卷五《祥異》）

隕霜殺稼。（康熙《朔州志》卷二《祥異》）

庚子，遼東義州等衛雨雹如雞卵，禾盡傷。（民國《義縣志》卷下《大

事記》）

望，大風潮，人民淹死，東沙尤多。（咸豐《靖江縣志稿》卷二《祲祥》）

## 九月

丙寅，月犯天江下星。（《明神宗實録》卷一一六，第 2188 頁）

戊子，以湖廣歷年水旱，免本省積欠協濟貴州等項銀兩。又命該省起運欽賞諸絹，悉改官觧，不得復僉小民承運，庫貯絹見支二年，許折價一年，從湖廣撫按陳省等奏也。（《明神宗實録》卷一一六，第 2197 頁）

大颶。（光緒《潮陽縣志》卷一三《灾祥》）

颶風暴作，破海舟。（乾隆《潮州府志》卷一一《災祥》）

大颶。南橋飄覆漁船百餘艘，溺死者千餘人。是月颶發，風多雨少，鹹潮乍退。（嘉慶《澄海縣志》卷五《災祥》）

大雪積二尺許，至春始消。（光緒《懷來縣志》卷四《災祥》）

二十一日未時，無雲而雹。（萬曆《山西通志》卷二六《災祥》）

## 十月

壬寅，河南商丘縣地震。（《明神宗實録》卷一一七，第 2204 頁）

十五日，夜多火光，吹面如暑。（宣統《聊城縣志》卷一一《通紀》）

十五日，莊平縣夜多火光，風吹面，蒸如暑。（萬曆《東昌府志》卷一七《祥異》）

## 十一月

丙寅，山東金鄉、魚臺二縣水災，詔酌免本年存留錢粮，仍勘實免數。具奏。（《明神宗實録》卷一一八，第 2212 頁）

丙戌，以直隸真定、順德、廣平三府風災，從巡按御史范鳴謙（抱本"謙"作"謹"）奏分別蠲賑，夏税全徵者秋粮内抵免之。（《明神宗實録》卷一一八，第 2221 頁）

## 十二月

癸巳，金星與土星合犯順行，入危宿度。（《明神宗實錄》卷一一九，第 2223 頁）

高要雷。（崇禎《肇慶府志》卷二《事紀》）

## 是年

春，淫雨二月。（康熙《休寧縣志》卷八《機祥》）

夏，霜，有虎患，城西南火。（民國《連城縣志》卷三《大事》）

夏，雨雹。（康熙《杞紀》卷五《繫年》；嘉慶《昌樂縣志》卷一《總紀》）

立夏日，連城縣三晨霜降，虎爲害，城西南火。（乾隆《汀州府志》卷四五《祥異》）

漳平居仁里磨石坑，甘露降，靈芝生。時陳孝子思齊廬墓於斯。（道光《龍巖州志》卷二〇《雜記》）

大水，大信鄉石飛。（咸豐《興寧縣志》卷一二《災祥》）

蝗。（乾隆《陳州府志》卷三〇《祥異》；乾隆《臨潁縣續志》卷七《灾祥》；乾隆《許州志》卷一〇《祥異》；光緒《潮陽縣志》卷一三《灾祥》）

雹。（萬曆《惠州府志》卷二《郡事紀》；乾隆《歸善縣志》卷一八《雜記》）

大水。（萬曆《惠州府志》卷二《郡事紀》；乾隆《潮州府志》卷一一《災祥》；道光《重修寶應縣志》卷九《災祥》；光緒《嘉善縣志》卷三四《祥眚》；光緒《桐鄉縣志》卷二〇《祥異》；民國《恩平縣志》卷一三《紀事》；光緒《安東縣志》卷五《民賦下》）

水。（萬曆《興化縣新志》卷一〇《外紀》；康熙《興化縣志》卷一《祥異》；乾隆《普安州志》卷二一《災祥》；光緒《普安直隸廳志》卷一《災祥》）

大旱。（康熙《臨海縣志》卷一一《災變》；康熙《青縣志》卷六《祥異》；乾隆《嵩縣志》卷六《祥異附》；民國《青縣志》卷一三《祥異》）

大雨，城周圍傾頹。（民國《項城縣志》卷三一《祥異》）

大水，斗粟千錢，鬻子女者眾。（民國《淮陽縣志》卷八《災異》）

雹傷禾。（民國《確山縣志》卷二〇《大事記》）

江陵大旱。松滋、枝江大饑，人相食。（光緒《荆州府志》卷七六《災異》）

大水，饑民有食草子樹皮者。（民國《銅山縣志》卷四《紀事表》）

徐、蕭、碭大水。（嘉慶《蕭縣志》卷一八《祥異》）

霪雨冰雹傷禾。（光緒《淮安府志》卷四〇《雜記》）

旱。（康熙《濱州志》卷八《紀事》；咸豐《濱州志》卷五《祥異》；光緒《興國州志》卷三一《祥異》）

嘉興、湖州大水。（光緒《嘉興府志》卷三五《祥異》）

又大水。（光緒《歸安縣志》卷二七《祥異》）

旱，蝗食苗，根節俱盡。（光緒《仙居志》卷二四《災變》；民國《台州府志》卷一三四《大事略》）

夏秋，旱。冬，無雪。（康熙《衢州府志》卷三〇《五行》）

秋，海潮溢，陡起數丈，沿江居民漂没殆盡。（道光《江陰縣志》卷八《祥異》）

冬，無冰。（康熙《商丘縣志》卷三《災祥》）

春，旱。夏，多雨。秋，又旱。（康熙《長垣縣志》卷二《災異》）

春，旱。夏，霪雨。秋，復旱。（民國《大名縣志》卷二六《祥異》）

春，雨連旬，（城垣）尋多傾圮。（順治《定南縣志略》卷一三《城池》）

春秋，大旱。（康熙《臨縣志》卷一《祥異》）

自春不雨者三月矣，二麥就槁。（道光《輝縣志》卷一八《祭文》）

夏，雨雹。冬，括地。（萬曆《安邱縣志》卷一下《總紀》）

夏，暴雨，山崩水溢，澗水高三丈，不及城者咫尺。（康熙《平陸縣志》卷八《雜記》）

夏，大雨水。（乾隆《番禺縣志》卷一八《事紀》）

夏，大水，無麥苗。冬無冰。（康熙《鹿邑縣志》卷八《災祥》）

夏，大雨，麥穀不登。（康熙《柘城縣志》卷四《災祥》）

洪水為災，淹没民田房屋，禾無收，豆不熟。（康熙《龍門縣志》卷九《災祥》）

西樵山有雷壇，祈雨輒應，近壇處雷常起。萬曆辛巳，順德黎大章讀書山中，一日宴集，忽值暴雷，火光滿室，遙見玉池東有火毬大如盆，飛騰而上，高二十餘丈，每雷一震，輒一毬起，如是者七八，賓朋多伏障後，不敢仰視。（萬曆《廣東通志》卷七一《雜録》）

旱，饑。（光緒《永興縣志》卷三九《義行》）

大水，蝗。大饑。（同治《黃陂縣志》卷一《祥異》）

大水，饑。（順治《沈丘縣志》卷一三《災祥》）

太平橋，在城南……萬曆九年圮于水。（永曆《寧洋縣志》卷三《橋渡》）

大水，饑，民食草子樹皮。（順治《徐州志》卷八《災祥》）

水，海潮漲，竈丁淹死者無算。（嘉慶《東臺縣志》卷七《祥異》）

潦，海潮漲，淹死無算。（嘉慶《揚州府志》卷七一《事略》）

潦。（崇禎《泰州志》卷七《災祥》）

河決封邱金龍口，水從長垣趨張秋，浸霪南北。（乾隆《臨清直隸州志》卷一《運河》）

蝗入境。（同治《臨邑縣志》卷一六《紀祥》）

旱，大饑。（康熙《彰德府志》卷一七《災祥》）

秋，旱，大疫。（順治《易水志》卷上《災異》）

秋，大水。（天啟《中牟縣志》卷二《物異》）

秋，海潮陡起數丈，沿江居民漂没殆盡。（道光《江陰縣志》卷八《祥異》）

大風雨，毁傷林木。冬，無冰。（康熙《博平縣志》卷一《機祥》）

冬，大風拔木，潮漲没稼。發倉賑濟。　（康熙《泰興縣志》卷一

《祥異》）

九年至十一年，俱旱。（嘉慶《涉縣志》卷七《祥異》）

九年、十六年，俱大旱。（光緒《江陵縣志》卷六一《祥異》）

# 萬曆十年（壬午，一五八二）

## 正月

辛未，通、泰、淮安三分司所屬豐利等三十場，風雨暴作，海水泛漲，一時淹死男婦二千六百七十餘丁口，淹消鹽課二十四萬八千八百餘引。（《明神宗實録》卷一二〇，第2240頁）

## 二月

甲午，上諭内閣："去歲秋冬竟無雨雪，今春農務何賴？朕甚憂之，先生等傳示禮部，竭誠祈禱。"是夜，大雨。（《明神宗實録》卷一二一，第2255頁）

癸卯，甘肅赤白雲氣見。（《明神宗實録》卷一二一，第2261頁）

十九，雪霰甚，積五寸，而電閃雷烈，令人神驚。《春秋》雷雪同月以爲灾，況同日乎？（萬曆《常熟縣私志》卷四《敘産》）

天常晝晦，大風拔木。（康熙《瀏陽縣志》卷九《灾異》）

雷電大作，雪雹大如球，破民居，傷畜産。（崇禎《長沙府志》卷七《祥異》）

## 三月

辛未，諭閣臣（抱本"閣"上有"内"字，無"臣"字）："連歲雨澤愆期，近復風霾蔽日，京城内外灾疾流行，人民死者甚衆，朕心晝夜憂思，此實不德所致。可傳示禮部，擇日竭誠虔禱于有祀宫廟，内外其痛加修省，以回天意。"（《明神宗實録》卷一二二，第2281頁）

丁丑，以祈雨遣公徐文璧、朱應禎，侯吳繼爵、孫世忠，伯毛登祭告天地、社稷、山川、風雲雷雨等壇，賜三輔臣祭設。（《明神宗實錄》卷一二二，第 2284 頁）

丙戌，惠州河源博羅大水。（《明神宗實錄》卷一二二，第 2287 頁）

七日，風霾晝晦。十三日，地震有聲。自二月至六月不雨。（光緒《祁縣志》卷一六《祥異》）

十四日，瀏陽湘鄉晝晦如夜，大雨，風拔木折屋。（乾隆《長沙府志》卷三七《災祥》）

旱。疫大作，項腫者三日即死，號為大頭瘟。（道光《重修武強縣志》卷一〇《襪祥》）

菊花盛開。五月，芙蓉盛開。（民國《沙縣志》卷三《大事》）

十四日，晝晦如夜，大雨，風拔木折屋。（康熙《湘鄉縣志》卷一〇《兵災附》）

## 四月

辛卯，是日午，大風揚塵四塞。（《明神宗實錄》卷一二三，第 2289 頁）

戊戌，四川保寧府地震如雷。（《明神宗實錄》卷一二三，第 2293 頁）

庚子，以旱祈雨，遣公朱應禎、吳繼爵、孫世忠，伯毛登、王應龍祭告天地、社稷、山川、雲雨風雷等壇，仍命停刑禁屠，群臣修省七日。（《明神宗實錄》卷一二三，第 2294 頁）

癸卯，雨。（《明神宗實錄》卷一二三，第 2296 頁）

丙辰，夜，彗星見于西北，尾指五年，歷二十餘日始滅。（《明神宗實錄》卷一二三，第 2304 頁）

雨雹，大疫。（雍正《邱縣志》卷七《災祥》）

蚜蚄害稼。（乾隆《静寧州志》卷八《雜集》）

菊、蓼、木芙蓉盡花。（乾隆《連江縣志》卷一三《災異》）

雷擊景賢祠二棟柱。（康熙《瓊山縣志》卷九《雜志》）

癸亥，有風起永昌西北，聲如雷吼，拔折大木無算。（天啟《滇志》卷三一《災祥》）

## 五月

己未，惠州府祁門縣各大水，發倉穀（抱本作"粟"）四千七百餘石賑之。（《明神宗實錄》卷一二四，第2306～2307頁）

己未，建寧、淳安、開化、常山、西安、龍游、江山同時大水。（《明神宗實錄》卷一二四，第2307頁）

甲子，禮科都給事中石應岳等題："竊見四月末旬，彗星出於五車前，此雨澤愆期，風霾蔽日，人民疫死，農務無依。繼此下月朔，日有食之。在河西，則赤光白氣，匝繞半天，浮圖峪、白石口則臺房箭具天光（抱本作'火'）燒爇；在浙江，則標兵毆辱撫臣；在靈州，則士卒屠戮參將。"（《明神宗實錄》卷一二四，第2307～2308頁）

丁卯，以從化、番禺、增城、龍門四縣水災，蠲免九年以前拖欠夏秋存粮有差。（《明神宗實錄》卷一二四，第2312頁）

辛未，辰（抱本"辰"下有"刻"字），太白晝見。（《明神宗實錄》卷一二四，第2314頁）

庚辰，戶科右（抱本無"右"字）給事中顧問言："順天等八府自萬曆八年雨賜愆期，收成寡薄。至九年、十年，恒暘肆虐，禾苗盡槁，菽麥無收，窮困極矣"（《明神宗實錄》卷一二四，第2318頁）

貴州普定衛大水。（《國榷》卷七一，第4411頁）

大水，壞田園廬舍。（康熙《休寧縣志》卷八《機祥》）

四日，大水，入城近丈，漂流水南、水東民廬二十餘家。（康熙《南平縣志》卷四《祥異》）

初七日，大水，鑵没民田廬無算。（康熙《湘鄉縣志》卷一〇《兵災》）

大水，東門月城崩，城外水高丈餘，漂田廬不可勝數，民訛傳寇至，相驚擾。（康熙《漳浦縣志》卷四《災祥》）

大水。（康熙《長樂縣志》卷七《災祥》；乾隆《湘陰縣志》卷一六

《祥異》；道光《長寧縣志》卷九《紀異》）

潦。（乾隆《潮州府志》卷一一《災祥》；嘉慶《潮陽縣志》卷一二《紀事》；嘉慶《澄海縣志》卷五《災祥》；光緒《潮陽縣志》卷一三《灾祥》）

大水，巡道鄭岳、知府李天倫請免本年田租之三。（乾隆《歸善縣志》卷一八《雜記》）

初六，大水害稼，東市民居平地水淹四尺。（雍正《靈川縣志》卷四《祥異》）

初七日，大水，剷没民田廬無算。（乾隆《長沙府志》卷三七《災祥》）

大水，漂流人畜盧舍。（嘉慶《西安縣志》卷二二《祥異》）

大水，壞民田廬。（康熙《衢州府志》卷三〇《五行》）

初七日，大雨一晝夜，洪水滔天，甚於四十年。山崩田地，衝壞人畜，死無算。（雍正《開化縣志》卷六《雜志》）

初八日，大水。（光緒《常山縣志》卷八《祥異》）

二十八日，夏至後二日落雨，秋熟。（康熙《五臺縣志》卷八《祥異附》）

大水，田禾無遺種。（乾隆《桐廬縣志》卷一六《災異》）

大水，與辛酉同。（康熙《婺源縣志》卷一二《機祥》）

河決荊隆口，直衝封丘。（民國《封邱縣續志》卷一八《藝文》）

歸善大水没城，難者五日，惠人謂之“壬午水”。河源之水尤大，民出屋脊，屋圮，溺死者甚眾。（萬曆《惠州府志》卷二《郡事紀》）

河水驟漲，視辛未加四尺，爲災愈甚。藍谿義合山水沟湧，移嶺三十餘丈，溪谷埋塞，覆壓田畝千餘頃，城內外房屋漂流不下千間。（乾隆《河源縣志》卷一二《紀事》）

大水害稼。（乾隆《興安縣志》卷一〇《祥異》）

普定大水。（康熙《貴州通志》卷二七《災祥》）

五月、六月，無雨。大饑。（乾隆《靜寧州志》卷八《祥異》）

## 六月

丁亥朔，日有食之。（《明神宗實録》卷一二五，第 2325 頁）

壬寅，是夜，月食。（《明神宗實録》卷一二五，第 2334 頁）

十八日，雨雹，猛風拔木。（光緒《祁縣志》卷一六《祥異》）

蝗蝻，詔蠲逋賦。（萬曆《安邱縣志》卷一下《總紀》）

大風拔木，東郡民屋茅垣牆釜竈盡失，後得其釜於薛河中，并炊蒙在焉。（康熙《滕縣志》卷三《灾異》）

潁水泛漲，漂北關民舍殆盡。（乾隆《禹州志》卷一三《災祥》）

## 七月

甲子，浙江開化大水。（《明神宗實録》卷一二六，第 2346 頁）

戊辰，陝西旱災。（《明神宗實録》卷一二六，第 2348 頁）

戊辰，太平大水。（《明神宗實録》卷一二六，第 2348 頁）

戊辰，陝西旱災。揚州、太倉、常熟、上海、崇明、嘉定、吳江大風雨拔木，潮溢，壞田禾十萬餘頃，漂二百餘家。（《國榷》卷七一，第 4418 頁）

辛未，直隸巡按楊楫題："入夏以來，雨澤愆期，濟寧、臨清一帶閘河淺澀，提督泉源工部主事馬玉麟將南旺迤北閘座閉塞，借水南流，致北流乏水，粮船淺閣。"（《明神宗實録》卷一二六，第 2351～2352 頁）

五日，大風雨，拔木覆舟。十三日，又大風雨，太湖泛溢，民居漂蕩，十存二三，溺死人畜無算，與嘉靖元年七月同，適當甲子一周。（乾隆《震澤縣志》卷二七《災祥》）

初五日，大風雨，拔木覆舟。十三日又大風雨，太湖水泛溢，民居漂蕩，十存一二，溺死人畜無算。（康熙《吳江縣志》卷四三《祥異》）

十三、四日，異常風雨，一時海嘯，淹没田禾，衝淌人畜，倒壞房舍無算。（雍正《安東縣志》卷一五《祥異》）

十三日戊辰、十四日己巳，大風雨拔木，江海及太湖溢，漂没人畜室廬以萬計。是年歲次壬午，前此嘉靖元年七月亦如之，恰週一甲子，而日之干支悉同，俱有龍火之異，前禍微而輕，茲禍甚而遠，後此則連有年也。（康熙《蘇州府志》卷二《祥異》）

十三日，大風拔樹，屋瓦片吹空中，如燕雀飛，雨徹晝夜，花荳皆槁死。（崇禎《松江府志》卷四七《災異》）

風雨異常。八月以後亢甚。海州、安東、鹽城、清河、山陽運司所屬劉庄、白駒等場俱七月十三、四日異常風雨，一時海嘯，淹没田禾，衝淌人畜，倒壞屋舍無算。沭陽、睢寧二縣自夏徂秋亢旱，蝗蝻，未槁之苗嚙食一空。（天啟《淮安府志》卷二三《祥異》）

十三日，大雨，海溢，壞禾棉，漂没人畜無算。歲，大饑。冬十月十三日，颶風從西北來，江濤陡作，舟多覆没。（同治《上海縣志》卷三○《祥異》）

十三日，大風拔木飛瓦，海溢過捍海塘，漂没人畜無算，雨徹晝夜不息。歲大饑。（光緒《川沙廳志》卷一四《祥異》）

十三日，大風拔木，太湖嘯，歲祲。（同治《湖州府志》卷四四《祥異》；光緒《烏程縣志》卷二七《祥異》）

十三日，海溢，潮過捍海塘丈餘，漂没人畜無數。嗣大風雨徹晝夜，壞禾稻、木棉。是歲飢。（萬曆《上海縣志》卷一○《祥異》）

十三日、十四日，大風雨拔木，湖水嘯湧。（光緒《嘉興府志》卷三五《祥異》）

十三日，大風拔木。（同治《長興縣志》卷九《災祥》）

十三日暮，颶風大作，海水溢丈許，滸福山、梅李、白茆沿海廬舍，男婦死者十之二三。（光緒《常昭合志稿》卷四七《祥異》）

十三日，風潮并作，漂壞民居，溺者甚眾。（萬曆《新修崇明縣志》卷八《災祥》）

十三日己巳，杭郡大風雨拔木，江海潮水嘯湧。（乾隆《杭州府志》卷五六《祥異》）

十四日，大風拔木，江翻海倒，數百年古木拔去，不知所之。十二日，

大風壞漕舟民船千餘艘。（萬曆《揚州府志》卷二二《異攷》）

十四日，大風拔木，壞牌樓、寺觀、廨署民房數千餘間。（道光《重修寶應縣志》卷九《災祥》）

大風壞屋廬。（光緒《青浦縣志》卷二九《祥異》）

十五日，大風雨拔木，太湖嘯溢，歲祲。（民國《吴縣志》卷五五《祥異考》）

大風雨，海嘯，漂溺人畜無算。是歲，沭陽大旱，蝗。（嘉慶《海州直隸州志》卷三一《祥異》）

戊辰，海潮溢過捍海塘，飄没人畜無數。大風拔樹，屋瓦飛空中如燕雀，雨徹晝夜，壞禾豆、木棉。歲饑。（乾隆《金山縣志》卷一八《祥異》；光緒《重修華亭縣志》卷二三《祥異》）

戊辰，颶風，海溢，歲饑。（乾隆《婁縣志》卷一五《祥異》）

己巳，夜，大風拔木，海潮泛溢，漂溺民舍，人多死者。（弘光《州乘資》卷二《機祥》；光緒《通州直隸州志》卷末《祥異》）

戊辰、己巳，大風雨拔木，江海及湖水盡溢，漂没室廬人畜以萬計。（民國《太倉州志》卷二六《祥異》）

戊辰，大風拔樹，屋瓦飛空中，如燕雀，雨徹晝夜，壞禾豆棉花，歲饑。（乾隆《華亭縣志》卷一六《祥異》）

風潮。（光緒《靖江縣志》卷八《祲祥》）

河漲。（光緒《清河縣志》卷二六《祥祲》）

復大水，禾稼盡没。（嘉慶《西安縣志》卷二二《祥異》）

又大水，禾苗盡淹。（康熙《衢州府志》卷三〇《五行》）

廿五日，大水。（雍正《開化縣志》卷六《雜志》）

二十五日，大水尤甚，禾苗漂盡。（民國《衢縣志》卷一《五行》）

始雨，至十月無霜，晚田大熟。（萬曆《榆次縣志》卷八《災祥》）

趙城汾水溢，嚙城西隅。（萬曆《平陽府志》卷一〇《災祥》）

潮決李家浜，坍及於城，後盡冲没。（乾隆《寶山縣志》卷二《城池》）

河漲，颶風海嘯，淹沒田禾，溺人畜，壞廬舍。（乾隆《山陽縣志》卷一八《祥祲》）

風雨異常，至八月猶甚，人牛大疫。（康熙《宿遷縣志》卷一二《祥異》）

十四日，颶風大作，海潮涌至，兼以異常淫雨，幾傷民田。（萬曆《鹽城縣志》卷一《祥異》）

大風雨，平地水深丈餘，田禾盡沒，乃湖嘯也。（同治《雙林鎮志》卷一九《災異》）

河陰蝗。（萬曆《開封府志》卷二《機祥》）

## 八月

丁未，祁門縣水災，發粟賑之。（《明神宗實錄》卷一二七，第2367頁）

丁未，發延寧客餉一萬兩賑延安、綏德、榆林三衛，以亢旱，從巡撫王汝梅奏（抱本"奏"下有"請"字）也。（《明神宗實錄》卷一二七，第2367頁）

戊申，月入井宿，與火星相犯。（《明神宗實錄》卷一二七，第2367頁）

癸丑，以亢旱免保定、河間、真定、順德、廣平、大名六府夏秋稅（抱本"稅"下有"糧"字），從撫按陰武卿、敖鯤、范鳴謙請（抱本"請"上有"等"字）也。（《明神宗實錄》卷一二七，第2369頁）

## 十月

丙申，以水災蠲賑蘇松等府有差，總計衝毀廬舍十萬區，漂流田禾十萬頃，淹死人口至二萬。財賦奧區，遭此昏墊，故有此賑。（《明神宗實錄》卷一二九，第2403頁）

丙申，揚州大風，壞舟千餘艘。（《國榷》卷七一，第4422頁）

十二日，暴風起，湖中巨浪如山，壞官民船千餘艘，沉覆殆盡。（道光

《重修寶應縣志》卷九《災祥》）

十三日，颶風從西北來，江濤陡作，舟皆簸溺。（萬曆《上海縣志》卷一〇《祥異》）

十三日，暴風從西北來，江濤陡作，舟皆覆沒，縣丞曹詩以公事詣府溺死。（嘉慶《松江府志》卷八〇《祥異》）

蘇松大水，蠲賑有差。（光緒《常昭合志稿》卷一二《蠲賑》）

大風，壞漕舟民船千餘艘。（乾隆《江都縣志》卷二《祥異》）

興業縣大風，拔木發屋。（康熙《廣西通志》卷四〇《祥異》）

大風拔木。（天啟《新修來安縣志》卷九《祥異》）

至次年夏，大風雨。（乾隆《瑞安縣志》卷一〇《雜志》）

## 十二月

丙午，廣東惠州、浙江嚴州、直隸徽州等府各水災，直隸保定府天火延燒，四川保寧府地震，陝西甘涼地方赤白，雲氣匝繞半天。又西北有彗星，形如匹練，各災異例。禮部類題修省。得旨：“朕寅畏天戒，爾中外大小臣工，其一體修省，恪共職業，毋事虛文。”（《明神宗實錄》卷一三一，第2447頁）

## 是年

春，酷旱。（咸豐《濱州志》卷五《祥異》）

夏，休寧、婺源大水，祁門水抵縣儀門，城壞數十丈，漂沒民居田塌，不可勝數。又雷震祁門文廟，比視之，見有錫檜屠骸於聖座下，乃識震廟之由。（道光《徽州府志》卷一六《祥異》）

雷震文廟。比視之，見有錫檜屠骸於聖座下，眾相吒異，乃識震廟之由，終不得發所從來，遂析骸投諸水。夏大水，抵縣儀門，浸城丈餘，城壞數十丈，漂沒民居田塌不可勝數。（同治《祁門縣志》卷三六《祥異》）

大旱。（康熙《米脂縣志》卷一《災祥》；乾隆《莊浪志略》卷一九《災祥》；道光《安岳縣志》卷一五《祥異》；道光《會寧縣志》卷一二

《祥異》；光緒《麟遊縣新志草》卷八《雜記》；光緒《咸甯縣志》卷八《災祥》）

旱。（乾隆《東明縣志》卷七《灾祥》；光緒《興國州志》卷三一《祥異》；光緒《餘姚縣志》卷七《祥異》；民國《順義縣志》卷一六《雜事記》；民國《重修滑縣志》卷二〇《大事記》；民國《清苑縣志》卷六《災祥》）

旱，詔免稅糧，賑救貧乏。（民國《大名縣志》卷二六《祥異》）

甘露降於學宮。（康熙《內鄉縣志》卷一一《災祥》）

德安大旱。（道光《安陸縣志》卷一四《祥異》；光緒《淮安府志》卷二〇《祥異》）

徐、蕭大水。（嘉慶《蕭縣志》卷一八《祥異》）

海嘯，鹽丁多溺死。（民國《阜寧縣新志》卷首《大事記》）

颶風海溢，民多溺死，歲大侵。（萬曆《嘉定縣志》卷一七《祥異》）

大水。（同治《江山縣志》卷一二《祥異》；民國《萬載縣志》卷一《祥異》）

大旱，瘟疫。（民國《聞喜縣志》卷二四《舊聞》）

斗米三錢，死者枕藉。（道光《安定縣志》卷一《災祥》）

大旱，人相食。（康熙《陝西通志》卷三〇《祥異》；雍正《武功縣後志》卷四《祥異》；嘉慶《中部縣志》卷二《祥異》）

大旱，饑，人相食。（乾隆《臨潼縣志》卷九《祥異》；嘉慶《洛川縣志》卷一《祥異》）

大雨水。（雍正《常山縣志》卷一二《拾遺》）

秋，雨雹，湯泉溢，豆盡傷。（光緒《文登縣志》卷一四《災異》）

秋，風雨異常，人牛大疫。（同治《宿遷縣志》卷三《紀事沿革表》）

秋，再雨雹，豆盡傷。（道光《榮成縣志》卷一《災祥》）

春，酷旱，大頭瘟疫流行。（康熙《濱州志》卷八《紀事》）

春，大雨雹，二麥無收。（乾隆《寧州志》卷二《祥異》）

春，遷安風霾，旱，疫。（康熙《永平府志》卷三《災祥》）

春，旱，疫大作，項腫者三日即死。（道光《深州直隸州志》卷末《機祥》）

夏，惠州水大溢，邑城北雉堞可通舟。（崇禎《博羅縣志》卷一《年表》）

夏，日無光，月赤色，晦霧屢日，晝夜不分。楚縣亦然。（宣統《楚雄縣志》卷一《祥異》）

日色無光，月赤如日，夜無星辰，晝迷煙霧。（乾隆《陸涼州志》卷五《雜志》）

日無光，月赤如日，夜無星辰，晝迷烟霧。（道光《雲南通志稿》卷三《祥異》）

大旱，高下田地禾苗枯槁，井水盡涸，民斷汲飲。（乾隆《樂至縣志》卷八《災異》）

大旱，高下田地禾苗枯槁，至井水盡涸，民斷汲飲。（乾隆《潼川府志》卷一二《雜記》）

白暈見於西方，自酉至亥時而没。（崇禎《廉州府志》卷一《歷年紀》）

大風雨拔木，洪水異常。（嘉慶《益陽縣志》卷一三《災祥》）

水。（萬曆《澧紀》卷一《災祥》；順治《高淳縣志》卷一《邑紀》）

又大水，縣令張鳴岡增培新隄，均甃以磚，植柳隄下，堅其基。（同治《宜城縣志》卷二《建置》）

漢水再溢，城餘三版。（同治《襄陽縣志》卷二《建置》）

（潛江縣）大水。（民國《湖北通志》卷七五《災異》）

（鍾祥縣）大水。（民國《湖北通志》卷七五《災異》）

蝗。（順治《鄲城縣志》卷八《祥異》；康熙《長垣縣志》卷二《災異》）

許州大風，折木壞屋。（萬曆《開封府志》卷二《機祥》）

大蝗。（萬曆《杞乘》卷二《今總紀》；順治《虞城縣志》卷八《災祥》；康熙《永城縣志》卷八《災異》）

大蝗夜過，聲如風雨，嚙衣毀器，所至草木爲空。（民國《夏邑縣志》

卷九《災異》）

旱，蝗。（萬曆《衛輝府志·災祥》；萬曆《輝縣志·災祥》；順治《淇縣志》卷一〇《灾祥》）

風霾，天昏，咫尺不辨。（康熙《修武縣志》卷四《災祥》）

蝗，菽粟不登。（康熙《洧川縣志》卷七《祥異》）

積水城壞。（萬曆《漳州府志》卷四《城池》）

久旱，水荒。（崇禎《瑞州府志》卷二四《祥異》）

泗州伏秋水。（萬曆《帝鄉紀略》卷六《災患》）

大水，禾苗淆没。（雍正《舒城縣志》卷二九《祥異》）

風灾大變，暴水驟至。（萬曆《興化縣新志》卷三《抵補》）

壬午以來歲歲旱歉，鄉民流離，赤地千里。（宣統《新修固原直隸州志》卷一〇《碑謁》）

大旱，饑。（萬曆《寧遠縣志》卷四《災異》）

旱。大饑，人相食。（萬曆《延綏鎮志》卷三《災異》；乾隆《正寧縣志》卷一三《祥眚》；乾隆《環縣志》卷一〇《紀事》；乾隆《新修慶陽府志》卷三七《祥眚》）

臨洮府靖虜衛大旱，饑。（道光《蘭州府志》卷一二《雜紀》）

鞏昌等州縣俱大旱。（乾隆《直隸秦州新志》卷六《災祥》；道光《兩當縣新志》卷六《災祥》）

大旱，餓殍相望。（乾隆《皋蘭縣志》卷三《祥異附》；道光《金縣志》卷二《祥異》；民國《渭源縣志》卷一〇《祥異》）

平涼、鞏昌、臨洮、慶陽俱大旱，饑。（乾隆《甘肅通志》卷二四《祥異》）

大旱，人相食。知縣傅公需煮粥，民賴全活。（乾隆《咸陽縣志》卷二一《祥異》）

大旱，知縣賈一鶚祈雨。于七月初一日設壇，造龍陳釜。初九日，汲水壇隅井中，有赤龍附引而上，與造龍色象如一，但形不滿尺，動盪蟠結浮在水面，于是作文祭禱，盛以巨盂，覆以紗籠。十一日，風雲陡出盂中，騰向西南，迅雷殷殷，大雨霈降，越二日乃霽。是年有禾秀數穗者，又有一乳三子者，時稱三異，勒石紀焉。　（康熙《猗氏縣志》卷一〇《劇談》）

寧鄉大旱。（萬曆《汾州府志》卷一六《災祥》）

夏秋，不雨。（同治《崇陽縣志》卷一二《災祥》）

秋，大蝗。（萬曆《林縣志》卷八《災祥》）

秋，蝗食禾稼。（康熙《長葛縣志》卷一《災祥》）

秋，有蝗，不爲災。（順治《徐州志》卷八《災祥》）

秋，大風拔木。（萬曆《如皋縣志》卷二《五行》）

秋，大雨，井水泛溢。（康熙《黄縣志》卷七《災異》）

十年，十一、二年，皆旱饑，民食木葉草根殆盡。（光緒《孝感縣志》卷七《災祥》）

十年、十一年、十五年，連旱。（光緒《麟遊縣新志草》卷八《雜記》）

十年、十一年、十二年俱大旱，民食殆盡。（康熙《鼎修德安府全志》卷二《災異》）

十年、十一年大旱，饑，民食木葉草根悉盡。（雍正《應城縣志》卷七《祥異》）

十年至十二年連旱荒，恒給賑。（康熙《柘城縣志》卷四《災異》）

# 萬曆十一年（癸未，一五八三）

## 正月

乙卯，松江府地震。（《明神宗實錄》卷一三二，第2451頁）

辛酉，京師風霾。（《明神宗實錄》卷一三二，第2451頁）

丁卯，嘉興、湖州各地震。（《明神宗實錄》卷一三二，第2455頁）

黄霧四塞，至二月初三日。（道光《綦江縣志》卷一〇《祥異》）

二十六日，大雨，震電。（萬曆《衛輝府志·災祥》；康熙《輝縣志》卷一八《災祥》）

二十六日，大雨，震電異常。（順治《淇縣志》卷一〇《灾祥》）

## 二月

乙酉，以陝西臨、鞏、平、延、慶五府旱荒，盡蠲十年起運民粮，詔發太倉銀十五萬，太僕寺馬價銀二十萬，分解餉司，補民粮未完之數，仍諭陝西督撫多方賑恤，務濟民艱。（《明神宗實錄》卷一三三，第2470～2471頁）

丁亥，承天府地震。（《明神宗實錄》卷一三三，第2474頁）

壬辰，月犯井宿。（《明神宗實錄》卷一三三，第2478頁）

雨雹。（民國《龍山鄉志》卷二《災祥》）

永寧旱。（嘉慶《直隸敘永廳志》卷四六《祥異》）

## 閏二月

壬戌，京師風霾。（《明神宗實錄》卷一三四，第2496頁）

庚午，流星出自文昌北行，後有三小星隨之。（《明神宗實錄》卷一三四，第2500～2051頁）

丁卯，泰州、寶應雨雹如雞子，殺飛鳥無算。（《國榷》卷七二，第4437頁）

二十八日，雨雹，大如雞子，殺飛鳥。（道光《重修寶應縣志》卷九《災祥》）

雨雹大如卵，殺飛鳥。夏，旱，蝗生，有禿鶖、海鴿群飛來食之。（嘉慶《東臺縣志》卷七《祥異》）

## 三月

丙申，以陝西延安、慶陽、平涼三府旱荒，詔蠲十一年以前未免錢糧，仍以巡按御史所積贓贖三萬兩分發賑濟。（《明神宗實錄》卷一三五，第

2520 頁）

己酉，渾源州地震。（《明神宗實録》卷一三五，第 2527 頁）

庚戌，山西巡撫辛應乾題："該省去年麥田未種，今春亢旱相仍，饑民死傷。已將庫貯贓罰商稅銀四（廣本作'兩'）萬五千有奇，及各州縣倉穀發賑訖，乞准開銷，仍乞酌發（廣本作'撥'）京運銀兩，接濟賑救。"上令賑過銀穀准銷，仍動支該省積剩主兵銀三萬兩，分別賑濟。（《明神宗實録》卷一三五，第 2527 頁）

陰霜。（光緒《虞城縣志》卷一〇《災祥》）

三日，大風，隕魚，形狀頗異。（宣統《恩縣志》卷一〇《災祥》）

撫寧大風雹。（乾隆《永平府志》卷三《祥異》）

大風雹。（萬曆《樂亭志》卷一一《祥異》）

至七月，無雨，秋苗未播，民荒亂。又值天行，病死者甚多。（萬曆《咸陽縣新志》後卷《記事》）

雹如彈。有年。（順治《高淳縣志》卷一《邑紀》）

陰霜殺麥。（康熙《永城縣志》卷八《災異》；民國《夏邑縣志》卷九《災異》）

雨雹。（萬曆《南海縣志》卷三《災祥》）

## 四月

丁巳，鳳翔、隴州大風雹。（《明神宗實録》卷一三六，第 2531 頁）

庚申，鞏昌、秦（廣本作"泰"）州俱地震。（《明神宗實録》卷一三六，第 2531 頁）

丁卯，夜，望月食。（《明神宗實録》卷一三六，第 2536 頁）

甲戌，承天府大雨，江水暴漲入城，漂没官民廬舍，溺死人畜無筭。（《明神宗實録》卷一三六，第 2542 頁）

乙亥，金州大雨，河溢，城盡没。（《明神宗實録》卷一三六，第 2542 頁）

戊午，陝西沔陽等縣雨雹，鳳翔地震。（《國榷》卷七二，第 4441 頁）

丁卯，陝西金州大水冒城。（《國榷》卷七二，第4442頁）

旱，命太監張龍禱雨黑龍潭。（光緒《昌平州志》卷六《大事表》）

漢水大漲，城潰，壞官民廬舍萬數。（光緒《潛江縣志續》卷二《災祥》）

癸亥，有風起西北，聲如雷，拔木無算。（光緒《永昌府志》卷三《祥異》）

大水。（康熙《永平府志》卷三《災祥》）

大雨。（康熙《玉田縣志》卷八《祥眚》）

大水，麥田盡没。（萬曆《雄乘·災異》）

興安州猛雨數日，漢江溺溢。傳有一龍横塞黄洋河口，水壅高城丈餘，全城淊没，公署民舍一空，溺死者五千餘人，闔家全溺無稽者不計數。（康熙《陝西通志》卷三〇《祥異》）

漢水溢。（萬曆《陝西通志》卷四《灾祥》）

費縣雨雹，莒州蝗。（乾隆《沂州府志》卷一五《記事》）

二十九日，日夕，冰雹如茶鐘，打死人畜甚多，至於鳥獸樹木，損折大半。（康熙《費縣志》卷五《災異》）

鍾祥大水入城。（康熙《安陸府志》卷一《郡紀》）

水大漲，城潰，壞官民廬舍圮者萬數。（康熙《潛江縣志》卷二《災祥》）

## 五月

庚子，京師大雨雹。（《明神宗實錄》卷一三七，第2558頁）

甲辰，三屯營、喜峯口地震。（《明神宗實錄》卷一三七，第2563頁）

夜，雨星隕，天鼓如雷。（民國《廣宗縣志》卷一《大事紀》）

雨雹大如杵，殺人。（乾隆《獲嘉縣志》卷一六《祥異》）

沛大旱。（同治《徐州府志》卷五下《祥異》）

大水。（康熙《紫陽縣新志》卷下《祥異》）

恒暘，自六月壬子至於癸酉不雨，民情孔棘。（同治《南城縣志》卷九

《記》）

泊河溢，大水遍野，流屍相枕。（嘉慶《洧川縣志》卷八《雜志》）

大雨如注，涉旬乃止。（天啟《中牟縣志》卷二《物異》）

初六日、七月十五日兩次大雨，南門、西門、水門共壞二十餘丈，馬路穨墜二十九丈，又壞敵臺十二座，望棚十一處，窩鋪十一間。（嘉慶《潮陽縣志》卷三《城池》）

東鄉大水。（雍正《四川總志》卷三八《祥異》）

至秋七月，不雨。（康熙《大冶縣志》卷四《災異》）

至於九月不雨。民饑。（嘉慶《洧川縣志》卷八《雜志》）

## 六月

甲寅，流星起自房宿，南行至近濁，尾跡炸散。（《明神宗實錄》卷一三八，第 2570 頁）

庚申，月犯房宿。（《明神宗實錄》卷一三八，第 2574 頁）

乙丑，以湖廣郧、襄、承、漢四府水患，命巡撫官將本布政司庫貯無礙銀兩（抱本作"銀糧"），并鄰近府縣銀兩倉穀，酌量賑恤。（《明神宗實錄》卷一三八，第 2575 頁）

丁丑，太白犯熒惑。（《明神宗實錄》卷一三八，第 2581 頁）

州大水發自泰山龍口，大石崩裂，御帳衝毀，大夫松仆，盤道皆亂石阻塞，不可復識。（康熙《泰安州志》卷一《災祥》）

不雨。（乾隆《杭州府志》卷五六《祥異》）

大水。（康熙《平鄉縣志》卷三《前朝》）

初二日，霜殺禾。（康熙《静樂縣志》卷四《災變》）

大蝗。（萬曆《諸城縣志》卷九《災祥》）

蝗。（萬曆《安邱縣志》卷一下《總紀》；嘉慶《昌樂縣志》卷一《總紀》）

郯城大雨。（乾隆《沂州府志》卷一五《記事》）

大雨，南門崩圮，壓死守城夫二人。（康熙《郯城縣志》卷九《災祥》）

月末，大水，漂民廬舍，淹没田禾。知縣李塾申於上，准免當年夏秋糧各十分之三。（康熙《長葛縣志》卷一《災祥》）

大風拔木。（順治《潁州志》卷一《郡紀》）

## 七月

辛卯，月犯建星。（《明神宗實録》卷一三九，第2591頁）

辛丑，太白晝見。（《明神宗實録》卷一三九，第2594頁）

癸卯，月犯井宿。（《明神宗實録》卷一三九，第2596頁）

癸卯，以陝西金州被水患，移州治于城南二里。（《明神宗實録》卷一三九，第2597頁）

丁未，浙江、江西旱。（《國榷》卷七二，第4451頁）

大腥霧，殺禾稼，木（疑脱"葉"字）盡脱。（乾隆《掖縣志》卷五《祥異》）

吉州雹傷禾。八月，復雹。（萬曆《平陽府志》卷一〇《災祥》）

月中，雨甚，沭河溢，大水殺稼，城堞盡圮，城垣僅存十之二三，南門橋磚石漂没，各門關之外俱乘舟筏往來。（康熙《郯城縣志》卷九《災祥》）

大風雨，漂没牛畜房屋。海、清、鹽、安略同。（光緒《鹽城縣志》卷一七《祥異》）

旱，雩而雨。（萬曆《杞乘》卷二《今總紀》）

## 八月

庚戌朔，永平府電（廣本作"雹"）雨大作，各臺杆上有火光。（《明神宗實録》卷一四〇，第2601頁）

辛未，月犯井宿。（《明神宗實録》卷一四〇，第2616~2617頁）

颶作。（嘉慶《澄海縣志》卷五《災祥》；光緒《潮陽縣志》卷一三《灾祥》）

庚戌朔，永平大雨水。（民國《盧龍縣志》卷二三《史事》）

雨雹。（乾隆《沂州府志》卷一五《記事》）

月初，雨雹，大如鴨卵，凡前次水潦未及之處，禾盡空焉。（康熙《郯城縣志》卷九《災祥)》)

雨雹，大如盌盞。（康熙《博平縣志》卷一《機祥》)

霖雨，至次年正月陰雲不開。冬禾没水中，民間用火焙稻，頗為艱食。（乾隆《莆田縣志》卷三四《祥異》)

陰雲不開，至次年正月乃霽。（嘉慶《惠安縣志》卷三五《祥異》)

至次年正月，陰雲不開。（道光《晉江縣志》卷七四《祥異》)

## 九月

甲申，諭内閣："今日偶然大風陡作，靈臺奏有驚（抱本作'警'）火，邊兵卿等傳示兵部，還遵照節次明旨，馬上差人申飭各邊，十分嚴謹防禦，毋得疏怠。"（《明神宗實録》卷一四一，第 2624~2625 頁)

## 十月

甲子，夜望，月食。（《明神宗實録》卷一四二，第 2648 頁)

辛未，以水災命河南商水等四十四州縣，分別賑恤（廣本、抱本作"濟"）。（《明神宗實録》卷一四二，第 2653 頁)

乙亥，以水災免湖廣寧鄉等二十七州縣十一年分存留稅糧，照被災分數，減免有差。（《明神宗實録》卷一四二，第 2655 頁)

## 十一月

己卯，日有食之。（《明神宗實録》卷一四二，第 2659 頁)

己亥，流星赤色，起自胃宿，西南行，有聲如沉雷，後有二小星随之。（《明神宗實録》卷一四三，第 2673 頁)

群梟東飛蔽天。（順治《汝陽縣志》卷一〇《機祥》)

## 十二月

雷。（乾隆《昌邑縣志》卷七《祥異》；乾隆《濰縣志》卷六《祥異》)

## 是年

春，隕霜。（咸豐《興甯縣志》卷一二《災祥》）

春，旱。秋，蝗，復大水及雹。是年，米價騰踊，柴亦如之。（咸豐《濱州志》卷五《祥異》）

夏，旱。（崇禎《烏程縣志》卷四《災異》；同治《湖州府志》卷四四《祥異》；光緒《嘉興府志》卷三五《祥異》；光緒《歸安縣志》卷二七《祥異》；光緒《嘉善縣志》卷三四《祥眚》）

夏，蝗，民不知捕。（康熙《睢寧縣舊志》卷九《災祥》）

夏，蝗，大水。（光緒《淮安府志》卷四〇《雜記》）

夏，大水。（同治《萍鄉縣志》卷一《祥異》）

大水。（康熙《莒州志》卷二《災異》；同治《漢川縣志》卷一四《祥祲》；光緒《江西通志》卷九八《祥異》；光緒《吉安府志》卷五三《祥異》；光緒《新樂縣志》卷一《災祥》；民國《太倉州志》卷二六《祥異》）

旱，蝗。（天啟《新修來安縣志》卷九《祥異》；康熙《開州志》卷四《災祥》；民國《大名縣志》卷二六《祥異》）

溱水暴漲，平地深丈餘，沿河房屋及城南數百餘家，人畜溺死無算。（康熙《新鄭縣志》卷四《祥異》）

大旱。（康熙《衢州府志》卷三〇《五行》；康熙《德安安陸郡縣志》卷八《災異》；乾隆《桐廬縣志》卷一六《災異》；乾隆《伏羌縣志》卷一四《祥異》；道光《會寧縣志》卷一二《祥異》；道光《安陸縣志》卷一四《祥異》；光緒《咸甯縣志》卷八《災祥》；光緒《淮安府志》卷二〇《祥異》）

徐、蕭河溢，大水衝没符離橋。（嘉慶《蕭縣志》卷一八《祥異》）

大水，漂溺人畜，倒壞房屋無算。（光緒《安東縣志》卷五《民賦下》）

大水，免米五萬二千九百五十四石六斗八升。（道光《江陰縣志》卷八

《祥異》）

大水，大庚太平橋崩，溺死者以千計。（光緒《南安府志補正》卷一〇《祥異》）

雨雹如碗，皆龜甲旋螺之形。（乾隆《夏津縣志》卷九《災祥》）

雨雹大如盌，皆龜甲旋螺之形。（萬曆《東昌府志》卷一七《祥異》；宣統《恩縣志》卷一〇《災祥》）

雹大如盌。（康熙《茌平縣志》卷一《災祥》）

旱甚。（民國《和順縣志》卷九《祥異》）

旱。（康熙《興國州志》卷下《祥異》；康熙《秀水縣志》卷七《祥異》；康熙《米脂縣志》卷一《災祥》；嘉慶《義烏縣志》卷一九《祥異》；嘉慶《涉縣志》卷七《祥異》；同治《嵊縣志》卷二六《祥異》）

秋，大旱。（雍正《常山縣志》卷一二《拾遺》）

秋，無雨。冬，無雪。（民國《翼城縣志》卷一四《祥異》；民國《洪洞縣志》卷一八《祥異》）

秋，雨雹傷稼。（光緒《吉縣志》卷七《祥異》）

春，旱，無麥。（乾隆《直隸易州志》卷一《祥異》）

春，渾河決堤口，水失故道。（民國《安次縣志》卷一《地理》）

夏，旱，大蝗，有禿鶩、海鴿飛而食之。（嘉慶《揚州府志》卷七〇《事略》）

夏，旱，蝗。（萬曆《帝鄉紀略》卷六《災患》）

夏，淫雨，平地水深數尺，麥盡漂没。冬，飢。（乾隆《亳州志》卷一《災祥》）

夏，玉大旱。眾白潘銓信其術，太邑張幣致之。設壇，時六月二十庚午日也。期以三日申刻雨……頃，雲從西北來，倏忽蔽天，雷電交作，大雨數百裡，連三晝夜。（乾隆《玉山縣志》卷一三《仙釋》）

水驟漲數丈，海濱人畜多漂流溺死者。（康熙《文昌縣志》卷九《災祥》）

大旱，飢。（嘉慶《沅江縣志》卷二二《祥異》）

郡城大旱。（崇禎《長沙府志》卷七《祥異》）

大水，湮没萬餘家。（同治《穀城縣志》卷八《祥異》）

水浸城，不没者三版。（乾隆《石門縣志》卷七《祥異》）

大旱，無禾。（康熙《鹿邑縣志》卷八《災祥》）

沙河水溢，雙洎泛漲兩尺，門外通舟楫四十日。（乾隆《陳州府志》卷三〇《祥異》）

連旱荒。（康熙《柘城縣志》卷四《災祥》）

黑陽山水決，泛濫四十餘日。（康熙《重修阜志》卷下《祥異》）

衛西南境大雨雹。（順治《衛輝府志》卷一九《災祥》）

雹。（康熙《登封縣志》卷九《災祥》）

大水壞舟梁，漂溺百餘人。（民國《金門縣志》卷一七《列傳》）

大水，太平橋崩，溺死者以千計。（乾隆《南安府大庾縣志》卷一《祥異》）

旱，無獲。（雍正《瑞昌縣志》卷一《祥異》）

泚河南、北蝗起，有野鶴及群鴉萬餘，食之殆盡。（雍正《懷遠縣志》卷八《災異》）

旱，不為害。（康熙《浦江縣志》卷六《灾祥》）

河決，溺死人民無算。（嘉慶《邳州志》卷一七《祥異》）

河決黃堌口。（民國《泗陽縣志》卷三《大事》）

以十年水災，免米一萬九千八十石有奇。（咸豐《靖江縣志稿》卷一《蠲恤》）

高寶決堤。（民國《泰縣志稿》卷一六《水利》）

水，奉詔恩免米九萬三千一百餘石，每石折銀四錢二分八釐六毫。（道光《武進陽湖縣合志》卷一一《食貨》）

水，改折漕糧正耗米一萬二千六百七十六石六斗零，每石折銀四錢二分八釐。（乾隆《無錫縣志》卷一〇《蠲賑》）

以蘇、松等府水災，改折本年漕粮及南京各衛倉粮。（康熙《江南通志》卷二三《蠲卹》）

雨雪。（乾隆《青浦縣志》卷三八《祥異》）

十一、十五年，連旱。（光緒《麟遊縣新志草》卷八《雜志》）

蝗食禾如掃。（道光《直隸霍州志》卷一六《機祥》）

大雨雹。（乾隆《太平縣志》卷八《災異》）

雷火殺人。（康熙《成安縣志》卷四《總紀》）

黑陽山水決，泛溢縣境。（雍正《阜城縣志》卷二一《祥異》）

蝗不為災。（乾隆《獻縣志》卷一八《祥異》）

蝗。（萬曆《交河縣志》卷七《災祥》；順治增補嘉靖《興濟縣志書》卷上《祥異》）

蝗災。（光緒《東光縣志》卷一一《祥異》）

夏秋，大旱。（康熙《新安縣志》卷一一《災異》）

夏秋，不雨，大旱。（同治《崇陽縣志》卷一二《災祥》）

夏秋，大旱，歲飢。知縣張書紳賑恤，民始安。（康熙《通山縣志》卷八《祥異》）

秋，雨雹傷稼。（乾隆《吉州志》卷七《祥異》）

秋，雨鹵水，殺禾稼。（順治《登州府志》卷一《災祥》）

秋，蓬萊、黃縣雨鹹水，殺禾稼。饑。（光緒《登州府志》卷二三《水旱豐饑》）


# 萬曆十二年（甲申，一五八四）

## 正月

乙巳，喜峰路大風驟雨，迅雷衝倒墩臺。（《明神宗實錄》卷一四五，第2712頁）

朔，雪。（宣統《高要縣志》卷二五《紀事》）

朔，雷。秋八月，雨蟲。（康熙《開平縣志·事紀》）

朔，雨雹。（雍正《平樂府志》卷一四《祥異》；嘉慶《永安州志》卷

四《祥異》）

朔，大雷電，雨雹。（康熙《荔浦縣志》卷三《神異》）

雷雨，灤河溢。（民國《盧龍縣志》卷二三《史事》）

初四日，大風雨雹，大者如斗，小者如拳，民房多擊壞。（同治《江華縣志》卷一二《災異》）

初四日，大風，雨雹，至道州界。大者如升，小者如拳，民居多擊壞。（萬曆《江華縣志》卷四《災異》）

二十五日，雷。（光緒《新樂縣志》卷一《災祥》）

江華大風，雨雹大如升，民居多擊壞。（道光《永州府志》卷一七《事紀畧》）

大雷雨。（康熙《灤志》卷三《世編》）

## 二月

辛亥，薊鎮墻子路風雪大作，沿邊旗竿（廣本、抱本作"杆"，"杆"下有"上"字）火光。（《明神宗實錄》卷一四六，第 2718 頁）

辛酉，從陝西巡按（廣本、抱本作"巡按陝西"）御史陳功請，免金州水災錢糧，於概州均攤抵補。復從户科給事中蕭彦請，免淮、揚、鳳三府，徐州一州萬曆二年起至六年止未完錢糧。（《明神宗實錄》卷一四六，第 2721 頁）

丁卯，京師地震有聲。（《明神宗實錄》卷一四六，第 2726 頁）

初三日，大雪。秋，大水。（光緒《新樂縣志》卷一《災祥》）

## 三月

辛巳，鞏昌府地震。（《明神宗實錄》卷一四七，第 2736 頁）

大霜，百草盡萎，歲無麥。（民國《青城縣志》卷一《祥異》）

湘潭雲湖蛟出，水没民居，田畝萬餘盡成荒穀。（崇禎《長沙府志》卷七《祥異》）

至七月，不雨。（乾隆《沂州府志》卷一五《記事》）

大旱，自三月至七月不雨，稻禾盡枯。於七月十九日，忽沭河大水泛溢，潯没頗多。（康熙《郯城縣志》卷九《災祥》）

## 四月

庚戌，京師黄霧、風霾、大雨電。（《明神宗實録》卷一四八，第 2753 頁）

丁巳，上祈雨，命百官于十三日起致齋三日。（《明神宗實録》卷一四八，第 2759 頁）

辛酉（廣本、抱本"酉"下有"夜"字），戌時初刻，月食（廣本、抱本作"蝕"）。（《明神宗實録》卷一四八，第 2761 頁）

丁未，上享太廟，京師風霾。（《國榷》卷七二，第 4472 頁）

一日，甘露降城東，草木凝香，其色正黄，其甘如飴。（宣統《恩縣志》卷一〇《災祥》）

## 五月

甲午，京師（廣本、抱本作"畿"）地震有聲。（《明神宗實録》卷一四八，第 2776 頁）

甲辰，都匀大水。（《國榷》卷七二，第 4479 頁）

喜峰井兒北九號台轟雷霹電，將鋪房三間并汛軍火器盡燬，震死……三人。（乾隆《直隷遵化州志》卷一一《物異》）

大雨雹，無麥。（乾隆《榆次縣志》卷七《祥異》）

朔三夜，保縣南溝龍行，光如月，聲如鼓吹，雷雨大作。（雍正《四川通志》卷三八《祥異》）

平越大水，漂没民田。（光緒《平越直隷州志》卷一《祥異》）

## 六月

己酉，是夜，有異星出房宿。（《明神宗實録》卷一五〇，第 2782 頁）

六日，雷，震死州蠹役莫子順。（乾隆《横州志》卷二《菑祥》）

十八日，雷，擊死田家橋下二人。（順治《雞澤縣志》卷一〇《災祥》）

## 七月

戊寅，浙江颶風，大水。(《明神宗實録》卷一五一，第 2795 頁)

乙酉，月與建星相犯。(《明神宗實録》卷一五一，第 2800 頁)

癸巳，金星晝見。(《明神宗實録》卷一五一，第 2804 頁)

丙申，月犯井宿。(《明神宗實録》卷一五一，第 2805 頁)

大水。(光緒《潮陽縣志》卷一三《灾祥》)

大水，上、中、下外莆暨蓬洲四都堤決，受禍尤烈。(嘉慶《澄海縣志》卷五《災祥》)

旱，繼而雨。(乾隆《杞縣志》卷二《祥異》)

濰決。(乾隆《昌邑縣志》卷七《祥異》)

## 八月

壬子，山東撫按李輔等以登、萊二府水旱相仍，請蠲二府拖欠存留麥米一十七萬四百餘石，草鈔銀四千二百餘兩，并留香稅雜錢一千九百四十六萬五千餘文備賑。從之。(《明神宗實録》卷一五二，第 2818 頁)

甲寅，河南巡撫楊一魁言旱、雪、冰雹迭為災異。章（廣本、抱本作"事"）下户部。(《明神宗實録》卷一五二，第 2818 頁)

丙寅，上視朝，月犯井宿。(《明神宗實録》卷一五二，第 2822 頁)

辛未，河南地方旱潦、冰雹。(《明神宗實録》卷一五二，第 2824 頁)

夏，大旱。秋八月，晦，西南天裂，廣數十丈，炲燭於地，櫪馬皆驚。(康熙《宜都縣志》卷一一《災祥》)

旱。八月，天裂。(同治《枝江縣志》卷二○《災異》)

夏，大旱。秋八月，晦，西南天裂，廣數十丈，櫪馬皆驚。(同治《長陽縣志》卷七《災祥》)

新興雨蟲。(崇禎《肇慶府志》卷二《事紀》)

## 九月

庚辰，河南報冰雹異常，打毁二麥。(《明神宗實録》卷一五三，第

2833 頁）

丙申，京師濃霧。（《明神宗實録》卷一五三，第 2838 頁）

癸酉，朔，日食。依《大統曆》日食九十二秒，依回回曆不食。已而，回回律（廣本、抱本作“曆”）果驗，下禮部。（《明神宗實録》卷一五三，第 2843 頁）

海水溢，漂没人物。（乾隆《濰縣志》卷六《祥異》）

沭水大溢。（民國《臨沂縣志》卷一《通紀》）

威清大雨雹，毁稼。（康熙《貴州通志》卷二七《災祥》）

## 十月

丙寅，以水、旱、雹、蝗災，詔免湖廣、山東各被傷地方民屯錢糧。（《明神宗實録》卷一五四，第 2857 頁）

## 十一月

癸酉，午刻，日應食不食。（《明神宗實録》卷一五五，第 2859 頁）

戊子，月犯井宿。（《明神宗實録》卷一五五，第 2865 頁）

## 十二月

辛亥，火星逆行張宿度分。（《明神宗實録》卷一五六，第 2879 頁）

朔，武緣縣大雪，後連年有秋。（雍正《廣西通志》卷三《磯祥》）

朔，大雪深三四尺，時咸以為瑞云。（萬曆《賓州志》卷一四《祥異》）

## 是年

夏，枝江、宜都大旱。（光緒《荆州府志》卷七六《災異》）

大水，崩陷城池。（嘉慶《會同縣志》卷一〇《災祥》；嘉慶《瓊東縣志》卷一〇《紀災》）

大旱，米貴。（民國《光山縣志約稿》卷一《災異》）

旱。（萬曆《階州志》卷一二《災祥》；康熙《瀏陽縣志》卷九《災祥》；康熙《興國州志》卷下《祥異》；乾隆《確山縣志》卷四《機祥》；嘉慶《洛川縣志》卷一《祥異》；民國《確山縣志》卷二〇《大事記》）

大水入城。（康熙《武陟縣志》卷一《災祥》；道光《武陟縣志》卷一二《祥異》）

湘潭蛟出水，没民居，田畝百餘盡成荒谷。瀏陽旱。（乾隆《長沙府志》卷三七《災祥》）

冬，無雪。（崇禎《烏程縣志》卷四《災異》；同治《湖州府志》卷四四《祥異》；光緒《歸安縣志》卷二七《祥異》）

夏，禹州冰雹。（萬曆《開封府志》卷二《機祥》）

夏，旱，野多餓殍。（民國《重修滑縣志》卷一八《義行》）

夏，麥小熟。（萬曆《寧遠縣志》卷四《災異》）

泗州，夏，大水，又旱蝗。（萬曆《帝鄉紀略》卷六《災患》）

大旱，蠲免蒼梧災米。（乾隆《梧州府志》卷二四《機祥》）

地震，大水。（康熙《三水縣志》卷一《事紀》）

大旱。（順治《遠安縣志》卷四《祥異》）

大旱，米湧貴。（嘉慶《息縣志》卷八《災異》）

水，衝斷（文川橋）其半。（康熙《連城縣志》卷二《橋樑》）

（羅湖橋）萬曆甲申年壞于水。（嘉慶《福鼎縣志》卷二《水利》）

大水，傷禾。（乾隆《龍泉縣志》卷末《祥異》）

大水，傷禾稼。（乾隆《廬陵縣志》卷一《機祥》；光緒《吉安府志》卷五三《祥異》）

邑旱，民饑。（康熙《中江縣志》卷一《祥異》）

大旱，流離相望。（光緒《新修潼川府志》卷二五《行誼》）

河水，平田可畊。（雍正《安東縣志》卷一五《祥異》）

水。（萬曆《六合縣志》卷二《災祥》）

大風拔木，禾盡偃。（天啟《新泰縣志》卷八《祥異》）

蝗蟲傷穀。（萬曆《淄川縣志》卷二二《災祥》）

旱，司米銀叄錢，民死大半。知縣馬尚選賑濟。（康熙《米脂縣志》卷一《災祥》）

又旱，風霾。（萬曆《延綏鎮志》卷三《災異》）

蝗。（乾隆《滄州志》卷一二《紀事》）

大旱，禾不登。（乾隆《直隸易州志》卷一《祥異》）

大旱，秋禾未成。（崇禎《廣昌縣志·災異》）

秋，旱，至十三年六月方雨。（民國《清苑縣志》卷六《災祥》）

秋，山崩水溢，時烈風竟日，坊額公廨俱壞。（乾隆《瑞安縣志》卷一〇《雜志》）

秋，鹹雨醃稼，雙禾不登。民饑。（康熙《黃縣志》卷七《災異》）

冬，大雷電，雨雪。（康熙《思州府志》卷七《祥異》）

十二年、十三年秋，旱。（順治《臨潁縣續志》卷七《災祥》）

十二年至十四年大饑，河水頓乾。（萬曆《汾州府志》卷一六《災祥》）

十二年至十四年俱夏旱秋澇，東南二鄉被害尤甚。（萬曆《寧津縣志》卷四《祥異》）

至十七年俱春旱秋澇，米麥斗價至一錢八分，蜀秫斗價至八九分，城內外爭掃草子以食。（康熙《懷柔縣新志》卷二《災祥》）

至十七年俱春旱秋澇，米麥斗價至一錢七八分，蜀秫斗價至八九分，月城中村中紛紛爭掃草於以食，人情洶洶不安矣。（萬曆《懷柔縣志》卷四《災祥》）

# 萬曆十三年（乙酉，一五八五）

## 正月

庚辰，熒惑逆行，入軒轅，犯南第五星。（《明神宗實錄》卷一五七，第2891頁）

戊子，廣昌縣雨雹，明日地震。（《國榷》卷七三，第 4497 頁）

十六日，大雨雹。卯時，地震。（崇禎《廣昌縣志·災異》）

## 二月

戊申，熒惑逆行，自冬十二月辛亥，失度起張過星，入柳，歷二舍有餘。（《明神宗實錄》卷一五八，第 2909 頁）

丁卯，京師旱，自去秋八月至於今春二月不雨，河井竭。諭内閣，傳禮部祈雨。（《明神宗實錄》卷一五八，第 2915 頁）

庚午，大雩。（《明神宗實錄》卷一五八，第 2916 頁）

庚午，大同風霾，傷人畜。（《國榷》卷七三，第 4495 頁）

容縣雨，雹如飛石。秋旱。（光緒《容縣志》卷二《氣候》）

閩中無雪，然閒十餘年亦一有之。憶萬曆乙酉二月初旬，雪花零落如絮，逾數刻地下幾六七寸。故老云：數十年未之有也。（乾隆《福州府志》卷二四《氣候》）

## 三月

丁丑，日亭午，大風從西北來，有聲，黃埃蔽天，占曰：“邊兵起。”（《明神宗實錄》卷一五九，第 2917 頁）

戊寅，山西山陰縣地震，旬有五日乃止。（《明神宗實錄》卷一五九，第 2919～2920 頁）

己卯，熒惑逆行，至是始順度循帆。（《明神宗實錄》卷一五九，第 2920 頁）

甲申，大雩。（《明神宗實錄》卷一五九，第 2922 頁）

黑風，折屋飛瓦，大旱蝗，詔免田租十之三。（民國《大名縣志》卷二六《祥異》）

甲申夕，黑風驟至，折屋飛瓦，十四日黎明止，雨沙尺餘。（光緒《南樂縣志》卷七《祥異》）

隕霜，傷麥豆。是年秋，無雨。冬復無雪。（民國《洪洞縣志》卷一八

《祥異》）

二十九日，大同風霾，傷人畜。（雍正《朔平府志》卷一一《祥異》）

隕霜，殺麥及桑。自正月至五月不雨，秋復不雨，菽不登。（嘉慶《洧川縣志》卷八《雜志》）

旱。清遠令蘇廷龍步禱于金芝岩，雨應而注，不爲灾。（道光《佛岡直隸軍民廳志》卷三《庶徵》）

## 四月

丙午，大雩。（《明神宗實錄》卷一六〇，第2929頁）

壬子，萬全都司實星如火，天鼓鳴如雷。（《明神宗實錄》卷一六〇，第2932頁）

乙卯，夜望，月食，約五分餘。　（《明神宗實錄》卷一六〇，第2933頁）

乙卯，諭內閣曰：“茲三祈雨澤，天未需施，心甚憂懼，朕步行親詣南郊祭禱，卿等傳禮臣具儀。”（《明神宗實錄》卷一六〇，第2933頁）

乙卯，禮部進南郊禱雨，儀注上香進帛，三獻八拜，牲用特熟薦，不燔柴，不奉祖，配用嘉靖十七年四月禮，而步行不乘輦出，上意親定。（《明神宗實錄》卷一六〇，第2933~2934頁）

壬戌，日晡，大風，揚沙蔽日。（《明神宗實錄》卷一六〇，第2936頁）

大雨雹，損二麥。（光緒《新續渭南縣志》卷一一《祲祥》）

大旱。（乾隆《香山縣志》卷八《祥異》）

## 五月

乙酉，宛平縣玉河鄉大雨雹，傷人畜以千計。（《明神宗實錄》卷一六一，第2948頁）

丙戌，雨，諭禮部：“上天垂仁，雨澤大需，朕心欣荷，祈禱著停止，遣官告謝具儀來行。”（《明神宗實錄》卷一六一，第2949頁）

戊子，以靈雨應祈，遣官祭謝郊壇宮廟。（《明神宗實錄》卷一六一，第 2954 頁）

十七日，雨水，沒禾稼。秋，大風雹，馬蘭峪尤甚。（康熙《遵化州志》卷二《災異》）

十九日夜半，淮水溢，決口驟開二三里，衝聯城東旱門，注三城，平地水深七尺，堤內成湖，長二十餘里。（宣統《續纂山陽縣志》卷一五《雜記》）

大雨。（康熙《蕭山縣志》卷九《災祥》）

霪雨，經旬不止，二麥渰沒。（康熙《灤志》卷三《世編》）

壬寅，冰雹，大者如杵，自縣郭及南鄉數村二十里之間禾黍一空，幾爲赤地。（順治《高平縣志》卷九《祥異》）

曲沃、洪洞、臨汾、太平旱，詔免夏稅十之七。平陽州縣隕霜。（雍正《平陽府志》卷三四《祥異》）

開封府自春徂夏五月，不雨。（萬曆《開封府志》卷二《機祥》）

初春徂夏五月，不雨。（乾隆《陳州府志》卷三〇《祥異》）

端陽日……其夕，雷雨大作。（康熙《保德州志》卷三《風土》）

夏五、六月，大水，雹損稼。（乾隆《永平府志》卷三《祥異》）

夏五、六月，大冰雹，損稼。（萬曆《樂亭志》卷一一《祥異》）

## 六月

戊申，淮安府大雨雹。（《明神宗實錄》卷一六二，第 2962 頁）

庚申，靈璧大水。（《國榷》卷七三，第 4508 頁）

朔，雨雹，大如拳。（乾隆《抱縣志》卷五《祥異》）

雨雹害稼。（康熙《雲南府志》卷二五《菑祥》；民國《宜良縣志》卷一《祥異》）

雨雹，大風拔木。（康熙《衢州府志》卷三〇《五行》；嘉慶《西安縣志》卷二二《祥異》）

大風，黃沙蔽天，拔木摧屋，行人撒去里許，河船多覆。（光緒《蘭谿

縣志》卷八《祥異》）

大風雨雹。（光緒《常山縣志》卷八《祥異》）

大風暴起，黃沙蔽天，拔木倒屋。（嘉慶《蘭谿縣志》卷一八《祥異》）

大風雹。（雍正《常山縣志》卷一二《拾遺》）

戊辰，雹。（康熙《永平府志》卷三《災祥》）

夜，暴風雨，拔木發屋，人畜傷死。（康熙《靈璧縣志略》卷一《祥異》）

水。（順治《遠安縣志》卷四《祥異》）

省城雨雹害稼。（天啟《滇志》卷三一《災祥》）

冬至六月，無雨。（乾隆《浮山縣志》卷二四《祥異》；民國《浮山縣志》卷三七《災祥》）

## 七月

辛巳，夜有星如盆（抱本作“盞”），霣于沈丘縣之蓮花集，天鼓鳴，星随散滅。（《明神宗實録》卷一六三，第2976頁）

丙戌，西安府及高陵縣地震，勢如風，聲若雷。（《明神宗實録》卷一六三，第2978頁）

寧夏大水，河決唐、漢二壩。（乾隆《寧夏府志》卷二二《雜記》）

雹，大風拔樹。饑民逃亡。（順治《遠安縣志》卷四《祥異》）

## 八月

乙酉，京師地震。（《明神宗實録》卷一六四，第2986頁）

大旱。（乾隆《杞縣志》卷二《祥異》）

大雨雹。（道光《開平縣志》卷八《事紀》）

新興大雨雹。（崇禎《肇慶府志》卷二《事紀》）

八、九、十月連雨，大水漲溢，自澄瀑布潭抵瓊博，冲民居近河者，房屋畜產漂蕩，人溺死無算，田埋没數頃。（康熙《澄邁縣志》卷九《紀災》）

## 九月

壬申，月犯房宿北第一星。（《明神宗實録》卷一六五，第2998頁）

戊子，彗星出羽林傍，形如彈丸，尾長尺許，指東北。其色蒼白，後每夕移東行，芒體漸縮小。（《明神宗實録》卷一六五，第3005~3006頁）

乙未，鎮江府地震。（《明神宗實録》卷一六五，第3008頁）

大雨連旬，水勢如海，漂流人畜以萬計。（道光《瓊州府志》卷四二《事紀》）

霪雨累月，水勢如翻海，人畜漂没死者以千百計。（光緒《臨高縣志》卷三《災祥》）

大水。（乾隆《香山縣志》卷八《祥異》）

淫雨十日，浸及城堞，河決山崩，民舍漂蕩，溺死者眾，銅鼓山崩其角。（康熙《文昌縣志》卷九《災祥》）

## 閏九月

癸丑，夜，望月食，約五分餘。（《明神宗實録》卷一六七，第3013頁）

滛雨半月，水漲滔天，山崩岸裂，潝禾傷屋，沿江居民死者無數，中街作桴行，東江水中豬犬浮者萬計。（乾隆《定安縣志》卷一《災異》）

## 十月

癸酉，彗星滅不見。（《明神宗實録》卷一六七，第3028頁）

桃華，已寒甚，吐沫成冰。（康熙《高淳縣志》卷二二《藝文》）

## 十一月

朔，横州雪。（乾隆《南寧府志》卷三九《幾祥》）

己酉，月犯畢宿右股北第一星。（《明神宗實録》卷一六八，第3042頁）

戊午，月犯角宿南星。（《明神宗實録》卷一六八，第 3044 頁）

震電。（順治《銅陵縣志》卷七《祥異》）

## 十二月

己丑，霾。（《明神宗實録》卷一六九，第 3066 頁）

秋，大旱。（康熙《平樂縣志》卷六《災祥》）

至（明年）五月不雨。（康熙《清河縣志》卷一七《災祥》）

## 是年

春，大旱，剥榆掘草根以食。（康熙《堂邑縣志》卷七《災祥》）

春，隕霜，大旱，詔免夏税十之七。（民國《解縣志》卷一三《舊聞考》）

春夏，不雨，詔免夏税十分之七。（乾隆《廣靈縣志》卷一《災祥》）

夏，旱。（萬曆《内黄縣志》卷六《編年》；康熙《曲沃縣志》卷二八《祥異》；民國《徐水縣新志》卷一〇《大事記》）

夏，大旱。（民國《重修滑縣志》卷二〇《大事記》）

夏，旱蝗，人相食，有竊鄰之幼子而食者。（民國《光山縣志約稿》卷一《災異》）

夏，霪雨不止，二麥淹没。秋，大有年。（民國《昌黎縣志》卷一二《故事》）

夏，旱，詔免錢糧之半。（光緒《昌平州志》卷六《大事表》）

大旱，蠲免災米。（光緒《藤縣志》卷二一《雜記》）

旱。（萬曆《階州志》卷一二《災祥》；萬曆《交河縣志》卷七《災祥》；崇禎《内邱縣志》卷六《變紀》；順治《新修望江縣志》卷九《災異》；康熙《興國州志》卷下《祥異》；乾隆《南匯縣新志》卷一三《人物》；乾隆《東明縣志》卷七《灾祥》；民國《青縣志》卷一三《祥異》；民國《任縣志》卷七《紀事》）

旱，禾盡枯。（乾隆《隆平縣志》卷九《災祥》）

大旱。(萬曆《淄川縣志》卷二二《災祥》；康熙《開州志》卷四《災祥》；康熙《寧晉縣志》卷一《災祥》；雍正《臨汾縣志》卷五《祥異》；乾隆《獲嘉縣志》卷一六《祥異》；同治《武邑縣志》卷一〇《雜事》)

旱，大饑。(光緒《永年縣志》卷一九《祥異》)

伊水暴漲，南關田舍衝陷，河流遂北。(乾隆《嵩縣志》卷六《祥異附》)

水。(同治《南安府志》卷二九《祥異》；光緒《潛江縣志續》卷二《災祥》)

海水溢。(嘉慶《如皋縣志》卷二三《祥祲》)

水，撫按奏發抵折漕粮銀萬五千兩賑濟。(光緒《安東縣志》卷五《民賦下》)

颶風海溢。(萬曆《嘉定縣志》卷一七《祥異》)

大水。(康熙《龍門縣志》卷二《災祥》)

大雨水。(光緒《騰越廳志稿》卷一《祥異》)

妖龍作祟，雨雹傷禾。(光緒《續修嵩明州志》卷二《災祥》)

秋，大水。(康熙《西寧縣志》卷一《災祥》；乾隆《萬全縣志》卷一《災祥》；乾隆《宣化縣志》卷五《災祥》；乾隆《懷安縣志》卷二二《灾祥》；同治《湖州府志》卷四四《祥異》；同治《西寧縣新志》卷一《災祥》；光緒《嘉興府志》卷三五《祥異》；光緒《嘉善縣志》卷三四《祥眚》；光緒《歸安縣志》卷二七《祥異》；民國《陽原縣志》卷一六《前事》)

秋，旱。(萬曆《稷山縣志》卷七《祥異》；同治《稷山縣志》卷七《祥異》)

秋，大水，敗稼。(光緒《桐鄉縣志》卷二〇《祥異》)

霜殺秋禾。(乾隆《白水縣志》卷一《祥異》)

秋，湖州大水。(同治《長興縣志》卷九《災祥》)

秋，大旱，城河竭。(乾隆《蔚縣志》卷二九《祥異》)

大水。冬，不雪。(光緒《新樂縣志》卷一《災祥》)

春，隕霜，諸州縣俱大旱。（萬曆《山西通志》卷二六《災祥》）

春，旱。（崇禎《肇慶府志》卷二《事紀》）

春，肥鄉、廣平、清河大旱。（光緒《廣平府志》卷三三《災異》）

春，大旱。（萬曆《河間府志》卷四《祥異》；乾隆《獻縣志》卷一八《祥異》）

春，暵，千里如燬。（康熙《遵化州志》卷二《災異》）

春，隕霜。秋，大旱。（乾隆《太平縣志》卷八《祥異》）

春，旱，民饑。秋冬，旱。（康熙《陽武縣志》卷八《災祥》）

不雨。（乾隆《滄州志》卷一二《紀事》）

春夏，不雨，又被霜傷麥。（康熙《郯城縣志》卷九《災祥》）

自春徂夏亢暘，麥枯，秋禾難種，民多逃竄。（乾隆《淮安府志》卷二五《五行》）

夏，稍旱，百泉水即縮而不足以灌田，苗之稿者十分而五。（嘉慶《邢臺縣志》卷一《水利附》）

夏，旱，至五月中始雨。秋雨雹，數十里野禾無遺。（萬曆《雄乘·災異》）

夏，大旱。大水。（康熙《恩平縣志》卷一《事紀》）

夏，大旱。詔免天下災傷錢粮之半。（康熙《番禺縣志》卷一四《事紀》）

騰越地震，大雨水。（康熙《永昌府志》卷二三《災祥》）

又大旱，蠲免災米。（乾隆《梧州府志》卷二四《禨祥》）

大水，廬舍漂没。（道光《瓊州府志》卷三五《孝友》）

蝗蟲食禾，民饑。（康熙《英德縣志》卷三《祥異》）

大旱，饑。（嘉慶《沅江縣志》卷二二《祥異》）

水。水後下晚種，秋大熟。（康熙《安鄉縣志》卷二《災祥》）

旱，民多殍，遍地螟螣，蝨賊皆備。（嘉慶《瀏陽縣志》卷三四《祥異》）

伊水自泥河直突至南關，所至房地衝坍，遂成河焉。（康熙《嵩縣志》

卷一〇《災祥》)

旱，蝗。(康熙《長垣縣志》卷二《災異》)

大風，(開元寺) 西塔葫蘆圮。(道光《晉江縣志》卷六九《寺觀》)

洪水，衝廢 (跨鱉橋)。(道光《義寧州志》卷三《津梁》)

飛蝗蔽空。(康熙《五河縣志》卷一《祥異》；光緒《五河縣志》卷一九《祥異》)

泗州有水。夏旱。生蝗蝻蓋地，厚數寸。(萬曆《帝鄉紀略》卷六《災患》)

大旱，詔免錢粮之半。(康熙《宿松縣志》卷三《祥異》)

大水，海溢。(嘉慶《東臺縣志》卷七《祥異》)

大水，海水溢。(崇禎《泰州志》卷七《災祥》)

隕霜，大旱。詔免夏稅十之七。(乾隆《解州全志》卷一一《祥異》)

蝗蟲佈滿，食禾有聲。(萬曆《榆次縣志》卷八《災祥》)

天大旱。(光緒《岢嵐州志》卷二《古蹟》)

汾水大漲，冲没民田三百餘頃。(康熙《静樂縣志》卷四《災變》)

大旱，無麥。五月，下紅沙。(雍正《肥鄉縣志》卷二《災祥》)

大旱，免田租十之三。(乾隆《大名縣志》卷二七《機祥》)

滹沱水徙城南。(乾隆《饒陽縣志》卷下《事紀》)

大旱，飛蝗蔽空。上布袍步祷，特加賑恤，蠲夏麥之半。(康熙《鹽山縣志》卷九《災祥》)

無麥。(萬曆《保定縣志》卷九《災異》)

乙酉、丙戌兩歲，雨暘愆期，河北大歉，禾麥罕成，流移載道。(康熙《彰德府志》卷一六《藝文》)

秋，大旱。(萬曆《衛輝府志·災祥》；順治《淇縣志》卷一〇《灾祥》；乾隆《昭平縣志》卷四《祥異》；嘉慶《永安州志》卷四《祥異》)

秋，颶風撤屋。(康熙《廣東通志》卷三《津梁》)

秋，大旱，田禾盡傷。(乾隆《懷集縣志》卷一〇《編年》)

秋，不雨，明年二麥就槁。(民國《修武縣志》卷五《宦績》)

秋，旱，蟲食粟盡。（乾隆《鄱陽縣志》卷二一《災祥》；同治《樂平縣志》卷一〇《祥異》；同治《饒州府志》卷三一《祥異》）

秋，霖雨，城圮。（乾隆《長子縣志》卷三《城池》）

冬，無雪。（乾隆《襄垣縣志》卷八《祥異》；乾隆《長治縣志》卷二一《祥異》；民國《襄垣縣志》卷八《祥異》）

冬，大寒，樹多凍死。（萬曆《沛志》卷一《邑紀》）

至五月，不雨。（光緒《清河縣志》卷三《災異》）

十三年、十四年，大旱，民不聊生，流移甚眾。（康熙《永寧縣志》卷一《災異》）

十三年、十四年，大旱。（乾隆《宜陽縣志》卷一《災祥》）

十三年至十五年，旱飢。（光緒《日照縣志》卷七《祥異》）

十三年至十五年，大旱，斗米千錢，民多飢死。（民國《重修岐山縣志》卷一〇《災祥》）

十三年至十五年，歲旱大饑，斗米千錢，民多流移，相傳稅糧積逋由此。（順治《扶風縣志》卷一《災祥》）


# 萬曆十四年（丙戌，一五八六）


## 正月

元旦，黑霧障天，狂風折木。（光緒《淮安府志》卷四〇《雜記》）

春夏，大旱，自正月至六月乃雨。（民國《大名縣志》卷二六《祥異》）

旱至七月，五穀未種，秋後方雨，民有因之種麥者。一冬無雪，又旱至次年五月，麥田盡槁。二歲間，饒積之家僅可糊口，餘有朝出而夕死者，有就塗屍割肉而食者。（康熙《重修平遙縣志》卷八《災異》）

元旦，黑霧障天，狂風折木。三、四月，黑氣貫箕斗……是年大雨，河漲，民饑。五月，河決都城東。（乾隆《山陽縣志》卷一八《祥祲》）

不雨，至於夏六月。大風。（萬曆《衛輝府志·災祥》）

至夏六月，不雨，多風。（順治《淇縣志》卷一〇《灾祥》）

## 二月

甲申，上以江北旱澇（北大本、抱本作"潦"），蠲免鳳陽班軍名糧，從撫按請也。（《明神宗實錄》卷一七一，第3110頁）

甲午，大風霾。（《明神宗實錄》卷一七一，第3114頁）

宜都雨霾，人手足皆皸。（光緒《荆州府志》卷七六《災異》）

晦，雨黄沙。（嘉慶《松江府志》卷八〇《祥異》；同治《上海縣志》卷三〇《祥異》；光緒《川沙廳志》卷一四《祥異》；民國《南匯縣續志》卷二二《祥異》）

晦，雨黄沙。是日，擷野蔬食者，多死。（光緒《奉賢縣志》卷二〇《灾祥》）

雨黄沙。（乾隆《婁縣志》卷一五《祥異》；乾隆《華亭縣志》卷一六《祥異》）

晦，天雨土。（光緒《海鹽縣志》卷一三《祥異考》；《海昌叢載》卷四《祥異》）

不雨，至五月，赤地千里，斗米值五錢。（康熙《臨海縣志》卷一一《灾變》）

黄風蔽天，雨污人衣。（康熙《定興縣志》卷一《機祥》）

黄風蔽天，雨皆污人衣。（順治《易水志》卷上《災異》）

隕霜，麥多怗死。（雍正《洪洞縣志》卷八《祥異》）

三日，夜，陰晦大風，中若電光，雨火如飛星，墮地即滅。是年，關中無秋，民大饑，村氓争取石子充麵食之。（康熙《咸寧縣志》卷七《祥異》）

八日至十日，雨霾，男婦手足皸折（疑當作"坼"）。（康熙《宜都縣志》卷一一《災祥》；同治《長陽縣志》卷七《災祥》）

十二日，夜，異風自北，發屋拔木，空中閃爍有光，城垣兵仗上皆見

火，移時方息。是年大旱，饑。（乾隆《大荔縣志》卷二六《祥祲》）

晦日，天雨黃沙，是日拮野蔬食者，皆腹痛。青天無雲驚轟雷，白日飛沙亂走石。（萬曆《上海縣志》卷一〇《祥異》）

三黃嶺雷雨大作，嶺上開一深裂。（崇禎《瑞州府志》卷二四《祥異》）

大風晝晦，人不相見。（順治《禹州志》卷九《機祥》）

## 三月

戊戌，上諭內閣：“朕見連日天氣昏濁，塵霾蔽空。又覽臺官所奏，主百姓流離，朕甚憂惶驚懼。《書》云：‘民惟邦本，本固邦寧。’又云：‘民無（抱本作“罔”）常懷，懷于有仁。’古人之言，甚有裨于為治。”（《明神宗實錄》卷一七二，第3119頁）

乙巳，上以久旱諭順天府竭誠祈禱。（《明神宗實錄》卷一七二，第頁3133）

戊午，以風霾久旱，遣官祭告。南郊公徐文璧、北郊侯吳繼爵、山川侯陳良弼、雲雨風雷（抱本作“風雲雷雨”）伯毛登各行禮祈禱雨澤，仍令大小臣工痛加修省，以回天意。（《明神宗實錄》卷一七二，第3152頁）

大風，麥槁。（乾隆《雞澤縣志》卷一八《災祥》；民國《成安縣志》卷一五《故事》）

大雨雹。（康熙《永昌府志》卷二三《災祥》；乾隆《雲南通志》卷二八《祥異》；光緒《永昌府志》卷三《祥異》；光緒《騰越廳志稿》卷一《祥異》）

雨霾，晝晦，連日夜不息，數日始止。（萬曆《雄乘·災異》）

晝晦，至西時日復出。（乾隆《嶂縣志》卷五《祥異》）

古城大水，岳山麓崩，氣辣，魚鱉盡絕，人涉水，多生疽。（乾隆《懷集縣志》卷一〇《編年》）

博白、北流、鬱林、藤縣皆水。（乾隆《博白縣志》卷一《機祥》）

## 四月

癸酉，寅时，地震有聲。（《明神宗實錄》卷一七三，第 3171 頁）

癸酉，大學士申時行等題："竊惟地道安貞，以震動為變，天心仁愛，以譴告為符。況京師萬國取宗，四方之極，連月以來，風霾屢作，雨澤未沾，羣情皇皇，罔知攸措。乃今又有地震之災，臣等不習占書，不知事驗……"（《明神宗實錄》卷一七三，第 3171 頁）

丁亥，上以雨澤霑足祭謝。南郊遣公徐文璧，北郊侯吳繼爵，社稷駙馬許從誠，山川等神毛登、王應龍、王學禮、衛國本，各行禮。（《明神宗實錄》卷一七三，第 3185 頁）

初九日，大雷雨，地震。（萬曆《新會縣志》卷一《縣紀》）

十二日午時，大風，晝晦至夜，遙看風中有火，室廬如焚，就之則無。（萬曆《原武縣志》卷上《祥異》）

十八日，大水，平地深丈餘，雲龍石橋圮壞。（乾隆《瑞金縣志》卷一《祥異》）

十九日，大水，入城六尺許。（民國《沙縣志》卷三《大事》）

癸酉，三屯營地震旱疫。（民國《遷安縣志》卷五《記事篇》）

大風拔木，損稼。（萬曆《樂亭志》卷一一《祥異》）

大水，視嘉靖丙辰歲差減。（乾隆《雩都縣志》卷二《災異附》）

大水，與嘉靖三十五年同。（同治《興國縣志》卷一八《祥異》）

霪潦泛溢，浮木為苗。（康熙《清流縣志》卷五《橋樑》）

淫雨浹旬，至十八日萬山漲發。邑堂成沼，居民咸扳（疑當作"板"）椽結筏，依山避命。城垣衝塌十之五六，沿城馬路十無一存，漂流房屋、淹溺人口未易數計。（民國《寧化縣志》卷四《城市》）

淫雨自春徂夏。四月，大水，城垣頹塌者多。（萬曆《將樂縣志》卷一二《災祥》）

十九日，大水。先夜大雨如注，洪崖山崩，巨潦暴漲，府城傾圮者數十丈，沿河水城盡被衝陷，太平橋蕩漸殆盡，萬年石橋衝去三墩，民田成河及沙壓者八十五頃餘畝，城市鄉村民屋漂流者八百七十三間六十五截，公廨館驛倒塌四所，男婦溺死一百六十五口，浮屍江流，異常災變。（乾隆《南雄府志》卷一七《編年》）

大水。六月，復大水。秋七月，復大水。城門幾盡淹，所漂民居無數，各鄉水田一空。（天啟《封川縣志》卷四《事紀》）

## 五月

庚申，戶部覆："陝西督撫題，延鎮所轄三衛去冬無雪，今春夏亢旱，條議緩徵、急賑二事，賑用節省容餉銀一萬兩，與見貯班價倉穀等銀。"從之。（《明神宗實錄》卷一七四，第3207頁）

江南北、江西大水，河南、山西、陝西大旱。（《國榷》卷七三，第4534頁）

邑南鄉大水。（康熙《休寧縣志》卷八《祲祥》）

大水，其年白鶴來巢，歲稔。（民國《全椒縣志》卷一六《祥異》）

大雨旬餘，城中水數尺，江東門至三山門行舟。（光緒《金陵通紀》卷一〇下）

河決郡城東范家。（光緒《淮安府志》卷四〇《雜記》）

三日，大水，決淮之范家口，縣田淪沒。（道光《重修寶應縣志》卷九《災祥》）

大雨，自初三至十七日，城中水高數尺，江東門至三山門可行舟。（道光《上元縣志》卷一《庶徵》）

大水，是年稔。（康熙《海寧縣志》卷一二上《祥異》）

潞縣雨雹，屋瓦皆碎。（康熙《通州志》卷一一《災異》）

十七日，雨雹大如拳，損稼。（順治《真定縣志》卷四《災祥》）

春霾經旬，五月方雨，民始播百穀。（萬曆《山西通志》卷二六《災祥》）

雨雹傷禾。（萬曆《階州志》卷一二《災祥》）

大雨，自初三至十七日，城中水高數尺，江東門至三山門可行舟。（康

熙《江寧府志》卷二九《災祥》)

　　大水。(萬曆《六合縣志》卷二《災祥》)

　　颶風，霪雨廿旬不止，廬舍壞，城頹四百八十餘丈，居民懸甑以炊，浮木以棲。(崇禎《泰州志》卷七《災祥》)

　　十九日，河決郡城東范家口，直衝鹽城縣，田廬沈沒。(光緒《鹽城縣志》卷一七《祥異》)

　　夏，十九日，大水，知府周保修築太平橋諸處。(道光《直隸南雄州志》卷三四《編年》)

　　颶風霪雨，二旬不止，廬舍陸沈，民懸甑以炊，浮木以棲。(嘉慶《東臺縣志》卷七《祥異》)

　　大水，蕩民居，浮死無數。其年，白鵲來巢，歲甚稔。(康熙《滁州志》卷三《祥異》)

　　大水，灌城二日。(道光《會昌縣志》卷二七《祥異》)

　　大水，壞田塘廬舍，不可勝計，平地水深一二尺，舟行於市。(乾隆《上杭縣志》卷一一《祲祥》)

　　決大圍堤。(嘉慶《常德府志》卷一一《隄防》)

　　大圍堤五月決。(同治《武陵縣志》卷二《山川》)

## 六月

　　戊子，戶部覆："寧夏巡撫張九一題稱原議開濬河渠，以資墾荒之利，值此亢旱，河以東赤地千里，河以西青苗彌望。乞及時覈實，并申明永不起科之例，以固眾志。其督墾招徠事宜，新撫臣梁問孟當加意經理，毋令旋復荒廢。"上從之。(《明神宗實錄》卷一七五，第3229頁)

　　乙酉，夜，通州大風雨。(《國榷》卷七三，第4536頁)

　　飛蝗蔽天，西去不為災。(乾隆《同官縣志》卷一《祥異》)

　　連朝霪雨，山水大至，決河西棉花市及河東丁家圈等口，水抵城外，遂通舟楫，直至河西楊村各處地方，略無阻礙。禾黍盡淹，月餘方退。(乾隆《武清縣志》卷四《機祥》)

什貼里暴雨，平地水深三尺。（萬曆《榆次縣志》卷八《災祥》）

春不雨，至夏六月大旱，民剝樹皮以食，疫病大興，死者枕籍。詔發帑賑之。（乾隆《高平縣志》卷一六《祥異》）

大水，平地三尺，傷田廬。（道光《重修平度州志》卷二六《大事》）

河、淮漫溢，決蔣家口，奔鹽境。禾稼廬舍盡沒，發帑賑濟。（乾隆《鹽城縣志》卷二《祥異》）

水溢。（乾隆《瑞安縣志》卷一〇《雜志》）

小雨。七月，蝗蝻生。（康熙《陽武縣志》卷八《災祥》）

春，大旱。六月，方雨，蚜蚄食晚苗殆盡。（康熙《長垣縣志》卷二《災異》）

大水，廣州傷稼，毀民居不可勝紀。南海尤甚，水壅砂壓田有深三尺者。兩院奏去其稅，壓淺者免徭兩年，然亦不能盡復故業。（萬曆《廣東通志》卷七一《雜事》）

澤之州縣春不雨，夏六月大旱，民間老稚剝樹皮以食，疫癘大興，死者枕相（疑當作"相枕"）藉。閱三月，詔發帑賑之。（雍正《澤州府志》卷五〇《祥異》）

## 七月

甲午，先是六月二十二日夜，風雨大作。（《明神宗實錄》卷一七六，第3235頁）

甲辰，山東撫按官李戴（北大本、抱本作"載"）等題稱："地方亢旱，二麥無收，小民失望，要將各府見徵本年秋冬二季站銀六萬二千四百四十二兩盡數蠲免，以寬民力。其驛遞應支銀兩，即于各府數年積剩銀一十一萬四千三百八十三兩焰數動支抵給。其各府仍剩餘銀焰舊收貯，以備通融支銷及凶荒不敷之數。"兵部依覆，俱從之。（《明神宗實錄》卷一七六，第3240頁）

戊申，廬州府舒城縣大雷雨，起蛟一百五十八，跡如神斧劈成，山崩田陷，民溺死無算。（《明神宗實錄》卷一七六，第3245頁）

大水，壞民居二千五百餘，溺死二十三人，壞田禾三千七百餘頃。(光緒《四會縣志》編一〇《災祥》)

大水潰隄，振粟減租，發帑助築。是歲，自春徂夏，霪雨不絕。(宣統《高要縣志》卷二五《紀事》)

初一日，東山大雨暴作，白沙河水漲，北堤崩決，南關房屋墙垣飄没，大石覆壓，宛如曠野，人民死者三百有奇。是年歲旱，大饑饉。(乾隆《解州夏縣志》卷一一《祥異》)

大水。(順治《新修望江縣志》卷九《災異》；康熙《平樂縣志》卷六《災祥》；咸豐《順德縣志》卷三一《前事畧》)

賑梧州饑。時大水，城外水高一丈五尺，廬舍田禾盡没，各州縣漂流民舍，俱至數百家，被災田粮各數百石，發穀賑之。(光緒《藤縣志》卷二一《雜記》)

旱災傷迭見。(光緒《昌平州志》卷六《大事表》)

雨雹，大如瓶盂，東南禾稼盡傷。(光緒《容城縣志》卷八《災異》)

二十日，大霜，大風傷稼。(光緒《撫寧縣志》卷三《前事》)

大水，冷口關漲，没城數丈。關北水中有影，似形無形。初長二丈餘，大如瓦甓，後短小如杆棒，而無首尾，擊之，分而復合，晶白蜿蜒。雨霽，水落乃没。(民國《遷安縣志》卷五《記事篇》)

旱，七月始雨，蕎麥斗錢三百。(道光《伊陽縣志》卷六《祥異》)

大旱。(乾隆《武安縣志》卷一九《祥異》)

十八日，海潮大作，洗入沙地千餘丈，室廬衝壞者數百間。(民國《蕭山縣志稿》卷五《水旱祥異》)

雨雹，大如甌盂，縣治北禾稽盡没。(乾隆《新安縣志》卷七《禨祥》)

大旱，七月始雨，蕎麥斗錢三百。(康熙《汝州全志》卷七《災祥》)

大水，鼎安、黃鼎、三江等都圩圍大破，禾稼傷盡。(萬曆《南海縣志》卷三《災祥》)

二十五，九水岡基決，時早禾已登，民未甚困。(康熙《三水縣志》卷

一五《藝文》）

大水，桑園圍溢，傷禾稼。（民國《龍山鄉志》卷二《災祥》）

大水。是歲，自春徂夏霪雨不絕。七月，地震如雷，西潦大至，江水汎溢，高明壞民居者四千一百二十八區，溺死九人，壞田禾一千三百六十二頃有奇。（康熙《高明縣志》卷一七《邑事》）

大水，壞民居二百四十二區，溺死十人，壞田禾四百二十八頃。從古水患莫甚於此。（乾隆《德慶州志》卷二《紀事》）

大水，南門浸一丈五尺，漂民八百一十六家，田禾盡没。官出帑金，于過往江船抽糴十之三，發平糶賑之。（乾隆《梧州府志》卷二四《禨祥》）

大雨，沿江水漲，漂没民廬人畜無數。官發穀賑之。（光緒《北流縣志》卷一《禨祥》）

## 八月

乙丑，是夜，月犯金星，入角宿度分。（《明神宗實錄》卷一七七，第3270頁）

十五夜，深江站隄決，民居林木盡汩為淵。（光緒《潛江縣志續》卷二《災祥》）

霜。歲大饑。（光緒《長治縣志》卷八《大事記》；民國《襄垣縣志》卷八《祥異》）

嚴霜殺禾。（順治《鄉寧縣志》卷六《祥異》）

夏大風。八月十六日，霜，麥豆皆枯。（萬曆《冠縣志》卷五《禨祥》）

十七日，隕霜，殺蕎與菽。歲大饑荒，民掘草根，剝木皮，取蕎梗、槐角子，杵以為食。（康熙《博平縣志》卷一《禨祥》）

風霾異常，秋禾一空。（康熙《陽武縣志》卷八《災祥》）

即霜，歲大饑。先是襄垣、黎城連歲歉，至是斗米銀二錢，死者相枕籍。事聞，遣官賑濟。（萬曆《山西通志》卷二六《災祥》）

## 九月

壬辰，戶部覆："遼東巡撫顧養謙題報地方水（北大本作'有'）災，請發天津、通州倉糧賑濟。"（《明神宗實錄》卷一七八，第 3294 頁）

甲午，巡按山西御史陳登雲奏："山西旱災異常，盜賊眾多。乞破格蠲賑，活此溝瘠。"（《明神宗實錄》卷一七八，第 3300 頁）

乙卯，巡按雲南監察御史黃師顏題："雲南僻在萬里，今歲水災異常，乞賜賑恤。"（《明神宗實錄》卷一七八，第 3326 頁）

己未，貴州威清衛雨雹傷稼。（《國榷》卷七三，第 4541 頁）

## 十月

戊辰，以真、順、廣、大、河間五府州縣各有水旱重災，所有積穀額數，照依勘災體例減免。（《明神宗實錄》卷一七九，第 3336 頁）

## 十一月

己亥，兵部覆："直隸巡按李棟題稱准、揚等處水旱迭見于一時，閭閻哀號啼泣之狀，不忍見聞。合將興化等一十三（抱本作'二'）州縣萬曆十三年以前馬價草料銀兩已徵在官者，起解花戶，拖欠者盡行蠲免。至淮、揚、鳳所屬鹽城等十四州縣萬曆十四年馬價，已經派徵，難以再減，其萬曆十五年馬價，每匹量減三兩，少（北大本、抱本作'以'）甦民困。"從之。（《明神宗實錄》卷一八〇，第 3355 頁）

辛丑，上以天氣嚴寒發帑銀一萬五千兩，給賞隨駕擺隊官旗較軍士（北大本、抱本"士"下有"人等"二字），仍命部科官公同給散，務使俱沾實惠。（《明神宗實錄》卷一八〇，第 3356 頁）

癸丑，命順天府竭誠祈雪。（《明神宗實錄》卷一八〇，第 3365 頁）

戊午，戶部覆："兩淮巡鹽御史陳遇文題稱：兩淮各塲霪雨為災，要將運司庫貯備（北大本、抱本作'給'）賑贓罰等銀，共一萬七千七百四十一兩有零，于內動支，將被災竈丁及淹死男婦，各分別賑恤，其淹消廩鹽責令

各竈完補，聽商関支，相應依擬。"從之。（《明神宗實録》卷一八〇，第3368頁）

## 十二月

乙丑，遼東撫按會題："遼鎮今歲雨水風蟲，相繼為災，議炤被災輕重，蠲免有差，共虧餉銀二萬六千八百八十六兩，即于賑銀五萬兩内，炤數扣抵（抱本作'抵補'）餘銀二萬三千一百一十三兩，分發五道，多寡有差。"該部依覆，從之。（《明神宗實録》卷一八一，第3376～3377頁）

丁亥，上以天旱，遣官祭南郊、北郊神祇壇（抱本"神"上有"社稷"二字），且行令河南等處巡撫祭其境内嶽神。（《明神宗實録》卷一八一，第3386～3387頁）

## 是年

春，無雨，隕霜殺麥。（民國《洪洞縣志》卷一八《祥異》）

春，不雨，至五月。（光緒《長治縣志》卷八《大事記》）

春，霾經旬，五月方雨，民始播百穀。（民國《襄垣縣志》卷八《祥異》）

春，大水。（乾隆《昌化縣志》卷一〇《祥異》）

春，隕霜，旱。（民國《齊東縣志》卷一《災祥》）

春夏，大旱。（民國《定陶縣志》卷九《災異》）

春夏，旱，蠲免田租十分之三。（光緒《新樂縣志》卷一《災祥》）

春夏，大旱，自正月至六月乃雨，秋蚜蚄生，食晚禾殆盡，詔免田租十之二，餘停徵。冬，詔發臨清倉米賑濟。（民國《大名縣志》卷二六《祥異》）

春夏，旱，秋潦。（光緒《安東縣志》卷五《民賦下》）

夏，大水。（康熙《番禺縣志》卷一四《事紀》；道光《雲南通志稿》卷三《祥異》；光緒《歸安縣志》卷二七《祥異》）

夏，浙江大水。（同治《湖州府志》卷四四《祥異》）

夏，旱，大疫。（光緒《定興縣志》卷一九《災祥》；民國《新城縣志》卷二二《災禍》）

夏，霆雨爲災。秋，大水。（民國《霸縣新志》卷六《灾異》）

夏，大水，圩岸盡没。（民國《南陵縣志》卷四八《祥異》）

夏，大旱，四野終夜嚚呼，名曰打旱魃。有喪者，殯葬多不保。立秋日，雨，眾始定。（宣統《恩縣志》卷一○《災祥》）

夏，大水，漂没民廬無算。（嘉慶《備修天長縣志稿》卷九下《災異》）

大水，圩岸盡没。（嘉慶《寧國府志》卷一《祥異附》）

大水。（萬曆《保定縣志》卷九《災異》；崇禎《江陰縣志》卷二《災祥》；康熙《新淦縣志》卷五《歲眚》；康熙《豐城縣志》卷一《邑志》；康熙《新喻縣志》卷六《歲眚》；康熙《臨江府志》卷六《歲眚》；康熙《新建縣志》卷二《災祥》；乾隆《陸涼州志》卷五《雜志》；乾隆《彌勒州志》卷二四《祥異》；乾隆《梧州府志》卷二四《禨祥》；同治《峽江縣志》卷一○《祥異》；光緒《霍山縣志》卷一五《祥異》；光緒《沔陽州志》卷一《祥異》）

水。（康熙《太平府志》卷三《祥異》）

長汀、寧化、上杭、永定大水，壞田廬。（乾隆《汀州府志》卷四五《祥異》）

大水，城圮一百九十餘丈。（道光《西寧縣志》卷一二《事紀》）

大水，蟲殺稼。（乾隆《香山縣志》卷八《祥異》；民國《恩平縣志》卷一三《紀事》）

旱，邑地逐項丈明，攤派錢粮，載册額徵原數。（民國《順義縣志》卷一六《雜事記》）

大旱，民饑，詔發帑濟之。（乾隆《隆平縣志》卷九《災祥》）

旱。（萬曆《廣宗縣志》卷八《雜志》；崇禎《内邱縣志》卷六《變紀》；順治《沈丘縣志》卷一三《災祥》；康熙《鹽山縣志》卷九《災祥》；康熙《興國州志》卷下《祥異》；康熙《任縣志》卷一《災祥》；乾隆《滄州志》卷一二《紀事》；乾隆《綏德州直隸州志》卷一《歲徵》；嘉慶《義烏縣志》卷一九《祥異》；光緒《臨漳縣志》卷一《紀事沿革》；民國《廣宗縣志》卷一《大事紀》；民國《鹽山新志》卷二九《祥異表》）

旱，穀華不實。（民國《重修滑縣志》卷二〇《大事記》）

大風，壞石坊，屋瓦如飛。（民國《光山縣志約稿》卷一《災異》）

沁水溢。（乾隆《新鄉縣志》卷二八《祥異》）

大風異常，百姓震恐，仍大旱。（乾隆《獲嘉縣志》卷一六《祥異》）

大旱。（萬曆《商河縣志》卷九《災祥》；萬曆《太平縣志》卷四《附災祥》；萬曆《淄川縣志》卷二二《災祥》；康熙《武邑縣志》卷一《祥異》；康熙《延綏鎮志》卷五《紀事》；康熙《丘縣志》卷八《災祥》；乾隆《直隸秦州新志》卷六《災祥》；乾隆《正寧縣志》卷一三《祥眚》；乾隆《新修慶陽府志》卷三七《祥眚》；乾隆《平涼府志》卷二一《祥異》；乾隆《直隸商州志》卷一四《災祥》；乾隆《富平縣志》卷一《祥異》；嘉慶《中部縣志》卷二《祥異》；嘉慶《延安府志》卷六《大事表》；道光《武陟縣志》卷一二《祥異》；道光《長清縣志》卷一六《祥異》；道光《臨邑縣志》卷一六《紀祥》；同治《陽城縣志》卷一八《兵祥》；同治《稷山縣志》卷七《祥異》；光緒《交城縣志》卷一《祥異》；光緒《永壽縣志》卷一〇《述異》；民國《沁源縣志》卷六《大事考》）

湖廣大水。（道光《永州府志》卷一七《事紀署》）

大庾大水，衝没田廬無算，有物如牛，大吼江中，橫浦橋盡崩，南康、上猶、崇義俱水。（同治《南安府志》卷二九《祥異》）

大旱，荒。（乾隆《蒲縣志》卷九《祥異》；同治《西寧縣新志》卷一《災祥》；民國《陽原縣志》卷一六《前事》）

大疫。（康熙《堂邑縣志》卷七《災祥》）

商河、樂陵旱。（乾隆《樂陵縣志》卷三《祥異》）

隕霜殺禾。（民國《鄉寧縣志》卷八《大事記》）

旱，大饑。（嘉慶《介休縣志》卷一《兵祥》；民國《介休縣志》卷三《大事》）

大旱，赤地千里，餓莩盈野，疫癘死者枕藉。（民國《浮山縣志》卷三七《災祥》）

大旱，自十三年冬至是年六月，不雨。秋，無禾，歲饑。（民國《翼城縣志》卷一四《祥異》）

旱。是年，大風。（道光《太原縣志》卷一五《祥異》）

一歲不雨，大饑。（康熙《文水縣志》卷一《祥異》）

亢旱，雨砂。（雍正《猗氏縣志》卷六《祥異》）

虹見於晉寧文廟，又見於明倫堂，自未及申，逾時始散。（康熙《雲南府志》卷二五《菑祥》）

秋，霪雨。（光緒《平湖縣志》卷二五《祥異》）

秋，大水害稼。（崇禎《烏程縣志》卷四《災異》；光緒《嘉善縣志》卷三四《祥眚》；光緒《嘉興府志》卷三五《祥異》）

秋，大水。（乾隆《橫州志》卷二《菑祥》；同治《萍鄉縣志》卷一《祥異》）

大旱，荒。冬，無雪。（乾隆《宣化府志》卷三《灾祥附》；光緒《懷來縣志》卷四《災祥》）

冬，木冰。（光緒《蘇州府志》卷一四三《祥異》）

水。春，米石易銀三錢。（萬曆《常州府志》卷七《賑貸》）

春，洪水泛漲，邑民房屋濬没，無食無居，民不聊生。知縣陳載春自捐俸銀買米煮粥，給散本縣軍民，親自驗放。（雍正《六合縣志》卷八《災祥》）

春，大旱，民剥木掘草以食。（萬曆《東昌府志》卷一七《祥異》；順治《堂邑縣志》卷三《災祥》）

春夏，大旱，盜起民逃，斗米百錢。（宣統《聊城縣志》卷一一《通紀》）

春夏，旱，禱於壇，無麥。卒有秋。（康熙《隰州志》卷一

○《祠祀》)

自春抵秋，燠旱不雨，畝田止獲秕粟僅斗，米價四倍，民爲大饑，兼以瘟疫盛行，用是死者枕路，生者相食。(天啟《潞城縣志》卷八《災祥》)

大旱，春夏不雨，民間老稺剥樹皮以食，癘疫大興，死者枕相藉。詔發帑賑之。(乾隆《鳳臺縣志》卷一二《紀事》)

春夏，旱。(順治《臨潁縣續志》卷七《災祥》)

夏，大水，公私廬舍多傾湮。(萬曆《滁陽志》卷八《災祥》)

夏，久雨。(民國《鄆城縣記》卷一二《職官》)

夏，大旱，(知州金應炤)虔禱随應，禾大熟。(嘉慶《開州志》卷四《職官》)

夏，旱。(萬曆《内黄縣志》卷六《編年》；康熙《日照縣志》卷一《紀異》)

夏，大旱，大雪乃雨，禾稍登。(乾隆《直隸易州志》卷一《祥異》)

夏，霪雨。(崇禎《文安縣志》卷一一《災祥》)

夏，霪雨爲災。秋，大水。(康熙《霸州志》卷一〇《災異》)

夏，旱，大風，麥槁。(光緒《廣平府志》卷三三《災異》)

夏，旱，免米麥及存留棗株課米有差，奏發臨清州倉米賑濟。(康熙《元城縣志》卷一《年紀》)

攸縣蛟出，壞田千畝。(康熙《長沙府志》卷七《祥異》)

期納大水，民居田畝漂蕩成河者數十里。(乾隆《永北府志》卷二四《祥異》)

湖溢害稼。(天啟《滇志》卷三一《災祥》)

省城北勝等地大水。(天啟《滇志》卷三一《災祥》)

大水，城垣多壞。(崇禎《梧州府志》卷四《郡事》)

大水鹵田，饑，官發賑。(光緒《鬱林州志》卷四《機祥》)

大水，田禾無收。(乾隆《直隸澧州志林》卷一九《祥異》)

早霜，稻不實。（萬曆《辰州府志》卷一《災祥》）

桂陽蝗害稼，忽風雷大作，蝗滅。（康熙《衡州府志》卷二二《祥異》）

洪水泛堤，傍河下田十推其三。　　（康熙《英山縣通志》卷二《縣紀》）

雨雹傷麥。（乾隆《修武縣志》卷九《災祥》）

沁水決。（道光《武陟縣志》卷一四《河防》）

旱，穀豆全傷。大饑，人相食。（康熙《登封縣志》卷九《災祥》）

霪雨，壞東門城腳。（民國《尤溪縣志》卷三《城池》）

大水，壞田廬。（乾隆《永定縣志》卷一《星野》）

大水，蠲賑有差。（康熙《進賢縣志》卷一八《災祥》）

大水傷稼。（同治《南豐縣志》卷一二《祥異》）

洪水，傾城若干丈。（乾隆《南昌府志》卷三《建置》）

大水。冬雷。（萬曆《池州府志》卷七《祥異》）

大水，退時沙淤清口浦。（萬曆《帝鄉紀略》卷六《災患》）

旱，大饑。知縣甘廷諫請發倉稻八百九十石賑之。（乾隆《霍邱縣志》卷一二《雜記》）

大水害稼。（康熙《安慶府志》卷六《祥異》；康熙《安慶府潛山縣志》卷一《祥異》；康熙《宿松縣志》卷三《祥異》；道光《桐城續修縣志》卷二三《祥異》）

大水，舟入市。（康熙《巢縣志》卷四《祥異》）

大水，没仁豐諸圩。冬雷。（順治《銅陵縣志》卷七《祥異》）

大風，拔木發屋。（順治《泗水縣志》卷一一《災祥》）

蚜蚄傷禾。（崇禎《新城縣志》卷一一《災祥》）

旱，發帑遣使賑濟。（乾隆《平原縣志》卷九《災祥》）

又旱。（民國《重修鎮原縣志》卷一〇《名宦》）

臨、鞏大旱。（乾隆《甘肅通志》卷二四《祥異》）

大旱，斗米千錢，民多逃移，餓死。　（萬曆《重修岐山縣志》卷一

《災祥》）

陝西大旱。（萬曆《陝西通志》卷四《灾祥》）

亢旱，野赤。雨砂。（萬曆《猗氏縣志》卷一《祥異》）

大旱，無禾，道饉相望。（乾隆《河津縣志》卷八《祥異》）

大旱，赤地千里，民食樹皮盡，餓莩載道。朝廷發帑銀賑，有司煮粥救之。（萬曆《臨汾縣志》卷八《祥異》）

大饑，河水頓乾。（萬曆《汾州府志》卷一六《災祥》）

大旱，斗米錢百二十。（乾隆《平定州志》卷五《禨祥》）

大旱。官為煮粥濟饑，人多相食。（咸豐《太谷縣志》卷八《災祥》）

太原郡屬大旱，赤地千里，餓莩盈野，疫癘死者枕籍。（乾隆《太原府志》卷四九《祥異》）

大旱，赤地千里，井涸河乾，饑莩遍野，又大疫。發帑賑之。（光緒《清源鄉志》卷一六《祥異》）

陽曲至太谷、平定、徐溝等縣大旱，斗米二錢，凶荒尤甚。（萬曆《山西通志》卷二六《災祥》）

太原、平陽、汾州、潞安等屬大旱，赤地千里，餓莩盈野，疫癘死者枕藉。三月，發帑賑之。（光緒《山西通志》卷八六《大事紀》）

大旱，無麥苗。（萬曆《威縣志》卷八《祥異》）

荒旱，大饑，瘟疫盛行，死者相枕藉。（乾隆《沙河縣志》卷一《祥異》）

旱，人饑，瘟疫流行，死者無數。（康熙《唐山縣志》卷一《祥異》）

大旱，飢，瘟疫盛行，死者無數。詔存留糧草盡數蠲免。（康熙《邢臺縣志》卷一二《事記》）

飛沙迷天，遇物有火，拔木傷禾，人心駭異。（萬曆《河間府志》卷四《祥異》；康熙《静海縣志》卷四《災異》）

旱，飛蝗蔽空，邑令漆園捕蝗三十石。大饑，民相食。（乾隆《寶坻縣志》卷一四《禨祥》）

夏秋，大旱，無禾，黃風四塞。（雍正《肥鄉縣志》卷二《災祥》）

節年蝗，旱。夏秋月，天降霪雨，山水大發，一時驟至，平地丈餘，漫至城牆三尺，禾稼漂流。（萬曆《香河縣志》卷一〇《災祥》）

秋，旱，晚田盡枯。（康熙《平山縣志》卷一《事紀》）

秋，霖四十餘日，沁水大舉囓堤。知縣黃公中色，冒雨督夫障築，僅保無恙。（萬曆《河內縣志》卷一《災祥》）

秋，動桔槔，晚禾不宜暑，圩田所獲三停之一，而高田亦糸半獲。富家穀盡，出米價，平民巳〔已〕莫可支吾。又冬十月，雷震，梅華菩蕾盡出，溫，無積雪。飛霧。（康熙《高淳縣志》卷二二《藝文》）

秋潦之後，繼以積陰，薪米騰湧……立春辛巳夜，即大雨如夏月，達旦歲夜雨稍開歲旦陰無日。晚刻，暖甚，如暮春；昏時即雷電交作，乃大風，揚屋瓦至日出。日月平如仰盂，色微赤如初升日，與長庚相并行，是後惟昏時見月。至人日，陰稍開。穀日陰，次即細雨蒙密，如霧不休，後雨雪雜作，至元夕益甚。雨，木冰，寒甚，鷹隼皆伏不能飛。有詠之者曰：銀燭家家深雪映，冰花樹樹百枝窗。蓋實錄也。（乾隆《海虞別乘·災祥》）

冬，蘇州木冰。（乾隆《蘇州府志》卷七七《祥異》）

冬月，地震有聲。是年大旱，饑，麥米一斗銀四錢。次年大疫。（順治《澄城縣志》卷一《災祥》）

十四年及十五年，相繼大旱。（光緒《榮河縣志》卷一四《祥異》）

十四年、十五年，大旱，饑疫，死甚眾。（民國《平民縣志》卷四《災祥》）

是年及次年，連歲旱，禾大損。（乾隆《莆田縣志》卷三四《祥異》）

十四、十五年，水。（乾隆《无为州志》卷二《灾祥》）

十四、五年，俱水。（康熙《含山縣志》卷三《祥異》）

十四年、十五年大旱，饑且疫，死者甚眾。（光緒《永濟縣志》卷二三《事紀》）

大旱，五穀未布，至十五年五月內不雨。（康熙《徐溝縣志》卷三《祥異》）

十四至十六年大旱，民大饑，斗米百五十錢。（萬曆《廣平縣志》卷五《災祥》）

丙戌、戊子，水災相繼。三吳卑濕沮洳，號稱澤國，而松郡濱海，尤為下流，又民之未業仰食農畝。頃自五月以來，驟雨綿旬，彌遭墊溺，城郭而外，白洋彌望，巨浸滔天，區域不分，哭聲遍野。目擊斯變，酸鼻痛心。切惟東南歲苦徵輸，民力凋耗，往歲秋收甚歉，米價騰踴，民已艱食。（康熙《青浦縣志》卷九《荒政》）

# 萬曆十五年（丁亥，一五八七）

## 正月

庚寅，寅時得風，從東北艮方來，四方晴明。（《明神宗實錄》卷一八二，第 3389 頁）

丁酉，是日午時，西南有雷聲。夜四更，見火星逆行入太微垣，測（抱本作"側"）在軫宿度分。（《明神宗實錄》卷一八二，第 3390 頁）

庚子，户部上言："……今水旱頻仍，無處不災，合徧示諸郡邑，除無災地方及災三分以下者，照常追徵外，凡災傷四分以上各照原題被災應免數，俱宜減徵，不必求盈常額。三年朝覲行取給繇等官，任內有災免年分，亦于送部册內明白開報，本部惟據應徵錢糧稽查完欠分數，不以題免錢糧槩作未完參論。"上是之。（《明神宗實錄》卷一八二，第 3392 頁）

元日，雷，大雨如注。春夏大饑。（康熙《霍邱縣志》卷一〇《災祥》）

元旦，雨雪，浹旬不止。秋，大風雨拔木，太湖溢。（光緒《歸安縣志》卷二七《祥異》）

元旦，雨雪，浹旬不止，大饑。（同治《長興縣志》卷九《災祥》）

元夕，木冰，望之瑩白，三日乃融。（萬曆《常熟縣私志》卷四《敍產》）

春元旦，雷電大雨。是後雨雪雜作，至元夕益甚，雨，木冰。（光緒《常昭合志稿》卷四七《祥異》）

元旦，雨雪，浹旬不止。十六日，雨冰。秋，大風拔木，大水，無獲。（康熙《秀水縣志》卷七《祥異》）

元旦，雨雪，浹旬不止。十六日，雨，木冰。秋，大風雨拔木，太湖水溢。（崇禎《烏程縣志》卷四《災異》）

元旦，震雷。大水，諸圩盡没。（順治《銅陵縣志》卷七《祥異》）

元旦，雷震，大雨如注。是年，大旱。（順治《潁州志》卷一《郡紀》；順治《潁上縣志》卷一一《災祥》）

元旦，雷震，大雨。秋，旱。（乾隆《亳州志》卷一《災祥》）

元旦，雷。大水。（萬曆《池州府志》卷七《祥異》）

癸卯，雨，木冰。（嘉慶《松江府志》卷八〇《祥異》）

雨，木冰。（同治《上海縣志》卷三〇《祥異》）

癸卯，雨，冰淩。（光緒《青浦縣志》卷二九《祥異》）

元旦，大雨，雷電十六日，雪深數尺。（嘉慶《高郵州志》卷一二《雜類》）

元旦，雨雪，浹旬不止。十六日，雨，木冰。秋，大風雨拔木，太湖溢。（同治《湖州府志》卷四四《祥異》）

正月，雨，木冰，亦稱木介。夏秋，異雷颶風，禾麥俱被淹折。（光緒《南匯縣志》卷二二《祥異》）

癸卯，木介。（乾隆《婁縣志》卷一五《祥異》）

木水〔冰〕。是歲，大水。（萬曆《嘉定縣志》卷一七《祥異》）

癸卯，木介，晴霽之朝，枝葉四面皆冰，如玉樹。（乾隆《華亭縣志》卷一六《祥異》）

雨，木冰。夏秋，異雷颶風，麥禾花豆俱淹折。明年，饑民煽亂掠富室，相殺傷甚眾。（道光《川沙撫民廳志》卷一二《祥異》）

雨，木冰，謂之木介。晴霽之朝，枝葉四面皆冰瑩如玉樹。夏秋，異雷颶風，麥禾花荳俱淹。（道光《川沙撫民廳志》卷一二《祥異》）

十四日，大寒，木冰。（嘉慶《淞南志》卷二《災祥》）

二十日，小雨……二月，晴。三月，雨。四月、五月，晴，江潮不至，民更憂旱，祈雨。二十八日，始雨，民慶沾足。明日，大雨，河魚上壅。至三十日、六月一日雨，二日稍晴，午後復大雨，三日、四日連雨，先後凡八日，萬壑交流，山陵倒瀉，平原彌漫濫溢。（康熙《高淳縣志》卷二二《藝文》）

木冰。（崇禎《吳縣志》卷一一《祥異》）

郡城大淩二尺。（崇禎《長沙府志》卷七《祥異》）

至六月，不雨，歲大饑。（康熙《高苑縣志》卷八《災祥》）

## 二月

乙丑，大學士申時行等題："……近日，火星留天庭中，其應或在于此。"（《明神宗實錄》卷一八三，第3410頁）

丁卯，夜四更，觀見火星逆行翼宿度分。（《明神宗實錄》卷一八三，第3414頁）

乙亥，夜望，月食約九分餘，其體赤黃色，測在軫宿度分。至亥正三刻，復圓正西。（《明神宗實錄》卷一八三，第3418~3419頁）

乙亥，戶部覆："漕運都御史楊一魁等題稱：淮揚地方旱澇相仍，米價騰貴。乞將淮、大二衛，見運蘇州府未經過淮兌運漕糧內量留四萬石，分派缺米地方平糶，每米一石，運耗輕齎折銀七錢，共該銀二萬八千兩，借動贓罰等銀折價解部，以補漕額。"上可其奏。（《明神宗實錄》卷一八三，第3419頁）

初五，夜，雨豆。是年，疫。（乾隆《瑞安縣志》卷一〇《雜志》）

## 三月

壬辰，是日，開封府地震三次，所轄一十四州縣及彰德、衛輝、懷慶三府俱同日震。（《明神宗實錄》卷一八四，第3430頁）

癸卯，未時，西北風有聲，揚塵蔽空，四方黃濁，至申乃息。（《明神

宗實錄》卷一八四，第3436頁）

癸卯，禮科給事中侯先春奏："……今山東諸省旱災，宜令天下郡縣廣置義倉，復祖宗預備之舊。即于一鄉中推擇有德行身家者主其事，聽憑歛散，每年以五分，做常平之法，糶新糴故，以二分周鄰孤貧，大饑則發一歲之所，歛而賑之，以為水旱之備。"上曰可。（《明神宗實錄》卷一八四，第3438～3439頁）

癸卯，大風霾。（《國榷》卷七四，第4552頁）

丁巳，工部覆請蘇杭水旱為災，將織造未解段疋，暫行停罷，俟後年豐再議。不允。（《明神宗實錄》卷一八四，第3453頁）

戊午，夜戌時，平涼府天鼓鳴，有大星墜，光燦如電。（《明神宗實錄》卷一八四，第3454頁）

地震有聲，是年，大旱。（民國《鄆城縣記》第五《大事篇》）

不雨。（康熙《文水縣志》卷一《祥異》）

## 四月

壬戌，午時，候得西北風大有聲，揚塵漲天，四方昏濁，至申時漸息。（《明神宗實錄》卷一八五，第3455頁）

癸酉，諭禮部："朕見今春雨雪降少，入夏以來風霾屢作，需澤未霑，三農失望。爾禮部行順天府於各宮廟潔誠祈禱。"（《明神宗實錄》卷一八五，第3461～3462頁）

癸酉，巡按山東御史毛在題："今歲山東荒旱，水陸兩途極為衝要，驛遞之苦，臣有㦯於中久矣。然大要不過有司之糜費，與驛遞之冒破兩端。如廩給，水路多從折乾，陸路多從辦送……"（《明神宗實錄》卷一八五，第3462頁）

庚辰，夜一更，火星順行太微垣，犯右執法星，約離二十分餘，火星在上測，入翼宿度分。（《明神宗實錄》卷一八五，第3468頁）

戊子，復命百官祈雨。（《明神宗實錄》卷一八五，第3471～3472頁）

大雨雹傷禾。（民國《淮陽縣志》卷八《災異》）

隕霜殺稼，百姓流徙，餓莩載道。（嘉慶《介休縣志》卷一《兵祥》）

先旱後蝗，黎民驚怖。知縣陶允光乘其初產未翅，出示軍民有能捕獲者以粟抵易，男婦爭先掘坑，捕取二百餘石，蝗不為災。（乾隆《武清縣志》卷四《機祥》）

春，饑，議賑。夏四月，旱。（萬曆《樂亭志》卷一一《祥異》）

天雨黑豆於鎮城。（萬曆《延綏鎮志》卷三《災異》）

十九，縣治内旋風起。（萬曆《常熟縣私志》卷四《敘產》）

大雨雹，傷禾。（康熙《續修陳州志》卷四《災異》）

天雨桂子。（乾隆《桂陽州志》卷二八《祥異》）

十九日，縣治旋風起，飄一席，群鶴隨之入雲。大水，無麥。秋多颶風，無禾菽。（光緒《常昭合志稿》卷四七《祥異》）

## 五月

辛卯，禮科都給事中王三餘題："今歲風霾先示，火光繼報，西晉地震，平涼天鼓，廠内失火，焚燒太多，火星示警，疫癘（抱本作'病'）流行。欲弭災異，惟祈皇上慎起居以防嗜欲，御講筵以資啟沃，減内庭光禄之供，省東南織造之煩，勤召對之典，下求言之詔。"命下所司。（《明神宗實錄》卷一八六，第3473頁）

癸巳，喜峰口大雨，雹如棗栗，堆積尺餘，田禾瓜菓盡傷。（《明神宗實錄》卷一八六，第3474頁）

甲午，大學士申時行等題："茲者，天時亢陽，雨澤鮮少，沴氣所感，疫病盛行。祖宗來設有惠民藥局，皇祖世宗屢旨舉行，乞勑禮部，剳行太醫院多發藥材，精選醫官分剳於京城内外，給藥病人，以廣好生之德。"（《明神宗實錄》卷一八六，第3474頁）

己亥，夜五更，金星犯土星，約離五十分餘，測入胃宿度分，俱順行，金星在下。（《明神宗實錄》卷一八六，第3480頁）

甲申，代州振武衛鴈門所，太原陽曲、徐溝、交城同日俱地震。（《明神宗實錄》卷一八六，第3485頁）

甲午，浙直大水。（《國榷》卷七四，第 4557 頁）

丁未，諭禮部：“雨澤未足，朕衷深切兢惶，日日在內虔禱，其大臣輪禱壇廟，各秉精虔，務回天意。”（《明神宗實錄》卷一八六，第 3485 ~ 3486 頁）

水，傷禾。秋，大旱。（民國《太和縣志》卷一二《災祥》）

五日，雹。（光緒《新樂縣志》卷一《災祥》）

十五日，暴風，拔木飛瓦，冰雹如鵝子。（同治《長陽縣志》卷七《災祥》）

十五日，大水，人民漂沒，田禾盡淹，十六日萍實橋圮。（同治《萍鄉縣志》卷一《祥異》）

二十七日，大雨。（康熙《文水縣志》卷一《祥異》）

二十九日，蛟龍大作，水流如雷，漂沒人物無數，秋霖禾稼無遺。（光緒《霍山縣志》卷一五《祥異》）

壬辰，大雨徹晝夜，平地水深丈餘。（光緒《青浦縣志》卷二九《祥異》）

壬辰，大雨平地，水深丈餘，無麥。自是及秋，多異雷颶風，無禾菽。（乾隆《婁縣志》卷一五《祥異》）

壬辰，大雨，平地水深丈餘，無麥。自夏及秋，多異雷颶風，無禾菽。（乾隆《華亭縣志》卷一六《祥異》）

浙江大水，杭、嘉、湖、應天、太平五府江湖泛溢，平地水深丈餘。（光緒《嘉興府志》卷三五《祥異》）

大水。（康熙《廣信府志》卷一《災祥》；光緒《嘉善縣志》卷三四《祥眚》）

大水，無麥禾。（乾隆《湖州府志》卷三八《祥異》；同治《孝豐縣志》卷八《災歉》）

江潮泛溢，平地水深丈餘。（乾隆《杭州府志》卷五六《祥異》）

大雨，無麥。秋，海溢無禾。（光緒《江東志》卷一《祥異》）

大水，無麥。秋，大風，無禾。（嘉慶《淞南志》卷二《災祥》）

夏，陰雨月餘。五月廿六日洪水泛漲，壞田地房屋。至秋颶風大作，禾稻罄飄，又飛蝗遍野，晚禾殘食幾盡。至次季春雪連宵，霪雨數月，黃豆無種，二麥淹沒，饑餓流離，盜賊猖盛。至五、六月，饑甚。（崇禎《開化縣志》卷六《雜志》）

霪雨連綿，大水灌城，田園半蕪，米價頓長。知縣呂應詔發預備倉穀，分鄉照甲給散，民賴以活。（康熙《弋陽縣志》卷一《祥異》）

暴風昏晦，損民居，民有壓死者。（康熙《瀏陽縣志》卷九《災異》）

醴陵祿口暴風昏晦，損公署民居，壓死者不可勝記。（崇禎《長沙府志》卷七《祥異》）

不雨，至七月。（乾隆《禹州志》卷一三《災祥》；民國《禹縣志》卷二《大事記》）

至秋七月，淫雨傷禾麥。（光緒《蘇州府志》卷一四三《祥異》；民國《吳縣志》卷五五《祥異考》）

至七月，蘇松諸府淫雨，禾麥俱傷。（嘉慶《松江府志》卷八〇《祥異》）

至秋七月，霪雨不止。（同治《上海縣志》卷三〇《祥異》）

至秋七月，霪雨不止，異雷颶風，稻麥花豆俱傷。（光緒《川沙廳志》卷一四《祥異》）

至八月，不雨。夏秋久不雨。（民國《淮陽縣志》卷八《災異》）

至八月，不雨。（康熙《續修陳州志》卷四《災異》）

五月、六月、八月大雨，田盡巨浸。（萬曆《常熟縣私志》卷四《敘產》）

陰雨月餘。五月廿六日，洪水泛漲，壞田地房屋。至秋，颶風大作，禾稻罄飄。又飛蝗遍野，晚禾殘食幾盡。至次年，春雪連宵，霪雨數月。（雍正《開化縣志》卷六《雜志》）

## 六月

辛酉夜，雲陰，雷電雨雹如栗子大，從西北乾方來。（《明神宗實錄》卷一八七，第3494頁）

乙丑，夜昏，月犯火星，測在軫宿度，約離五十分餘，月在東（抱本無"東"以上二十字）。（《明神宗實錄》卷一八七，第3495頁）

丁卯，辰時，兗州平陰縣天無雲，一星如斗形，帶火光，起東南，落西北，忽西北震響如雷聲，一刻方止。（《明神宗實錄》卷一八七，第3500頁）

丁亥，是時，京師災荒疊見。六月間，風雨陡作，冰雹橫擊，大雨如注，官民牆屋所在傾頹，人口被溺被壓，顛連困苦，至不忍見聞。上命順天府細查，被害貧民每戶量給銀五錢、米五斗，壓死男婦每名口給銀一兩、米一石，壓傷男婦每名口給銀七錢、米七斗，務令各霑實惠。（《明神宗實錄》卷一八七，第3513頁）

雨豆，無皮。（咸豐《順德縣志》卷三一《前事畧》；民國《龍山鄉志》卷二《災祥》）

大雨雹。（民國《淮陽縣志》卷八《災異》）

初三日暮，通州大雨雹，自西北方來，大者如雞卵，間有如杵、如升者，壞民房屋禽獸。秋，大水。（康熙《通州志》卷一一《災異》）

丙辰夜，冰雹壞民廬室凡數百間。（順治《高平縣志》卷九《祥異》）

十有九日，始雨，麥苗枯。（萬曆《蒲臺縣志》卷七《災異》）

朔，三日大水，入南門，漂民舍甚眾。十六年水，亦如之。（道光《思南府續志》卷一《祥異》）

大旱，禾苗盡稿。知州莊誠齋肅懇禱，大雨，四野霑足。（萬曆《趙州志》卷三《祥異》）

大雨雹。（康熙《續修陳州志》卷四《災異》）

自春至六月不雨，地皆赤。（崇禎《鄆城縣志》卷七《災祥》；光緒《壽張縣志》卷一〇《雜事》）

春不雨至于夏六月。九月己酉，大雪，深尺餘，晚禾盡，穀喬卷，斗銀四錢。（道光《伊陽縣志》卷六《祥異》）

至七月，淫雨無間；二十一日大風雨一晝夜，田圍崩裂，水溢丈餘，高低皆在浸中，禾苗漂没己盡，坊竿樹木墻屋俱拔倒。（崇禎《吳縣志》卷一

一《祥異》）

六月、七月雨彌旬，大水自口北淜入，灤河溢，平地水深丈餘，浸城約三尺，壞民廬舍，禾稼漂没殆盡。（萬曆《樂亭志》卷一一《祥異》）

## 七月

丁未，蘇、松、常、鎮所轄諸縣，俱颶風驟雨，數月（抱本作“日”）不息，洪水暴漲，漂民廬舍無算。詔各府錢糧蠲免停折有差。（《明神宗實錄》卷一八八，第 3527 頁）

戊申，鳳陽撫按楊一魁等各題：“淮揚府屬高郵等六州縣、富安等十五場俱被湖堤積水，淹没田地。議建閘疏水，計估工費共用銀五萬四千七百七十兩。”（《明神宗實錄》卷一八八，第 3527 ~ 3528 頁）

辛亥，雷繫（舊校改“繫”作“擊”）日壇，星墜如斗，天鼓時鳴，雨雹異常。（《明神宗實錄》卷一八八，第 3529 頁）

乙卯，户部題覆：“巡漕御史吳龍徵、巡倉御史傅霈各題糧船抵壩於七月初九日夜，霪雨大作，衝滾浙東等總、衢州等幫糧米八千一百七十二石一斗二升零。”（《明神宗實錄》卷一八八，第 3533 頁）

丁巳，以旱荒量（抱本無“量”字）免河東巡鹽應解贓罰銀一千兩。（《明神宗實錄》卷一八八，第 3534 頁）

丙申，開封及陝州、靈寶等州縣大雨河決，漂没人畜亡算。（《國榷》卷七四，第 4560 頁）

丁酉夜，大風雨。通州各壩漂損漕米八千一百七十三石。（《國榷》卷七四，第 4560 頁）

霪雨。庚子，灤河溢，城不浸者三板，壞田廬，損禾稼，大饑。（民國《盧龍縣志》卷二三《史事》）

大雨，滏陽河堤壞，淹没民田。（乾隆《隆平縣志》卷九《災祥》）

大水未至前數日，忽有二水鳥至公庭，欲巢於樹前，令怪，逐之去。已而洪水滔天，浸城二三尺，塞門獲免。水既涸數日，忽於午後有蜻蜓自南北飛高數十丈，廣可數里，翳然蔽空。（光緒《樂亭縣志》卷一五《雜志》）

霪雨，灤水溢，平地水深數尺，大傷禾稼，漂没廬舍，人民大饑。（民國《遷安縣志》卷五《記事篇》）

河決祥符、劉獸醫口，漫溢至杞，湞没田禾廬舍殆盡。（乾隆《杞縣志》卷二《祥異》）

二十日，風潮傷禾，居民至鬻男女以食。（民國《定海縣志》册一《輿地》）

中旬，大風雨，拔木傷禾，民以樹皮草根充食。復大疫。（康熙《天台縣志》卷一五《災祥》）

夏，淫雨。七月二十一日，大風雨一晝夜，田圍崩裂，水溢丈餘，禾苗漂没。（乾隆《吴江縣志》卷四○《災變》；乾隆《震澤縣志》卷二七《災祥》）

二十一日，大風，湖水驟漲，民多溺死。（乾隆《無錫縣志》卷四○《祥異》；光緒《無錫金匱縣志》卷三一《祥異》）

江南大水，高滽圩田多没。（光緒《金陵通紀》卷一○下）

霪雨，風潮，禾皆生耳，稼不登，歲大祲。（光緒《靖江縣志》卷八《祲祥》）

蝻生徧野，食禾傷穗。（宣統《恩縣志》卷一○《災祥》）

颶風大作，環數百里，一望成湖。（光緒《嘉興府志》卷三五《祥異》）

大風拔木，官廨、寺觀罘罳盡墜。大水，無穫。（萬曆《秀水縣志》卷一○《祥異》）

二十一日，風雨異常，屋瓦如飛，梁柱垣牆傾圮，漂没者無算，合抱之木立拔，平地水湧數尺。時早禾方熟，未收，一日盡落泥水中，漂去，頓失有秋。（光緒《上虞縣志》卷三八《祥異》）

二十一日，天台大風，拔木傷禾，民饑。是歲，寧海旱。（民國《台州府志》卷一三四《大事略》）

大風，穀實半落于田。（嘉慶《義烏縣志》卷一九《祥異》）

暴風連日，禾實盡落。（同治《嵊縣志》卷二六《祥異》）

二十一日，大風雨，海水大至。（光緒《平湖縣志》卷二五《祥異》）

二十一日，颶風驟作，拔木毀屋。（民國《象山縣志》卷三〇《志異》）

月終颶風大作，環數百里，一望成湖。昌化縣大水，各鄉出蛟。山崩裂，近山田漲為沙礫，壞屋廬無算。臨安縣水。七月，海寧潮溢。（乾隆《杭州府志》卷五六《祥異》）

二十一日，風雨大作，屋瓦亂飛，梁柱垣牆傾圮，漂没者無算，合抱之木盡拔，平地水湧數尺，早禾方熟，盡落泥淤漂去，自秋雨至冬至始晴，大饑。（光緒《上虞縣志校續》卷四一《祥異》）

二十一日，大風，拔木發屋，海潮壞石隄，水大至。萬曆十六年，米價騰踊，大饑。秋旱，復無年，浮胔蔽水。（光緒《海鹽縣志》卷一三《祥異考》）

潮溢。（康熙《海寧縣志》卷一二上《祥異》）

庚子，霖雨，深河溢，城不浸者三版。冬，饑。（康熙《永平府志》卷三《災祥》）

霪雨，庚子灤水溢，傷稼，漂没廬舍。（康熙《灤志》卷三《世編》）

岢嵐隕霜。（乾隆《太原府志》卷四九《祥異》）

旱。（乾隆《歷城縣志》卷二《總紀》；乾隆《曲阜縣志》卷三〇《通編》；嘉慶《昌樂縣志》卷一《總紀》）

二十一日，太湖波溢數丈，漂没人民廬畜以億計。先三日，有白鳥巨萬集樹顛，人咸異之。是日薄暮，東南風大作，但聞崩雷，轟有聲隨，水隨至，初没踝，俄頃即滅頂。老弱坐漂，強力者升屋以踞，飛濤揣激，屋盡隨流駛無存。數日後，湖南濱居人至，第云是日颶風甚烈，席捲湖波，直下凡數里，莫解其故。（萬曆《武進縣志》卷八《摭遺》）

大水，太白山龍見，乘風鼓雨，天童寺室宇皆漂没，礎礫無一存者。（乾隆《鄞縣志》卷二六《祥異》）

下霜三日，禾盡萎死。民值疫病，死者無數。（乾隆《寧州志》卷二

《祥異》）

水，七月間水漲堤決，倉儲罄。賑。　（康熙《安鄉縣志》卷二
《祥異》）

天降霆雨，邊山水發，一時驟至，平地丈餘，浸至城牆三尺，禾稻盡
空，本縣即時捍禦，晝夜防守，幸不入城。　（乾隆《武清縣志》卷四
《襪祥》）

夏，大水異常，久而不退，圩田無復苗者。至七月二十一日夜，東風怒
捲太湖水，高二丈餘，東北方居民漂廬舍不計其數，凡陸處舟行者溺千餘
人，高田亦秀而不實，釀成十六年之饑。（萬曆《宜興縣志》卷一
〇《災祥》）

旱，民大饑。（萬曆《山西通志》卷二六《災祥》）

## 八月

庚申，陝西亢旱，江南大水，江北蝗虫，河南被黃河衝決，災傷重大。
（《明神宗實錄》卷一八九，第3538頁）

癸亥，工科都給事中常居敬等題：“開封等府陝州、靈寶等州縣自七月
初十等日霆雨，黃河泛漲，衝決隄防，漂溺人畜。乞敕河南、山東，凡有河
道地方，除管河副使專理外，各守巡道照所管地方分工督理，捲掃築壩，補
隙塞決，明立賞罰，晝夜并工，務俾安瀾，無貽漕患。”工部覆奏，從之。
（《明神宗實錄》卷一八九，第3545～3546頁）

辛未，是夜，月食。（《明神宗實錄》卷一八九，第3549頁）

丁丑，月掩犯畢宿大星。（《明神宗實錄》卷一八九，第3549頁）

丙戌，南京户科給事中吳之鵬奏稱：“西北陝西、山西、河南等處連年
旱災，陝西為甚。意將户、工二部事例照舊，許令附近地方米穀麥菽隨便上
納。再令有力因犯，納贖備賑。東南太平、寧國、蘇、松、常、杭、嘉、湖
等府所在水災，議將見年起運錢糧，蠲免一歲，以蘇民困。”（《明神宗實
錄》卷一八九，第3556頁）

丙戌，南京江西道試御史林可成奏：“江南、江北恒暘恒雨，俱被重

災。議破格蠲賑，及陝西連年旱甚，無粟可糴。乞發臨、德二倉餘糧，轉運接濟。"戶部覆議："浙直等處見將稅糧停徵，候各巡按覈勘，至日酌量蠲賑。陝西荒以繼荒，斗米二錢，委宜發粟接濟。但臨、德二倉之米，去歲兩次俱以（抱本作'已'）發盡。且六月以來，據報雨澤霑足，秋成或有可望，其見在糴米銀兩仍行撫臣照依原議，酌發有收地方糴買接濟。"報可。（《明神宗實錄》卷一八九，第 3557 頁）

隕霜。（民國《壽光縣志》卷一五《大事記》）

隕霜，殺禾及蔬。（乾隆《諸城縣志》卷二《總紀上》）

朔，雨雹傷禾稼。（順治《渾源州志》附《恒岳志》卷上）

雨雹殺禾。（順治《鄉寧縣志》卷六《祥異》）

初四日，大風，破屋壞船，民多溺死。（萬曆《新會縣志》卷一《縣紀》）

五日，颶風，壞民居。冬，蝗食禾稼，甚至無收。（光緒《新寧縣志》卷一三《事紀略》）

初五日，大風，敗屋拔樹，晝夜乃止。（康熙《陽春縣志》卷一五《祥異》）

蝗，高要、新興、高明尤甚。（崇禎《肇慶府志》卷二《事紀》）

霪雨，至于十二月。（康熙《蕭山縣志》卷九《災祥》）

## 九月

丁亥，日有食之，雲陰不見。（《明神宗實錄》卷一九〇，第 3559 頁）

乙丑，山西蒲州、安邑、解州同日地震，聲如雷。（《明神宗實錄》卷一九〇，第 3559 頁）

甲午，永昌衛地震，涼州天鼓鳴，地震。（《明神宗實錄》卷一九〇，第 3563 頁）

十二日，大雪，深尺餘，晚禾盡殺。蕎麥斗銀四錢。（道光《汝州全志》卷九《災祥》）

## 十月

丁巳，工部題："今歲霪雨異常，都、重二城坍塌數多，請次第修理。"上命各巡城御史就近監工。（《明神宗實錄》卷一九一，第3576頁）

乙亥，工部覆："浙江撫按題杭、嘉、湖三府水災，乞停織造。"上以段疋賞用不敷，命該部處（抱本無'處'字）與錢糧，陸續織造解進，勿致累民。工部覆："本部開納事例多款，東南輸納，亦必不少。其六年蘇、松、浙江事例銀兩，准留一年，以備織造之用。"報可。（《明神宗實錄》卷一九一，第3597～3598頁）

甲申，以水災詔免蘇松藥材銀及量免牲口料銀，以甦民困。（《明神宗實錄》卷一九一，第3604頁）

## 十二月

乙卯，浙江撫按滕伯輪（抱本作"輪"）等題："金（抱本作'今'）秋異常風潮，將海鹽石塘衝決，全坍三百七丈一尺，議從新起築；半坍一百八十九丈二尺五寸，稍坍六百六十八丈五尺九寸，議行築砌。方今冬月潮退，即議興工，以防來歲秋潮。"下工部覆奏報可。（《明神宗實錄》卷一九三，第3623頁）

庚申，直隸應天等府自五月以來，霪雨連綿，江湖泛溢，平地水深丈餘，田廬没為巨浸。七月終旬，颶風大作，漲浸（舊校改"張"作"漲"，抱本"浸"作"漫"）滋甚，環數百里之地，一望成湖。太平地勢最低，被禍更烈。詔被災地方錢糧停免有差。（《明神宗實錄》卷一九三，第3626頁）

## 是年

春，雨，木冰。（光緒《川沙廳志》卷一四《祥異》）

春，不雨。（萬曆《山西通志》卷二六《災祥》；道光《伊陽縣志》卷六《祥異》）

大旱。（萬曆《太平縣志》卷四《附災祥》；萬曆《東昌府志》卷一七《祥異》；順治《鄆城縣志》卷八《祥異》；康熙《臨清州志》卷三《祥異》；乾隆《獲嘉縣志》卷一六《祥異》；道光《武陟縣志》卷一二《祥異》；道光《長清縣志》卷一六《祥異》；光緒《榮河縣志》卷一四《祥異》；民國《無棣縣志》卷一六《祥異》；民國《綏陽縣志》卷九《大事表》）

至六月，不雨，地皆赤。（光緒《壽張縣志》卷一〇《雜事》）

大旱，自春不雨至七月，民多饑死，棄嬰兒于原野。（雍正《沁州志》卷九《災異》；乾隆《武鄉縣志》卷二《災祥》）

大旱，餓殍盈野。（民國《續修昔陽縣志》卷一《祥異》）

春，旱。夏，中方雨。（光緒《交城縣志》卷一《祥異》）

大旱且疫，歲不登，道殣相望。（同治《陽城縣志》卷一八《兵祥》）

春，蝗蝻食禾。七月，大饑。（乾隆《同官縣志》卷一《祥異》）

夏，大水。秋，大風，多蝗，民饑。（康熙《衢州府志》卷三〇《五行》）

夏，大疫。秋，霖雨，歲大饑。（民國《盩厔縣志》卷八《祥異》）

夏，大旱，斗米四錢。（乾隆《府谷縣志》卷四《祥異》）

夏，大旱，無麥，斗米二錢。（康熙《保德州志》卷三《風土》）

夏，大旱蝗，草木皆空。（光緒《淮安府志》卷四〇《雜記》）

夏，大旱。秋，無禾。冬，飢，人相食。（民國《林縣志》卷一六《大事表》）

夏，大旱，田禾乾死，免存留米。（民國《大名縣志》卷二六《祥異》）

旱，饑。（康熙《鼎修德安府全志》卷二《災異》；乾隆《正寧縣志》卷一三《祥眚》；乾隆《白水縣志》卷一《祥異》；光緒《盱眙縣志稿》卷一四《祥祲》；民國《廣宗縣志》卷一《大事紀》）

旱，饑，人相食，流亡過半。（光緒《甘肅新通志》卷二《祥異》）

大水，連年患水，圩鄉淊没。（康熙《太平府志》卷三《祥異》）

旱。（天啟《新修來安縣志》卷九《祥異》；崇禎《內邱縣志》卷六《變紀》；順治《沈丘縣志》卷一三《災祥》；康熙《任縣志》卷一《災祥》；康熙《德安縣志》卷八《災異》；康熙《溧水縣志》卷一《邑紀》；康熙《興國州志》卷下《祥異》；乾隆《清水縣志》卷一一《災祥》；道光《衡山縣志》卷五三《祥異》）

大雨，溺人民無算，上命賑邮。（民國《順義縣志》卷一六《雜事記》）

大水。（弘光《州乘資》卷一《機祥》；康熙《龍門縣志》卷一〇《祥異》；康熙《鹿邑縣志》卷八《災祥》；乾隆《昌化縣志》卷一〇《祥異》；乾隆《鍾祥縣志》卷一《祥異》；光緒《通州直隸州志》卷末《祥異》；民國《新河縣志》第一冊《災異》；民國《太倉州志》卷二六《祥異》；民國《昌化縣志》卷一五《災祥》）

大旱，黑風晝晦，二麥盡槁，人以草根樹皮爲食。（乾隆《雞澤縣志》卷一八《災祥》）

開柳宿河、永豐河二處，地極窪下，秋水泛漲，壞民田禾，漂民廬舍，民甚苦之。邑令張前光特鑿二河。是歲，水不爲災，民咸悦之。（康熙《慶都縣志》卷三《政事》）

大旱，黑風晝晦，民多疫，餓殍載道。（民國《成安縣志》卷一五《故事》）

大旱，田禾乾死，免存留米及棗株課米有差。是歲秋，黃河決荆隆口，漫至城下，假筏以行，邑城幾至漂没。（乾隆《東明縣志》卷七《災祥》）

旱，大饑。（民國《夏邑縣志》卷九《災異》）

大旱，饑。（萬曆《寧遠縣志》卷四《災異》）

大旱，歲饑。（光緒《虞城縣志》卷一〇《災祥》）

枝江雨雹，大疫。十五日，宜都暴風拔木，雨雹如鵝卵大。（光緒《荆州府志》卷七六《災異》）

水。（康熙《無爲州志》卷一《祥異》；康熙《巢縣志》卷四《祥異》；光緒《潛江縣志續》卷二《災祥》）

暴風晝晦，拔木揚沙，揭巨舟于空中，居民壓死無算。（同治《醴陵縣志》卷一一《災祥》）

瀏陽大水衝城，益陽歲凶，民大饑，疫死者無數。（乾隆《長沙府志》卷三七《災祥》）

水，民食草根樹皮殆盡。（道光《江陰縣志》卷八《祥異》）

所在水俱沸溢數尺。（民國《續修范縣縣志》卷六《災異》）

霜，殺稼。（道光《觀城縣志》卷一〇《祥異》）

雨雹殺禾，兩年連遭大饑，民多食石脂，甚或人相食。（民國《鄉寧縣志》卷八《大事記》）

蝗，大饑。（雍正《猗氏縣志》卷六《祥異》；民國《臨晉縣志》卷一四《舊聞記》）

旱，無禾，道殣相望。（同治《稷山縣志》卷七《祥異》）

大旱，禾盡稿。（道光《趙州志》卷三《祥異》）

大雨，疾風發屋拔木，田禾淹没。（光緒《桐鄉縣志》卷二〇《祥異》）

旱。夏，大無麥禾。（嘉慶《義烏縣志》卷一九《祥異》）

大風忽作，勢若排山倒海，雖合圍巨木、古坊石柱，無不摧折，室廬傾覆，屋瓦飛翻。（雍正《慈谿縣志》卷一二《紀異》）

大水，天童寺室宇皆漂没，舟行城市。（雍正《寧波府志》卷三六《祥異》）

大水，又大風。（光緒《慈谿縣志》卷五五《祥異》）

山陰、會稽、蕭山、餘姚、上虞自秋雨至冬至始晴，大饑。次年又淫雨，疫癘交作，餘姚旱，通郡大饑。（乾隆《紹興府志》卷八〇《祥異》）

大水潦禾，溪多浮屍。（康熙《德清縣志》卷一〇《災祥》）

夏秋，大水害稼。（光緒《石門縣志》卷一一《祥異》）

自秋雨至冬始晴，大饑，鹽價頓高往昔十倍。（民國《蕭山縣志稿》卷五《水旱祥異》）

秋，晉寧螟。（康熙《雲南府志》卷二五《菑祥》）

秋，大水，撫按奏以淮屬夏旱秋澇，山安等縣尤甚，請留淮大二衛漕糧四萬石，並隨船耗米分派平糶，兼用振濟，借支河道軍餉買米銀抵解，以補漕額。（光緒《安東縣志》卷五《民賦下》）

秋，淫雨。冬，大風折木。（光緒《餘姚縣志》卷七《祥異》）

春，霪雨不絕，水浸民居，斗米值二錢。（康熙《廣德州志》卷三《祥異》）

春，陰雨兩月，貧民不能力作，二麥無收。（康熙《婺源縣志》卷一二《磯祥》）

春，大旱，疫。（乾隆《直隸秦州新志》卷六《災祥》）

春，復旱，禱于壇，麥大熟，民喜甚。（康熙《隰州志》卷一〇《祠祀》）

春，不雨，至於七月。民大饑，次年餓殍相枕藉於道。（康熙《山西直隸沁州志》卷一《災異》）

春夏驟雨異常，石橋左右襄土盡剝。（同治《興安縣志》卷四《地理》）

春夏亢旱，蝗出。雖旱，不為災。（光緒《淶水縣志》卷八《藝文》）

自春徂夏久不雨，百穀皆槁。（康熙《泰安州志》卷一《災祥》）

春夏，大水。（萬曆《泰興縣志》卷八《祥異》）

夏，大旱，蝗，草木皆空。（同治《重修山陽縣志》卷二一《祥祲》）

夏，大水，而所謂“胭脂岡”者，崩裂數百尺，填塞河流，湖水大涌。（康熙《高淳縣志》卷二二《藝文》）

夏，旱，饑。（康熙《日照縣志》卷一《紀異》）

夏，旱仍前，間有螣蟲傷稼。知縣余鏜率僚屬耆民祈於壇祠，三日，大雨，螣皆入土化為蛾雲。（萬曆《寧津縣志》卷四《祥異》）

夏，大旱。秋霖，隕霜殺菽，大饑。（康熙《雩都縣志》卷八《災異》）

復蝗，年大饑，死者駢首相望。（萬曆《猗氏縣志》卷一《祥異》）

夏，連月不雨，禾損於蝗。（雍正《懷遠縣志》卷八《災異》）

泗州，夏，大旱。秋，大水。（萬曆《帝鄉紀略》卷六《災患》）

夏，霪雨，城頹。（萬曆《黃岡縣志》卷一〇《災祥》）

蝗。（乾隆《彌勒州志》卷二四《祥異》；民國《萊蕪縣志》卷三《災異》）

蝗，食田稻殆盡。（康熙《文昌縣志》卷九《災祥》）

蝗殺稼。（康熙《遂溪縣志》卷一《事紀》；康熙《海康縣志》卷上《事紀》；康熙《徐聞縣志》卷一《災祥》）

大風，樓櫓周廬半毀，同知方應時重脩。（萬曆《廣東通志》卷四五《城池》）

大水，虫殺稼幾盡，闔邑惶惶。（康熙《恩平縣志》卷四《建置》）

雨雹。（康熙《淅川縣志》卷八《災祥》）

大水，饑。（康熙《進賢縣志》卷一八《災祥》；康熙《新建縣志》卷二《災祥》）

府屬大水，饑。知府范淶請弛長河漁禁以予災民。（康熙《南昌郡乘》卷五四《祥異》）

大水，平地深丈餘。自去年連患水，圩鄉盡没。（乾隆《太平府志》卷三二《祥異》）

大水，湖嘯。（民國《南潯鎮志》卷二八《災祥》）

烈風，淫雨没禾稼。（嘉慶《東臺縣志》卷七《祥異》）

烈風盆雨大作，田禾漬没。（崇禎《泰州志》卷七《災祥》）

水，民間草根樹皮食之殆盡，蠲免本色米一萬七千四百一十八石零，折色銀一萬五百八十四兩九錢八分零，停徵銀六千四百六十七兩六錢零。（乾隆《無錫縣志》卷一〇《蠲賑》）

吳中水災異常，特設水利道專管江南水利。（乾隆《上海縣志》卷二《水利》）

夏秋大旱，萍藻盡枯。（嘉慶《上海縣志》卷一九《祥異》）

旱，無麥禾。（萬曆《汶上縣志》卷七《災祥》）

大旱，無麥。（乾隆《魚臺縣志》卷三《災祥》）

大旱。春饑，民食樹皮殆盡。（民國《無棣縣志》卷一六《祥異》）

大旱，連歲大疫。知縣命儒醫王運施藥，所活甚眾。（萬曆《商河縣志》卷九《災祥》）

旱甚。（萬曆《淄川縣志》卷二二《災祥》）

旱，饑，斗米三錢。（乾隆《新修慶陽府志》卷三七《祥眚》）

又旱，人相食，流亡過半。（乾隆《莊浪志略》卷一九《災祥》）

連旱。（光緒《麟遊縣新志草》卷八《雜記》）

大旱，斗米千錢，民多逃移餓死。（萬曆《重修岐山縣志》卷二《災祥》）

復大旱，人相食。（康熙《永壽縣志》卷六《災祥》）

蝗，大饑，至有棄嬰兒于原野者。朝廷發帑銀賑之。（康熙《臨晉縣志》卷六《災祥》）

大旱赤地，民食樹皮盡，餓莩載道。朝廷發帑銀，有司煮粥救之。（萬曆《臨汾縣志》卷八《祥異》）

復大旱，死亡如故。（乾隆《高平縣志》卷一六《祥異》）

澤州縣復大旱，民大饑，疫癘死亡如故。（雍正《澤州府志》卷五〇《祥異》）

大旱，饑莩盈野，疫癘死者枕籍。發帑賑之。（乾隆《樂平縣志》卷二《祥異》）

霜殺禾，大饑，僵屍載道。（光緒《岢嵐州志》卷一〇《祥異》）

保德州、繁峙諸郡大旱。（萬曆《太原府志》卷二六《災祥》）

復大旱，疫。（光緒《邢臺縣志》卷三《前事》）

大旱，瘟疫，死徙無數。（光緒《臨漳縣志》卷一《紀事沿革》）

大旱，黑風晝晦，民多疫，餓殍載道，人以草根樹皮為粮。（雍正《肥鄉縣志》卷二《災祥》）

大旱，民大饑，斗米百五十錢。（萬曆《廣平縣志》卷五《災祥》）

大水，因決殷家淀堤而入，西北鄉俱澇。（乾隆《新安縣志》卷七《機祚》）

大水，湮永平等處漂散廬舍數千。是年不收，民饑。（康熙《昌黎縣志》卷一《祥異》）

大水，南關廣濟橋衝決。（雍正《密雲縣志》卷一《災祥》）

河決于單縣之黃堌口，溢于河南夏邑、永城界，經宿州符離橋，出宿遷新河口，入大豐河，半由徐州入舊河，濟運二洪告涸。（光緒《祥符縣志》卷二〇《請濬河濟運疏疏》）

蝗旱。夏秋霪雨，山水驟至，平地丈餘，浸至城牆三尺，禾稼漂流。幸捍降備，至得不入城。（康熙《香河縣志》卷一〇《災祥》）

秋，大雨，城盡圮。（康熙《曲陽縣新志》卷三《城池》）

秋，旱，無苗。（萬曆《咸陽縣新志》後卷《記事》）

自秋雨至冬至始晴，大饑。（康熙《山陰縣志》卷九《災祥》；嘉慶《山陰縣志》卷二五《祲祥》）

秋，螟。先是水面多蛾，及秋稻甲皆白。（道光《晉寧州志》卷一一《祥異》）

秋，大風雨拔木，太湖溢，平地水深丈餘。（光緒《烏程縣志》卷二七《祥異》）

丁亥，水旱。戊子，大旱，民饑無聊，申請開倉賑穀。（雍正《辰谿縣志》卷五《官師》）

十五、六年，連旱。（光緒《孝感縣志》卷七《災祥》）

十五、十六兩年，旱荒。（光緒《懷來縣志》卷四《災祥》）

十五、十六、十七年，旱荒饑疫相仍，死者載道。（同治《饒州府志》卷三一《祥異》）

十五年、十六年、十七年旱，饑疫相繼，死者載道，米價騰貴。知府劉惠喬捐贖及鹽稅魚課舊例之公費，盡以贍救貧民。（乾隆《鄱陽縣志》卷二一《災祥》）

十五年、十六年、十七年連旱，米斗銀二錢，流莩滿道，又加以疫。（康熙《續修武義縣志》卷一〇《庶徵》）

十五、十六、十七年八縣連旱，民大饑，米斗二錢，餓殍載道。（康熙

《金華府志》卷二五《祥異》）

十五年至十七年，連歲大旱，民饑。 （崇禎《寧海縣志》卷一二
《災祲》）

丁亥至庚寅，連年旱。戊子，穀貴，大疫。 （康熙《滁州志》卷三
《祥異》）

吳中歲凶……自丁亥至壬辰六年間，水旱頻祲。（康熙《吳縣志》卷五
六《人物》）

# 萬曆十六年（戊子，一五八八）

## 正月

乙酉，大雷雨。（《國榷》卷七四，第4570頁）

霪雨，至春莫（疑當作"暮"）乃止。夏秋，大旱，稻菽盡壞。（光緒
《霍山縣志》卷一五《祥異》）

元日，學宮桂花開。（康熙《巢縣志》卷四《祥異》）

泗州元旦五更鳴雷。（萬曆《帝鄉紀略》卷六《災患》）

逮五月，霪雨，麥復不登，米價騰踊。（康熙《蕭山縣志》卷九
《災祥》）

至五月霪雨，無麥苗，各邑貧民饑死者接踵，疫癘交作。（康熙《紹興
府志》卷一三《災祥》）

至六月，始雨。 （咸豐《鳳陽縣志》卷一五《紀事》；民國《棗强縣
志》卷八《災異》）

## 二月

雨豆於北郊，或黑或斑。水之則芽，苗若原菽；火之則熟，味若銀杏。
自正月霖，至夏四月，恒陰沍寒，大水，饑，斗米錢五百。十四、十五年兩
年，府屬皆大水。（民國《南昌縣志》卷五五《祥異》）

十七日，雨雹盡晦。（咸豐《南寧縣志》卷一《災祥附》）

雨豆于豫章之北郊，或黑或斑，水之則芽苗，若原菽；火之則熟，味若銀杏。乃正月霖，至於夏四月，恒陰洊寒，大水灌湖，堤敗之。既，穀大踴貴，米斗值八十錢。（乾隆《新建縣志》卷七二《雜說》）

（曲靖）十七日，雨雹，晝自辰晦，至午方霽。（天啟《滇志》卷三一《災祥》）

雨雹晝晦，自辰至午始霽。（乾隆《陸涼州志》卷五《雜志》）

## 三月

南京旱，疫死者無算，南門卒以豆計，棺出日以升計。（光緒《金陵通紀》卷一〇下）

南京旱，疫。（同治《上江兩縣志》卷二下《大事下》）

初五日，大風，渡船覆時，死者五十人。（乾隆《瑞安縣志》卷一〇《雜志》）

至五月，不雨，禾盡槁，野多餓殍。是年，以無米改折，野多餓莩。（乾隆《寧州志》卷二《祥異》）

## 四月

戊午，直隸大名、河南開封等五府水旱相仍，餓殍載道。從御史孫琉奏，發歸德米價銀五萬兩，直隸存留銀七千兩，分行賑濟。（《明神宗實錄》卷一九七，第3709頁）

戊午，巡按廣西御史孫愈賢奏："西南地方雖不至如山陝之久旱，吳越之洪水，而兵戈饑饉之苦，千里蕭條，宜隨事加邮。"條上四事：一，裁減地方，免其入覲，以省道途之費；一，禁盤倉庫，妄報羨餘，以免波累之苦；一，遠官文憑，咨院行巡按衙門給發，以杜賣索之弊；一，盜劫嚴為捕捉，無滋寬縱之害。（《明神宗實錄》卷一九七，第3709～3710頁）

澇。（嘉慶《澄海縣志》卷五《災祥》）

朔，大水。（康熙《慶元縣志》卷一〇《災異》）

慶元大水，民居漂没，人多溺死。（雍正《處州府志》卷一六《雜事》）

運河水淺，山東巡撫李戴及勘河給事中常居敬會題請旨，祈禱泰山，旋得大雨。大饑。（乾隆《濟甯直隸州志》卷一《紀年》）

水橫流，壞圩堤，漂廬舍，人多溺死。饑，大疫。斗粟百錢，死傷載道。（康熙《餘干縣志》卷三《災祥》）

春至四月，民大饑，人相食。瘟疫大作，十亡八九，屍骸盈野，臭不可聞。（康熙《陽武縣志》卷八《災祥》）

寒甚，多風霾。冬燠。（道光《尉氏縣志》卷一《祥異附》）

寒甚，數多風霾，晝常晦。（萬曆《杞乘》卷二《今總紀》）

## 五月

丙戌，勘科常居敬疏新運已臨，天時亢旱，再條八事：一，濬泉源，以資灌注；一，復湖地（抱本作"池"），以預瀦蓄；一，築汶河，以防滲漏；一，建閘座，以便節宣；一，設閘官，以肅漕規；一，給關防，以重事權；一，嚴築壩，以便挑濬；一，復夫役，以備修防。部覆如議。（《明神宗實録》卷一九八，第3727～3728頁）

乙巳，諭禮部："朕見人（抱本作'八'）年以來，天意疊見，春則草場煨燼，昨又雷火。倉廠、軍粮、草束國家之重務，軍民之至要者，方今天下災傷重大，民窮時艱之日，又上天警戒，爾部便行內外官司，痛加修省。"是時，山陝、河南、江浙、南直諸虜並告災困，諸司撫緝賑救之疏日上，而訖無奇策，故特（抱本無"特"字）有是諭。（《明神宗實録》卷一九八，第3731～3732頁）

壬子，巡撫山東右副都御史李戴奏："祈禱不效，弭災無術，引罪求罷。"時四方旱報日至，戴奉命躬禱泰山，而雨澤未遍。（《明神宗實録》卷一九八，第3733頁）

淫雨，至六月終止，朽爛二麥如糞。（康熙《陽武縣志》卷八《災祥》）

大水。（乾隆《婁縣志》卷一五《祥異》；嘉慶《松江府志》卷八〇《祥異》；同治《上海縣志》卷三〇《祥異》；光緒《重修華亭縣志》卷二三《祥異》；光緒《川沙廳志》卷一四《祥異》；民國《南匯縣續志》卷二二《祥異》）

大旱。（同治《長興縣志》卷九《災祥》；光緒《靖江縣志》卷八《祲祥》）

大旱，邑令不為意。（同治《萍鄉縣志》卷一《祥異》）

大風，拔起城內南街連宣坊。（光緒《懷來縣志》卷四《災祥》）

大旱，疫。（乾隆《白水縣志》卷一《祥異》；民國《山東通志》卷一〇《通紀》）

浙江大旱。（同治《湖州府志》卷四四《祥異》）

浙西旱，疫。秋，昌化大饑。（乾隆《杭州府志》卷五六《祥異》）

疫。旱，蚄蚜食苗根過半。（乾隆《曲阜縣志》卷三〇《通編》）

春大旱。五月，大水。（嘉慶《淞南志》卷二《災祥》）

月初，連雨半月，田畝汎溢。至二十七日以後，大雨經旬，晝夜不絕，高下盡成巨浸，禾苗腐爛，廬舍漂沒。復大疫，米價湧貴，每石一兩八錢，麥減半，餓殍填塞街衢，濠塹浮尸，舟行為礙，城內外積骸如山。（崇禎《吳縣志》卷一一《祥異》）

大水，溺死無數。（同治《綏寧縣志》卷三八《祥異》）

大雨雹。（崇禎《廉州府志》卷一《歷年紀》）

飛霜。（乾隆《彌勒州志》卷二四《祥異》；乾隆《陸涼州志》卷五《雜志》）

又水，復載舟遍賑，民賴全活。（康熙《安鄉縣志》卷二《災祥》）

# 六月

庚申，京師地震。（《明神宗實錄》卷一九九，第3737頁）

壬申，臨城大雨雹，建陽蝗。（《國榷》卷七四，第4582頁）

連閏月不雨，民皇皇，恐苗之將稿也。徐令顯臣露冕步拜烈日中，遍處雩禱，至七月十四日，又率士民詣城隍，自爲牒文檄之。禱畢，歸不視事，待命齋所。忽烈日無光，彤雲四起，須臾雨降，平地水盈尺，盡二日夜不止，溪水暴漲，田皆饒洽，民大悦。是歲不饑。（民國《沙縣志》卷三《大事》）

大風，雨雹。（康熙《續修陳州志》卷四《災異》；民國《淮陽縣志》卷八《災異》）

大水。（同治《醴陵縣志》卷一一《災祥》；民國《萬載縣志》卷一《祥異》）

海漲，人畜溺死，撫按舒應龍、陳禹謨奏將本年見徵兑運漕糧存留九萬石發糶救荒，照每石折銀七錢，解補漕額。（光緒《安東縣志》卷五《民賦下》）

蛟起，大水壞民廬，人多壓死，文廟圮。（同治《萍鄉縣志》卷一《祥異》；民國《昭萍志略》卷一二《祥異》）

朔，民束稿禾塞於堂，向午始散，雨雹大如拳。（同治《萍鄉縣志》卷一《祥異》）

大水，平地水深一丈，漂没民舍。（民國《分宜縣志》卷一六《祥異》）

雨雹。（光緒《長子縣志》卷一二《大事記》）

隕霜，雨雹。（雍正《朔州志》卷二《祥異》）

旱，瘟疫盛行。（萬曆《錢塘縣志·灾祥》）

大風損稼。（康熙《灤志》卷三《世編》）

朔州隕霜，雨雹，大傷禾稼。（順治《雲中郡志》卷一二《災祥》）

六日，雨雹，大如雞卵。（咸豐《太谷縣志》卷八《災祥》）

初九日，雷電中有赤光，如鍛煉金光之色，從西南方起，自下而上，如扇形直沖霄漢。（乾隆《井研縣志》卷一《祥異》）

十有二日，始雨，麥苗枯。（萬曆《蒲臺縣志》卷七《災異》）

十六日，魯橋南黑龍潭忽黑雲突起，萬里暝冥，怪風震蕩，飄颻而北至王莊，房屋盡毀，大樹皆拔，由濟寧城東二十里外似有尾拖地者，過處禾黍

皆泥，一里寬，如碾壓狀，榦粒皆碎，至二十里舖，若有龍繞騰而上。（乾隆《濟寧直隸州志》卷三四《雜綴》）

二十二日，大雨二日，文谷水浪高三丈，衝没田地，淹死人畜，漂壞垣屋。（康熙《交城縣志》卷一《災祥》）

大旱。（乾隆《西寧府新志》卷一五《祥異》）

海沸。（《海昌叢載》卷四《祥異》）

春旱。夏六月，大雨二十日。（民國《寶雞縣志》卷一六《祥異》）

大水，城内平地至一丈，漂没民舍。（康熙《宜春縣志》卷一《災祥》）

大水，平地水深一丈，漂没民舍，邑令以一小艇援家人出。相傳蛟出萍鄉，溪漲驟湧，人不為備，室廬器物浮江而下，人多淹溺。（同治《分宜縣志》卷一〇《祥異》）

蝗。（萬曆《建陽縣志》卷八《祥異》）

大水，颶風作。（天啟《封川縣志》卷四《事紀》）

## 閏六月

戊寅夜，大雷，狼山浮屠災。（光緒《通州直隸州志》卷末《祥異》）

丁未，大風損稼。水。（康熙《永平府志》卷三《災祥》）

大雷雨。（乾隆《小海場新志》卷一〇《災異》）

## 七月

嚴霜殺稼。（《明神宗實録》卷二〇六，第 3854 頁）

己巳，延綏西路隕霜殺稼。（《國榷》卷七四，第 4584 頁）

大風拔木，禽死無算。（乾隆《清水縣志》卷一一《災祥》；乾隆《直隸秦州新志》卷六《災祥》）

初三日，颶風，膃肭入大口涌獲之。（萬曆《新會縣志》卷一《縣紀》）

十四日，湘潭、湘鄉、安化起大風，連四晝夜，吹拔熟稻入泥中，民大

饑疫。湘鄉雨黑子如穀。(乾隆《長沙府志》卷三七《災祥》)

二十二日大雨，不半日水準岸。瘟疫大行，斗米銀一錢六分。先是，甲申、乙酉連歲豐稔，米價賤甚，民間米多狼戾，賤極徵貴至此。(道光《石門縣志》卷二三《祥異》)

壬申，大風，拔木發屋，田禾皆盡，民大飢，食糠粃，繼以草根木葉，自經赴水者甚眾。(嘉慶《松江府志》卷八〇《祥異》)

大風，拔木仆屋，田禾俱盡，民大饑。(同治《上海縣志》卷三〇《祥異》)

大風，拔木仆屋，田禾皆盡，民大饑，食糠粃，繼以草根木葉，自經及赴水死者甚眾。(乾隆《婁縣志》卷一五《祥異》)

壬申，大風，拔木仆屋，田禾俱盡，民大饑。(光緒《川沙廳志》卷一四《祥異》)

大風，拔木仆屋，田禾俱盡，民大饑。(民國《南匯縣續志》卷二二《祥異》)

壬申，大風，拔木仆屋，田禾皆盡，民大饑，食糠粃，繼以草根木葉，自經及赴水死者甚眾。(乾隆《華亭縣志》卷一六《祥異》)

山陰縣雨雹，害稼，人畜多傷。(萬曆《山西通志》卷二六《災祥》)

飛蝗蔽天，食苗及穗。(順治《絳縣志》卷一《祥異》)

大風，田禾皆盡。(嘉慶《淞南志》卷二《災祥》)

大澇，禾盡没。(民國《清豐縣志》卷二《編年》)

## 八月

丙辰，直隸巡按御史高舉奏報：“魏縣頻年旱荒(抱本作‘荒旱’)，今秋又被漳河淹没，請蠲秋糧五分，仍酌行賑濟。”上從之。(《明神宗實錄》卷二〇三，第3794頁)

寧夏八月大雪，積地尺許，軍士凍傷。(《明神宗實錄》卷二〇六，第3854頁)

壬午，雷震南京西安門鐘鼓樓獸吻。(光緒《金陵通紀》卷一〇下)

大雪至秋。（民國《鄉寧縣志》卷八《大事記》）

河決魏家口，莊田多爲沖壞。（光緒《東光縣志》卷一一《祥異》）

雹如雞子。是冬，米價如常。（道光《壺關縣志》卷二《紀事》）

十九日，雷鳴，地震，降雪尺餘。（道光《靖遠縣志》卷一《祥異》）

二十三日，大雪尺餘。是年，大有年。（順治《絳縣志》卷一《祥異》）

鄉寧大雪。（萬曆《平陽府志》卷一○《災祥》）

## 九月

延綏九月大雨雹，傷苗。（《明神宗實錄》卷二○六，第3854頁）

丁丑，金星晝見。（《明神宗實錄》卷二○三，第3803頁）

## 十月

戊子，火星犯太微垣左執法。（《明神宗實錄》卷二○四，第3812頁）

## 十一月

雨雹。（乾隆《潮州府志》卷一一《災祥》）

大雨雹。（萬曆《惠州府志》卷二《郡事紀》；乾隆《歸善縣志》卷一八《雜記》）

## 十二月

辛卯，命順天府官竭誠禱雪。（《明神宗實錄》卷二○六，第3852頁）

乙未，山東德府宮殿災，兗州風雷暴作。（《明神宗實錄》卷二○六，第3853~3854頁）

## 是年

春，大旱，民飢，大疫，人死強半，升米值錢二百，無市者。巡撫賈三近請發臨清倉米賑救，州縣俱發粟煮粥食，老弱民得以全。（民國《大名縣

志》卷二六《祥異》）

春，旱，大饑疫，死者枕籍，民相食。（乾隆《獲嘉縣志》卷一六《祥異》）

春，大旱，舟膠，人行水底，有得古器物者。（嘉慶《松江府志》卷八〇《祥異》）

春，大旱，大疫，民死無算。（同治《上海縣志》卷三〇《祥異》）

春，大水。夏，旱饑。米斗一錢六分，道殍相望，令丁應泰步禱於齊雲山。（康熙《休寧縣志》卷八《機祥》）

春，大旱。（乾隆《婺縣志》卷一五《祥異》）

春，大旱，大疫。（民國《南匯縣續志》卷二二《祥異》）

春，霪雨傷麥禾，民饑。（嘉慶《西安縣志》卷二二《祥異》）

春，淫雨。夏，龍游、江山大旱，秋疫，民饑。（康熙《衢州府志》卷三〇《五行》）

春，大雨水，蠶麥禾俱無收。（乾隆《杭州府志》卷五六《祥異》）

春，大雨水。（萬曆《錢塘縣志·灾祥》）

夏，旱，穀貴甚，民殣載道。（嘉慶《義烏縣志》卷一九《祥異》）

夏，大旱，疫，蚜蚄害稼。（民國《增修膠志》卷五三《祥異》）

夏，旱疫，死者無算。（道光《上元縣志》卷一《庶徵》）

夏，大旱，蚜蚄害稼。（道光《膠州志》卷三五《祥異》）

夏，大旱，蝗。（康熙《新城縣志》卷一〇《灾祥》）

大旱。（康熙《彭澤縣志》卷二《邮政》；嘉慶《龍陽縣志》卷三《事紀》；嘉慶《寧國府志》卷一《祥異附》；嘉慶《溧陽縣志》卷一六《雜類》；道光《遵義府志》卷二一《祥異》；道光《綦江縣志》卷一〇《祥異》；道光《東阿縣志》卷二三《祥異》；同治《德化縣志》卷五三《祥異》；同治《九江府志》卷五三《祥異》；同治《公安縣志》卷三《祥異》；宣統《廣安州新志》卷三五《祥異》；民國《南陵縣志》卷四八《祥異》；民國《重修蒙城縣志》卷一二《祥異》）

大旱，二麥盡槁，民饑死無算。（光緒《五河縣志》卷一九《祥異》）

復大旱。（民國《太和縣志》卷一二《災祥》）

旱，饑。（光緒《盱眙縣志稿》卷一四《祥祲》）

水災，監司令隅都各設糜，以食饑者。（民國《歙縣志》卷三《振濟》）

水災，監司令隅都各設糜賑饑。（道光《徽州府志》卷五《郵政》）

州縣旱，自此連歲相繼，賊夜劫詹洋村，緝捕獲之。（乾隆《福寧府志》卷四三《祥異》）

麥大熟，霪雨。（乾隆《雞澤縣志》卷一八《災祥》）

隕霜，殺禾，大饑大疫。（民國《陝縣志》卷一《大事紀》）

江陵、公安、枝江旱。（光緒《荊州府志》卷七六《災異》）

大旱，禾稼盡枯。（道光《蒲圻縣志》卷一《災異并附》）

長善、湘鄉、醴陵、湘潭大水，米貴。（乾隆《長沙府志》卷三七《災祥》）

大水，米貴。（嘉慶《長沙縣志》卷二六《祥異》）

大旱，太湖爲陸地。（民國《吳縣志》卷五五《祥異考》）

大水。（萬曆《江浦縣志》卷一《縣紀》；崇禎《太倉州志》卷七《開濬》；順治《銅陵縣志》卷七《祥異》；康熙《安福縣志》卷一《祥異》；嘉慶《蘭谿縣志》卷一八《祥異》；光緒《無錫金匱縣志》卷三一《祥異》；光緒《嘉興府志》卷三五《祥異》）

大旱，民饑，人相食，泰興知縣段〔叚〕尚繡禱之，輒雨，乃大有。（光緒《通州直隸州志》卷末《祥異》）

大旱，大疫。（乾隆《汲縣志》卷一《祥異》；光緒《川沙廳志》卷一四《祥異》）

旱，大疫，江南北斗米錢二百。（道光《重修寶應縣志》卷九《災祥》）

旱，歲大祲，斗麥百錢。（萬曆《嘉定縣志》卷一七《祥異》）

旱。（萬曆《池州府志》卷七《祥異》；天啟《滇志》卷三一《災祥》；康熙《當塗縣志》卷三《祥異》；康熙《任縣志》卷一《災祥》；雍正《瑞

昌縣志》卷一《祥異》；道光《江陰縣志》卷八《祥異》；光緒《桃源縣志》卷一二《災祥》）

大水，既又大饑，人食草木。（道光《宜黃縣志》卷二七《祥異》）

大旱，民食樹皮草根。（光緒《壽張縣志》卷一〇《雜事》）

旱，無獲，餓死者以萬計。（萬曆《秀水縣志》卷一〇《祥異》）

旱，民饑。（光緒《上虞縣志》卷三八《祥異》）

大旱，疫。（萬曆《龍游縣志》卷一〇《災祥》；康熙《安慶府志》卷六《祥異》；同治《江山縣志》卷一二《祥異》；同治《麗水縣志》卷一四《災祥附》；民國《麗水縣志》卷一三《災異附》）

寧海颶風，屋舍塘圍盡没。（民國《台州府志》卷一三四《大事略》）

蝗，旱，且疫。（崇禎《烏程縣志》卷四《災異》；光緒《歸安縣志》卷二七《祥異》）

大水入城市，田禾盡没，民食草木，疫癘大作，死者接踵。後大旱，民多流亡。（光緒《蘭谿縣志》卷八《祥異》）

旱，蝗，且大疫。時饑殍載道，民茹草木，石米一兩八錢。（同治《孝豐縣志》卷八《災歉》）

旱，無獲，饑死，無算。秋，有白龍騰海上，紅光滿天。（光緒《平湖縣志》卷二五《祥異》）

麗水大旱，疫。是年四月朔，慶元大水，衝壞北城七十三丈，民居漂没，人多溺死。（光緒《處州府志》卷二五《祥異》）

旱，大饑。（宣統《臨安縣志》卷一《祥異》）

山水暴發，田舍多没。其年大饑，斗米銀三錢六分。（光緒《分水縣志》卷一〇《祥祲》）

龍風漂屋舍，塘圍盡決。（崇禎《寧海縣志》卷一二《災祲》）

秋，大飢，自夏及秋三月不雨，五穀皆槁，斗米二錢，民食草根樹皮。（乾隆《昌化縣志》卷一〇《祥異》）

淫雨、疫癘交作。（嘉慶《山陰縣志》卷二五《機祥》）

春，雪連宵，霪雨數月，二麥淹没，民飢流離，米價每石一兩八錢。

（民國《衢縣志》卷一《五行》）

雨，木冰。秋，大風雨拔木，太湖溢。（同治《長興縣志》卷九《災祥》）

麗水、遂昌大旱，荒疫。（雍正《處州府志》卷一六《雜事》）

夏秋，雨連旬，潦没禾稼，壞民盧舍甚多，有壓死者。（宣統《恩縣志》卷一〇《災祥》）

夏秋，旱，穀價騰貴。（同治《興安縣志》卷一六《祥異》）

夏秋，旱。（道光《武陟縣志》卷一二《祥異》）

秋，大水。（崇禎《歷乘》卷一三《災祥》；道光《西鄉縣志》卷四《祥異》；光緒《撫寧縣志》卷三《前事》；光緒《定遠廳志》卷二四《五行》）

秋，霪雨六十日，平地水盈一二尺，淹没盧舍禾稼。（民國《鹽山新志》卷二九《祥異表》）

秋，大水傷稼。（光緒《青浦縣志》卷二九《祥異》）

秋，大雨兩月，禾田生魚。（乾隆《濟陽縣志》卷一四《祥異》）

秋，樂陵大水。（乾隆《樂陵縣志》卷三《祥異》）

大旱。秋，隕霜殺菽。（道光《長清縣志》卷一六《祥異》）

秋，大風敗稼，大饑。（民國《新昌縣志》卷一八《災異》）

冬，大雷電。（光緒《桐鄉縣志》卷二〇《祥異》）

饑，冬，不雪。（嘉慶《海州直隸州志》卷三一《祥異》）

春，霖雨。夏，旱，大疫，斗米錢三百二十。飢民官爲粥飼之，得粥死者比比，莩塞於路，城濠浮屍，篙櫓爲礙。（光緒《常昭合志稿》卷四七《祥異》）

春，霪雨。夏秋，大旱，疫，遣官賣賑。（光緒《太倉直隸州志》卷一九《蠲賑》）

春，隕霜殺禾。大饑，大疫。（咸豐《同州府志》卷六《沿革表》）

春，霪雨。夏秋，大旱，疫，死者枕藉。斗麥百文，斗米一兩八錢。（光緒《江東志》卷一《祥異》）

春，大歉，穀貴，民多饑死。秋，又饉。冬，無雪。（康熙《沭陽縣志》卷一《祥異》）

春，雨不止，麥苗盡萎。夏秋亢旱成災，有以子女易一飽者。（民國《鄞縣通志》卷四《災異》）

春，穀貴，大疫。（天啟《新修來安縣志》卷九《祥異》）

春，大旱，民食樹皮。大疫，民幾半亡，棄□□野。秋復大旱。（康熙《長垣縣志》卷二《災異》）

春，饑，民食樹皮蒺藜等物殆盡，死者填塞道路，人或父子相食。夏，瘟疫大作，有一家全殞者，雖至親不問吊。是歲屬戊子，與嘉靖七年戊子合而尤甚。（乾隆《修武縣志》卷九《災祥》）

春夏，恒雨，閉糴，民飢甚。（同治《崇仁縣志》卷一三《祥異》）

春夏，霪雨，山木崩仆。越秋風厲，五穀不成。父老稱百年來未有如斯饑饉之甚者。（乾隆《新化縣志》卷二五《祥異》）

春夏，淫雨，山木崩仆。（同治《武岡州志》卷三二《五行》）

夏，旱。（光緒《餘姚縣志》卷七《祥異》）

夏，大旱，二月不雨。民饑。（康熙《宿松縣志》卷三《祥異》）

夏，兩月不雨。秋，異風凍穀，疫大作。（順治《新修望江縣志》卷九《災異》）

夏，恒雨，大饑，米石銀一兩八錢。（乾隆《吳江縣志》卷四○《災變》）

夏，雨雹，城南東西十里、南北五里麥盡傷。（乾隆《平原縣志》卷九《災祥》）

夏，旱。疫死者無算，聚寶門軍以豆記，棺日以升計。（康熙《江寧府志》卷二九《災祥》）

夏，旱，蝗。饑，人相食。（乾隆《曲阜縣志》卷三○《通編》）

大旱，饑。遣官賑邮。（光緒《寧陽縣志》卷一○《災祥》）

蝗蝻，冰雹。（萬曆《鉅野縣志》卷八《災異》）

大旱，人民易子而食。（同治《嶨山縣志》卷二七《雜類》）

大旱，出粟以賑貧者。（光緒《銅梁縣志》卷九《行誼》）

川之東北旱魃為災。（乾隆《廣安州志》卷一三《藝文》）

蝗災。（雍正《廣東通志》卷三八《名宦》）

大旱，兼以疫癘。（同治《益陽縣志》卷一三《名宦》）

大水，疫癘，死徙載道。（康熙《安鄉縣志》卷二《災祥》）

大旱，民多疫死。（嘉慶《常德府志》卷一七《災祥》）

大圍堤，五月決甚。（嘉慶《常德府志》卷一一《隄防》）

大旱。斗米一錢六分。（乾隆《漢陽縣志》卷四《祥異》）

隕霜殺禾，大饑，大疫。（順治《閺鄉縣志》卷一《星野》；康熙《潼關衛志》卷上《災祥》；乾隆《重修直隸陝州志》卷一九《災祥》）

有龍出自來石里，經康家渡口、十里頭、看花里、白象里，陸地而行，雷電隨之，雲霧旁繞，所至草木盡拔，牆傾屋摧，至倉子頭飛去。（乾隆《魯山縣全志》卷九《祥異》）

大旱，瘟疫盛行，人多死。（乾隆《溫縣志》卷一《災祥》）

大疫。斗米三錢，道饉相接。（順治《祥符縣志》卷一《災祥》）

大旱，赤地四野，人相食。（乾隆《氾水縣志》卷一二《祥異》）

衛輝大旱。（康熙《河南通志》卷四《祥異》）

萬曆十六年以後，井泉涸，連歲荒旱，二十年尤甚于常。（康熙《福安縣志》卷九《祥變》）

自戊子後，連歲旱澇，禾稻薄收。（萬曆《福寧州志》卷一〇《祥異》）

大水，大饑。（同治《東鄉縣志》卷九《祥異》；光緒《撫州府志》卷八四《祥異》）

時霪雨連四月，漂廬舍男女無算，斗米錢三千，疫復大作，飢民洶洶，將為變之。（光緒《江西通志》卷一三二《宦績錄》）

大旱，米價騰甚。（同治《建昌縣志》卷一二《祥異》）

大旱，饑疫，米價騰甚。（康熙《都昌縣志》卷一〇《災祥》）

四縣大旱，人民饑疫。建昌、樂平下大雹傷苗，時斗米一錢二分，死者枕藉載道。（康熙《南康府志》卷一一《咎徵》）

水，大疫。（嘉慶《黟縣志》卷一一《祥異》）

歲祲，春雨復滛，二麥無收。（萬曆《祁門縣志》卷四《邮政》）

旱。知縣吳維魁發穀賑飢。（乾隆《績溪縣志》卷二《邮政》）

旱。斗米銀一錢八分。戊子、己丑連歲大荒。（乾隆《旌德縣志》卷一〇《祥異》）

大旱，民饑。陶積九捐穀五百石助賑。（嘉慶《南陵縣志》卷九《助賑》）

大旱，饑饉洊至。（嘉慶《宣城縣志》卷七《蠲賑》）

大旱，疫。民大饑。（康熙《桐城縣志》卷一《祥異》；康熙《安慶府潛山縣志》卷一《祥異》；道光《桐城續修縣志》卷二三《祥異》）

大旱。民饑，多疫。（順治《安慶府太湖縣志》卷九《災祥》）

賈宗正，萬曆十六年任。時當大旱，蒞任三日，即齋戒步禱，比小有秋，略蘇民困。次年又大旱，半年不雨，一莖未獲，災沴流行，得公賑，糜活者萬餘人。（康熙《含山縣志》卷一八《名宦》）

大旱，荒疫。（康熙《遂昌縣志》卷一〇《災眚》）

大旱，穀價八錢一石。（崇禎《浦江縣志》卷六《災祥》）

米價騰踊，大饑。秋旱復無年，浮齒蔽水。（康熙《海鹽縣志》卷四《災祥》）

大旱，民饑，人相食。閏六月戊寅夜，大雷火，狼山浮圖災。（弘光《州乘資》卷一《機祥》）

旱，段令尚繡禱之，輒雨，歲乃有秋。（萬曆《泰興縣志》卷八《祥異》）

旱，大疫。江南北斗米錢二百，帝發帑金，遣戶科給事中孟養浩賑之。知縣耿隨龍施藥、禱雨，為文告八蜡之神，蝗不為災。（康熙《寶應縣志》卷三《災祥》）

旱，大疫。江南北米價踊貴，一斗二百文錢。是年蝗從齊魯來，群飛蔽天。（萬曆《寶應縣志》卷五《災祥》）

旱，蝗。歲饑。（康熙《儀徵縣志》卷九《人物》）

旱災，改折正兌。（萬曆《常州府志》卷七《賑貸》）

旱，民大饑，疫，米價騰甚。（萬曆《宜興縣志》卷一〇《災祥》）

旱災，改折正兌漕粮三分，每石折銀五錢，省免輕齎等銀一千五百六十六兩四錢六分一厘五毫一系〔絲〕。（崇禎《江陰縣志》卷二《災祥》）

旱，改折正兌漕糧三分，每石折銀五錢，省免銀二千一百三十八兩三錢零。（乾隆《無錫縣志》卷一〇《蠲賑》）

大旱，赤地千里，歲大祲。（康熙《吳江縣志》卷四三《祥異》；道光《璜涇志稿》卷七《災祥》）

旱，大疫，道殣相望。（順治《高淳縣志》卷一二《祥異》）

亢旱，天災流行，米價騰貴，軍民餓殍，十斃其六。知縣黃夢鴻隨經出示，為義勸，以充賑濟。（雍正《六合縣志》卷八《災祥》）

江湖水溢，千里洪流，而高岸赤壤，三時失雨，寸草不出，斗米一環，男婦僵仆者，日以數百計。（康熙《江南通志》卷七一《藝文》）

雨災。（光緒《崇明縣志》卷五《祲祥》）

大水，人相食。（光緒《南匯縣志》卷六《義賑》）

淫雨，連月不止，壞城垣，毀民居。（萬曆《淄川縣志》卷二二《災祥》）

大旱，疫，免被災夏稅。秋，大水。（乾隆《歷城縣志》卷二《總紀》）

旱，疫。歷年天災不絕，死者無算。（乾隆《太平縣志》卷八《祥異》）

大雨水。（道光《趙城縣志》卷三六《雜記》）

大旱赤地，民食樹皮盡，餓莩載道。朝廷發帑銀，有司煮粥救之。（萬曆《臨汾縣志》卷八《祥異》）

太谷、崞縣、朔州、山陰、壺關雨雹，大如雞卵，歲祲。（雍正《山西通志》卷一六三《祥異》）

春，旱。夏，雨雹，積深三尺，野無青草。（崇禎《內邱縣志》卷六《變紀》）

大旱，民大饑，斗米百五十錢。（萬曆《廣平縣志》卷五《災祥》）

霖雨。蝗飛掩日，蝻子積數寸。（民國《交河縣志》卷一〇《祥異》）

是年雨多，河溢。民大饑，市間薪粒俱絕，而索逋賦者猶不休，民不聊生。（乾隆《寶坻縣志》卷一一《人物》）

大雹傷稼。（萬曆《河間府志》卷四《祥異》）

夏秋大旱，穀貴，邑民至有鬻妻子者。（康熙《廣永豐縣志》卷五《饑祥》）

秋，旱，薄收。（康熙《麻陽縣志》卷一《星埜》）

秋，旱。（順治《光山縣志》卷一二《災祥》；順治《息縣志》卷一〇《災異》；乾隆《確山縣志》卷四《饑祥》；民國《確山縣志》卷二〇《大事記》）

秋，霪雨六十日，平地水盈一二尺，廬舍禾稼湮沒無算。（康熙《鹽山縣志》卷九《災祥》）

霖雨為炎。秋，雨連綿，滄州禾稼熟者芽發，粒壞。（乾隆《滄州志》卷一三《紀事》）

十六年、十七年，大旱頻仍。（光緒《榮昌縣志》卷一九《祥異》）

十六年、十七年，連大旱，太湖為陸地。（光緒《蘇州府志》卷一四三《祥異》）

十六、七年果大旱。（同治《南城縣志》卷一〇《祥異》）

十六、十七年，大旱。（康熙《浮梁縣志》卷二《祥異》）

十六、十七年，連歲大旱。（康熙《建平縣志》卷三《祥異》）

十六、七年，連大旱，米價騰涌，每石一兩七八錢，餓莩載道，如嘉靖時。（崇禎《寧志備考》卷四《祥異》）

十六、十七年秋，俱大水。（康熙《安州志》卷八《祥異》）

戊子、己丑二年連旱，民饑。（乾隆《永寧縣志》卷一《災祥》）

戊子歲大旱，己丑歲大水，民皆洊饑。（天啟《雲間志畧》卷五《名宦》）

十六年、十八年，颶風連作，堤多陷至基，兩洋居民蕩折（疑當作"析"）殆盡。（道光《遂溪縣志》卷二《水利》）

十六、十七、十八連年大旱，疫，死者枕籍載道。（同治《安義縣志》

卷一六《祥異》）

十六年、十八年，颶風連作，堤多陷至基，兩洋居民蕩折（疑當作"析"）殆盡，數萬頃悉屬荒蕪。（嘉慶《雷州府志》卷二《堤岸》）

十六、七、八三年大旱相仍，米貴。知縣李雲龍發倉賑濟。（康熙《瀲水志林》卷一五《祥異》）

戊子、庚寅、癸巳連年荒旱。（乾隆《廣信府志》卷二一《義行》）

# 萬曆十七年（己丑，一五八九）

## 正月

己酉朔，日食（抱本作"蝕"）。（《明神宗實録》卷二〇七，第3863頁）

庚申，有星隕甘肅西寧衛，大如月，天鼓鳴。（《明神宗實録》卷二〇七，第3870頁）

壬戌，寧夏地震。（《明神宗實録》卷二〇七，第3872頁）

癸亥，星隕于山西之新開口，萬全都司天鼓鳴。（《明神宗實録》卷二〇七，第3872頁）

甲子，月食。（《明神宗實録》卷二〇七，第3872頁）

雨，木冰如箸，大饑。（乾隆《婁縣志》卷一五《祥異》；嘉慶《松江府志》卷八〇《祥異》；同治《上海縣志》卷三〇《祥異》；光緒《重修華亭縣志》卷二三《祥異》）

雨，木冰如箸，大饑。夏，旱。（光緒《奉賢縣志》卷二〇《灾祥》；民國《南匯縣續志》卷二二《祥異》）

十六日，府治災。夏，大旱，赤地無青，太湖石湖皆涸，行人競趨足，至揚塵。（民國《吳縣志》卷五五《祥異考》）

雨冰如箸，大饑。（乾隆《華亭縣志》卷一六《祥異》）

雨，木冰。大旱如焚。（宣統《彭浦里志》卷八《祥異》）

朔，大風霾，街市中對面不相見。（宣統《續纂山陽縣志》卷一五《雜記》）

大旱，自正月至七月不雨，升米百錢，民多餓死。邑令林材設廠賑粥，存活萬人。（雍正《舒城縣志》卷二九《祥異》）

雷鳴。（乾隆《許州志》卷一〇《祥異》）

即雷雨。是年大稔。（萬曆《榆次縣志》卷八《災祥》）

至八月不雨，淮河竭，井泉枯，野無青草，流徙載道。（天啟《鳳陽新書》卷四《星土》）

## 二月

己丑，火星逆行入氐度。（《明神宗實錄》卷二〇八，第 3895 頁）

癸卯，遼東蓋州衛地震三日。（《明神宗實錄》卷二〇八，第 3906 頁）

大旱，自二月入夏不雨，二麥皆枯。（乾隆《山陽縣志》卷一八《祥祲》）

大旱，自二月入夏不雨，二麥枯槁。伍佑、新興各場疫癘盛行。（乾隆《鹽城縣志》卷二《祥異》）

## 三月

壬子，工部以江南數郡屢遭水旱，未完四司料銀（抱本作"價"）等項銀兩系十四、十五年者，常、鎮二府每年帶徵二分，蘇、松二府尤宜緩徵。從之。（《明神宗實錄》卷二〇九，第 3910 頁）

己未，河南撫按以連年水旱，地多荒蕪，請留贓罰銀兩，召佃買牛開種。部議贓罰已留備賑，今難再留，其十六年見徵錢粮分別徵豁處補併十七年，仍派以輕折，各該掌印管粮官照災疲減等查參。旨依擬而責成有司開墾。（《明神宗實錄》卷二〇九，第 3917 頁）

乙丑，蓋州衛風霾，壞廨宇廬舍。（《明神宗實錄》卷二〇九，第 3924 頁）

戊辰，福州府地震。（《明神宗實錄》卷二〇九，第 3924 頁）

丙子，命順天府官祈禱雨澤。（《明神宗實錄》卷二〇九，第 3928 頁）

大風，色紅黑，折木發屋，大凍，死者載道。（民國《大名縣志》卷二六《祥異》）

初三日酉時，有黑風自東來，對面色不辨，拜掃者皆伏於野，鳥獸多誤入水死，牛馬驚逸，人持兵，尋之刃，皆火光，明日乃霽。（咸豐《郟縣志》卷一〇《災異》）

風霾大變，晝晦如夜，村落之露處者見火自空中下，迴旋輪轉，遂風繽紛。傳聞疑信，遇風夜人皆起望，無處不然，熾焰流烽，甚至拂屋傍壁，出自兵刃之鋒，頭著物不燬，撲之不滅。人心皇惑，洶洶靡定。越明年，郡中多火災，焦頭爛額者相望於道，民甚苦之。（乾隆《鄭州志》卷一〇《藝文》）

三日，黑風揚沙，晝晦。（民國《方城縣志》卷五《災異》）

三是，風霾大作，紅黑倏變，折樹房無數，凍死載道。（同治《清豐縣志》卷二《編年》）

長沙闔郡春三月霪雨不歇。（康熙《瀏陽縣志》卷九《災祥異》）

大旱，三月不雨，傷稼，民多流移。（萬曆《辰州府志》卷二《災祥》）

不雨，至秋七月。疫。（康熙《南昌郡乘》卷五四《祥異》；康熙《新建縣志》卷二《災祥》）

## 四月

丙戌，大學士申時行等上疏曰："國家之患有二：曰水旱，曰盜賊。伏睹三四年間，山陝、河南及真、順等府屢有旱災，江浙、直隸、蘇松等處屢有水災。蒙皇上特採廷議，捐金發粟，蠲逋賦，折漕糧，賑恤之具無不備至。乃今自春徂夏，雨澤愆期，從茲不雨，則四方大半皆被旱災，此臣等所大慮也。"（《明神宗實錄》卷二一〇，第 3935 頁）

丁亥，火星自氐度逆行，歷亢入角。（《明神宗實錄》卷二一〇，第 3936 頁）

戊子，大雨雹。（《明神宗實錄》卷二一〇，第 3937 頁）

颶風壞屋傷稼。（光緒《吳川縣志》卷一〇《事略》）

雨雹傷麥，隕霜殺菽，大無麥禾。（道光《長清縣志》卷一六《祥異》）

四、五、六月不雨，七月又下霜，秋稼絕粒，民多餓死。是年亦改折。（乾隆《寧州志》卷二《祥異》）

至八月不雨，花禾不能下種。（光緒《江東志》卷一《祥異》）

春至四月不雨，麥無不收，奏免稅粮。（乾隆《修武縣志》卷九《災祥》）

至九月不雨，癘病大作。（同治《醴陵縣志》卷一一《災異》）

至九月，不雨。（嘉慶《安化縣志》卷一八《災異》）

至九月，不雨，穀大貴，瘟疫大作，死者枕藉淤道。（同治《益陽縣志》卷二五《祥異》）

至九月，不雨，疫癘大作。（同治《醴陵縣志》卷一一《災祥》）

至九月，不雨，疫癘大作，死者枕藉於道。（乾隆《長沙府志》卷三七《災祥》）

## 五月

辛亥，西寧衛天鼓鳴，地震越七日，復震。（《明神宗實錄》卷二一一，第3949頁）

乙亥，以雨澤大霈，遣公徐文璧等告謝天地神祇〔祇〕，賜四輔臣收回祭設二卓（同"桌"）。（《明神宗實錄》卷二一一，第3963頁）

十五日，暴風，拔木飛瓦，冰雹如鵝子大。（康熙《宜都縣志》卷一一《災祥》）

十八日，宜都雨雹。（光緒《荊州府志》卷七六《災異》）

十八日，雹。（同治《長陽縣志》卷七《災祥》）

二十日，祖厲河水汎溢，遶城北遶東，流入（黃）河，幾入城。是歲，麥大有。（道光《靖遠衛志》卷一《祥異》）

春，撫州、建昌、袁州、臨江、瑞州五月不雨，大饑。（光緒《江西通

志》卷九八《祥異》）

　　不雨，大饑。秋，大疫。（光緒《撫州府志》卷八四《祥異》）

　　不雨，大飢。（同治《建昌府志》卷一〇《祥異》）

　　不雨，大饑。（民國《萬載縣志》卷一《祥異》）

　　雨雹。（同治《枝江縣志》卷二〇《災異》）

　　大水。（康熙《增城縣志》卷三《事紀》）

　　五、六月，大旱，民食木棉子。（光緒《孝感縣志》卷七《災祥》）

　　五月、六月，大旱，瘟疫盛行。（萬曆《錢塘縣志·災祥》）

　　五月、六月，大旱，瘟疫。（乾隆《杭州府志》卷五六《祥異》）

　　大旱。至七月不雨，泖湖涸。（嘉慶《松江府志》卷八〇《祥異》）

　　大旱，至七月不雨，海溢。（同治《上海縣志》卷三〇《祥異》）

　　大旱，至於七月不雨。（乾隆《婁縣志》卷一五《祥異》；光緒《川沙廳志》卷一四《祥異》）

　　大旱，至七月不雨。（乾隆《華亭縣志》卷一六《祥異》）

　　不雨，至七月，太湖胥口去岸數里皆涸。（民國《木瀆小志》卷六《雜志》）

　　至七月不雨。（萬曆《常熟縣私志》卷四《敘產》）

　　不雨，至於八月。歲大饑。（同治《廣信府志》卷一《星野》）

　　至八月不雨。（順治《高淳縣志》卷一《邑記》）

　　至八月不雨，疾疫，餓殍交橫于道路。（乾隆《上饒縣志》卷一一《祥異》）

　　不雨，至秋八月，耕者顆粒無收。歲大饑。（康熙《貴溪縣志》卷一《祥異》）

　　旱，自五月至九月始雨，早晚稻俱傷，民大饑，疫癘盛行。（道光《武寧縣志》卷二七《祥異》）

## 六月

　　辛巳，石峽水泉堡天鼓鳴殷如雷。（《明神宗實錄》卷二一二，第

3968 頁）

辛巳，是夜，運艘泊青縣、倉〔滄〕州、靜海、吳橋諸岈，頹（抱本作"颶"）風作，舡多相擊沉於河，旗軍篙工溺者二十三人，失米二（抱本作"三"）千一百五十七石有奇，米從羨餘取盈死者邮。（《明神宗實録》卷二一二，第3969頁）

甲申，浙江颶風大發，海水沸湧。杭州、嘉興、寧波、紹興、台州等屬縣廨宇廬舍傾圮者，縣以數百計，碎官民舡及戰舸壓溺者二百餘人，桑麻、田禾皆没于滷，父老為（抱本作"謂"）萬曆十五年後，又一變也。（《明神宗實録》卷二一二，第3970頁）

戊子，薊遼總督張國彥等言："天旱米貴，薊鎮本色不敷，議將本年漕粮改撥三萬石，徑抵薊倉上納。每石照例扣銀七錢，作萬曆十八年該鎮年例之數。"部覆，從之。（《明神宗實録》卷二一二，第3975頁）

癸巳，總理河道潘季馴言："黃水暴漲，洶湧異常，衝開獸醫口月堤者一；漫出李景高口新堤者一；衝入夏鎮內河，浸壞田廬溺死居民者一；其餘或水與堤平，或堤没者尺許，勢且不測。"（《明神宗實録》卷二一二，第3979頁）

辛丑，廬州、鎮江等處地震。（《明神宗實録》卷二一二，第3983頁）

乙巳，浙直大旱，太湖、兩淮涸。（《國榷》卷七五，第4605頁）

乙巳，南畿大旱，發帑金振之。（同治《上江兩縣志》卷二下《大事下》）

初九日，颶風大作，海溢，滷潮灌没沿江一帶田禾四萬餘畝，拔木，漂廬舍。（民國《蕭山縣志稿》卷五《水旱祥異》）

初九日，颶風大作，海溢，滷潮灌没。（康熙《蕭山縣志》卷九《災祥》）

初十日，無雲而雷，震死城南民趙豹。九月，雨雪。（同治《臨邑縣志》卷一六《紀祥》）

十八日夜，月中飛雪，紛落如絮，擎之皆六出。（嘉慶《松江府志》卷八〇《祥異》）

十八日癸巳，雪。（同治《上海縣志》卷三〇《祥異》）

十八夜，雪如絮，瓣皆六出。（光緒《奉賢縣志》卷二〇《災祥》）

十八日，雪。（光緒《川沙廳志》卷一四《祥異》）

十八日，雪如絮，瓣皆六出。（民國《南匯縣續志》卷二二《祥異》）

旱。（嘉慶《郧陽志》卷九《祥異》；同治《郧陽府志》卷八《祥異》）

大旱，太湖涸，米石一兩六錢。（乾隆《震澤縣志》卷二七《災祥》）

癸巳，月中飛雪，紛若吹絮，擎之皆六出。（乾隆《婁縣志》卷一五《祥異》）

癸巳夜，月中飛雪，紛若吹絮，擎之皆六出。（乾隆《華亭縣志》卷一六《祥異》）

二十五日，大風傷稼。（光緒《撫寧縣志》卷三《前事》）

二十五日，大風拔木，大旱。（民國《定陶縣志》卷九《災異》）

大旱，卑鄉俱荒。冬，大冰月餘，人行蕩漾中。（光緒《嘉善縣志》卷三四《祥眚》）

海沸，甯波府屬縣廨宇多圮碎，官民船及戰舸壓溺人。（光緒《鎮海縣志》卷三七《祥異》）

浙江海沸，杭屬縣廟宇多圮碎，官民船及戰舸壓溺者二百餘人。（乾隆《杭州府志》卷五六《祥異》）

海沸。（光緒《慈谿縣志》卷五五《祥異》）

戊子，薊鎮旱，給糧三萬石。（光緒《永平府志》卷三〇《紀事》）

大風拔木。（乾隆《兗州府志》卷三〇《災祥》）

二十五日，大風拔木。五月旱，至六月不雨。（光緒《菏澤縣志》卷一八《雜記》）

二十五日，大風，拔木走石。五、六月，旱。（光緒《曹縣志》卷一八《災祥》）

二十五日，大風拔木。大旱。（順治《定陶縣志》卷七《雜稽》）

溧水旱。六月，雨。是年，始得秋成之半。（康熙《溧水縣志》卷一《邑紀》）

大旱，河涸，米石銀一兩六錢。冬，鶯湖冰合，有牽羊負擔而過者。（光緒《平望志》卷一三《災變》）

春，亢旱，無麥，至六月始雨。（康熙《沭陽縣志》卷一《祥異》）

黃水暴漲，決獸醫口月堤，漫季蕭高口新堤，衝入夏鎮內河，壞田廬，沒人民無算。（民國《沛縣志》卷四《河防》）

海沸，寧屬縣廨宇多圮，碎官民船及戰舸，壓溺人。（乾隆《鄞縣志》卷二六《祥異》）

海沸，碎民船及戰舸，溺人。（民國《定海縣志》冊一《輿地》）

海沸，廊宇多圮，碎民船戰船，壓溺死者甚眾。（民國《臨海縣志稿》卷四一《祥異》）

閩省大旱，六月至七月不雨。各郡縣皆赤地，幾槁……（民國《沙縣志》卷三《大事》）

河決劉獸醫口，又漫出李景高口新堤，又冲入夏鎮內河，沒壞田廬，溺死居民甚眾。（雍正《河南通志》卷一四《河防》）

河決祥符劉獸醫口，又漫出李景高口新堤，又冲入夏鎮內河。時沒壞田廬，溺死居民甚眾。（乾隆《祥符縣志》卷三《河渠》）

不雨，至於秋七月，亢旱四十日。（道光《英德縣志》卷一五《災異》）

至八月，不雨，無禾。（同治《孝豐縣志》卷八《災歉》；同治《長興縣志》卷九《災祥》）

至八月不雨，無禾，浙江大旱，太湖水涸。（同治《湖州府志》卷四四《祥異》）

## 七月

乙酉，宣府地震，越數日，復震。（《明神宗實錄》卷二一三，第3989頁）

庚戌，大學士申時行等言：「近日，南京浙直等處俱遭大旱，羣情洶洶，且南京軍士驕悍成風。近因放粮之時，米色稍惡，幾至激變。故今日所當亟處者，南京倉粮是已。宜勅南京戶部將見在倉粮，盤驗足幾年放支，是

否俱堪食用，如有不堪，作何區處預備。至各處災傷，宜俟勘到之日，覆請優恤。"（《明神宗實録》卷二一三，第 3990 頁）

庚戌，是日，上諭户部："朕聞南京地方荒旱，軍士貧苦，見在倉粮，足支幾年。如有不敷，作何處補？著南京户部會同科道查驗計議具奏。其各處災傷，候巡按御史勘到，從優議恤，務稱朝廷憫念軍民之意。"（《明神宗實録》卷二一三，第 3990～3991 頁）

庚申，月食。（《明神宗實録》卷二一三，第 3994 頁）

辛酉，火星順行，犯房宿第二星。（《明神宗實録》卷二一三，第 3994 頁）

壬戌，三屯營地震，越二日復震。（《明神宗實録》卷二一三，第 3994 頁）

乙巳，陝西西寧地震。（《明神宗實録》卷二一三，第 4004 頁）

颶作。（嘉慶《澄海縣志》卷五《災祥》；光緒《潮陽縣志》卷一三《灾祥》）

大風。初九日，大風雨拔木，吹倒斜橋、天水橋等，共橋六座，牌坊四座。（萬曆《錢塘縣志·灾祥》）

颶風大作，數百里地一望成湖。（乾隆《江南通志》卷一九七《機祥》）

七月，飛蝗蔽天。（崇禎《泰州志》卷七《災祥》）

七月，飛蝗蔽天，禾苗盡傷，小民奔徙。（乾隆《小海場新志》卷一〇《災異》）

## 八月

己卯，嘉興、秀水、海鹽（抱本"鹽"下有"俱"字）地震。（《明神宗實録》卷二一三，第 4009 頁）

隕霜，秋禾盡傷。（民國《定陶縣志》卷九《災異》）

丁酉，晡刻，臨邑縣蜻蜓蔽空，東西亘數里。俄大雨，俱盡。（《國榷》卷七五，第 4612 頁）

隕霜。（乾隆《魚臺縣志》卷三《災祥》）

霜，晚田盡傷。（光緒《菏澤縣志》卷一八《雜記》；光緒《曹縣志》卷一八《災祥》）

八月，隕霜，秋禾盡傷。（順治《定陶縣志》卷七《雜稽》）

## 九月

辛亥，火星順行，犯南斗杓第二星。（《明神宗實錄》卷二一五，第4026頁）

戊午，袁州府萬載縣以霜降行祭，忽聞天鼓鳴，有黑烟騰起，隕石于演武廳畔。（《明神宗實錄》卷二一五，第4028頁）

二十九日，大霧漫天，盡日不散，至酉時大雨傾注，次日方止。至十月二十五日，轟雷大震，驟雨，入土不及寸。（萬曆《諸城縣志》卷九《災祥》）

## 十月

決口塞。（民國《沛縣志》卷四《河防》）

## 十一月

初二日辰時，有四虹並出相背，二環日，二轉向，天氣陰曖不明，二三刻乃霽。（民國《新校天津衛志》卷三《災變》）

晦，河冰解。（光緒《懷來縣志》卷四《災祥》）

## 十二月

戊寅，四川茂州地震。（《明神宗實錄》卷二一八，第4071頁）

庚寅，月犯軒轅星。（《明神宗實錄》卷二一八，第4083頁）

辛卯，金火二星相合。（《明神宗實錄》卷二一八，第4085頁）

壬辰，命順天府官折（舊校改"折"作"祈"）雪。（《明神宗實錄》卷二一八，第4085頁）

## 是年

春，大水壞廬舍。（嘉慶《安化縣志》卷一八《災異》）

春，大水壞廬舍，衝決田禾。（同治《益陽縣志》卷二五《祥異》）

春，知州韓策濬七浦顧門涇。冬，濬監鐵。先是十六年大水，是年大旱。（乾隆《鎮洋縣志》卷三《水利》）

春，大疫。夏，旱。民死者十之二三。（雍正《瑞昌縣志》卷一《祥異》）

春，水溢，衝決城垣。（同治《鄖陽府志》卷三《祠祀》）

春，大旱，瘟疫。（嘉慶《商城縣志》卷一四《祥異》）

春，旱，歷五月不雨。大饑。（同治《東鄉縣志》卷九《祥異》）

闔郡州邑，春，霪雨，大水壞民廬舍，衝決田禾。四月至九月，不雨，斗米價銀一錢。通郡瘟疫大作，死者枕藉於道，十室九空，異常災變。（崇禎《長沙府志》卷七《祥異》）

初春至秋皆不雨，赤地千里，田禾俱枯。（宣統《廣安州新志》卷三五《祥異》）

大旱，饑。自春至秋不雨，人相食。（順治《息縣志》卷一〇《災異》）

春不雨，夏不雨，秋不雨。（順治《固始縣志》卷九《蓄異》）

春夏，大旱，饑，疫。永豐鄉大雹，傷稼。（同治《建昌縣志》卷一二《祥異》；同治《南康府志》卷二三《祥異》）

旱，自春至六月不雨，淮河竭，井泉枯，野無青草，流亡遺道。（同治《霍邱縣志》卷一五《祥異》）

大旱，春及秋不雨。民食草木根皮，餓殍載道。（乾隆《銅陵縣志》卷一三《祥異》）

夏，大旱，運河龜坼，野無青草，五穀不登，……茹樹皮，賣妻鬻子，餓莩載道。又大疫，死者無算。朝廷出內帑，遣科臣賑濟。（道光《石門縣志》卷二三《祥異》）

夏，旱，饑。（萬曆《歸州志》卷三《災祥》）

夏，大旱。（順治《徐州志》卷八《災祥》；乾隆《宜章縣志》卷一三《災祥》；乾隆《泰和縣志》卷二八《祥異》；道光《崑新兩縣志》卷三九《祥異》；光緒《石門縣志》卷一一《祥異》；光緒《崑新兩縣續修合志》卷五一《祥異》）

夏，旱。（順治《沈丘縣志》卷一三《災祥》）

夏，大旱，湖心龜坼〔坼〕，野無青草，五穀不登，民茹樹皮。又瘟疫大行，死者無算。朝廷出內帑，遣官賑濟。（康熙《秀水縣志》卷七《祥異》）

夏，旱，大饑。（嘉慶《東流縣志》卷一五《五行》）

夏，大水。（民國《滎經縣志》卷一三《五行》）

大旱頻仍，民至掘草根、削木皮充饑，道殣相望，作溝中瘠者無算。（道光《綦江縣志》卷一〇《祥異》）

永淳縣大旱。（道光《南寧府志》卷三九《機祥》）

颶風，水溢害稼。（康熙《遂溪縣志》卷一《事紀》；康熙《海康縣志》卷上《事紀》）

大旱。（萬曆《保定縣志》卷九《災異》；萬曆《祁門縣志》卷四《邮政》；康熙《和州志》卷四《祥異》；康熙《安陸府志》卷一《郡紀》；康熙《臨湘縣志》卷一《祥異》；康熙《安鄉縣志》卷二《災祥》；康熙《懷慶府志》卷一《災祥》；雍正《常山縣志》卷一二《拾遺》；乾隆《碻山縣志》卷四《機祥》；乾隆《建寧縣志》卷一〇《灾異》；嘉慶《沅江縣志》卷二二《祥異》；道光《重修儀徵縣志》卷四六《祥異》；道光《永州府志》卷一七《事紀畧》；道光《武陟縣志》卷一二《祥異》；同治《安福縣志》卷二九《祥異》；同治《江山縣志》卷一二《祥異》；光緒《零陵縣志》卷一二《祥異》；光緒《金壇縣志》卷一五《祥異》；光緒《東安縣志》卷二《事紀》；光緒《常山縣志》卷八《祥異》；民國《全椒縣志》卷一六《祥異》；民國《碻山縣志》卷二〇《大事記》；民國《遂安縣志》卷九《災異》）

澧旱。禾不登，人民大饑。（康熙《岳州府志》卷二《祥異》）

旱。（萬曆《汶上縣志》卷七《災祥》；天啟《新修來安縣志》卷九《祥異》；弘光《州乘資》卷一《襪祥》；康熙《金華縣志》卷三《祥異》；康熙《當塗縣志》卷三《祥異》；康熙《邢臺縣志》卷一二《事記》；康熙《金華縣志》卷三《祥異》；乾隆《瀘溪縣志》卷二二《祥異》；嘉慶《義烏縣志》卷一九《祥異》）

大饑。復大旱。（乾隆《新化縣志》卷二五《祥異》）

大旱，升米錢三十文，死亡載道，村落人食樹皮木根，殍死者無數。府縣煮粥於南北壇以賑之。（嘉慶《零陵縣志》卷一六《祥異》）

大旱，疫。民連歲大饑。（康熙《湘鄉縣志》卷一〇《兵災附》）

大旱，饑。自十六年連饑兩歲。（乾隆《平江縣志》卷二四《事紀》）

旱，禾不登，人民大饑。（乾隆《岳州府志》卷二《祥異》）

大旱，漢川饑，人相食。（同治《漢川縣志》卷一四《祥禩》）

大旱，饑。（萬曆《黃岡縣志》卷一〇《災祥》；乾隆《无为州志》卷二《灾祥》；光緒《衢州府志》卷三〇《五行》）

旱，疫，人民災傷大半。（康熙《麻城縣志》卷三《災異》）

龍水泛濫，民甚苦之。（康熙《羅田縣志》卷一《災異》）

大旱，自四月至于七月不雨，餓莩道望。（康熙《廣濟縣志》卷二《灾祥》）

大旱，自夏四月至秋七月不雨，民大饑。（康熙《大冶縣志》卷四《災異》）

旱，斗米三錢。（民國《光山縣志約稿》卷四《雜記》）

湖水溢，壞城。（民國《新修閿鄉縣志·通紀》）

蝗，草木皆枯。（乾隆《獲嘉縣志》卷一六《祥異》）

大旱，境內地赤。（萬曆《原武縣志》卷上《祥異》）

河決蘭陽李景高口。（民國《河南通志稿·水系》）

旱，疫。赤地千里，民採野蕨充饑。（康熙《新淦縣志》卷五《歲眚》）

旱，民食蕨。（同治《峽江縣志》卷一〇《祥異》）

不雨至秋。大疫。（康熙《進賢縣志》卷一八《災祥》）

大旱，疫。（康熙《安義縣志》卷一〇《災異》；康熙《安慶府志》卷六《祥異》）

旱，民采野蕨充饑。（康熙《臨江府志》卷六《歲眚》；康熙《新喻縣志》卷六《歲眚》）

大旱，浮饑，斗米一錢七分，兼疫癘遍滿，道殣相望，孤村幾無人煙。（康熙《婺源縣志》卷一二《磯祥》）

復大旱，饑，疫。斗米一錢二分，死者枕籍在道，甚有挖樹根草以苟延者。縣行賑濟。（康熙《都昌縣志》卷一〇《災祥》）

旱，饑。（嘉慶《黟縣志》卷一《沿革紀事表》；民國《慈利縣志》卷一八《事紀》）

旱，大疫，死者枕藉于道。（萬曆《池州府志》卷七《祥異》）

連歲大旱。（康熙《建平縣志》卷三《祥異》）

江水泛溢，地中平地水深數尺。（民國《當塗縣志·大事記》）

泗州大水，秧苗生蟲，名豆蚨，長於指，食田禾立盡，天明絕跡，夜復見。（康熙《泗州通志》卷三《祥異》）

大旱，河井乾涸，田畝顆粒無獲，殍死甚眾。秋冬，疫大作，災連數千里。（順治《新修望江縣志》卷九《災異》）

大旱，大災，城中井涸，民大疫，地門火災。（康熙《含山縣志》卷三《祥異》）

大旱，米價壹兩五錢，疫大行。（康熙《巢縣志》卷四《祥異》）

府屬大旱，饑，升米白錢，人相食。（康熙《廬州府志》卷三《祥異》）

江水泛溢，太平府平地水深丈餘，田廬沒爲巨浸。（乾隆《江南通志》卷一九七《磯祥》；光緒《安徽通志》卷三四七《祥異》）

連歲大旱，震澤為平陸，大疫，饑殍載道。夏雪。（民國《南潯志》卷二八《災祥》）

赤地千里，河中無勺水，鞠爲茂草者幾兩月。當是時，積米一擔博價一

兩有六，無不惶駭。然米價騰貴，僅以月計，便覺野無遺草，樹無完膚，流離載道，橫尸遍路矣。（《濮鎮紀聞》卷末《災荒紀事》）

遣官賑濟，斯時兩年荒旱，米價騰踴，餓莩盈途。撫按提〔題〕准，欽遣給事中楊文舉齎發內帑，設法賑濟。本縣開報，極貧者給發五錢，次貧者三錢，又次二錢，更施湯藥以活病者。（天啟《平湖縣志》卷六《郵政》）

復大旱，民饑，發粟粥，饑者全活甚眾。（萬曆《泰興縣志》卷八《祥異》）

西鄉迭被荒旱。（萬曆《寶應縣志》卷一《山川》）

復大旱，疫。（康熙《溧陽縣志》卷三《祥異》；嘉慶《溧陽縣志》卷一六《雜類》）

大旱，斗米二百錢。（萬曆《重修鎮江府志》卷三四《祥異》）

大旱，河流絕，死者甚眾。（乾隆《無錫縣志》卷四〇《祥異》）

大旱，河流俱涸，輿馬竟由水道往來，尤大饑，疫。知縣陳遴瑋悉心惠濟，民賴以安。（萬曆《宜興縣志》卷一〇《災祥》）

大旱……時連年水旱，富室幾罄，閔誑助銀一百兩糴賑。（嘉慶《重刊宜興縣舊志》卷末《祥異》）

大旱，太湖、殿山等湖皆涸。（康熙《吳江縣志》卷四三《祥異》）

大水，米價騰貴，石一兩六錢，大麥半之，餓殍塞路，濠梁浮屍無算，舟行篙櫓為礙。（道光《璜涇志稿》卷七《災祥》）

大旱，遣官賑貸。秋大疫，知縣梁祖令設粥施藥，全活甚眾。（萬曆《江浦縣志》卷一《縣紀》）

吳地大旱，震澤化為平陸，斗米幾二錢。衰至江以南、浙以東，道殣相枕藉。（康熙（《蘇州府志》卷八〇《雜記》）

旱魃爲災，赤地無獲，啼饑號寒者載道。（萬曆《新修崇明縣志》卷八《災祥》）

蝗。（康熙《青縣志》卷三《祥異》；乾隆《直隸商州志》卷一四《災祥》；道光《重修武強縣志》卷一〇《禨祥》）

潼水淹衛治。（康熙《潼關衛志》卷上《災祥》）

安邑蝗。（雍正《山西通志》卷一六三《祥異》）

山水衝毀鄉寧縣春秋晉鄂侯故壘。（乾隆《吉州志》卷一《城池》）

水漲橋壞。（康熙《介休縣志》卷二《橋梁》）

飛蝗蔽天。（乾隆《冀州志》卷一八《拾遺》）

漳河泛溢三十里，漂没民舍。（康熙《丘縣志》卷八《災祥》）

大蝗，食禾稼盡。（乾隆《饒陽縣志》卷下《事紀》）

夏秋間，旱，井泉涸。（嘉慶《懷遠縣志》卷九《五行》）

秋，淫雨。（順治《登州府志》卷一《災祥》）

旱。秋七月，野蠶作繭。（光緒《臨漳縣志》卷一《紀事沿革》）

秋，俱大水。（康熙《安州志》卷八《祥異》）

冬，雪彌月。（乾隆《湘陰縣志》卷二一《行義》）

春，大水。夏，大旱。（同治《醴陵縣志》卷一一《災祥》）

春，益陽、醴陵大水。夏，大旱。（乾隆《長沙府志》卷三七《災祥》）

春，霪雨，大水。（嘉慶《長沙縣志》卷二六《祥異》）

蕭縣春，旱。夏，蝗，已復霖雨六旬。（同治《徐州府志》卷五下《祥異》）

春，旱。（光緒《撫州府志》卷八四《祥異》）

沭陽春，旱，無麥，至六月乃雨。（嘉慶《海州直隸州志》卷三一《祥異》）

春夏，旱，秋，大水，遣戶部右給事楊文舉齎銀分振，計淮安府屬振銀一萬六千五百兩。（光緒《安東縣志》卷五《民賦下》）

夏，大旱，疫，民饑。（光緒《桐鄉縣志》卷二〇《祥異》）

夏，南畿大旱，賑之。（光緒《金陵通紀》卷一〇下）

夏，大旱，饑殍疫死無算。（光緒《歸安縣志》卷二七《祥異》）

浙江海沸，嘉屬縣宇多圮。夏，大旱，民食樹皮，疫死者無算。（光緒《嘉興府志》卷三五《祥異》）

大旱，自二月入夏，不雨，二麥皆枯。（光緒《淮安府志》卷四

○《雜記》）

旱，知縣申題差給事中楊文舉發内帑銀二千兩賑饑。按《明史》，是年書云："六月乙巳，南畿浙江大旱，太湖水涸，發帑金八十萬賑之。"（道光《徽州府志》卷五《郵政》）

又大旱，升米百錢，道殣相望。（光緒《霍山縣志》卷一五《祥異》）

大旱，斗米一錢五分。（光緒《邵武府志》卷三〇《祥異》）

大水傷稼，斗米百錢。（光緒《四會縣志》編一〇《災祥》）

颶風。（宣統《徐聞縣志》卷一《災祥》）

黑風自北來，晝晦如夜，自巳時至子時，方見星。（民國《鄭縣志》卷一《祥異》）

大旱，赤地竟邑。（道光《蒲圻縣志》卷一《災異并附》）

大旱，人相食。（光緒《武昌縣志》卷一〇《祥異》）

大旱，升米二百錢，前後三年大疫。（光緒《丹徒縣志》卷五八《祥異》；光緒《丹陽縣志》卷三〇《祥異》）

大旱，河流絶死者甚眾。（光緒《無錫金匱縣志》卷三一《祥異》）

旱蝗，已霖雨六旬。秋，復大水。（嘉慶《蕭縣志》卷一八《祥異》）

南畿大旱，太湖水涸，發帑金賑之。（光緒《常昭合志稿》卷一二《蠲賑》）

大水，蠲免災田糧麥有差。（民國《太倉州志》卷二六《祥異》）

陽城湖涸。（民國《相城小志》卷五《祥異》）

大旱，斗米一錢八分。（萬曆《嘉定縣志》卷一七《祥異》）

大旱，發賑，疫，死者載道。（道光《江陰縣志》卷八《祥異》）

大旱，重以疫，歲大災荒。（同治《玉山縣志》卷一〇《祥異》）

復旱，湖河溪澮最深者亦盡涸，田圻禾焦，升斗無入，至剥草根樹皮以食，餓殍載道。（光緒《上虞縣志》卷三八《祥異》）

無雨，又饑。（民國《台州府志》卷一三四《大事略》）

大水。（光緒《縉雲縣志》卷一五《災祥》）

旱，肖河溪澮，最深者亦盡涸。（光緒《上虞縣志校續》卷四一

《祥異》)

　大旱，溪涸，禾不獲插。(康熙《德清縣志》卷一○《災祥》)

　縉雲大水。(雍正《處州府志》卷一六《雜事》)

　夏秋，大旱，自四月不雨，至於七月。(民國《建陽縣志》卷二《大事》)

　秋，大雨。(道光《榮成縣志》卷一《災祥》；光緒《文登縣志》卷一四《災異》)

　十七、十八年大旱，顆粒無收。(萬曆《辰州府志》卷一《災祥》)

　十七年、十八年大旱，下河之田，赤地如焚。(萬曆《興化縣新志》卷一○《外紀》)

　十七、十八年大旱，民飢。(順治《通城縣志》卷九《災異》)

　十七年己丑、十八年庚寅俱旱，饑。穀價至六錢。(康熙《宜春縣志》卷一《災祥》)

　大旱。至十八年春大饑，穀每石價至六錢。(康熙《萬載縣志》卷一二《災祥》)

　十七又旱，十八又旱，穀價至一兩。(康熙《浦江縣志》卷六《灾祥》)

　十七、十八兩年俱大旱，民多饑饉流離。(同治《新修麻陽縣志》卷五《災異》)

　十七年、十八年大旱，下河茭葑之田盡成赤地。揚州興化漕堤決。(康熙《興化縣志》卷一《祥異》)

　十七年、十八年，翁源歲大有。英德亢旱，知縣蘇大用虔禱，乃雨。(同治《韶州府志》卷一一《祥異》)

　十七年、十八年，旱。(光緒《通州直隸州志》卷末《祥異》)

　十七年、十八年，晃州大旱無收，民飢，多流移。(道光《晃州廳志》卷三八《祥異》)

　十七年、十八年，旱蝗相仍。(雍正《揚州府志》卷三《祥異》)

# 萬曆十八年（庚寅，一五九〇）

## 正月

至五月，不雨。（光緒《新樂縣志》卷一《災祥》）

不雨，至夏五月。（光緒《日照縣志》卷七《祥異》）

至五月不雨，無麥。（雍正《肥鄉縣志》卷二《災祥》）

不雨，至秋八月。（乾隆《福州府志》卷七四《祥異》）

## 三月

甲辰，直隸大名府諸處狂風，自西北方起，白晝晦冥，天色忽赤忽黑，其風至次日方止。山東兗州府諸處黑風揚沙，壞城樓、廨宇、廬舍，傷男婦五人。河南開封府（廣本、抱本無“府”字）、彰德、衛輝、歸德等處風霾，自西北起，天氣黑赤，槍刀上俱起火光，凍壓溺死三百六十餘人，壞城郭廬舍，拔木傷稼。（《明神宗實錄》卷二二一，第4127頁）

庚戌，陝西固原州地震。（《明神宗實錄》卷二二一，第4129頁）

乙卯，代州夜初，更墜一星，聲如雨，光如燭，少頃，天鼓聲如雷。（《明神宗實錄》卷二二一，第4131頁）

丁巳，巡按山西御史秦大夔奏言：“河東鹽池屢遭水患，及于東西二池，條山風洞諸神，兩舉祭告，遂至水減，鹽生倍於往日。乞各請封號，列之祀典。”部議以國朝釐正祀典嶽鎮海瀆，俱別無王公封號，宜于三祠總門，請欽定祠額，以昭虔報。命賜額為“靈佑”。（《明神宗實錄》卷二二一，第4131頁）

庚申，山西代州諸處夜戌時有火星，自東南帶火流於西北，其聲如雨，其光燭地散墜，天鼓大鳴。（《明神宗實錄》卷二二一，第4131頁）

辛酉，遼東寨兒山堡火起，狂風大作，焚毀（廣本、抱本作“燬”）城

堡器械，傷軍丁男婦九千餘人。（《明神宗實錄》卷二二一，第4132頁）

黑風起，西北飛沙走石，咫尺不辨，天色乍黑乍赤，行人或墮井，或凍死，自午至酉始定。（民國《大名縣志》卷二六《祥異》）

風霾。初二日未時，自北飛沙走石，白晝如晦，閃火光，至次日酉時止，破房屋無數。民大飢，賑。（康熙《陽武縣志》卷八《災祥》）

三日，黑風起，自西北飛沙走石，咫尺不辨，出遊者或墮井，或凍死，災變異常，自申至夜分始定。（乾隆《東明縣志》卷七《災祥》）

黑風自西北來，晝晦，拔木壞屋傷禾，旅行陷穽者眾。（民國《淮陽縣志》卷八《災異》）

三日，黑風晝晦。是日寅時，風自京來，巳時至河南，申時至南京，經過本邑，晝晦，行人多落坑井。（民國《西華縣續志》卷一《大事記》）

三日，清明節申時，黑風從西北來，吽吽有聲，刀劍火飛，男婦兒女迷失道路，多有墜坈塹死傷者。踰夜乃霽。（民國《許昌縣志》卷一九《祥異》）

清明日，黑風自西來，揚沙拔木。（康熙《上蔡縣志》卷一二《編年》）

三日，大風晝晦。（乾隆《通許縣舊志》卷一《祥異》）

三日，有黑風自北來，白晝晦冥，頃稍赤，空中若有旌旗狀，次日方息。（康熙《新鄭縣志》卷四《祥異》）

三日，黑霾蔽天，終日無所見，人物墮井者甚眾，麥枯死。（民國《定陶縣志》卷九《災異》）

初三，大風晝晦暝。（萬曆《齊東縣志》卷九《災祥》）

初三日，大風晝晦。（萬曆《章丘縣志》卷七《災祥》）

三日，黑霾自西北來，晝晦，廬舍在在吹倒，麥禾枯死過半。（光緒《菏澤縣志》卷一八《雜記》）

三日，黑霾自西北來，忽晦，終日無所見。（康熙《城武縣志》卷一〇《祲祥》）

三日，黑霾自西北來，忽晦，終日無所見，人物墮井者甚眾，麥禾枯死過半。（光緒《曹縣志》卷一八《災祥》）

三日，大風霾，雨紅沙，日暗。（康熙《博平縣志》卷一《機祥》）

初三日，大風折樹，屋瓦飄飛，城郭震動。（順治《潁州志》卷一《郡紀》）

初三日，大風折樹，瓦屋吹飛，城廓皆動。是年秋，縣東六十里沙閩南岸突起烏龍，風雨大作，自東而南入于龍池灣，墜馬蛭數担。次日，復自龍池灣起，向東南去，舒伸數里許，人見之。（順治《潁上縣志》卷一一《災祥》）

三日，黑風自北，晝晦，行者咫尺莫辨。（天啟《中牟縣志》卷二《物異》）

初三日，大風晝晦，黃沙蔽天。（康熙《延津縣志》卷七《災祥》）

春大風。三月初三日晡時，風從西北來，黃埃蔽空，瓦飛屋震，金鐵火明，聲如雷迅，至二更方息。（康熙《蘭陽縣志》卷一〇《災祥》）

三日，大風起自西北，紅沙蔽日，白晝如夜，自午至戌始定。（萬曆《內黃縣志》卷六《編年》）

三日，大風晝晦，人畜凍死甚眾。（康熙《開州志》卷四《災祥》）

初三日申時，大風自西北起，揚沙走石，晝晦，移時乃息。（萬曆《林縣志》卷八《災祥》）

三日，黑風晝晦，獸吻鎂角有火光，行者多墜坎窘。（乾隆《陳州府志》卷三〇《祥異》）

三日申時，黑風自乾來，晦暝，至夜半始見星辰，鎂器皆有火光。（順治《鄢陵縣志》卷九《祥異》）

初三日，黑風自西來，揚沙拔木，天日晝昏。（萬曆《汝南志》卷二四《災祥》）

三日，黑風揚沙，晝晦如夜。（順治《南陽府志》卷三《祥異》）

春，大旱。三月初三日未時，異風驟起，白晝如晦。秋，復旱。至十九年夏，大無麥。（萬曆《原武縣志》卷上《祥異》）

初四日，夜昏黑，大風，俄而空中大明。（康熙《內鄉縣志》卷一〇《災祥》）

大風，晝晦。（乾隆《杞縣志》卷二《祥異》）

大風霾。（民國《山東通志》卷一〇《通紀》；民國《增修膠志》卷五三《祥異》）

雷震騰衝衛儀門。（光緒《永昌府志》卷三《祥異》）

黑眚亘天。（道光《榮成縣志》卷一《災祥》）

七日，雨絲絮。（康熙《溧水縣志》卷一《邑紀》）

大風霾，晝晦如夜。（道光《尉氏縣志》卷一《祥異附》）

大風晝晦，黃沙蔽天。（順治《封邱縣志》卷三《災祥》）

不雨，無麥。知縣邵焵招撫逃亡，并山東流民千餘家，督墾荒蕪，遍給籽種，民始有起色，故民有"邵寬民安，邵好民飽"之謠。（乾隆《修武縣志》卷九《災祥》）

甲辰，大風晝晦，盡夜廼解。風從西北來，紅黑沙相半，咫尺晦冥。（康熙《長垣縣志》卷二《災異》）

黑風自西北來，晝晦，拔木破物傷禾，行路人墮落陷井者甚眾。（康熙《續修陳州志》卷四《災異》）

黑風自北來。撫按行文祭。疫厲。（順治《沈丘縣志》卷一三《災祥》）

清明節申時，黑風從西北來，吘吘有聲，人皆惛迷，暗喻深夜，兵刃多起火光，行人墮落坑塹，有死于河井者，隃夜廼霽。（萬曆《襄城縣志》卷七《災異》）

清明日，黑風大作，揚沙拔木。（民國《確山縣志》卷二〇《大事記》）

清明日，大風晝晦。（民國《鄢城縣記》第五《大事篇》）

清明日，黑風自西來，揚沙拔木。（康熙《汝陽縣志》卷五《磯祥》）

清明日，黑風晝晦，咫尺不見。（順治《鄢城縣志》卷八《祥異》）

清明，晝晦。（康熙《永城縣志》卷八《災異》）

清明日申時，黑風從西北來，兵刃起火光，行人昏迷，墮坑塹，有死者，及夜廼霽。（民國《重修臨潁縣志》卷一三《災祥》）

黑霾，無光凡二日。（康熙《葉縣志》卷一《祥異》）

不雨，播種維艱……祈禱，如期獲雨，田野霑足。（光緒《南陽縣志》卷七《祠祀》）

## 四月

壬申，陝西固原州天鼓鳴。（《明神宗實錄》卷二二二，第 4133 頁）

丁丑，高邑縣人楊大銀耕地，忽聞天上如鼓響，白雲一股自天垂地，似大風聲。少時，聲息氣散，地上有坑半尺餘，坑內一石，高三寸，方三寸，三稜，烏黑色。（《明神宗實錄》卷二二二，第 4135 頁）

癸未，上諭法司："近來災異疊見，雨澤愆期，朕衷深用警（廣本、抱本作'儆'）惕，恐刑獄冤濫，上干天和。兩法司并錦衣衛見監罪囚，笞罪無干証的放了，徒流以下便減等擬審發落，重囚情可矜疑者著虛心鞫審，并枷號的都寫來看。南京及各省一體通行。"（《明神宗實錄》卷二二二，第 4139 頁）

戊子，以祈禱雨澤祭告，遣定國公徐文璧于南郊，恭順侯吳繼爵于北郊，臨淮侯李言恭于山川，伏羌伯毛登于風雲雷雨壇，各行禮。（《明神宗實錄》卷二二二，第 4141 頁）

丙申，宣府諸處天鼓鳴，火光鳴（廣本、抱本無"鳴"字）墜如斗。（《明神宗實錄》卷二二二，第 4145 頁）

初十日，雨雹大如鵝卵。（乾隆《長泰縣志》卷一二《災祥》）

大旱，歷夏秋至十月乃雨，詔免大名被災夏稅。（民國《大名縣志》卷二六《祥異》）

十三日後，大風雨，淮漲，禾麥漂沒。（光緒《淮安府志》卷四〇《雜記》）

月前，亢陽不雨。十三日後，大風雨，淮漲，禾麥漂沒。（乾隆《山陽縣志》卷一八《祥祲》）

旱。五月，大雨，水溢，沒禾。（乾隆《瑞安縣志》卷一〇《災變》）

大旱，麥畝以升計。（康熙《長垣縣志》卷二《災異》）

雨雹如磚。（萬曆《黃岡縣志》卷一〇《災祥》）

## 五月

甲辰，大學士王錫爵亦因災異自陳："……今京師亢旱風霾，人情洶洶，求其召災之故而不可得，則有妄傳宮庭舉動歸過皇上者。臣誼屬股肱職叨，輔養主德之未光，則臣不肖之身實累之。伏惟皇上察臣無狀，首賜罷免。"（《明神宗實錄》卷二二三，第4149頁）

甲辰，宣府諸處天鼓鳴。（《明神宗實錄》卷二二三，第4149頁）

庚戌，以祈禱雨澤祭告南郊，遣公徐文璧北郊、侯吳繼爵社稷、侯李言恭山川、伯毛登風雲雷雨、伯王應龍等各行禮。（《明神宗實錄》卷二二三，第4150頁）

十二日以後，大風雨，淮水漲。（光緒《盱眙縣志稿》卷一四《祥祲》）

鴈來，大雨六日。（嘉慶《高郵州志》卷一二《雜類》）

大雨，河漲，秋無禾。（光緒《安東縣志》卷五《民賦下》）

大風雨，淮漲，禾麥盡爛。（光緒《清河縣志》卷二六《祥祲》）

訛言兵變，鄉民爭攜男婦奔逃，值大雨，行者塞途，夫妻子母往往相失，數日始定。（光緒《豐縣志》卷一六《紀事》）

六日不雨，至九月十二日大雨。次年二月方霽，麥禾俱無。（民國《台州府志》卷一三四《大事略》）

始雨，米價斗九十餘錢。（崇禎《內邱縣志》卷六《變紀》）

二十有七日始雨。（萬曆《蒲臺縣志》卷七《災異》）

雹傷麥。（嘉慶《重刊宜興縣舊志》卷末《祥異》）

武進縣五月雹傷麥。（萬曆《常州府志》卷七《賑貸》）

是年旱，復水。桃、清、安東五月以前亢暘不雨，五月十三以後大風雨，淮漲漂，禾麥淹爛。（天啟《淮安府志》卷二三《祥異》）

大風雨，淮漲，漂麥淹爛。（乾隆《重修桃源縣志》卷一《祥異》）

## 六月

甲戌，以雨澤大霈，告謝南郊、北郊、社稷、山川等神，賜輔臣祭品。

（《明神宗實録》卷二二四，第4157頁）

初四日，雨雹。（康熙《内鄉縣志》卷一一《災祥》）

大雨，城崩。（乾隆《懷安縣志》卷二三《外記》）

春，大旱，六月二十五日乃雨。（康熙《武邑縣志》卷一《祥異》）

初六日，入伏，降雪，地震。（道光《靖遠縣志》卷一《祥異》）

大雨二旬。（康熙《清水縣志》卷一〇《災祥》；乾隆《直隸秦州新志》卷六《災祥》）

大旱。（道光《臨邑縣志》卷一六《紀異》）

旱，免徵存留米五百七十石。（萬曆《常州府志》卷七《賑貸》）

二十一日，大風，自卯至辰，吹折東門、北門二樓，拔木壞屋，不可勝數。（萬曆《漳州府志》卷三二《災祥》；民國《建甌縣志》卷三《災祥附》）

二十一日辰時，雷震風烈，雨潮暴至，壞民間廬舍及漂死者無算。（乾隆《海澄縣志》卷一八《災祥》）

颶風大作，自辰至酉拔木飛砂，居民屋瓦飄蕩，俄而水至，牆屋傾頹。（乾隆《南靖縣志》卷八《祥異》）

地震，大旱。（乾隆《建寧縣志》卷一〇《灾異》）

又大旱，亡豆田。（康熙《長垣縣志》卷二《災異》）

雨雪雹，傷禾稼。（乾隆《彌勒州志》卷二四《祥異》）

春夏，旱，至六月中方雨。七月，大雨二晝夜，山川湧發毁田。（萬曆《香河縣志》卷一〇《災祥》）

大旱。夏六月，不雨，至秋九月。（康熙《松溪縣志》卷一《災祥》）

## 七月

庚子朔，日食。（《明神宗實録》卷二二五，第4177頁）

丁巳，陝西固原州雨雹，大如拳，如（廣本、抱本"如"上有"小"字）雞卵，傷禾稼，壞人畜。（《明神宗實録》卷二二五，第4184～4185頁）

初七日，烈風拔木飄瓦如飛，公私廬舍損壞無數。（乾隆《長泰縣志》卷一二《災祥》）

大水。（雍正《猗氏縣志》卷六《祥異》）

春夏，旱。七月初七日，大雨三晝夜，山水湧發，瀂東兩家店隄決，田禾漲没殆盡。（康熙《通州志》卷一一《災異》）

萬泉、猗氏大水。（萬曆《山西通志》卷二六《災祥》）

初十日未時，風；申時又風，迅疾若矢脱，一過即止。次日申時復然。（萬曆《郿志》卷六《事紀》）

旱。（康熙《溧水縣志》卷一《邑紀》）

## 八月

癸酉，戶部以山東旱災奏請蠲折民屯錢糧，以甦民困。從之。（《明神宗實録》卷二二六，第4199頁）

揚州大旱，下河茭葑之田，赤地如焚。（光緒《增修甘泉縣志》卷一《祥異附》）

飛蝗蔽天。（康熙《新城縣志》卷一〇《災祥》）

初四辰時，蝗飛蔽天。（康熙《高苑縣志》卷八《災祥》）

十五日，雨雹于縣東北，週圍百里。（萬曆《諸城縣志》卷九《災祥》）

大風，墮禾實。（民國《宿松縣志》卷五二《祥異》）

香山縣雨血，狀如彈丸，遍野皆然，腥穢不可聞。（萬曆《廣東通志》卷七一《雜録》）

雷震儒學明倫堂西屋角。（崇禎《廉州府志》卷一《歷年紀》）

## 九月

午後，相城地方忽大雹，間有如斗大者，次如升，田間道路之人傷害頭面者甚多，垂成稻穀壓倒墮地。（民國《相城小志》卷五《祥異》）

初四日午後，永昌地方忽雨大雹，間有如斗大者，次如升，田間道路之人被傷頭耳甚多，垂成稻穀壓折墮地。（民國《吳縣志》卷五五

《祥異》）

大水。至九月不雨，歲無成。（嘉慶《備修天長縣志稿》卷九下《災異》）

## 十月

既望，桃李華。（康熙《溧水縣志》卷一《邑紀》）

雨，始布麥種。（康熙《長垣縣志》卷二《災異》）

夏旱，歷夏秋，至冬十月始雨，詔免被災夏稅。（宣統《東明縣續志》卷三《年紀災祥》）

## 十一月

浹旬，乘雪種麥。（道光《長清縣志》卷一六《祥異》）

雷震。（康熙《新寧縣志》卷二《事略》）

## 十二月

壬午，夜望，月食（廣本、抱本作"蝕"）。（《明神宗實錄》卷二三〇，第 4266 頁）

## 是年

春，大旱。（光緒《淮安府志》卷四〇《雜記》）

春，甘露降。（康熙《金華縣志》卷三《祥異》）

春，鎮城大風拔木。（康熙《新續宣府志》第二冊《災祥》；乾隆《宣化府志》卷三《災祥附》）

春，大風拔木，城市火。（乾隆《蔚縣志》卷二九《祥異》）

春，旱。秋，大水，北河堤決，是年屯糧折徵。（民國《新校天津衛志》卷三《災變》）

春，大風，晝晦。（康熙《滑縣志》卷四《祥異》；民國《重修滑縣志》卷二〇《大事記》）

春夏，旱，二麥盡槁。（乾隆《雞澤縣志》卷一八《災祥》）

春夏，不雨。（光緒《孝感縣志》卷七《災祥》）

夏初，大水，雨雹。秋，旱。（道光《重修寶應縣志》卷九《災祥》）

夏，不雨。秋，大疫。（同治《萍鄉縣志》卷一《祥異》；民國《昭萍志略》卷一二《祥異》）

夏，大風晝晦，拔樹發屋。（民國《南皮縣志》卷一四《故實》）

夏，乳源縣前江中群蛇貫穿一線，自下而上，至燕口巖穴中，一日夜乃盡，人擊之，亦不爲害。秋大熟，冬霪雨。（同治《韶州府志》卷一一《祥異》）

大旱，民多饑死。（康熙《安慶府潛山縣志》卷一《祥異》；道光《桐城續修縣志》卷二三《祥異》）

寒食盡晦。（光緒《虞城縣志》卷一〇《災祥》）

大旱，民大饑。（康熙《懷慶府志》卷一《災祥》；道光《武陟縣志》卷一二《祥異》）

闔郡大旱，大疫。（乾隆《長沙府志》卷三七《災祥》）

大旱。（道光《辰溪縣志》卷三八《祥異》；康熙《臨海縣志》卷一一《災變》；乾隆《瀘溪縣志》卷二二《祥異》；嘉慶《如皋縣志》卷二三《祥褉》；光緒《仙居志》卷二四《災變》）

徐州城中大水，官廨民舍盡没。秋，復大雨，真武觀井泉湧出如瀑。（民國《銅山縣志》卷四《紀事表》）

旱，蝗。（光緒《安東縣志》卷五《民賦下》）

四縣大旱，疫。（同治《南康府志》卷二三《祥異》）

上饒大旱。冬，霪雨，菽麥泡萎。（同治《廣信府志》卷一《星野》）

大水。（乾隆《无为州志》卷一六《人物》；民國《萬泉縣志》卷終《祥異》）

旱。（萬曆《汶上縣志》卷七《災祥》；天啟《滇志》卷三一《災祥》；天啟《新修來安縣志》卷九《祥異》；順治《長興縣志》卷四《災祥》；康熙《新淦縣志》卷五《歲眚》；康熙《新喻縣志》卷六《歲眚》；乾隆《直隸通州志》卷二二《祥褉》；乾隆《臨潁縣續志》卷五《名宦》；同治《峽

江縣志》卷一《祥異》；同治《湖州府志》卷四四《祥異》；光緒《歸安縣志》卷二七《祥異》；光緒《烏程縣志》卷二七《祥異》）

大旱，推官王道顯請帑振之。（民國《台州府志》卷一三四《大事略》）

秋，旱。（乾隆《昌化縣志》卷一〇《祥異》；民國《昌化縣志》卷一五《災祥》）

秋，昌化縣旱，高田無收。（乾隆《杭州府志》卷五六《祥異》）

冬，霪雨三月不止。（光緒《平湖縣志》卷二五《祥異》）

冬，隕霜。（咸豐《興甯縣志》卷一二《災祥》）

春，旱。秋，大風，大水，溺人無算。（康熙《平和縣志》卷一二《災祥》）

春，大眚。秋，旱。饑饉之餘，發為癘疫，死亡大族動以數十計，小户多無遺留，蓬蒿滿目，村落絕雞犬聲。是年，早稻薄收，遲禾絕粒，凶荒迭至，民困苦極矣。（康熙《大冶縣志》卷四《災異》）

春，疫。夏，旱。（道光《巢縣志》卷一七《祥異》）

春，河間旱。秋，大水。（乾隆《獻縣志》卷一八《祥異》）

春，風霾日起，大旱。大雩乃雨，禾亦登。（乾隆《直隸易州志》卷一《祥異》）

復大旱，春夏間民苦尤甚，食草根木皮盡，仍饑死。（順治《新修望江縣志》卷九《災異》）

春夏，天下大旱，而山東省尤甚。（宣統《聊城縣志》卷一〇《藝文》）

夏，恒暘不雨。（道光《清江縣志》卷二五《藝文》）

夏，雹傷禾稼。（乾隆《陸凉州志》卷五《雜志》）

夏，旱。（萬曆《臨汾縣志》卷八《祥異》）

夏，平鄉旱，麥稿。（乾隆《順德府志》卷一六《祥異》）

大旱。時連歲旱饑，癘疫大作，死者枕藉，穀價每斗一錢四五分。（嘉慶《安化縣志》卷一八《災異》）

大旱，無收，民飢，多流移。（道光《晃州廳志》卷三八《祥異》）

連值大旱，田無遺粒。分守道郭開倉平糶，賣粥濟饑。（同治《綏寧縣

志》卷三八《祥異》)

　　大旱，疫。(乾隆《湘潭縣志》卷二三《灾祥》；同治《星子縣志》卷一四《祥異》)

　　大旱。民饑，斗米百五十錢。(康熙《臨湘縣志》卷一《祥異》)

　　閫郡大旱，大疫。(崇禎《長沙府志》卷七《祥異》)

　　大水，復衝城池西南隅。(乾隆《閬鄉縣志》卷一《建置》)

　　晝晦。(民國《夏邑縣志》卷九《灾異》)

　　汴城大風霾，自西北來，晝晦。(康熙《河南通志》卷四《祥異》)

　　邑旱，禾盡槁，樹無完皮。(熊)高謁令，願出藏粟千石以救餓莩。(民國《侯閩縣志》卷八七《孝義》)

　　大旱，民饑，穀價每石六兩。秋，大疫，道殍枕藉。(同治《宜春縣志》卷一〇《祥異》)

　　大旱，瘟疫時行。斗米千錢，民半餓死。(同治《安仁縣志》卷四三《祥異》)

　　旱，疫。斗米一錢二分，死者枕藉載道。(康熙《建昌縣志》卷九《雜志》)

　　績溪大水，漂没田地千餘畝。(康熙《徽州府志》卷一八《祥異》)

　　大旱，疫大行。米價壹兩貳錢。(康熙《巢縣志》卷四《祥異》)

　　又旱，穀價至一兩。(康熙《浦江縣志》卷六《灾祥》)

　　大旱，推官王道顯請帑以賑。(光緒《仙居志》卷二四《灾變》)

　　是時，兩年荒旱，米價騰踊。(光緒《嘉善縣志》卷九《郵政》)

　　徐城大水，官廨民廬盡没水中，秋復大雨如注，真武觀井内泉湧如瀑。(順治《徐州志》卷八《灾祥》)

　　旱，蝗。民奔徙。(嘉慶《東臺縣志》卷七《祥異》)

　　旱，蝗，斗米百五十錢。(康熙《儀徵縣志》卷七《祥異》)

　　吳中大旱。(民國《吳縣志》卷七七下《釋道》)

　　風霾。是歲饑。(乾隆《綏德州直隸州志》卷一《歲徵》；光緒《綏德直隸州志》卷三《祥異》)

漆水崩城北門。（民國《同官縣志》卷三《大事年表》）

大風晝晦，風中見火。（萬曆《華陰縣志》卷七《祥異》）

解州、安邑大蝗，旱。（萬曆《山西通志》卷二六《災祥》）

虖河水漲，衝城東龜項斷絕。（康熙《五臺縣志》卷八《祥異附》）

天雨，學舍圮壞。（康熙《新河縣志》卷二《建置》）

旱，禾麥不登。（光緒《臨漳縣志》卷一《紀事沿革》）

旱災。（光緒《邢臺縣志》卷一《山川》）

淫雨，廟祠就圮。（康熙《大興縣志》卷二《學校》）

仍大旱。冬，霪雨，菽麥萎爛，米價騰貴。（康熙《上饒縣志》卷一一《祥異》）

泗州冬，大雨雪，水。（萬曆《帝鄉紀略》卷六《災患》）

冬，雪。（崇禎《烏程縣志》卷四《災異》）

冬，雷。（康熙《嘉興府志》卷二《祥異》）

冬，霪雨，相傳以爲七十年未有此潦。（康熙《乳源縣志》卷一一《災異》）

# 萬曆十九年（辛卯，一五九一）

## 正月

乙巳，薊州馬蘭路地震。（《明神宗實錄》卷二三一，第 4275 頁）

乙丑，以浙江杭、嘉、湖三府霪雨連綿，其漕糧過淮，日期准寬限至三月中。從撫按之請也。（《明神宗實錄》卷二三一，第 4287 頁）

## 二月

丁丑，是日亥時，甘肅涼州見有白氣傍月穿心，移時方散。（《明神宗實錄》卷二三二，第 4295 頁）

丙申，是日未時，興化府地震。（《明神宗實錄》卷二三二，第

4309 頁）

二十六日清明，大雪二尺。（康熙《齊東縣志》卷一《災祥》）

雷擊儒學，儀門三楹毁。（康熙《歸化縣志》卷一〇《災祥》）

辛卯，臨安大風，拔木揚沙，翻屋瓦。（天啓《滇志》卷三一《災祥》）

## 三月

乙巳，是夜，柳州地震。（《明神宗實録》卷二三三，第 4316 頁）

庚申，羅（廣本“羅”上有“廣東”二字）定州西寧縣大雨雹。（《明神宗實録》卷二三三，第 4324 頁）

隕霜殺麥。（道光《長清縣志》卷一六《祥異》）

大雨雪，木盡脱。（乾隆《掖縣志》卷五《祥異》）

初六日，陝西黄氣蔽天，白晝晦暗，徐而變爲黄色，天鼓大鳴。（光緒《永壽縣志》卷一〇《述異》）

隕霜殺麥。（道光《章邱縣志》卷一《災祥》）

大雪。（順治《堂邑縣志》卷三《災祥》）

雷雨大作，兩蛟出府治儀門。故舊名府治爲黄龍山，改名騰蛟山。（道光《黎平府志》卷一《祥異》）

大雷雨。（乾隆《貴州通志》卷一《祥異》）

## 閏三月

丙寅朔，彗入婁。（《明神宗實録》卷二三四，第 4331 頁）

己巳，昌平州地震。（《明神宗實録》卷二三四，第 4333 頁）

乙亥，是日，廣東慶遠府地震。（《明神宗實録》卷二三四，第 4341 頁）

癸未，蘇、松、常、鎮民值疊災。去歲秋冬，復值霪雨爲害，國計難充。應天撫按官議先見徵以足正賦，緩通賦以足見徵。（《明神宗實録》卷二三四，第 4347 頁）

## 四月

乙巳，火星犯箕。（《明神宗實錄》卷二三五，第 4365 頁）

壬子，京師雨雹。（《明神宗實錄》卷二三五，第 4366 頁）

辛酉，遵化縣提舉莊、太平莊二處天鼓鳴，如炮響，空中有火光，各隕石一塊，重各數斤。（《明神宗實錄》卷二三五，第 4370～4371 頁）

大雨雹，有如盂者。（民國《壽光縣志》卷一五《大事記》）

十五日，隕霜殺稼。（道光《靖遠縣志》卷一《世紀》）

二十三日，大雪傷禾。（康熙《静樂縣志》卷四《災變》）

蝗。夏四、五月，蝗食苗殆盡。（民國《大埔縣志》卷三七《大事》）

## 五月

丁卯，是日，漳州府地震。（《明神宗實錄》卷二三六，第 4374 頁）

甲戌，是日，漳州地復（廣本無“復”字）震。（《明神宗實錄》卷二三六，第 4378 頁）

庚辰，亥時，月食。（《明神宗實錄》卷二三六，第 4380 頁）

己丑，是日，甘肅鎮城星隕二處，又天降白氣一道，天鼓鳴。（《明神宗實錄》卷二三六，第 4383～4384 頁）

辛卯，是日，馬水口雷火燒臺。（《明神宗實錄》卷二三六，第 4386 頁）

甲戌，雷震太平路喜峯墩台。（民國《遷安縣志》卷五《記事篇》）

暴風霪雨，海漲河溢，平地水深丈餘。（光緒《安東縣志》卷五《民賦下》）

恒雨。（光緒《淮安府志》卷四〇《雜記》）

太平大風拔木。（民國《台州府志》卷一三四《大事略》）

蝗生縣東，未幾，數日滋類遍野。（乾隆《新樂縣志》卷一九《災祥》）

蝗，所過禾無遺穗，城南尤甚。（道光《直隸定州志》卷二〇《祥異》）

安鄉大水，五月至八月始平。（同治《直隸澧州志》卷一九《荒歉》）

至七月，不雨。七月二十九日至八月十日，大雨。歲饑。（乾隆《解州夏縣志》卷一一《祥異》）

雨，至七月不止，淮漲，平地深丈餘，漂溺人畜。（光緒《清河縣志》卷二六《祥祲》）

恒雨。（同治《重修山陽縣志》卷二一《雜記》）

五月以後恒雨。（乾隆《安東縣志》卷一五《祥異》）

## 六月

戊戌，太原府五基等縣、交城縣並地震。（《明神宗實錄》卷二三七，第4390頁）

壬寅，陽和城星殞（廣本、抱本作"隕"），又天鼓鳴。（《明神宗實錄》卷二三七，第4391頁）

壬子，火星犯箕。（《明神宗實錄》卷二三七，第4396頁）

甲寅，左雲衛天鼓鳴。（《明神宗實錄》卷二三七，第4397頁）

癸亥，福州府地震。（《明神宗實錄》卷二三七，第4399頁）

己未，公安大水。有怪形如斗，首赤身黑，修二丈有奇，所至隄潰。（《國榷》卷七五，第4652頁）

癸亥，蘇松大水，溺人數萬。（《國榷》卷七五，第4652頁）

大水，溺人數萬。（光緒《蘇州府志》卷一四三《祥異》；民國《吳縣志》卷五五《祥異考》）

大水。（同治《上海縣志》卷三〇《祥異》；光緒《川沙廳志》卷一四《祥異》）

十四日，蝗飛蔽天。（康熙《遵化州志》卷二《災異》）

蝗。（萬曆《香河縣志》卷一〇《災祥》；嘉慶《東昌府志》卷三《五行》；民國《夏津縣志續編》卷一〇《災祥》）

蝗入境邑，西郊數里外，食苗殆盡，後螟復作。（宣統《恩縣志》卷一〇《災祥》）

蝗蛹生，隣境蔽野盈尺，米價翔貴。知縣周子文設法捕之，令民納倉給穀，日得數石，是歲賴以不災。（乾隆《衡水縣志》卷一一《機祥》）

蝝生，食禾。（同治《武邑縣志》卷一〇《雜事》）

蘇帖一里雨雹，積三尺。（道光《清澗縣志》卷一《災祥》）

二十七日至七月初三日，暴風。（光緒《淮安府志》卷四〇《雜記》）

二十七日至七月初三日，暴風霪雨，淮湖漲，清水潭決，山陽隄決，平地水深丈餘。（同治《重修山陽縣志》卷二一《雜記》）

二十七日至七月初三等日，暴風霪雨不息，海淮泛漲，安東平地水深丈餘，房屋牲畜漂溺無數。（乾隆《安東縣志》卷一五《祥異》）

河漲水溢，眾圩俱潰。（康熙《繁昌縣志》卷三《山川》）

潭灣水湧至儒學門內，一連三次。自戊子至辛卯，饑疫四年。（道光《貴溪縣志》卷二七《祥異》）

## 七月

乙丑，廣西南灣地震。（《明神宗實錄》卷二三八，第4402頁）

丙寅，甘肅地震。（《明神宗實錄》卷二三八，第4402頁）

甲戌，西寧、巴煖等處，星隕天鼓鳴。（《明神宗實錄》卷二三八，第4411頁）

庚辰，松江、太陰等處颶風海嘯，坍房害人。（《明神宗實錄》卷二三八，第4415頁）

丁亥，火星犯南斗。（《明神宗實錄》卷二三八，第4419頁）

朔，夜，暴雨，永樂鄉水自大橫巔石罅出，彌漫楊家店，没居民二十餘家，淤塞田禾二百餘畞。（乾隆《新修上饒縣志》卷一一《祥異》）

十九日夜，大雨，山溪暴漲，勢若滔天，傍溪田地盡為漂没。（同治《鉛山縣志》卷三〇《祥異》）

海溢。（光緒《蘇州府志》卷一四三《祥異》；民國《吳縣志》卷五五《祥異考》）

辛巳，海溢，自一團至九團幾及百里。大雨徹晝夜，平地水深二尺餘，

沒廬舍人畜無算，城門晝閉。（同治《上海縣志》卷三〇《祥異》）

辛巳，海溢，大雨徹晝夜，平地水深二尺餘，漂沒人畜廬舍無算。訛言倭寇至。（光緒《川沙廳志》卷一四《祥異》）

十六至十九日，颶風潮暴，溢漂民居，死者眾。（民國《崇明縣志》卷一七《災異》）

十八日，海潮漲。（萬曆《嘉定縣志》卷一七《祥異》；民國《太倉州志》卷二六《祥異》）

風潮。（光緒《靖江縣志》卷八《祲祥》）

上饒永樂鄉水，自大橫嶺石罅出，彌漫至楊家店，湮沒民居，淤塞田疇。（同治《廣信府志》卷一《祥異附》）

十八日，上海海溢，自一團至九團幾百里飄沒廬舍數千家，男婦死者萬餘口，六畜無算。十九日，近海居民從海灘撈屍，遇潮至，群起登岸，陡傳倭至，時大雨徹晝夜不息，民奔入上海城。至廿一日，城中水深二尺，城閉，聞外叫號聲，知縣楊遇亟登城問故，啟關納之，爭入，闐死城下者數十人，時渡海沒風濤者不可勝計。（崇禎《松江府志》卷四七《災異》）

十九日，東北風大作，大雨如注，海潮溢入城。（光緒《鎮海縣志》卷三七《祥異》）

十九日，夜，大雨，山溪瀑漲，勢若滔天，傍溪田地盡爲漂沒。六堡上港洲大溪壅塞，水衝八、九都五堡界而下。（同治《鉛山縣志》卷三〇《祥異》）

濱海潮溢，傷稼淹人。（光緒《慈谿縣志》卷五五《祥異》）

寧、紹、蘇、松、常五府濱海潮溢傷稼，溺人。（乾隆《紹興府志》卷八〇《祥異》）

大水。（崇禎《寧海縣志》卷一二《災祲》）

蝝生，多雨雹，不爲災。（乾隆《直隸易州志》卷一《祥異》）

飛蝗蔽日。（萬曆《棗強縣志》卷一《災祥》）

寧府潮溢，傷稼溺人。案《聞志》云：七月十七日東北風大作，雨如澍，海水入郡城，禾盡槁死。（乾隆《鄞縣志》卷二六《祥異》）

海溢，傷稼溺人。（民國《定海縣志》冊一《災異》）

## 八月

久雨敗屋。（乾隆《解州安邑縣運城志》卷一一《祥異》）

海溢，禾盡没。（光緒《樂清縣志》卷一三《災祥》）

螽生，遍原野。（萬曆《棗强縣志》卷一《災祥》）

夜，隕霜，殺禾稼。二十一日，大水。（乾隆《冀州志》卷一八《拾遺》）

延綏、榆林二衛霜雹相繼，禾苗盡死。（道光《榆林府志》卷一〇《祥異》）

十五日，潮溢，自南陳橋至南岸，壞田三千頃。（道光《新修羅源縣志》卷二九《祥異》）

十六日，潮又溢，民大饑。（民國《崇明縣志》卷一七《災異》）

杏花開。（康熙《浦江縣志》卷六《灾祥》）

河決黄家寺堤二處，決口隨塞。（萬曆《原武縣志》卷上《河防》）

鐵颶，壞屋拔木。（光緒《定安縣志》卷一〇《災祥》）

## 九月

戊辰，時泗州水患異常，公署州治水潙三尺，其城内原有水関，後因淮水高於城濠，故築塞水関，以防水灌，致城内積水不洩，居民十九潙没。（《明神宗實録》卷二四〇，第4460～4461頁）

辛未，月犯熒惑。（《明神宗實録》卷二四〇，第4462頁）

戊寅，浙江嘉、湖二府霪雨夾〔浹〕旬，洪水災傷。御史黄鍾疏乞蠲折賑給。户部覆："行該省將各屬被災分數計算免徵，將府州縣無礙官銀抵補，其湖州所屯糧，照災重例每石折銀三錢通融抵作軍糧（抱本作'餉'）。被災者稍輕，量行縣動支倉穀賑恤。"詔從之。（《明神宗實録》卷二四〇，第4467頁）

癸未，以真、順、廣、大各被蝗旱災傷，照分數蠲免有差。至冬春之交，仍支穀賑恤。從撫按請也。（《明神宗實録》卷二四〇，第4473頁）

己丑，平陽府地震。（《明神宗實錄》卷二四〇，第 4476 頁）

泗州大水，州治没三尺，淮水高於城，祖陵被浸。（光緒《盱眙縣志稿》卷一四《祥祲》）

## 十月

戊戌，山丹衛地震，壞城。（《明神宗實錄》卷二四一，第 4483 頁）

戊戌，時三吴四、五月間霖（廣本、抱本作"霪"）雨連綿，低田盡没。至七月，霪雨幾晝夜。（《明神宗實錄》卷二四一，第 4486 頁）

壬寅，時揚州風雨連日，湖淮漲溢，江都縣北一淺邵伯淳家灣舊堤衝決五十餘丈，高郵州南北閘等處俱被衝決。（《明神宗實錄》卷二四一，第 4490 頁）

己未，易州天鼓鳴。（《明神宗實錄》卷二四一，第 4501 頁）

雷電雨雹。（嘉慶《松江府志》卷八〇《祥異》）

雷電時作，晦夕大震。（乾隆《婁縣志》卷一五《祥異》；同治《上海縣志》卷三〇《祥異》；光緒《重修華亭縣志》卷二三《祥異》；光緒《川沙廳志》卷一四《祥異》；民國《南匯縣續志》卷二二《祥異》）

揚州風雨連日，湖淮漲溢，決邵伯堤五十餘丈。（光緒《增修甘泉縣志》卷一《祥異附》）

雷電時作，至晦，夜大震。（崇禎《松江府志》卷四七《災異》）

九日，有龍起自西蓮湖，雨雹隨之，經宜之羅山、金山，抵淳之九龍山，雹漸巨。（康熙《高淳縣志》卷二五《雜志》）

湖淮復漲溢，決邵伯隄五十餘丈，高郵南北閘俱衝，大水泛濫。（民國《寶應縣志》卷五《水旱》）

天鼓鳴。（崇禎《廣昌縣志·災異》）

## 十一月

癸亥，朔，觧、絳二州地震。（《明神宗實錄》卷二四二，第 4503 頁）

癸酉，山西猗氏縣天鼓鳴，白氣凝聚。（《明神宗實錄》卷二四二，第 4511 頁）

丁丑，甘肅山丹、洪水等處天鼓鳴。夜，火星隕于永昌古城堡。（《明神宗實録》卷二四二，第 4518 頁）

雷電雨雹。（光緒《青浦縣志》卷二九《祥異》）

大水圩没什九。十一月，雷電。（乾隆《銅陵縣志》卷一三《祥異》）

二十九日，大雷。（雍正《巢縣志》卷二一《瑞異》）

## 十二月

甲辰，日（廣本、抱本作"月"）犯土星，在井宿度。（《明神宗實録》卷二四三，第 4532 頁）

## 是年

春夏，旱。秋，蝗，禾稼盡傷。（乾隆《雞澤縣志》卷一八《災祥》）

夏，大旱。（光緒《潛江縣志續》卷二《災祥》）

夏，福州大旱。（乾隆《福州府志》卷七四《祥異》）

蝗。（康熙《霸州志》卷一〇《災異》；雍正《邱縣志》卷七《災祥》；光緒《德平縣志》卷一〇《祥異》；光緒《永年縣志》卷一九《祥異》；民國《青縣志》卷一三《祥異》）

大水。（萬曆《常熟縣私志》卷四《敘産》；乾隆《彌勒州志》卷二四《祥異》；乾隆《陸涼州志》卷五《祥祲》；嘉慶《沅江縣志》卷二二《祥異》；民國《湖北通志》卷七五《災異》；同治《續輯漢陽縣志》卷四《祥異》；光緒《嘉善縣志》卷三四《祥眚》；光緒《嘉興府志》卷三五《祥異》；光緒《歸安縣志》卷二七《祥異》；民國《莘縣志》卷一二《機異》；民國《高淳縣志》卷一二《祥異》）

颶風。（康熙《遂溪縣志》卷一《事紀》；康熙《海康縣志》卷上《事紀》；宣統《徐聞縣志》卷一《災祥》）

瀏陽大水，土城全崩缺，壞由〔田〕路。（乾隆《長沙府志》卷三七《災祥》）

揚州湖淮漲溢，高郵南北閘俱衝。（道光《續增高郵州志·災祥》）

大水，沁河漲溢，淹没民田數百頃。（民國《沁源縣志》卷六《大事考》）

旱。（嘉慶《義烏縣志》卷一九《祥異》）

春，旱。初伏雨，禾頗收。（咸豐《平山縣志》卷一《災祥》）

大水，決邵伯淳家灣、高郵清水潭堤。寶應有秋。（萬曆《寶應縣志》卷五《災祥》）

夏，福建大旱。（萬曆《閩大記》卷二《閩記》）

夏，石門灣大水。（道光《石門縣志》卷二三《祥異》）

夏，大名蝗。（民國《大名縣志》卷二六《祥異》）

夏，大蝗，食禾幾盡。（乾隆《肅寧縣志》卷一《祥異》）

夏，大蝗，流矢遍地，食禾八九。（萬曆《河間府志》卷四《祥異》）

澂江旱，民饑。（天啟《滇志》卷三一《災祥》）

大旱。（嘉慶《三水縣志》卷一三《編年》）

延綏、榆林二衛所八月霜雹相繼，禾苗盡死。（乾隆《綏德州直隸州志》卷一《歲徵》）

大水潰護城堤。（嘉慶《澧志舉要》卷一《大事記》）

荆門山水驟溢，漂毀橋梁，居民見水中燈光射天，以爲出蛟云。（乾隆《荆門州志》卷三四《祥異》）

大水入城，漂溺民居。（乾隆《鍾祥縣志》卷一五《祥異》）

大水入城。（乾隆《景陵縣志》卷七《祥異》）

大水，黄灘決，民之溺死者不下數萬。（康熙《荆州府志》卷八《隄防》）

河水漫李景高口，旋塞，又決黄家寺。（乾隆《儀封縣志》卷四《河渠》）

東南水災，道殣相望。（光緒《邵武府志》卷二三《義行》）

洪水，冲頹（杭口橋）。（道光《義寧州志》卷三《津梁》）

水。（嘉慶《東臺縣志》卷七《祥異》；道光《泰州志》卷一《祥異》）

城中積水為災，副使陳文燧濬奎山支河以泄之。（順治《徐州志》卷八《災祥》）

恒雨傷稼。（光緒《武進陽湖縣志》卷二九《祥異》）

堤大決，屢以蠲賑。（康熙《興化縣志》卷五《名宦》）

雨雹。（萬曆《階州志》卷一二《災祥》）

廣惠橋在城東門外，……俱于萬歷〔曆〕十九年大水漂毀。（雍正《猗氏縣志》卷一《橋梁》）

夏，大旱，無麥。（乾隆《原武縣志》卷一○《祥異》）

平鄉旱，蝗。（乾隆《順德府志》卷一六《祥異》）

旱，禾黍不登。（光緒《臨漳縣志》卷一《紀事沿革》）

蝗蝻遍野，禾稼一空。（雍正《深州志》卷七《事紀》）

畿內蝗。（光緒《順天府志》卷六九《祥異》）

飛蝗蔽天，自北而南，官宅民房一片皆赤。（康熙《冀州志》卷一八《拾遺》）

蝗蝻徧野，無稼。（康熙《安平縣志》卷一○《災祥》）

蝗，食禾幾盡。（民國《獻縣志》卷一九《故實》）

蝗蝻生，官出倉穀易之。（民國《滿城縣志略》卷一四《大事記》）

安肅秋蝗。（萬曆《保定府志》卷一五《祥異》）

雨潦。（康熙《文安縣志》卷一《災祥》）

秋，旱。大收。（民國《昌黎縣志》卷一二《故事》）

大旱，途中餓死者無算。（光緒《廣西通志輯要》卷一一《人物》）

夏末秋初，復旱，井泉亦涸。（雍正《懷遠縣志》卷八《災異》）

泗州有水。秋，大淫雨，腐穀爛草。（萬曆《帝鄉紀略》卷六《災患》）

秋，時大水。（崇禎《烏程縣志》卷四《災異》）

秋，大水。（民國《重修秀水縣志·災祥》）

十九年秋，淋雨，風拔木。（乾隆《修武縣志》卷九《災祥》）

十九年秋，久雨傷稼，蠲免十五年應解鳳陽、淮安麥銀，停緩十五年草折銀、十六年粳糯米草折銀、十七年麥草麻布銀。（嘉慶《重刊宜興縣舊志》卷末《祥異》）

辛卯秋，淫雨大作，窮晝夜不休者累旬，民間廬舍盡壞，而城之雉堞門樓半就傾圮矣。（宣統《蒙陰縣志》卷六《碑記》）

秋，飛蝗蔽日，蝻生遍野。（乾隆《冀州志》卷一八《拾遺》）

秋，蝗，令民捕之，斗蝗易以斗穀，倉中堆積如山，歲不為災。（康熙《安州志》卷八《祥異》）

十九年辛卯、二十年壬辰，漢川皆大水，民大饑。（同治《漢川縣志》卷一四《祥祲》）

# 萬曆二十年（壬辰，一五九二）

## 正月

辛巳，遣工科右給事（廣本、抱本"事"下有"中"字）張貞觀徃勘泗州水患，開濬工程。（《明神宗實録》卷二四四，第4553頁）

十九日，旱，地震。（光緒《嘉興府志》卷三五《祥異》）

大風。（光緒《樂亭縣志》卷三《記事》）

雨，木冰。（康熙《延綏鎮志》卷五《紀事》；嘉慶《延安府志》卷六《大事表》）

雨，大水。（康熙《米脂縣志》卷一《災祥》）

## 二月

月中蝻復生，忽雨雪，厚四寸許，蝻盡凍死。（民國《棗強縣志》卷八《災異》）

星子縣西南鄉大雨雹，如鴨子，屋瓦皆飛，晝日如晦，咫尺莫辨。（同治《南康府志》卷二三《祥異》）

霜，草木芽俱枯。（萬曆《階州志》卷一二《災祥》）

不雨，至五月。（光緒《泗水縣志》卷一四《災祥》）

清明日，大雪。次辰雪化爲冰，草木折傷。（民國《肥鄉縣志》卷三八《災祥》）

## 三月

至六月，不雨。（光緒《清河縣志》卷三《災異》）

大雪三四尺。（光緒《榮河縣志》卷一四《祥異》）

二十七日，大雪盈尺，不害麥，人以爲瑞。（萬曆《猗氏縣志》卷一《祥異》）

大雨雪，殺桑折木。（光緒《臨漳縣志》卷一《紀事沿革》）

大雨雪，折松柏枝。秋收。（萬曆《汾州府志》卷一六《災祥》）

臨晉、榮河、猗氏大雪。（萬曆《山西通志》卷二六《災祥》）

大風雹。（乾隆《貴州通志》卷一《祥異》）

## 四月

雨雹，大者如拳，小者如卵。（乾隆《長泰縣志》卷一二《災祥》）

二十七日，大雪三尺，不害麥，人以爲瑞。（雍正《猗氏縣志》卷六《祥異》）

曲沃嚴霜成冰。榮河、寧鄉、臨晉、猗氏雪三尺，不害麥。（雍正《山西通志》卷一六三《祥異》）

霜結冰。（乾隆《續修曲沃縣志》卷六《祥異》）

二十八日，大雨水漲，傍溪港洲桂家陂槧上田盡爲漂没。（同治《鉛山縣志》卷三〇《祥異》）

## 五月

庚申，朔，禮部言十五夜，月食（廣本、抱本作“蝕”）。（《明神宗實錄》卷二四八，第4613頁）

甲戌，夜，月食。（《明神宗實錄》卷二四八，第4618頁）

丁亥，以泗州水災免原議協濟徐、邳河夫銀四百五十兩。從户部覆勘河科臣請也。（《明神宗實錄》卷二四八，第4624~4625頁）

丁亥，酉刻，一星自中天西南流，青白色，尾有光。（《明神宗實錄》

卷二四八，第 4626 頁）

雨雹傷麥。（光緒《安東縣志》卷五《災異》）

晦。至七月中，酷暑無雨，禾盡枯。（民國《南昌縣志》卷五五《祥異》）

霪雨壞麥。（宣統《濮州志》卷二《年紀》）

冰雹，五月傷麥。（雍正《安東縣志》卷一五《祥異》）

五月以前，旱。（民國《新校天津衛志》卷三《災變》）

大雨，至七月。（同治《禹州志》卷二《紀事沿革表》）

至七月不雨。（順治《新修望江縣志》卷九《災異》）

## 六月

己丑朔，以泗州水災，改折漕糧三年，每石銀五（廣本、抱本作"三"）錢，後不爲例。（《明神宗實錄》卷二四九，第 4629 頁）

壬子曉，金、水、土三星合聚井宿。（《明神宗實錄》卷二四九，第 4642 頁）

霪雨，至秋不止，南北河堤多決，城西南郊皆爲洪流，平地成川，田化爲湖，小舟裝載來往。（民國《新校天津衛志》卷三《災變》）

十一日，湍河大水至城下。是夕，大風雨拔木，磚石皆飛。（康熙《内鄉縣志》卷一一《災祥》）

大風雨，馬陵山水發，縣境被災。（光緒《安東縣志》卷五《民賦下》）

當午，雨雹如彈子。（同治《廣信府志》卷一《星野》）

大雨雹，有火流於西北，有聲。（乾隆《續修曲沃縣志》卷六《祥異》）

霪雨大潦，四郊望洋，而西來諸水直抵城隅，遂谿北門灌城中，歷三晝夜而門牆剝折，居民廬舍多所漂毀。（康熙《開州志》卷九《藝文》）

當午，落雪雹如彈子大。（同治《鉛山縣志》卷三〇《祥異》）

大風雨，馬陵山水發，淹縣，安東暨邳、宿俱沈釜底。（雍正《安東縣志》卷一五《祥異》）

霪雨，至秋不止，南北河堤多決，城西南郊皆爲洪流，平地成川，田化爲湖，小舟裝載來往。（康熙《天津衛志》卷三《災變》）

## 七月

大風雨害稼。（民國《盧龍縣志》卷二三《史事》）

鉛山大水，大義橋圮〔圮〕，湮没民居。又地震、火災相繼。（同治《廣信府志》卷一《星野》）

衛河溢隄西，水深數尺，居民田廬盡溺。（宣統《恩縣志》卷一〇《災祥》）

大風雨，鄰海濱海禾稼渰。次年，米貴，借民預備倉穀減價糶常平倉穀。（光緒《樂亭縣志》卷三《記事》）

大風雨害稼。（光緒《永平府志》卷三〇《紀事》）

霪霖連注，水高尺許，城隅幾成巨浸，南城及社學陡然崩盡，所壞官舍民居十之五六，士民震恐。（康熙《元城縣志》卷二《城池》）

衛河決，堤西水深數尺，民廬盡溺。（乾隆《東昌府志》卷三《總紀》）

大水，人多巢處，稼盡傷。（光緒《冠縣志》卷一〇《裖祥》）

初一日，石壠山水發，浸至城堞，大義橋衝倒，漂没人家甚多，港東一路桑田盡滄海。自古來水災莫甚於此。（同治《鉛山縣志》卷三〇《祥異》）

漳、衛俱漲，渰没民田，禾稼盡損。（民國《大名縣志》卷二六《祥異》）

## 八月

初四夜一更時分，雨中驟發大風，聲威甚于霹靂之雷，撞門擊戶，遍天流火，小者如升，大者如斗無數。從東過□曆屋瓦，人睹以為火燒屋，雨，大火不知其所止息。風□□罷，船上人見之。船多破。（康熙《安海志》卷八《祥異》）

十六日夜，隕霜，殺禾稼。（民國《棗强縣志》卷八《災異》）

雨雹傷稼。（光緒《靖江縣志》卷八《祲祥》）

大霜殺禾。（乾隆《諸城縣志》卷二《總紀上》）

## 十月

丁亥朔，以水災蠲免真、順、廣、大府屬存留秋糧，仍支倉儲賑濟。（《明神宗實錄》卷二五三，第4703頁）

乙卯，河南確山、封丘等州縣，信陽等衛所共三十五處罹水旱災，蠲免存留秋糧，發倉賑濟有差。（《明神宗實錄》卷二五三，第4715頁）

雷震。（乾隆《東明縣志》卷七《灾祥》）

細雨成冰，草木凍折。（宣統《東明縣續志》卷三《年紀灾祥》）

## 十一月

戊辰，夜，火星犯氐宿。（《明神宗實錄》卷二五四，4724頁）

## 十二月

戊戌，以水災蠲免靜海、青縣、興濟、滄州、河間、獻縣京倉備邊等糧，仍發德州倉漕糧二萬石，分給天津、靜海等縣，彭城等衛賑饑（廣本、抱本作"濟"）。（《明神宗實錄》卷二五五，第4741頁）

丙午，禮部類奏本年灾異。甘肅諸鎮，浙、粵諸省地震，不止一隅。荣河等邑，蒲、解等州天鳴，適當同日，雹飛石隕再見。閩中水涌山崩。復聞陝右火光流而坼土，白氣亘而沖霄，霪雨颶風，禾苗立斃，漂齧積骸，人畜胥殘，定非氣數自然，實是昇平炯戒。上曰："今歲灾異疊見，朕用惕心，大小官員各宜省愆盡職，毋得欺公壞法，致干和氣……"（《明神宗實錄》卷二五五，第4746頁）

二十日黎明，風雪交作。（乾隆《衛輝府志》卷五三《雜録》）

## 是年

春，蝗。夏，雹，大如鵞蛋，平地盈尺。（光緒《容城縣志》卷八

《災異》)

　　春夏，歸善恒雨，饉。（光緒《惠州府志》卷一七《郡事》）

　　春夏，大水。（乾隆《番禺縣志》卷一八《事紀》）

　　夏，旱。知縣區大倫詣河剪髮□祈禱，旋即雨。（乾隆《東明縣志》卷七《灾祥》）

　　雨雹如石，壞屋宇。（民國《開平縣志》卷一九《前事》；民國《恩平縣志》卷一三《紀事》）

　　大水，蟲食禾稼，葉盡。（民國《霸縣新志》卷六《灾異》）

　　水。（光緒《永年縣志》卷一九《祥異》）

　　久雨，南北各崩二十丈。（萬曆《廣東通志》卷三九《城池》）

　　異水復至，漂流房屋人畜近六十里。（乾隆《荊門州志》卷三四《祥異》）

　　旱。丁丑，雨霖。（民國《重修滑縣志》卷二〇《祥異》）

　　大旱，湖水盡涸。（同治《江夏縣志》卷八《祥異》）

　　大旱，田出黑鼠，徧原隰，人多掘食之，尋爲鯽。（光緒《孝感縣志》卷七《災祥》）

　　河決狼旋、磨臍二口，蒙陰、馬陵山水俱發，邳、宿俱沈釜底。（咸豐《邳州志》卷六《民賦下》）

　　大風雨，海嘯河溢，淮沭諸水並漲，漂溺無算。（嘉慶《海州直隸州志》卷三一《祥異》）

　　大水。（崇禎《瑞州府志》卷二四《祥異》；同治《續輯漢陽縣志》卷四《祥異》；光緒《德平縣志》卷一〇《祥異》；光緒《諸暨縣志》卷一八《災異》；民國《萬載縣志》卷一《祥異》）

　　雨，害稼。（道光《觀城縣志》卷一〇《祥異》）

　　霸河水溢，壞民舍。（光緒《藍田縣志》卷三《紀事沿革表》）

　　大水，城中可通小舟。（康熙《永康縣志》卷一五《祥異》）

　　夏秋，霪雨傷禾稼，平地溢水生魚。（光緒《壽張縣志》卷一〇《雜事》）

夏秋，大水，漳水決，入本縣故道。（民國《成安縣志》卷一五《故事》）

夏秋，不雨，旱，螽。（道光《桐城續修縣志》卷二三《祥異》）

秋，霪雨，堤決，縣西禾稼盡淹，棉花空殼。（乾隆《雞澤縣志》卷一八《災祥》）

春，雪折樹。（康熙《成安縣志》卷四《總紀》）

春，蝗。（光緒《保定府志》卷四〇《祥異》）

夏，大水。（光緒《正定縣志》卷八《災祥》）

夏，雨雹傷禾。（乾隆《修武縣志》卷九《災祥》）

夏，汝水忽變，其味甚惡，飲者洞瀉，人皆汲泉為炊，旬日後始如故。秋，大水，無禾。（康熙《汝寧府志》卷一六《災祥》）

安鄉旱。（同治《直隸澧州志》卷一九《荒歉》）

縣西潛塘段，蛟傷民田。（同治《瀏陽縣志》卷一四《祥異》）

潛江大旱。（康熙《安陸府志》卷一《郡紀》）

水沒城，龍坑堤決，民大荒。（康熙《景陵縣志》卷二《災祥》）

旱甚於常。冬無雪而霾，竹木經春不發。（光緒《福安縣志》卷三七《祥異》）

（邵武）登雲橋，舊名“永福”，俗呼“弔橋”，萬曆二十年復圮於水。（乾隆《福建通志》卷八《橋梁》）

泗州旱。是年七、八月間，并十八、十九年等年，常起大風，二三日不止，驚濤掀拍。夏，大水，幸破高堰，四十餘里堤城賴全。（萬曆《帝鄉紀略》卷六《災患》）

雨蓮實。（民國《高淳縣志》卷一二《祥異》）

雨水大發，淹漫汶、濟。（康熙《兗州府志》卷一七《河渠》）

雹傷麥。（康熙《莒州志》卷二《祥異》）

夏，大水，漂西關廬舍。（同治《黃縣志》卷五《祥異》）

知縣何出圖禱雨有應。（康熙《長子縣志》卷三《廟祠》）

支河決而東，圍縣三月。（乾隆《大名縣志》卷八《圖說》）

（原脱"二"）十年，蝗。（乾隆《新安縣志》卷七《譏祚》）

久雨，田苗盡没。知縣周子文親歷鄉村，相度形勢，以滹沱河水爲害，乃自張官鋪增築隄障，以殺其泛濫之勢，又濬周通村水入於大河，以順其下流之常。禾麥穗秀，是歲有年。（乾隆《衡水縣志》卷一一《譏祥》）

大水。虫食禾。（萬曆《保定縣志》卷九《附災異》）

大水。有虫食禾葉。（康熙《霸州志》卷一〇《災異》）

遭大水，潴没縣城。（順治《延慶州志》卷八《藝文》）

夏秋，真、順、廣、大四府水。漳水決，入成安故道；雞澤水潰隄；御河決，汎清河，漂没田廬，直抵清河城下，由古黄河流去。（光緒《廣平府志》卷三三《災異》）

夏秋，不雨，蝱。（康熙《安慶府志》卷六《祥異》）

夏秋，不雨，蟲。（民國《宿松縣志》卷五三《祥異》）

夏秋，不雨，旱，蟲。（民國《潛山縣志》卷二九《祥異》）

夏秋，淫雨傷禾，平地溢水，生魚。（崇禎《鄆城縣志》卷七《災祥》）

秋，暴雨浹旬，週遭盡圮，兼漳水附郭，浸撼難禦。（康熙《大名府志》卷一《境内圖説》）

秋，澇，水深丈許，濤聲震撼者兩閲月，樓垂圮〔圮〕，廡庖垣牖悉蕩波。（康熙《元城縣志》卷二《學校》）

秋，大水，漂民房，崩民田，上下數十里。（順治《固始縣志》卷九《菑異》）

秋，大水，漂民舍田禾。（嘉慶《息縣志》卷八《災異》）

秋，霖雨，漳衛河溢，潴毀田禾廬舍。（乾隆《内黄縣志》卷六《編年》）

冬，細雨成冰，草木凍折。（民國《東明縣新志》卷二二《大事記》）

旱。（乾隆《望江縣志》卷三《災異》）

大水壞城北門。（光緒《開州志》卷一《祥異》）

# 萬曆二十一年（癸巳，一五九三）

## 正月

朔，雷。（萬曆《秀水縣志》卷一〇《祥異》）

霪雨，至七月方止，水入城市，壞民田廬。民饑，盜起，死徒〔徙〕盈路。（嘉慶《懷遠縣志》卷九《五行》）

大雪七日。是年旱。（道光《龍安府志》卷一〇《祥異》）

大雪七日。是年旱，邑侯李發倉賑貸。（嘉慶《內江縣志》卷五二《祥異》）

## 二月

丙戌朔，樂昌縣地震，有聲。（《明神宗實錄》卷二五七，第 4775 頁）

庚寅，貴陽大風雹。（《國榷》卷七六，第 4694 頁）

庚戌，遼東大毛山墜火如雞子，即夜雨雪。（《國榷》卷七六，第 4695 頁）

雷震宜都大成殿。（光緒《荊州府志》卷七六《災異》）

大雪，平地尺餘。是年豐。（光緒《冠縣志》卷一〇《祲祥》）

朔，省城大風雹。（乾隆《貴州通志》卷一《祥異》）

二十七日，雷震學宮正殿。（同治《宜都縣志》卷四下《雜記》）

天鼓鳴于永昌，自子至寅，大風拔樹。（康熙《永昌府志》卷二三《災祥》）

至秋七月，淫雨大水。（民國《棗強縣志》卷八《災異》）

## 三月

三日，黑風大作，自旦徹宵，人皆迷失。（康熙《商丘縣志》卷三《災祥》）

三日，晝晦。（光緒《鹿邑縣志》卷一六《災祥》）

烈風拔樹，覆廬壞舟，壓死者甚眾。（同治《霍邱縣志》卷一六《祥異》）

二十一日，大風霾，晝暝如夜。（萬曆《臨城縣志》卷七《事紀》）

霪雨，自三月至於八月。冬，大饑，人食樹皮草根俱盡。（民國《確山縣志》卷二〇《大事記》）

大雨，自三月至八月，黑風四塞，雨若懸盆，魚游城闉，舟行樹杪，連發十有三次。是冬，大饑，器資、牲蓄〔畜〕、樹皮、草根俱盡。（康熙《汝陽縣志》卷五《機祥》）

## 四月

己丑，辰時，館陶縣天鼓鳴。（《明神宗實錄》卷二五九，第4803頁）

戊戌，雷震孝陵，大水。（《國榷》卷七六，第4700頁）

初九日申時，雷震府文廟及明倫堂。（乾隆《龍溪縣志》卷二〇《祥異》）

大霖雨，無麥。連雨二月，麥盡被潦。（民國《大名縣志》卷二六《祥異》）

大寒，人有凍死者。秋，大水，無麥禾。（康熙《杞紀》卷五《繫年》）

月初，霪雨。至於八月，四野瀰漫，舟筏遍地，二麥漂没，秋種不得播，民間室廬衝圮，米珠薪桂，比户嗷嗷，始食魚鰕，繼剮樹皮、抉草根，後復同類相殘。（民國《項城縣志》卷三一《祥異》）

雨，至七月方止。（康熙《內鄉縣志》卷一一《災祥》）

大寒，民有凍死者。（民國《壽光縣志》卷一五《大事記》）

大寒，有凍死者。秋，大雨水，傷禾。（乾隆《昌邑縣志》卷七《祥異》）

大寒，民有凍斃者。（乾隆《濰縣志》卷六《祥異》）

大寒，民有凍死者。秋，大水，無麥禾。（康熙《續安丘縣志》卷一

《總紀》）

大寒，有凍死者。秋，大水，無麥禾。大饑，人食木皮。（嘉慶《昌樂縣志》卷一《總紀》）

初旬，霪雨，抵八月方止，四野彌漫，室廬頹圮，夏麥飄沒，秋種不得播。百姓嗷嗷，始猶食魚鰕，繼則餐樹皮、草根，後乃同類相食。饑莩滿溝壑，白骨枕原野，誠人間未有之災也。上發內帑銀三萬兩賑濟，民賴以全活。（順治《商水縣志》卷八《災變》）

大霖雨，夏秋未登。民至父子不顧，盜賊蜂起。（嘉慶《魯山縣志》卷二六《大事記》）

春，民饑。四月後，大雨壞麥。（乾隆《東明縣志》卷七《灾祥》）

至六月，不雨。（雍正《瑞昌縣志》卷一《祥異》）

霪雨，自四月朔日至七月止。（康熙《淅川縣志》卷八《災祥》）

初旬，霪雨，抵八月方止，四野瀰漫，室廬頹圮，夏麥飄沒，秋種不得播，百姓嗷嗷。始猶食魚鰕，繼則餐樹皮、草根，後乃同類相食。餓莩滿溝壑，白骨枕原野，誠人間未有之災也。（乾隆《陳州府志》卷三○《雜志》）

大雨，自四月至八月不止，麥盡爛，秋禾壞。民大饑，如十六年。（道光《城武縣志》卷一三《祥祲》）

大雨，自四月至八月不止，公署、廟宇皆傾圮。（民國《定陶縣志》卷九《災異》）

大雨，自四月至八月不止，公署、廟宇、民舍皆傾圮，麥盡爛，秋禾壞，城中窪處行船。次年春，知縣郭養民開城東北隅，鑿渠放水。歲大饑。（光緒《曹縣志》卷一八《災祥》）

## 五月

己巳，南京吏科給事中陳容淳以祖陵雷火，上疏署曰：“本月十四日卯時，雷電交作，見於祖陵，本所頭鋪地方大松樹孔中，忽然起火，竟日方滅。夫雷，天之號令也……”（《明神宗實錄》卷二六○，第4823頁）

丙子，戶部題覆：“科臣王德完、劉弘寶所奏鳳、淮、揚三府災水（廣

本、抱本作‘水災’）特甚，議行蠲賑。”從之。（《明神宗實錄》卷二六〇，第4831頁）

邳州、高郵、寶應大雨水，湖決壞隄。沈丘大霖雨，傷稼。（《國榷》卷七六，第4703頁）

庚申，薊鎮青山口雷火，焚台內火箭，斃官軍數千人。（民國《遷安縣志》卷五《記事篇》）

大水淹麥。秋，大水淹稼。是年夏秋，霪雨彌月，平地水深數尺，破堤浸城，出入以舟。沙、潁等河堤決，漂沒民舍，死者無算，城郭圮壞，斗豆銀二錢。（民國《淮陽縣志》卷八《災異》）

大水淹麥。秋，霪雨傷禾，大饑。冬，發帑，遣使來賑。是年秋，縣城四隅，積水成湖，僻巷水深二三尺，民間在街市網魚，大吏上其事。冬，上發帑三十萬，遣使賑貸中州，西華與焉。（民國《西華縣續志》卷一《大事記》）

大水淹麥。（乾隆《杞縣志》卷二《祥異》）

大雨，邳城陷水中。（同治《徐州府志》卷五下《祥異》）

大水。（萬曆《鉅野縣志》卷八《災異》；咸豐《邳州志》卷六《民賦下》）

大雨，河決單縣黃堌口。（乾隆《曹州府志》卷一〇《災祥》）

黑羊灘大水泛漲，土河一帶田禾盡被淹沒。（康熙《壽張縣志》卷五《食貨》）

大雨。麥盡腐。秋，大水，人相食，發帑銀賑濟。（光緒《扶溝縣志》卷一五《災祥》）

大水淹麥。秋，大水淹稼。時霪雨連月，平地水深數尺，破堤侵城，四門道路不通，出入以舟。沙、潁等河堤決橫流，桑田成河，漂浸民舍，死者無筭，城郭圮〔圮〕壞，災傷最甚。米豆一斗價至銀二錢。（康熙《續修陳州志》卷四《災異》）

大水淹麥。秋，大水淹稼。時霪雨連月，平地水深數尺，破堤侵城，四門道路不通，出入以舟，沙、潁等河堤決橫流，桑田成河，漂沒民舍，死者

無算，城郭圮〔圯〕壞，災傷最甚。米豆一斗價至銀二錢。(乾隆《陳州府志》卷三〇《雜志》)

大雨渰麥。夏秋，霪雨渰禾。(民國《太康縣志》卷一《通紀》)

大雨，四方水湧入城，東北二市通舟。(雍正《靈川縣志》卷四《祥異》)

大雨，水漲。(乾隆《興安縣志》卷一〇《祥異》)

春，大饑。五月，黑羊灘大水泛漲，土河一帶田禾盡淹。(光緒《壽張縣志》卷一〇《雜事》)

五、六月，怪風猛雨，海嘯河溢，淮、沭、泇、濛諸水會合，衝決萬萬計。(乾隆《淮安府志》卷二五《五行》)

大雨至七月，禾稼盡傷，民食□根樹皮。(乾隆《裕州志》卷一《祥異》)

大雨至八月，麥粟淹没，米價十倍。(光緒《菏澤縣志》卷一八《雜記》)

霪雨不止，至八月，二麥登而盡絕。秋，無禾。冬，大饑，群盜四起。(順治《沈丘縣志》卷一三《災祥》)

## 六月

乙酉，常寧縣黃洞蛟出，水大溢，壞城舍人畜。(《國榷》卷七六，第4703頁)

初二日漏下二鼓，常寧黃崗有蛟出，水大溢，高至數丈。縣之西江一帶民居盡傾壞，城爲之圮，漂溺不下千人，有閭門五十餘口一時葬魚腹者。所没民田不可勝筭。(乾隆《衡州府志》卷二九《祥異》)

初三日，大水漫堤，知縣程鵬搏建議加修。(萬曆《臨城縣志》卷七《事紀》)

六日，大水，没民居，丹江衝風雲雷雨壇。(乾隆《直隸商州志》卷一四《災祥》)

十一夜，大雨震雷，城中外水深數丈。(同治《新城縣志》卷一《禨祥》)

十二日，大水，平地深丈餘，壞廬舍，溺死人民甚眾。(光緒《邵武府

志》卷三〇《祥異》）

邳、宿大水，溺死人畜無算，督撫請留南糧賑之。（同治《宿遷縣志》卷三《紀事沿革表》）

十二日，大水。（民國《建寧縣志》卷二七《災異》）

大風拔木。（乾隆《濰縣志》卷六《祥異》）

河決汶上、魚臺、濟寧、鉅野。是年，賑山東饑。（民國《山東通志》卷一〇《通紀》）

邳、宿大水，溺死人畜無算，督撫請留南糧賑之。（同治《宿遷縣志》卷三《紀事沿革表》）

邳州、宿遷溺死人無算。案，是時，河決單縣黃堌口。是年，徐、蕭大饑，人相食，疫盛行，死者載道。沛、豐亦苦霖雨，凡三月，人有食草木皮者。（同治《徐州府志》卷五下《祥異》）

樂清自六月至九月不雨，大饑。十月初五日，龍自寒坑經白溪入海，雹大如碗，毀瓦折木，飛沙走石。（萬曆《溫州府志》卷一八《災變》）

不雨，人大恐。（同治《德興縣志》卷六《名宦》）

洪水，由西路入城，壞田廬，死者無筭。（道光《重纂光澤縣志》卷一《時事表》）

大水害稼。（乾隆《將樂縣志》卷一六《災祥》）

二十四日，大水，平地丈餘，人民溺死，城垣圮，田宅壞。（民國《泰寧縣志》卷三《大事》）

春，大旱。自夏六月至秋八月，霪雨無禾，詔振饑。（乾隆《諸城縣志》卷二《總紀上》）

不雨，至秋九月，大饑。（光緒《樂清縣志》卷一三《災祥》）

## 七月

甲寅，先是，工科都給事中劉弘寶等題："總理河道尚書舒應龍（疑脱'以'字）霪雨異常，疏請賑沿河各州縣。又本部署部事左侍郎沈節甫題：浙直間閭蕭條，乞停龍袍之運。"至是，工部覆："淮徐（廣本、抱本作

‘徐淮’）一帶被水災民，敕撫按作速勘實，破格蠲賑。浙直織造龍袍，除春運已到外，以後未到運數量免一二，以節民力。”不允。（《明神宗實錄》卷二六二，第4848頁）

乙卯，夜五鼓，彗星見于井度，長三尺餘（廣本、抱本作“許”）。（《明神宗實錄》卷二六二，第4848頁）

甲子，臣等夜視彗星，漸近紫微垣，于象為君，于地為藏神，布政之所，尤不可不深畏。（《明神宗實錄》卷二六二，第4856）

乙亥，彗星逆行入紫微垣，犯華蓋星。（《明神宗實錄》卷二六二，第4864頁）

丙子，霍丘、霍山二縣大雨，潪没田廬人畜無筭。（《明神宗實錄》卷二六二，第4866頁）

辛巳，夜四更，火星逆行，入室度。（《明神宗實錄》卷二六二，第4867頁）

丙辰，滎〔榮〕河縣大雷雨，冰雹，傷稼十餘里。（《國榷》卷七六，第4705頁）

己卯，固始南山蛟蜃同起，大雷雨，水溢，壞人畜。（《國榷》卷七六，第4706頁）

初五日，大雷，雨水，雹，城周圍十餘里一時禾稼殆盡，雹大如雞卵。（光緒《榮河縣志》卷一四《祥異》）

二十一日，蛟龍並起，水入城，深數丈，山谿室廬田地盡爲衝壓漂没之，屍相枕籍。（雍正《瑞昌縣志》卷一《祥異》）

大水。（同治《霍邱縣志》卷一六《祥異》）

二十七日，南山蛟蜃同時起，雷雨大作，水漫山腰，東河水上高家十字街，山中人畜半夜陡衝，隨水而下，婦女尚臥匡床，呼救之聲徹于兩岸，無法可施，為之嘆息而已。是年，潁、亳、陳、蔡流莩以數千計，來逃荒搶米，亦數十年大變也。（順治《固始縣志》卷九《菑異》）

雨雹如石，壞屋宇。（同治《香山縣志》卷二二《祥異》）

旱。（道光《高要縣志》卷一〇《前事畧》）

## 八月

壬午朔，霍州及洪洞縣地震有聲。（《明神宗實錄》卷二六三，第4869頁）

癸未，大學士王錫爵密奏："臣連夜仰觀乾象，見彗星已入紫微垣。"（《明神宗實錄》卷二六三，第4869頁）

甲申，總理河道舒應龍疏："五月既望以來，大雨傾注，河流漲溢，邳州城邑業已陷没，高寶等處湖堤衝決。及今修築，其要有四：一，優夫役，在從寬估；二，亟賑貸，冀發帑金及所積金花銀；三，溥聖惠，徐淮數郡，山東、河南二省，均乞徧及；四，專委任，在假河臣便宜。"下所司議。（《明神宗實錄》卷二六三，第4873頁）

甲午，辰時，太白見井度。（《明神宗實錄》卷二六三，第4880頁）

癸卯，户部覆御史綦才所奏鹽場濱海水災，三十鹽場被災，竈丁分別極次貧，計算丁口，動支運司倉貯備穀二千一百八十石，并收貯巡鹽項下積餘贓罰，與挑河等銀内通融湊賑。從之。（《明神宗實錄》卷二六三，第4888頁）

甲辰，户部覆："江北水患，截留備倭漕糧二十萬石，賑散災黎。"（《明神宗實錄》卷二六三，第4889頁）

庚戌，今天下水旱饑饉之災，連州亘縣公私之藏，甚見匱詘〔絀〕。（《明神宗實錄》卷二六三，第4892頁）

雨雹，是年大饑。（乾隆《昌邑縣志》卷七《祥異》）

大雨，水傷禾稼，大饑。（乾隆《濰縣志》卷六《祥異》）

洪洞大雨雹傷禾，雹如雞卵，或如拳，約二尺餘，殺城東六村秋禾殆盡。（萬曆《平陽府志》卷一〇《災祥》）

風雨暴作，怒濤挾漂水衝齧北門，又圮。（光緒《興化府莆田縣志》卷四《津梁》）

朔，晚，大雨暴風，潮湧壞民田，覆舟，溺死無數。（道光《新修羅源縣志》卷二九《祥異》）

## 九月

癸丑，戶部覆廬、鳳、淮、揚水災特甚，除京運錢糧照舊徵納，其餘照各州縣被災輕重，分別蠲賑。從之。（《明神宗實錄》卷二六四，第4895頁）

壬戌，茂州地震。（《明神宗實錄》卷二六四，第4906頁）

戊辰，戶部覆河南重罹水災，開封、歸德、河南三府，并汝州所屬州縣係河之南，俱照災重，例不分正兌、改兌，每石折銀五錢徵解太倉，候給軍餉。其彰德、衛輝、懷慶三府所屬州縣，係河之北，原無重災，尚堪出辦，仍照舊徵納本色，坐撥天津、薊、密等倉。從之。（《明神宗實錄》卷二六四，第4919～4920頁）

甲戌，夜四更，火星逆行，入室度。（《明神宗實錄》卷二六四，第4928頁）

霜殺禾稼。（道光《徽州府志》卷一六《祥異》）

霜旱。福安錦屏火。（乾隆《福寧府志》卷四三《祥異》）

冬，烈風雷雨，時值冬後。（民國《臨汾縣志》卷六《雜記》）

武、江、宜三縣雹災，漕糧改折三分。（萬曆《常州府志》卷七《賑貸》）

雹災，漕糧每石折銀五錢，省免輕齎等銀二千二百六十八兩五錢七分九釐。（嘉慶《重刊宜興縣舊志》卷末《祥異》）

霜旱。（民國《霞浦縣志》卷三《大事》）

## 十月

丙戌，武進、江陰等縣大水雹，損五穀。（《明神宗實錄》卷二六五，第4934頁）

戊戌，陝西天鼓鳴，星隕大如斗。（《明神宗實錄》卷二六五，第4936頁）

辛丑，戶部覆湖廣撫按及鄖陽巡撫報寶慶、長沙、荊襄等處水患異常，

議改折、緩徵、蠲免、賑濟四事。上依議行。（《明神宗實錄》卷二六五，第 4937 頁）

五日，龍出寒坑，由白溪入海，雨雹大如椀，砂飛石走。（光緒《樂清縣志》卷一三《災祥》）

雹，稻偃泥中。（民國《高淳縣志》卷一二《祥異》）

## 十一月

辛亥朔，卯時，日當食不食。（《明神宗實錄》卷二六六，第 4941 頁）

癸丑，戶部覆浙江巡按彭應參所報各屬地方亢旱異常，分別蠲折賑濟。從之。（《明神宗實錄》卷二六六，第 4941 頁）

己巳，戶部題覆江西撫按所奏，建昌府屬新城、南城、瀘溪，併上饒、鉛山等縣水旱災傷，輕重不等，酌量改折蠲賑。從之。（《明神宗實錄》卷二六六，第 4953 頁）

## 閏十一月

畫晦。（康熙《堂邑縣志》卷七《災祥》）

## 十二月

壬申，禮部類題本年災異。七月，鳳陽府霍丘縣、廬州府霍山縣同日發蛟，水高數丈，淹沒人民田地無筭。正月、二月，薊、遼、保定青山口，夜有星飛來，如敵臺大，炯炯有聲，餘光若彗，約長二十餘丈。大毛山，夜，本臺旗杆上有火一塊，并楼房上各獸頭俱有火塊，如鷄子大，且有響聲。陝西三邊十月，見一星如斗落地，天鼓鳴如雷。山東青州府及樂昌縣於二月初一，地動有聲。館陶縣天鼓鳴，随見火光，向西而下，鼓聲随之。宣府柴溝堡及寧夏、山西霍州等虜地震。南京孝陵松木雷擊成爐。常州府十月，雷雨震天，冰雹交作，大者如石，殺五穀，無遺穗。請修省。不報。（《明神宗實錄》卷二六八，第 4993 頁）

## 是年

春，水，大饑。（崇禎《鄆城縣志》卷一〇《祥異》；民國《鄆城縣記》第五《大事篇》）

春，旱。冬，稔。（咸豐《興甯縣志》卷一二《災祥》）

春，旱。秋，大雨，淹没民田殆盡。（民國《增修膠志》卷五三《祥異》）

春，旱。秋，大雨，湮没民田殆盡。（道光《膠州志》卷三五《祥異》）

春夏，霪雨。（康熙《上蔡縣志》卷一二《編年》）

夏，霪雨三月，人食草木皮。次年春，瘟疫大作。（光緒《豐縣志》卷一六《災祥》）

夏，洪水自西山瀰湃而來，平地深數丈，洪、汝兩河汎濫，自李莊橋孫招等處，凡人物房産衝陷殆盡，無麥禾，人民疫。（民國《新蔡縣志》卷一〇《雜述》）

夏，澮水暴漲，漂溺東河廬舍。（民國《翼城縣志》卷一四《祥異》）

夏，霪雨，飢。（光緒《日照縣志》卷七《祥異》）

大水泛濫，關市幾没，次年亦如之，禾稼皆傷。（光緒《泗虹合志》卷一《祥異》；光緒《五河縣志》卷一九《祥異》）

霪雨漂麥，大水，樹秒〔杪〕生根。冬，大饑。（民國《太和縣志》卷一二《災祥》）

水浸泗州城，民半徙城埠，半徙盱山。（光緒《盱眙縣志稿》卷一四《祥祲》）

大水。（萬曆《嘉定縣志》卷一七《祥異》；康熙《沂水縣志》卷五《祥異》；道光《長清縣志》卷一六《祥異》；道光《大姚縣志》卷四《祥異》；道光《滕縣志》卷五《灾祥》；同治《即墨縣志》卷一一《災祥》；同治《續輯漢陽縣志》卷四《祥異》；光緒《寶山縣志》卷一四《祥異》；光緒《江東志》卷一《祥異》；民國《重修蒙城縣志》卷一二《祥異》；民國《成安縣志》卷一五《故事》）

大旱。（民國《連城縣志》卷三《大事》）

大水入城，東北二市通舟，復開正東門，塞朝陽門。（民國《靈川縣志》卷一四《前事》）

大雨成災。（民國《霸縣新志》卷六《災異》）

大水，禾盡淹，大饑，人相食。（民國《許昌縣志》卷一九《祥異》）

雨黑黍，地震，自北而南，大水。（嘉慶《如皋縣志》卷二三《祥祲》）

大水，通湖橋圯〔圮〕，隄決五百餘丈。（嘉慶《高郵州志》卷一二《雜類》）

霪雨，城門圮，王潭孫中書舍人乾昌捐葺之。（民國《川沙縣志》卷一《大事年表》）

雨黑黍，地震。（光緒《通州直隸州志》卷末《祥異》）

沛、豐苦霖雨凡三月，人有食草木皮者。（民國《沛縣志》卷二《沿革紀事表》）

河決清河之王家營，戶部覆准將淮屬未完漕折銀萬七千一百八十餘兩，扣留振濟，又發臨清倉米，設廠振粥，至明年麥熟乃止。（光緒《安東縣志》卷五《民賦下》）

夏，淮水決高堰，衝泥甸橋、三里湖、氾水鎮，潯没田廬人畜，死者無算。（道光《重修寶應縣志》卷九《災祥》）

揚州漕堤決。（乾隆《江都縣志》卷二《祥異》）

雹。（道光《江陰縣志》卷八《祥異》）

大旱，疫，道殣相枕籍。（民國《萬載縣志》卷一《祥異》）

大水，衝決田。（民國《商南縣志》卷一一《祥異》）

天皷鳴於永昌，自子至寅，大風拔樹。（光緒《永昌府志》卷三《祥異》）

又無雨，大饑。（民國《台州府志》卷一三四《大事略》）

餘姚旱。（乾隆《紹興府志》卷八〇《祥異》）

自夏至秋，淫雨，害稼。（咸豐《郟縣志》卷一〇《災異》）

饑，冬不雨。（同治《湖州府志》卷四四《祥異》）

冬，木冰。（乾隆《汀州府志》卷四五《祥異》）

蝗飛蔽天。（乾隆《樂陵縣志》卷三《祥異》）

雨雹傷稼。（民國《太谷縣志》卷一《年紀》）

春，大水。秋，潦。（康熙《莒州志》卷二《災異》）

春，雨雹，無麥。（乾隆《陽武縣志》卷一二《灾祥》）

春，淫雨。秋，河溢，平地水深數尺，無麥禾，城垣民居傾圮大半。（乾隆《靈璧縣志略》卷四《災異》）

春夏，霪雨，入秋更甚，田隴廬舍崩壞殆盡，溺死者無算。（康熙《上蔡縣志》卷一二《編年》）

春夏，霪雨，歷秋彌甚，勢若傾注，淮汝橫溢，舟行於途，人棲于木，田禾廬舍崩壞殆盡，其溺而死者無算。是冬大饑，群盜四起。（萬曆《汝南志》卷二四《災祥》）

夏，旱魃肆災，侯步懇禱，赫赫若有神應，甘霖驟霆，年稱大有。（光緒《平湖縣志》卷九《壇廟》）

夏，淮水決高堰，衝泥甸橋、三里湖、氾水鎮，潏没田廬，人畜死者無算。（民國《寶應縣志》卷五《水旱》）

入夏，久雨淹麥，水漲至東門內儒學前陸地丈許，舟在樹末，城圮者半，廬舍禾稼一空，男女、嬰兒、牛畜、豕豬掛樹間累累相望，樹杪頓生根。冬大饑，是年四粮俱免。（順治《潁上縣志》卷一一《災祥》）

夏久雨，傷麥。潁水入城東門，深丈許，城半圮，廬舍禾稼一空，人畜漂没挂樹間，樹巔生根，大饑，免賦。（光緒《潁上縣志》卷一二《祥異》）

夏，潦雨漂麥，水漲及城，至秋始平。（順治《潁州志》卷一《郡紀》）

夏，雷擊殺掖民吳過夫婦。（萬曆《萊州府志》卷六《災祥》）

夏，大雨，壞麥。（康熙《長垣縣志》卷二《災異》）

夏，霪雨四十餘日，所在淹没，雖高地亦澇而無收。至次年春，食榆皮，人相食。（康熙《費縣志》卷五《災異》）

夏，霪雨四旬餘，無禾。（光緒《費縣志》卷一六《祥異》）

夏，淫雨，沂州、莒州、費縣、蒙陰、日照饑。（乾隆《沂州府志》卷一五《記事》）

夏，大雨三日，已而水至，麥盡漂没，有朽化爲黑蝶者。城圮垣頹，里舍遥通。秋，大水。（萬曆《汶上縣志》卷七《災祥》）

永寧旱。（康熙《貴州通志》卷二七《災祥》）

水漲，復潰。（光緒《惠州府志》卷五《津梁》）

恒雨，逾年三月乃止。（光緒《惠州府志》卷一七《郡事上》）

邑大水，民居漂没甚多。（道光《新寧縣志》卷三一《祥異》）

郡大旱，及次年甲午郡大饑，斗米值價銀一錢五分。（乾隆《衡州府志》卷二九《祥異》）

暑雨，鍾邑黄家灣、翟家口、馬家觜、操家口皆决。（同治《漢川縣志》卷一四《祥祲》）

大水，飢。（乾隆《鍾祥縣志》卷一五《祥異》）

水入城。（康熙《景陵縣志》卷二《災祥》）

霪雨害稼，自夏徂秋，平地水高丈餘，人多溺死。（道光《汝州全志》卷九《災祥》）

大霖雨，五月弗已。（光緒《南陽縣志》卷三《建置》）

大澇，民大饑。（嘉慶《商城縣志》卷一四《災祥》）

旱，大饑，人相食。（乾隆《羅山縣志》卷八《災異》）

大雨兩月，麥禾盡没，人相食，饑莩載道。（民國《西平縣志》卷三四《災異》）

沙河復大漲，□西門甕城。（民國《郾城縣志》卷一二《職官》）

旱，民饑，敖文貞《田家謡》曰："一年水潦一年乾，猶記前年稻米殘，斗種百錢無處買，何須風雨更添寒。"（崇禎《瑞州府志》卷二四《祥異》）

大旱，饑。冬陰晦連月。（乾隆《寧州志》卷二《祥異》）

大水進城。（乾隆《鳳陽縣志》卷一五《紀事》）

淮水漲，平地行舟。（天啟《鳳陽新書》卷四《星土》）

淮水大漲，高堰決二十二口。（民國《安徽通志稿‧淮系水工》）

海寧城外海沙可七八里，際城五丈為塘。是年沙没，海水直叩塘址。（乾隆《寧志餘聞》卷八《災祥》）

淮漲，廟灣大水。（民國《阜寧縣新志》卷九《水工》）

河決王家營。（民國《王家營志》卷六《雜記》）

雨黑黍。（乾隆《直隸通州志》卷二二《祥祲》）

大水，雨黑黍，地震。（光緒《泰興縣志》卷末《述異》）

高郵、寶應大水，決河隄。（嘉慶《揚州府志》卷七〇《事略》）

霪雨連月，民饑，食樹皮草子。（光緒《泗水縣志》卷一四《災祥》）

大水，饑。（乾隆《新泰縣志》卷七《災祥》）

大雨，五穀淖没。次年大饑。（萬曆《沂州府志》卷一《災祥》）

萊州府大水。（雍正《山東通志》卷三三《五行》）

霪雨四十餘日，田禾盡没。（道光《重修平度州志》卷二六《大事》；民國《高密縣志》卷一《總紀》）

大旱，饑。（乾隆《平原縣志》卷九《災祥》）

蝗飛蔽天，自西北來，由三岔散去。（康熙《利津縣新志》卷九《祥異》）

賀天保，字石泉，寧夏衛人。癸巳，廣武大水，兵民三日乏食，天保出家所積粟數百石，按口計散。（乾隆《寧夏府志》卷一六《人物》）

旱，大饑。（康熙《寧遠縣志》卷三《災祥》；光緒《嶧縣志》卷一五《災祥》）

大水，敗外城三之一。（乾隆《雒南縣志》卷二《城池》）

知縣馬鐸以北門直突，築北甕城，建宣威門。東門圮於水。（乾隆《同官縣志》卷二《城池》）

大水，傍渭居民溺死甚眾。（光緒《三續華州志》卷四《省鑒志補遺》）

大水，傍渭居民溺死者眾。（乾隆《華陰縣志》卷二一《紀事》）

大雨。（康熙《霸州志》卷一〇《災異》）

夏秋，大水。冬，大饑。雨，自春徂秋，淮汝橫溢，舟行于陸，民舍田禾盡没，民多溺死。（嘉慶《息縣志》卷八《災異》）

大旱，至秋不雨，民采蕨充食。（道光《新化縣志》卷三三《祥異》）

又旱。（乾隆《望江縣志》卷三《災異》）

自夏至秋，霪雨害稼。（道光《寶豐縣志》卷一六《雜記》）

婺源，秋，旱，又地坼泉出。（道光《徽州府志》卷一六《祥異》）

秋，隄決，洪水至。（嘉慶《東臺縣志》卷七《祥異》）

秋，滹沱河移渠城外，大水。（康熙《安平縣志》卷一〇《災祥》）

秋，旱，田皆龜拆〔坼〕。九月初，隕霜傷禾稼。（民國《婺源縣志》卷七〇《雜志》）

秋，大雨浹旬，水泛溢，橋梁盡圮，田畝半爲衝没，米價騰貴。（光緒《姚州志》卷一一《災祥》）

秋，旱。（光緒《道州志》卷一二《拾遺》）

秋，河決，虞城、符離隄橋俱潰，州境半爲澤國。至二十二年、二十三年民多流亡。（光緒《宿州志》卷三六《祥異》）

冬，不雨。（崇禎《烏程縣志》卷四《災祥》）

大水，決湖隄。（道光《續增高郵州志·災祥》）

秋，地震。次冬夜，復震。（雍正《慈谿縣志》卷一二《紀異》）

# 萬曆二十二年（甲午，一五九四）

## 正月

甲申，山西寧鄉縣地震。（《明神宗實錄》卷二六九，第4997頁）

乙酉，河津、稷山皆地震。（《明神宗實錄》卷二六九，第4997頁）

戊戌，是夜，保定青山口有飛星甚大，餘光若彗，長二十餘丈。（《明神宗實錄》卷二六九，第4999頁）

壬寅，工科給事中桂有根以江北、河南、山東水災，條上弭荒事，宜發帑藏以蘇重困，停徵額以示寬恤。（《明神宗實錄》卷二六九，第5004頁）

元旦，雷雨。（崇禎《烏程縣志》卷四《災異》；同治《湖州府志》卷四四《祥異》；同治《長興縣志》卷九《災祥》；光緒《嘉善縣志》卷三四《祥眚》；光緒《嘉興府志》卷三五《祥異》；光緒《石門縣志》卷一一《祥異》；民國《重修秀水縣志·災祥》）

元旦，雨雪。（光緒《歸安縣志》卷二七《祥異》）

朔，震雷，大雪，至初三日止。（雍正《寧波府志》卷三六《祥異》；同治《鄞縣志》卷六九《祥異》）

朔，震雷，大雪三日止。（光緒《慈谿縣志》卷五五《祥異》）

朔，雷震，大雪三日。（乾隆《象山縣志》卷一二《機祥》）

無冰。（光緒《泗水縣志》卷一四《災祥》）

元旦，大雷。（乾隆《錫金識小録》卷二《祥異補》）

雷鳴。民大饑，時五穀極貴，草根木皮人藉爲食，僵殍相望，同類相食，流民抛棄兒女於路，不顧而去。（康熙《續修陳州志》卷四《災異》）

## 二月

庚戌朔，昌樂縣地震。（《明神宗實録》卷二七〇，第 5009 頁）

壬子，開封、通許、鄢陵、許州、臨潁〔穎〕、歸德、睢州皆地震。（《明神宗實録》卷二七〇，第 5010 頁）

丙辰，山西陽曲、平定、定襄皆地震。（《明神宗實録》卷二七〇，第 5011 頁）

甲子，先是河南大雨，五穀不升。給事中楊東明繪饑民圖以進，上覽之，驚惶憂懼，傳諭閣臣。至是，從部議，蠲該歲田租，并發銀八萬兩，令光禄寺丞鍾化民兼河南道御史前往賑濟，其山東、江北災傷重虜，分賑停徵有差。（《明神宗實録》卷二七〇，第 5015 頁）

丙寅，廣東雷州、海康、遂溪、徐聞同時地震。（《明神宗實録》卷二七〇，第 5016 頁）

丙子，廣東瓊州、瓊山、文昌皆地震。（《明神宗實録》卷二七〇，第 5021 頁）

不雨，至夏五月，穀價湧貴，饑民大譟，掠劫城中，越三日乃定。（乾

隆《福州府志》卷七四《祥異》）

久雨，沙河溢，縣境二麥淹没殆盡。歲大饑，人食草木，邑里蕭條。（民國《西華縣續志》卷一《大事記》）

亢暘。（天啟《淮安府志》卷二三《祥異》）

不雨至夏五月，穀涌貴，饑民譟劫者三月。（崇禎《閩書》卷一四八《祥異》）

初八日，雨黑水。（民國《同安縣志》卷三《災祥》）

地震。荒旱，大飢。（道光《尉氏縣志》卷一《祥異附》）

## 三月

癸巳，是夜，月食。（《明神宗實録》卷二七一，第 5034 頁）

辛丑，應天巡撫朱鴻謨以安慶府屬望江等縣旱灾，請改折二十一年分應解南京各衛倉糧黑豆，并安慶倉米。從其議。（《明神宗實録》卷二七一，第 5036 頁）

壬寅，肅州衛地震。（《明神宗實録》卷二七一，第 5036 頁）

甲辰，瓊州府雷火發於軍器局，煅屋傷人。（《明神宗實録》卷二七一，第 5040 頁）

乙巳，榆林衛地震。（《明神宗實録》卷二七一，第 5040 頁）

大霜，殺稼。（民國《大名縣志》卷二六《祥異》）

城西北雨雹，形如鳥卵，麥苗多傷。（宣統《恩縣志》卷一〇《災祥》）

城西北有雹，形如鳥卵，麥苗多傷。（嘉慶《東昌府志》卷三《五行》）

雨雹。（康熙《新寧縣志》卷二《事略》）

## 四月

己酉朔，日有食之。（《明神宗實録》卷二七二，第 5043 頁）

壬子，館陶縣天鼓鳴。（《明神宗實録》卷二七二，第 5045 頁）

戊午，鎮夷所天鼓鳴。（《明神宗實録》卷二七二，第 5046 頁）

辛酉，寧夏地震。（《明神宗實録》卷二七二，第 5048 頁）

壬戌，泉州府地震。（《明神宗實錄》卷二七二，第5048頁）

旱。（宣統《高要縣志》卷二五《紀事》）

南京正陽門水赤三日。（光緒《金陵通紀》卷一〇下）

又雹傷麥。（嘉慶《東昌府志》卷三《五行》；宣統《恩縣志》卷一
〇《災祥》）

有氣自南來，其熱如灸，樹葉盡捲。（光緒《冠縣志》卷一
〇《祲祥》）

風雨不絕，虫蟹齧禾至盡。（乾隆《淮安府志》卷二五《五行》）

朔日，風。（乾隆《銅陵縣志》卷一三《祥異》）

内黄蝗。（咸豐《大名府志》卷四《年紀》）

## 五月

戊寅朔，天火降，燒鐵嶺房屋千餘家。（《明神宗實錄》卷二七三，第
5057頁）

戊寅朔，柴溝堡、懷安堡同時地震。（《明神宗實錄》卷二七三，第
5057頁）

戊寅朔，李信屯堡地震。（《明神宗實錄》卷二七三，第5057頁）

大水，蓮花池堤決，積水浸城，室廬圮，田禾一空。（民國《淮陽縣
志》卷八《災異》）

霪雨不止。（同治《重修山陽縣志》卷二一《雜記》；光緒《淮安府
志》卷四〇《雜記》）

雨雹傷禾，人饑。（民國《福山縣志稿》卷八《災祥》）

海潰及于堤。（康熙《海寧縣志》卷一二上《祥異》）

二十日，大雨雹，打傷東里等里田禾，方圓四十里。（萬曆《太谷縣
志》卷八《災異》）

復雨，傷禾。（順治《沈丘縣志》卷一三《災祥》）

州大水，蓮花池堤決，積水侵城，室廬傾圮，田禾一空。（康熙《續修
陳州志》卷四《災異》）

## 六月

己酉，大雷雨，火災西華門樓。（《明神宗實錄》卷二七四，第5071頁）

丙辰，臨汾、襄陵、翼城同時天鼓鳴。（《明神宗實錄》卷二七四，第5074頁）

丙辰，肅州衛地震，天鼓復鳴。（《明神宗實錄》卷二七四，第5074頁）

乙丑，西寧天鼓鳴。（《明神宗實錄》卷二七四，第5080頁）

己巳，夜有飛星如彈，赤色，有光，後有二小星隨之。（《明神宗實錄》卷二七四，第5082頁）

大雨，州東南四十里潘河水□有青龍，自空墜入河中，河水橫溢，至二鼓□始不見。（乾隆《裕州志》卷一《祥異》）

贛榆淫雨漂禾。（嘉慶《海州直隸州志》卷三一《祥異》）

利津蝗。（咸豐《武定府志》卷一四《祥異》）

潘雨，水溢，禾麥盡沉，煙火俱絕。（天啟《淮安府志》卷二三《祥異》）

十日，龍見，時鄰邑無雨，惟崇德大雨如注。（道光《石門縣志》卷二三《祥異》）

大風。（康熙《平和縣志》卷一二《災祥》）

六、七月大旱。（同治《重修山陽縣志》卷二一《雜記》；光緒《淮安府志》卷四〇《雜記》）

六、七月大旱，清、桃亢暘。（民國《淮陰縣志徵訪稿》卷五《災祥》）

## 七月

壬辰，是夜，雷擊祈穀壇東天門左吻。（《明神宗實錄》卷二七五，第5097頁）

癸卯，鳳陽、廬州大潦。（《明神宗實錄》卷二七五，第 5102 頁）

潮不至，大饑。（宣統《高要縣志》卷二五《紀事》）

雨霖連注，水高尺許，城隅幾成巨浸，南城及社學陡然崩盡，所壞官舍民居十之五六，士民震恐。（康熙《元城縣志》卷二《城池》）

龍見。龍自水底潭乘雲而起，鱗角閃映，蜿蜒直上，有頃，始没入雲中。（雍正《從化縣志》卷二《災祥》）

潮不至。（嘉慶《三水縣志》卷一三《編年》）

## 八月

丙午朔，霍州地震。（《明神宗實錄》卷二七六，第 5105 頁）

壬戌夜，東北方有流星如盞，光赤色，有聲如雷，三小星尾其後。（《明神宗實錄》卷二七六，第 5114 頁）

隕霜殺菽。（道光《長清縣志》卷一六《祥異》）

州及安邑、聞喜井沸池溢，説者謂之"水霆"，至秋霖雨果應。（康熙《解州全志》卷一二《災祥》）

隕霜殺禾，斗粟二錢。（道光《清澗縣志》卷一《災祥》）

霜。多盜。（光緒《泗水縣志》卷一四《災祥》）

## 九月

辛巳，廣東瓊山縣地震。（《明神宗實錄》卷二七七，第 5122 頁）

辛巳，文昌縣地震，雷鳴怪風作。（《明神宗實錄》卷二七七，第 5122 頁）

辛巳，陝西西寧地震，天鼓鳴三日。（《明神宗實錄》卷二七七，第 5122 頁）

丙戌，遼海衛、三萬衛各地震。（《明神宗實錄》卷二七七，第 5126 頁）

## 十月

戊申，遼陽雷動爍電，雪霰異常。（《明神宗實錄》卷二七八，第 5136 頁）

戊申，東寧衛雨雪雷電，擊死男子及驢。（《明神宗實錄》卷二七八，第 5136 頁）

己酉，夜，渤海所一明星落南門樓上，陡火燒毀殆盡。（《明神宗實錄》卷二七八，第 5136 頁）

己酉，武進、江陰大雨雹。（《明神宗實錄》卷二七八，第 5136 ～ 5137 頁）

壬戌，是夜，馬城堡大星若斗，落地，天鼓鳴。（《明神宗實錄》卷二七八，第 5143 頁）

戊辰，河南開封、南陽等府，陳州、尉氏等州縣水灾。巡按御史勘報五十六處蠲免，州縣應徵本年存留糧銀，折徵衛所屯糧，其免折分數，以被灾輕重為準。（《明神宗實錄》卷二七八，第 5147 頁）

大名細雨成冰，草木之萌皆如椽，凍折無算。（民國《大名縣志》卷二六《祥異》）

## 十一月

甲午，是夜，金星與木星相與（廣本、抱本無“與”字）犯。（《明神宗實錄》卷二七九，第 5166 頁）

## 十二月

丁巳，蘇松巡按鹿久徵題稱：“三吳連歲荒歉，百姓困苦未蘇。太倉、嘉定、上海三州縣，又遭霪雨，淹没殆盡。乞將漕糧太倉州改折四分，上海縣改折六分，嘉定縣原係折徵，有所逋，十七年原停銀兩，及三州縣十九年未完各項錢糧，俱乞蠲豁。”户部覆奏：“太倉、上海漕糧如數改折，嘉定漕折，准分兩年徵解，其三州縣各項未完，准候豐年帶徵。”如議行。（《明神宗實錄》卷二八〇，第 5175 ～ 5176 頁）

## 是年

春，恒雨，有雹。（乾隆《歸善縣志》卷一八《雜記》）

春，大風拔木。夏，大水。（同治《江山縣志》卷一二《祥異》）

大風拔木。夏，大水。（康熙《衢州府志》卷三〇《五行》）

夏，大旱。秋，風霾晝晦。（同治《宿遷縣志》卷三《紀事沿革表》）

大旱。（萬曆《福寧州志》卷一六《時事》；康熙《耒陽縣志》卷八《磯祥》；乾隆《福寧府志》卷四三《祥異》；道光《永州府志》卷一七《事紀畧》；光緒《零陵縣志》卷一二《祥異》）

大水。（康熙《儀徵縣志》卷七《祥異》；乾隆《德平縣志》卷三《五行》；道光《濟甯直隸州志》卷一《五行》）

大水，大雷雹。（咸豐《興甯縣志》卷一二《災祥》）

旱，有蚨害苗。（乾隆《潮州府志》卷一一《災祥》；嘉慶《澄海縣志》卷五《災祥》）

旱潦不時，五穀不登，歲大饑。（光緒《吳川縣志》卷一〇《事略》）

旱。（乾隆《登封縣志》卷八《大事記》；乾隆《陸涼州志》卷五《雜志》；同治《都昌縣志》卷一六《祥異》；光緒《潛江縣志續》卷二《災祥》）

水。（康熙《安鄉縣志》卷二《災祥》；嘉慶《如皋縣志》卷二三《祥祲》）

先水後旱。（道光《重修寶應縣志》卷九《災祥》）

登屬大雨雹傷禾，大饑。（民國《萊陽縣志》卷首《大事記》）

大饑，海水溢，禾稼一空。（道光《膠州志》卷三五《祥異》）

秋，大水。（乾隆《東明縣志》卷七《災祥》）

興寧大水，雷震，擊死者三人。（光緒《惠州府志》卷一七《郡事上》）

春，雹。秋，旱。（民國《懷集縣志》卷八《縣事》）

春夏，旱，蝗。秋，大水。（道光《滕縣志》卷五《災祥》）

夏，大雨水，無麥禾。（乾隆《靈璧縣志略》卷四《災異》）

夏，海州、沭陽風霾蔽日，久不雨。（嘉慶《海州直隸州志》卷三一《祥異》）

旱荒。（乾隆《富順縣志》卷一七《祥異》）

久雨，南北（城牆）各頹二十丈。　（雍正《廣東通志》卷一四《城池》）

大水決堤。（嘉慶《常德府志》卷一七《災祥》）

大水，各隄崩隤。（光緒《龍陽縣志》卷一一《災祥》）

旱，斗米二錢。（乾隆《光山縣志》卷三二《雜紀》）

平濟橋，萬曆二十二年水崩。（道光《重纂光澤縣志》卷一二《津梁》）

淮水一百六十里。（光緒《泗虹合志》卷一九《祥異》）

大水，是年七月鳳陽、廬州大水。（嘉慶《合肥縣志》卷一三《祥異》）

蜃水大發，橋壞無存，春夏之交，溪流迅駛，墊溺者眾，往來病焉。（嘉慶《慶元縣志》卷一二《藝文》）

真武廟池塘冰梅如畫，根起近岸……經旬不漸，可謂奇絶。（光緒《六合縣志·附錄》）

大水，築隄障之，百姓日夜拮据。（光緒《壽張縣志》卷一〇《雜事》）

大水，以米豆三萬六千石賑之。（道光《濟南府志》卷二〇《災祥》）

朝邑河大決，西徙。（天啟《同州志》卷一六《祥祲》）

水旱頻仍。（民國《南宮縣志》卷一七《名績列傳》）

城壕冰花。（康熙《南和縣志》卷一《災祥》）

秋，高平唐安鎮暴雨，水溢，壞民居。（雍正《澤州府志》卷五〇《祥異》）

秋，水潦橫發，徼天大幸，僅保無恙。（民國《肥鄉縣志》卷四〇《藝文》）

大水爲災。（民國《肥鄉縣志》卷三八《災祥》）

雨黑水，又雨小黑豆。（嘉慶《備修天長縣志稿》卷九下《災異》）

大水。以米豆三萬六千石賑之。（乾隆《歷城縣志》卷二《總紀》）

甲午、乙未後，渭河日冲崩而南。（光緒《新續渭南縣志》卷一一《祲祥》）

二十二年、二十四年，府境大水，漂没廬舍，民饑。（光緒《吉安府志》卷五三《祥異》）

二十二、三、四等年，漢川皆大水。（同治《漢川縣志》卷一四《祥祲》）

# 萬曆二十三年（乙未，一五九五）

## 正月

大雪月餘，雪融復凍，麥盡萎。（光緒《五河縣志》卷一九《祥異》）

元旦，雷。春，大雪帀〔匝〕月，鳥雀多死。（光緒《嘉興府志》卷三五《祥異》）

元旦，雷，又大雪帀〔匝〕月，鳥雀多死。（光緒《嘉善縣志》卷三四《祥眚》）

初三日，雷動。（道光《綦江縣志》卷一〇《祥異》）

州西孫家寨池水，有文如畫，花莖柯葉皆具。（乾隆《大荔縣志》卷二六《祥祲》）

無冰，隕霜殺果。（光緒《泗水縣志》卷一四《災祥》）

上旬，儒學桂樹華。夏六月，蛟出，潰諸圩。（光緒《溧水縣志》卷一《庶徵》）

初八日，夜分，雷電大雪，嚴寒數旬，禽獸斃者十之七。（萬曆《汝南志》卷二四《災祥》）

初八日，雷電。（康熙《上蔡縣志》卷一二《編年》）

大旱。春正月不雨，二十日雨，後復旱。秋八月朔日雨，俗謂之“塞龍口”，果至次年二月不雨。十縣田禾僵死，歸善、博羅、永安尤甚。（光緒《惠州府志》卷一七《郡事上》）

十三日，大雪，雷震。（康熙《魚臺縣志》卷四《災祥》）

大旱。春正月不雨，至秋八月朔，雨。復旱，至於次年二月，田禾僵死。（康熙《長樂縣志》卷七《災祥》）

夏秋，旱。（道光《高要縣志》卷一〇《前事畧》）

初旬至二月，雨雪四十日，六畜凍死。（嘉慶《蘭谿縣志》卷一八《祥異》）

旱，自春正月至六月十九日不雨。（萬曆《河內縣志》卷一《災祥》）

## 二月

雪雹連旬，人畜凍斃。（同治《綏寧縣志》卷三八《祥異》）

容縣雨雹如飛石。是年，秋旱。歲饑。（雍正《廣西通志》卷三《機祥》）

## 三月

甲子，大雨雹，大如雞子，小如棋子，響如彈丸，民屋皆壞。（康熙《甌寧縣志》卷一《祲祥附》）

辛卯，建寧府大雨雹。（《國榷》卷七七，第4748頁）

初三日酉時，黑風自西北起，至次日卯時止，刮損樹木。（乾隆《儀封縣志》卷一《祥異》）

十八日未時，大雨雹，大如雞子，小如棋子，響如彈丸，民屋皆壞。（康熙《建寧府志》卷四六上《災祥》）

十八日，大雨雹，大如雞子，嚮如彈丸，民房皆壞。（民國《建甌縣志》卷三《災祥附》）

雨雪，苗槁。（光緒《孝感縣志》卷七《災祥》）

二十九日，雷震閶門譙樓西南螭首，劈碎柱石。（民國《吳縣志》卷五五《祥異考》）

大雪。（同治《瀏陽縣志》卷一四《祥異》）

陰雨不止，水溢潻麥。是月二十三日夜大雨，電，有龍出苗村集書舍中。是歲，報水災。（康熙《魚臺縣志》卷四《災祥》）

## 四月

戊辰，時泗陵水患日急，而議者迄無成畫。（《明神宗實錄》卷二八四，第 5266 頁）

項城縣大雨水傷稼。（《國榷》卷七七，第 4750 頁）

大水。（天啟《江山縣志》卷八《災祥》；光緒《常山縣志》卷八《祥異》）

山陰縣大雪。（順治《雲中郡志》卷一二《災祥》）

霆雨暴降，麥禾傷甚。（萬曆《項城縣志》卷七《災異》）

不雨，迄於九月，旱魃為祟，赤地千里，民擗摽困，踣相枕藉填溝壑無算。（乾隆《番禺縣志》卷一九《藝文》）

## 五月

辛巳，福建道御史蔣汝瑚疏論河南巡撫張一元言：“先是中州水災，室廬漂沒，道殣相枕。”上惻然軫念，大賜捐賑。（《明神宗實錄》卷二八五，第 5278 頁）

庚子，禮部題：二十五日丁酉巳時，京師地震，自西北乾方徐往東南方，連震二次。（《明神宗實錄》卷二八五，第 5294 頁）

乙酉，山東臨邑縣雨雹，盡作男女鳥獸形。（《國榷》卷七七，第 4751 頁）

初三日，大雨水雹，二麥俱傷，秋禾亦被損。（康熙《懷柔縣新志》卷二《災祥》）

大雨雹。（光緒《定興縣志》卷一九《災祥》）

霆雨，城傾幾半。（民國《項城縣志》卷三一《祥異》）

麟遊烽火臺，雨雹大如斗。（康熙《陝西通志》卷三〇《祥異》；光緒《麟遊縣新志草》卷八《雜記》）

雨雹，烽火臺一雹大如牛形，四五日始消。（光緒《永壽縣志》卷一〇《述異》）

旱。（同治《江山縣志》卷一二《祥異》；光緒《常山縣志》卷八《祥異》）

大冰雹。（崇禎《廣昌縣志·災異》）

大冰雹。（順治《易水志》卷上《災異》）

十七日，大雨三晝夜，水大湧溢，破圩七十餘所。（雍正《建平縣志》卷三《祥異》）

大雨經旬，城半傾。（順治《沈丘縣志》卷一三《災祥》）

## 六月

大旱，饑。（光緒《茂名縣志》卷八《災祥》）

大旱，無禾。通省皆旱，高雷爲甚。（光緒《吳川縣志》卷一〇《事略》）

大旱，無禾，米價騰貴，民多流亡。（民國《石城縣志》卷一〇《紀述》）

旱。（宣統《恩縣志》卷一〇《災祥》）

二日，赤風自西北來，壞屋拔木。（乾隆《濟陽縣志》卷一四《祥異》）

初二日申時，雨雹，傷下三鄉木、綿、穀、樹之類百餘頃。（康熙《章丘縣志》卷一《災祥》）

大旱。（民國《莆田縣志》卷三《通紀》）

二十二日，大雨連六七日，水漲入城，蕩屋漂畜，衝壞田地甚多。（萬曆《儋州志》地集《祥異》）

二十三日，大雨，水漲入城，漂蕩民舍田禾。（道光《瓊州府志》卷四二《事紀》）

## 七月

丁丑，時泗州水患，議遣科臣張企程往勘，企程具奏：“欲遣使致祭祖陵，兼折漕糧、蠲馬價，且欲勘臣與河臣和衷共濟，無致參商。”上報可。（《明神宗實錄》卷二八七，第5316頁）

十九、二十兩日，大風雨潦，壞民廬舍。（乾隆《龍溪縣志》卷二〇《祥異》）

十九、二十日，大風雨潦，壞民廬舍。漳浦、銅山發屋拔木。（光緒《漳州府志》卷四七《災祥》）

十九、二十兩日，大風雨潦，壞民廬舍，銅山發屋拔木。（民國《詔安縣志》卷五《災祥》）

大旱，知縣王欽誥依《春秋繁露》，置竹龍於西壇，虔禱五日，得雨如注。（道光《淮寧縣志》卷七《學校》）

## 八月

辛丑朔，固原地震。（《明神宗實錄》卷二八八，第5333頁）

己巳，江北鳳陽、淮安等處四十五州縣大水，漕運總督褚鈇具災狀以聞，户部請行巡塩御史吳崇禮勘實具報。從之。（《明神宗實錄》卷二八八，第5345頁）

大旱。（康熙《新寧縣志》卷二《事略》；民國《恩平縣志》卷一三《紀事》）

朔，大水，後不雨，至明年二月乃雨。（咸豐《興甯縣志》卷一二《災祥》）

十二日夜，洞窩溜河水里許，漲起二丈餘，船檣皆倒。（道光《阜陽縣志》卷二三《禨祥》）

隕霜，地凍一寸。（民國《青縣志》卷一三《祥異》）

二十七日，夜半，雷震異常。詰旦，震東樓向北一柱有煙，掘之，其下得火大如毬。（光緒《永平府志》卷三〇《紀事》）

二十七日，夜半，震雷異常。（民國《臨榆縣志》卷八《紀事》）

決黃家口，淹田廬。（乾隆《柘城縣志》卷二《建置》）

## 九月

己卯，以直隸清河、盱眙、桃源、高郵、寶應、興化六州縣淮水為患，其歲運漕糧，暫准改折二年。（《明神宗實錄》卷二八九，第5351頁）

癸巳，臨洮地震。（《明神宗實錄》卷二八九，第5361~5362頁）

癸巳，永寧堡夜墜火（廣本、抱本作“大”）星如房。（《明神宗實錄》

卷二八九，第 5362 頁）

三日，城北雹。（宣統《恩縣志》卷一〇《災祥》）

十二日，河水驟溢，池沼盆盂皆然，竹木仆而復起。（萬曆《常熟縣私志》卷四《敘產》）

## 十月

甲辰，以直隸長洲等十六州縣，大罹水災，准漕粮改折。（《明神宗實錄》卷二九〇，第 5369 頁）

## 十一月

壬午，欽天監奏："次歲三月十五日夜望，月應食。依《大統》、回回二曆推算，其分秒時刻、起復方位，微有異。"下所司。（《明神宗實錄》卷二九一，第 5391 頁）

乙未，夜四更，有星流於東北，如盞，青白之色，尾有光（廣本、抱本無"之""尾"字）。（《明神宗實錄》卷二九一，第 5397 頁）

## 十二月

地震。（光緒《嘉善縣志》卷三四《祥眚》）

## 是年

春，大雨雪。秋，大水，漕撫李戴奏捐俸薪發振。（光緒《安東縣志》卷五《民賦下》）

春，大雪。（光緒《常山縣志》卷八《祥異》）

春，雪，彌月不霽。（光緒《餘姚縣志》卷七《祥異》）

春，雨雪四十餘日，山谷中有凍死者，牛馬俱斃。（嘉慶《義烏縣志》卷一九《祥異》）

春，大雪，驚蟄尤甚，風聚處積深盈丈。夏，大水。（同治《江山縣志》卷一二《祥異》）

春，大雪，途有僵死者。秋冬，旱，池井涸，民汲溪水，入市鬻之。（康熙《休寧縣志》卷八《機祥》）

江北大水，淮浸祖陵。（光緒《盱眙縣志稿》卷一四《祥祲》）

儋州旱，饑。（道光《瓊州府志》卷四二《事紀》）

大旱，無禾稼。（宣統《徐聞縣志》卷一《災祥》）

水。（乾隆《小海場新志》卷一〇《災異》；嘉慶《如皋縣志》卷二三《祥祲》；道光《江陰縣志》卷八《祥異》）

大水，淮安開武家墩二十餘丈，高寶水長二尺。（嘉慶《高郵州志》卷一二《雜類》）

大水，不傷稼。（萬曆《嘉定縣志》卷一七《祥異》）

大水，歲祲。（光緒《靖江縣志》卷八《祲祥》）

水旱並災。（民國《臨晉縣志》卷一四《舊聞記》）

大雪，平地丈許，兩月雪凍不釋，死者甚眾，鳥隼狐兔虎狼俱凍死。（同治《湖州府志》卷四四《祥異》；同治《孝豐縣志》卷八《災歉》）

大雪，平地丈許，兩月雪凍不釋，死者甚眾，鳥隼狐兔虎狼俱凍死；以歸、烏、長、德四縣被災獨重，准折漕糧之半。（民國《德清縣新志》卷一三《雜志》）

大雪，平地丈許。（光緒《歸安縣志》卷二七《祥異》）

大雪，平地丈許，兩月雪凍不釋。（同治《長興縣志》卷九《災祥》）

大雪。（乾隆《昌化縣志》卷一〇《祥異》；民國《昌化縣志》卷一五《災祥》）

旱。（康熙《臨海縣志》卷一一《災變》）

夏秋，大旱，濱海一帶赤地靡遺，近山數圖稍有收獲，而鄰邑飢民流移境內者以萬計。（道光《陽江縣志》卷八《編年》；民國《陽江志》卷三七《雜志上》）

秋，霪雨，禾不實。（光緒《鳳縣志》卷九《祥異》）

秋，霖，禾不實。（光緒《洋縣志》卷一《紀事沿革表》）

冬，雪。（康熙《金華縣志》卷三《祥異》）

春，大雪，驚蟄尤甚，每風聚處積深盈丈。（天啟《江山縣志》卷八《災祥》）

春，雨雪月餘，牛馬斃。（道光《東陽縣志》卷一二《磯祥》）

春，旱。（民國《龍山鄉志》卷二《災祥》）

春，旱。秋，大旱，赤地千里。（宣統《南海縣志》卷二《前事補》）

夏，趙城大雨雹，傷禾。（萬曆《平陽府志》卷一〇《災祥》）

泗州，夏，大水，平堤。（萬曆《帝鄉紀略》卷六《災患》）

夏，旱。（嘉慶《密縣志》卷一二《循政》）

夏，雨雹傷麥。（萬曆《沛志》卷一《邑紀》）

夏，大水。（光緒《德慶州志》卷一五《紀事》）

夏，大水。秋，大旱，郡邑皆旱。（嘉慶《三水縣志》卷一三《編年》）

姚安大水。（天啟《滇志》卷三一《災祥》）

大水。（嘉慶《沅江縣志》卷二二《祥異》；道光《大姚縣志》卷四《祥異》）

文昌橋，在府城東南文昌門外，萬曆二十三年洪水衝壞。（雍正《廣西通志》卷一八《關梁》）

大旱無收，西北方民逃散。（萬曆《儋州志》地集《祥異》）

旱，大無禾稼。（康熙《徐聞縣志》卷一《災祥》；康熙《海康縣志》卷上《事紀》）

旱，無禾稼。（道光《遂溪縣志》卷二《紀事》）

南海、順德雨豆，無皮而色黃。（萬曆《廣東通志》卷七一《雜錄》）

安鄉大水。（同治《直隸澧州志》卷一九《荒歉》）

水入城圮。（乾隆《華容縣志》卷二《城池》）

（堤）復崩，水且齧城。（乾隆《安溪縣志》卷一《城署》）

大雨雪。（康熙《德安縣志》卷八《災異》）

金、蘭、東、義四縣大雪四十餘日，牛馬多斃，山谷中人有餓死者。（光緒《金華府志》卷一六《五行》）

自隆慶三年以來，堤無歲不決，閘無歲不減，田沉水底。（崇禎《泰州

志》卷九《申呈》)

水，改折漕糧正米連耗每石折銀七錢，省免輕賫等銀七千六百二兩九錢。(嘉慶《重刊宜興縣舊志》卷末《祥異》)

水，改折漕糧，省免輕賫蘆席鹽鈔等銀共二千四百五十四兩三錢零。(光緒《無錫金匱縣志》卷一一《蠲賑》)

鄰垸冰雹，邑不為災。(康熙《臨淄縣志》卷七《災祥》)

南要藺交雹災，傷稼。(萬曆《榆次縣志》卷八《災異》)

大風，北門外拔樹百餘株。(道光《陽曲縣志》卷一六《志餘叙録》)

冰雹，傷麥禾。(雍正《密雲縣志》卷一《災祥》)

秋，淫雨為災，禾苗不實。(萬曆《重修寧羌州志》卷七《災異》)

秋，旱。(乾隆《修武縣志》卷九《災祥》)

秋，大水。冬饑。(光緒《鹿邑縣志》卷六下《民賦》)

秋，大旱。(乾隆《新興縣志》卷六《編年》)

冬，無雪。(咸豐《大名府志》卷四《年紀》;光緒《開州志》卷一《祥異》)

山水暴漲，漂没廬舍數百家。(民國《潛山縣志》卷二九《祥異》)

二十三年、二十四年，揚州各屬大水，有賑。(萬曆《揚州府志》卷二二《異攷》)

二十三年、二十四年皆水災。(康熙《常州府志》卷三《祥異》)

乙未、丙申，連年大旱，蝗害繼之。穀價騰湧，斗粟錢二百，斤脂五十，一鴨子五錢。南海甚于他邑，饑而死者十一。(萬曆《廣東通志》卷七一《雜録》)

# 萬曆二十四年（丙申，一五九六）

## 正月

壬午，福建巡撫金學曾題報地方旱災，乞賜酌處，將福建比照延寧等處

邊方，限期夏災七月，秋災十月具報。著為定例，章下户部。（《明神宗實錄》卷二九三，第 5433 頁）

甲申，月犯土星，在張宿度分。（《明神宗實錄》卷二九三，第 5440 頁）

庚寅，月掩犯心宿大星。（《明神宗實錄》卷二九三，第 5446 頁）

初四日，大雷。（道光《綦江縣志》卷一〇《祥異》）

初六日午時，震雷，大雨雹。（康熙《漳浦縣志》卷四《災祥》）

## 二月

甲辰，月犯畢宿。（《明神宗實錄》卷二九四，第 5458 頁）

己酉，金星與木星相犯，入奎宿度分。（《明神宗實錄》卷二九四，第 5459 頁）

辛亥，户部題：應天高淳縣水患，改閘築壩，將該縣漕粮一萬六千八百五十石，照依嘉定縣近例，永遠改折。從之。（《明神宗實錄》卷二九四，第 5463 頁）

己酉，夜，鄞縣大雷雨，火光徧十餘里。（《國榷》卷七七，第 4769 頁）

大雨雹、雷電遍十里。（同治《鄞縣志》卷一一《祥異》）

不雨，連三月不雨，大無禾，米斗百錢。（嘉慶《平遠縣志》卷五《藝文》）

己酉，夜，大雷雨，火光遍數里。（乾隆《蓬溪縣志》卷八《禩記》）

## 三月

壬午，月應食不食。先是，春官正李欽等推算，望月食三分七十秒，候至寅正初刻，月體未虧，亦無占咎。（《明神宗實錄》卷二九五，第 5488 頁）

鄱陽大風雨雹。（同治《饒州府志》卷三一《祥異》）

十六日，鹹潮傷麥。（民國《崇明縣志》卷一七《災異》）

二十八日，大風雹，壞民田廬舍，起自十四都、十五都、十三都、十一都以至六都、三都、四都、五都。夏，麥秧種（掩？）絕，古木盡拔。（嘉慶《義烏縣志》卷一九《祥異》）

大雨雹。（民國《湯溪縣志》卷一《編年》）

大風，雨雹。（康熙《鄱陽縣志》卷一五《災祥》）

三、四月，颶風暴雨。宿遷春夏滛雨匝月，隨復旱，蝗大起，堆集尺餘，禾穗殆盡。（天啟《淮安府志》卷二三《祥異》）

## 四月

戊午，金星犯井宿。（《明神宗實錄》卷二九六，第 5517 頁）

己亥，林縣雪。（《國榷》卷七七，第 4771 頁）

冰雹，有大如鷄卵者，傷禾及人。（乾隆《濟源縣志》卷一《祥異》）

大雪。（康熙《黎城縣志》卷二《紀事》）

臨汾大旱。（雍正《平陽府志》卷三四《祥異》）

霜，草芽枯。（萬曆《階州志》卷一二《災祥》）

雨雹。（萬曆《杞乘》卷二《今總紀》）

雨雪。（乾隆《汲縣志》卷一《祥異》）

雹，大如鷄卵者，傷禾及人。（道光《河内縣志》卷一一《祥異》）

雨雹傷麥。（乾隆《修武縣志》卷九《災祥》）

初三日，雨雪。（萬曆《臨縣志》卷八《災祥》）

## 五月

乙未，順天撫按李頤等題：五月十四夜，有墜星（抱本改作“星墜”）下撫寧，至地為石。（《明神宗實錄》卷二九七，第 5574 頁）

初一日，雨雹，擊人馬牛羊死。（萬曆《臨縣志》卷八《災祥》）

初四日，雨暴漲，浸及城坂，壞其垣若障，田亦多飄流者。（康熙《瑞金縣志》卷一〇《祥異》）

丁卯，林縣大雨雹，斃人畜。（《國榷》卷七七，第 4772 頁）

冰雹傷田。（康熙《清水縣志》卷一〇《災祥》；乾隆《直隸秦州新志》卷六《災祥》）

二十四日，定海縣鎮遠門樓被雷火焚燒，內藏軍器。（光緒《鎮海縣志》卷三七《祥異》）

雨，百日不止。（嘉慶《高郵州志》卷一二《雜類》）

大水，民饑。（崇禎《烏程縣志》卷四《災異》）

合浦饑，疫。知府林民悅發倉賑之。時雷州府荒旱，民甚饑死，一室之內積屍無有殮者，因就食於廉土，故疫染廉人。（崇禎《廉州府志》卷一《歷年紀》）

安順州大水。（萬曆《黔記》一一《災祥》）

旱。秋，杭州府大水。（乾隆《杭州府志》卷五六《祥異》）

大水。秋，大旱。歲大饑，郡邑民莩流無算，斗米百五十錢。縣主勸富民各鄉自賑，仍率屬親行分賑，民有望粥而仆者。（嘉慶《三水縣志》卷一三《編年》）

杭、嘉、湖三府五月不雨，至七月八日雨如注，狂風交作，經數日夜不息，山洪暴發，廬舍傾圮，圩岸崩頹，郊原皆成巨浸。（光緒《嘉興府志》卷三五《祥異》）

不雨，至七月，杭、嘉、湖三府旱。（同治《湖州府志》卷四四《祥異》）

不雨，至七月旱。（光緒《歸安縣志》卷二七《祥異》）

不雨，至七月。（乾隆《杭州府志》卷五六《祥異》）

不雨，至七月初八日雨如注，狂風交作，經數日夜不息。（光緒《嘉善縣志》卷三四《祥眚》）

## 六月

己酉，慧星見東北方，芒指西南。（《明神宗實錄》卷二九八，第5583頁）

庚申，戶部題：“四川（當為‘泗州’）盱眙等縣水患重輕，從實報聞，

以便改折。"從之。(《明神宗實錄》卷二九八，第 5587～5588 頁)

雨雹，秋蝗。(乾隆《滑縣志》卷一三《祥異》)

長子縣雨雹。(乾隆《潞安府志》卷一一《紀事》)

二十一日，大雨雹。先一日夜，赤星如斗，自西南飛流東北，次日雨雹，其大如卵，或如杵，聚三尺餘，傷人無數，北柳里尤甚。(順治《絳縣志》卷一《祥異》)

春夏，旱，六月方播種，禾乃登。(康熙《長垣縣志》卷二《災異》)

大風壞石坊，屋瓦如飛。(乾隆《光山縣志》卷三二《雜紀》)

# 七月

丁丑，夜昏刻，東南方有白氣貫月。一更，月犯南斗魁第二星。(《明神宗實錄》卷二九九，第 5603 頁)

丁丑，慧星見西北方，如彈丸大，蒼白色，芒指東南，入翼宿度，約長尺餘，徃西北行入。(《明神宗實錄》卷二九九，第 5603 頁)

丁丑，廣東巡按(抱本作"巡撫"，誤)劉惠奏："地方異常旱災，乞行蠲邮。"章下戶部。(《明神宗實錄》卷二九九，第 5603 頁)

己丑，西寧地方于六月十一日暴雨，迅雷擊碎桅杆，震死班軍范叔等。(《明神宗實錄》卷二九九，第 5610 頁)

廣東大旱。(《國榷》卷七七，第 4777 頁)

十一日將夕，河水忽涌起二尺餘，少選復平，如此者三。(同治《湖州府志》卷四四《祥異》)

招遠大風，捲海南溢，淹禾豆。(光緒《增修登州府志》卷二三《水旱豐饑》)

十二日，風雨晦暝。(道光《竹鎮紀略》卷上《祥異》)

颶風傷花豆。(萬曆《常熟縣私志》卷四《敘產》；道光《璜涇志稿》卷七《災祥》)

杭、嘉、湖三府七月滛雨連緜，苗秧淹没。八月以後，大雨如注，狂風交作，經數日夜不息，迄至閏八月，終尚未開霽，以致山洪暴發，河流橫

溢，廬舍傾圮，圩岸頹潰，四顧郊原並成巨浸。（崇禎《吳興備志》卷二一《祥孽徵》）

蝗大作，所過溝壑盡平，禾無遺穗。復旱，晚禾盡枯。本府同知鄭發粟賑濟。（乾隆《修武縣志》卷九《災祥》）

蝗生遍野，穀黍蜀秫傷甚。（萬曆《項城縣志》卷七《災異》）

彗星見。（乾隆《番禺縣志》卷一八《事紀》）

南海雨豆。（光緒《廣州府志》卷七九《前事畧》）

## 八月

辛丑，有流星青白色，尾有光，自虛宿往西行，後有二星隨之。（《明神宗實録》卷三〇〇，第 5617 頁）

大水，後大旱，飢，陳天廮賑米。（咸豐《興甯縣志》卷一二《災祥》）

南城濠及城南數村池水忽溢二三尺，尋已復溢者三日。（民國《廣宗縣志》卷一《大事紀》）

朔日，霜殺禾。（康熙《文水縣志》卷一《祥異》）

雨如注，狂風交作，傷苗拔木，屋瓦皆飛。（同治《湖州府志》卷四四《祥異》）

自吳江至青鎮凡百里，河水忽漲有聲，已而大風雨，衝没禾稼。（光緒《桐鄉縣志》卷二〇《祥異》）

初九日，賀縣闔邑池塘水湧，城中爲甚，池魚驚躍于陸地。（雍正《平樂府志》卷一四《祥異》）

十四日，大風潮。（民國《崇明縣志》卷一七《災異》）

大風拔木，屋瓦皆飛。（同治《孝豐縣志》卷八《災歉》）

風雨暴發，連三日夜，水溢三四尺許。（雍正《慈谿縣志》卷一二《紀異》）

二十六日，各處池塘無雨，湧浪如潮，高尺許。（嘉慶《蘭谿縣志》卷一八《祥異》）

大水。（康熙《海寧縣志》卷一二上《祥異》）

天雨粟，已復雨毛。八月初九日酉時，河海水齊嘯，行舟遭衝激。（嘉慶《東臺縣志》卷七《祥異》）

颶風大作。（嘉慶《惠安縣志》卷三五《祥異》）

又雨雪。（乾隆《汲縣志》卷一《祥異》）

大水，後大旱，饑。（乾隆《嘉應州志》卷八《災祥》）

雨如注，狂風交作。（光緒《歸安縣志》卷二七《祥異》）

大雨如注，狂風交作，經數日夜不息，山洪暴發，廬舍傾圮，圩岸崩頹，郊原皆成巨浸。（乾隆《杭州府志》卷五六《祥異》）

海寧大水。（乾隆《杭州府志》卷五六《祥異》）

## 閏八月

乙丑朔，巳正二刻，日食，初虧正酉（廣本、抱本作“西”），午初四刻，食九分餘。（《明神宗實錄》卷三〇一，第5637頁）

朔日，風。（乾隆《銅陵縣志》卷一三《祥異》）

雹如彈，晚禾盡落，飛鳥有死者。（嘉慶《備修天長縣志稿》卷九下《災異》）

## 九月

河渠、汙池漲溢如釜沸。（乾隆《饒陽縣志》卷下《事紀》）

立冬後雷雨大作。（康熙《樂平縣志》卷一三《雜志》）

方雨，復給牛種。（乾隆《修武縣志》卷九《災祥》）

地震。（乾隆《番禺縣志》卷一八《事紀》）

## 十月

丙寅，太白晝見。（《明神宗實錄》卷三〇三，第5675頁）

己卯，戶部題：浙江杭、嘉、湖三府水災，照被災分數，全半改折有差。（《明神宗實錄》卷三〇三，第5691頁）

大雪，至次年正月不止。（同治《麗水縣志》卷一四《災祥附》）

水災，准改折。（光緒《平湖縣志》卷八《蠲恤》）

## 十一月

癸卯，南京工部侍郎董裕題異常水患，潹没浙兵營房。章下兵部。（《明神宗實錄》三〇四，第5698頁）

己酉，户部題平虜衛破石槽等虜水雹災傷，乞行蠲免。從之。（《明神宗實錄》卷三〇四，第5700頁）

乙卯，福建撫按金學曾等題本省地震。章下吏（廣本、抱本作"禮"）部。（《明神宗實錄》卷三〇四，第5701頁）

## 十二月

風從東北來，幢幡反飄東北去，人以爲異。（光緒《青浦縣志》卷二九《祥異》）

二十三日……風從東北來，幢幡反飄東北。（乾隆《婁縣志》卷一五《祥異》）

雷鳴。（光緒《臨漳縣志》卷一《紀事沿革》）

## 是年

春夏，霪雨，多蝗。（民國《宿遷縣志》卷七《民賦》）

春夏，旱，大饑。（民國《恩平縣志》卷一三《紀事》）

春夏，旱，大饑，斗米百七十錢，饑民流殍載道。（宣統《高要縣志》卷二五《紀事》）

夏，旱。秋，有年。（光緒《石門縣志》卷一一《祥異》）

夏，大水。（道光《封川縣志》卷一〇《前事》；光緒《安東縣志》卷五《民賦下》）

大旱，民饑，斗米百錢。（康熙《南雄府志》卷八《郡記》；道光《直隸南雄州志》卷三四《編年》）

大旱，赤地千里。（宣統《徐聞縣志》卷一《災祥》）

雨雹，擊死人畜。（民國《林縣志》卷一六《大事表》）

大旱，蝗。（道光《寶豐縣志》卷一六《雜記》；咸豐《郟縣志》卷一〇《災異》）

大旱，蝗蝻生。（乾隆《濟源縣志》卷一《祥異》；道光《河内縣志》卷一一《祥異》）

大水。（康熙《新喻縣志》卷六《歲眚》；嘉慶《如皋縣志》卷二三《祥祲》；嘉慶《高郵州志》卷一二《雜類》；同治《臨江府志》卷一五《祥異》；同治《峽江縣志》卷一〇《祥異》）

先旱，後大水。（光緒《丹徒縣志》卷五八《祥異》）

蝗，海潮大上。（嘉慶《海州直隸州志》卷三一《祥異》）

黃堌口決，經年寸草不生，又大冰雹。（康熙《睢寧縣舊志》卷九《災祥》）

水溢，歲侵（疑當作"祲"）。（萬曆《嘉定縣志》卷一七《祥異》）

大水，歲祲。（光緒《靖江縣志》卷八《祲祥》）

水。（道光《江陰縣志》卷八《祥異》；道光《泰州志》卷一《祥異》；民國《南昌縣志》卷五五《祥異》）

大風捲海水，南溢，渰禾豆。（順治《招遠縣志》卷一《災祥》）

大雨雹，傷禾。（光緒《長子縣志》卷一二《大事記》）

雨雹無麥。（乾隆《蠡屋縣志》卷一三《祥異》；民國《蠡屋縣志》卷八《祥異》）

秋，大水傷稼，民多淹死。（雍正《寧波府志》卷三六《祥異》；光緒《慈谿縣志》卷五五《祥異》）

秋冬，大旱，斗米銀一兩八分，民多饑死。（民國《瓊山縣志》卷二八《事紀》）

冬，大雪，平地積四尺餘，三月方消。（康熙《臨安縣志》卷八《祥異》；宣統《臨安縣志》卷一《祥異》）

冬，雪連春，山積丈許，人民凍餒，鳥獸多死。（乾隆《諸暨縣志》卷

七《祥異》）

大雨水。（康熙《新城縣志》卷一〇《災祥》）

春，旱。七月彗星見，九月地震凡三。大饑，連年斗米百六十錢，知縣蔣之秀設法施賑。（乾隆《番禺縣志》卷一八《事紀》）

春，大寒，至三月內熱忽異常，牛畜熱死者甚衆。後半月餘，炎颷陡作，草木悉焦，二麥之穗形狀如常，上段却枯槁無實。（崇禎《永年縣志》卷二《災祥》）

春夏，大旱。（嘉慶《開州志》卷一《祥異》）

春夏，大旱。斗米百六十錢，民多饑死。秋八月，雨豆。（民國《龍山鄉志》卷二《災祥》）

春夏，大旱，斗米銀一錢餘，民饑死甚衆。官爲賑恤。（康熙《南海縣志》卷三《災祥》）

春夏，俱大旱。（康熙《臨縣志》卷一《祥異》）

夏，雨雹如盌，木盡傷，瓦屋皆碎。（民國《冠縣志》卷一〇《祲祥》）

夏，旱。（道光《石門縣志》卷二三《祥異》）

賓川大水，饑，民食竹實。（天啟《滇志》卷三一《災祥》）

霪雨傷禾。斗米五十餘貝，餓殍滿野。（光緒《姚州志》卷一一《災祥》）

大旱。（萬曆《四川總志》卷二七《祥異》；嘉慶《南充縣志》卷六《祥異》）

大旱，赤地千里，饑民死者萬計。（道光《遂溪縣志》卷二《紀事》）

大旱，赤地千里。是歲，斗米二錢三分，民多茹樹皮延活，饑死者萬計。（康熙《海康縣志》卷上《事紀》）

大旱，斗米銀一錢六分。（嘉慶《新安縣志》卷一三《災異》）

雷州大旱，赤地千里。（康熙《廣東通志》卷二一《災祥》）

旱，大蝗。（道光《汝州全志》卷九《災祥》）

蝗蝻毀稼。（萬曆《汝南志》卷二四《災祥》；順治《息縣志》卷一

〇《災異》）

蝗蝻害稼。大水，城傾百六十餘丈。（康熙《上蔡縣志》卷一二《編年》）

復大水，濬溝渠。（道光《淮寧縣志》卷四《溝渠》）

蝗。（康熙《永城縣志》卷八《災異》；民國《夏邑縣志》卷九《災異》）

大蝗。（順治《滎澤縣志》卷七《災祥》；康熙《延津縣志》卷七《災祥》；乾隆《內黃縣志》卷六《編年》）

蝗蝻生。（乾隆《陽武縣志》卷一二《灾祥》）

大水。發備賑贖鍰一千二百兩有奇。（民國《龍巖縣志》卷二二《惠政》）

大水，漂没廬舍。歲大饑。（民國《廬陵縣志》卷一《祥異》）

水，照被災分數全半改折有差。（道光《武康縣志》卷一《邑紀》）

贛榆水漲，海潮湧。（天啟《淮安府志》卷二二《祥異》）

黃河水溢。（乾隆《重修桃源縣志》卷一《祥異》）

沭陽、蒙陰水没。（天啟《淮安府志》卷二三《祥異》）

水災。（康熙《常州府志》卷三《祥異》；咸豐《靖江縣志稿》卷二《祲祥》）

大水，有賑。（康熙《江都縣志》卷四《祥異》）

江河泛溢，田廬多没。（康熙《儀徵縣志》卷七《祥異》）

三縣先旱，後大水，金壇尤甚，父老以爲不減嘉靖四十年。（乾隆《鎮江府志》卷四三《祥異》）

大水，改折漕糧等米，每石折銀五錢，省免輕賫等銀五千二百十兩二錢一分。（嘉慶《重刊宜興縣舊志》卷末《祥異》）

水，改折漕糧，省免銀二千一百二十二兩五分零。（光緒《無錫金匱縣志》卷一一《蠲賑》）

水災，改折漕糧正米，每石折銀五錢，免輕齎貼役等銀二千五百八十九兩三錢七分三厘二毫二系〔絲〕。（崇禎《江陰縣志》卷二《災祥》）

水溢，歲祲，棉花無。（光緒《江東志》卷一《祥異》）

久雨，學宮壞。（康熙《江南通志》卷二八《學校》）

水溢，歲祲，棉花歉者，畝不及半觔。（康熙《嘉定縣志》卷三《祥異》）

大水，歲祲，棉花畝不及半觔。（光緒《寶山縣志》卷一四《祥異》）

蝗蝻出境，有年。（光緒《泗水縣志》卷一四《災祥》）

蚜蝗不入境。（康熙《臨淄縣志》卷七《災祥》）

蝻傷禾。（乾隆《淄川縣志》卷三《災祥》）

萬歷丙申冬，不雨，春不雨，夏猶未雨。（光緒《米脂縣志》卷一一《藝文》）

渭水大發，太平諸水亦泛濫，田卒汙萊。（光緒《華州鄉土志·耆舊》）

秋，大蝗。（萬曆《沛志》卷一《邑紀》）

秋，蝗。（民國《沛縣志》卷二《沿革紀事表》；民國《萊蕪縣志》卷二二《大事記》）

秋，大旱，禾盡萎，殍殣載塗。知縣王許之勸富户出穀賑濟，民賴以甦。（民國《龍門縣志》卷一七《縣事》）

夏，旱。秋冬，霖雨不絕。（民國《重修秀水縣志·災祥》）

冬，大雪寒，溪湖冰凍，舟楫不通。（同治《湖州府志》卷四四《祥異》）

大水。丁酉，復大水。（同治《新淦縣志》卷一〇《祥異》）

# 萬曆二十五年（丁酉，一五九七）

## 正月

壬辰，朔，四川地震三日。（《明神宗實錄》卷三〇六，第5721頁）

辛亥，月犯心宿。（《明神宗實錄》卷三〇六，第5726頁）

不雨，至於夏四月。秋七月大水，冬饑。（民國《遷安縣志》卷五《記

事篇》）

大風，晝晦。（康熙《續安丘縣志》卷一《總紀》；康熙《杞紀》卷五《繫年》；嘉慶《昌樂縣志》卷一《總紀》）

初六日，大風。（康熙《利津縣新志》卷九《祥異》）

十二日，雷電先作，二十日，大雪如米。（同治《湖州府志》卷四四《祥異》）

十五日，徐州夜雨，水冰，鳥雀皆凍死。（同治《徐州府志》卷五下《祥異》）

平陸大雨雹，越明大雨雪……冬，平陸黃河冰凝，自三門至大陽渡堅冰，數月方解。（萬曆《平陽府志》卷一〇《災祥》）

至夏四月，不雨。（光緒《永平府志》卷三〇《紀事》）

大風，晝晦。是歲大水。（民國《海縣志稿》卷二《通紀》）

大雨雹。（民國《同安縣志》卷三《災祥》）

雨，至於夏四月，二麥俱槁。（康熙《灤志》卷三《世編》）

至五月，不雨，無麥。（康熙《山海關志》卷一《災祥》；民國《綏中縣志》卷一《災祥》）

## 二月

癸亥，嘉興府地震，湖州下黑雨，落黃沙。（《明神宗實錄》卷三〇七，第 5732 頁）

癸亥，平涼府風霾，瓦獸口內出火，水灌不滅。（《明神宗實錄》卷三〇七，第 5732 頁）

戊辰，月犯五車。（《明神宗實錄》卷三〇七，第 5733 頁）

丙子，甘肅地震。（《明神宗實錄》卷三〇七，第 5743 頁）

戊寅，京師風霾。（《明神宗實錄》卷三〇七，第 5744 頁）

壬戌，嘉興、湖州地震，雨黑土。平涼大風霾。（《國榷》卷七七，第 4789 頁）

戊寅，風霾。（民國《順義縣志》卷一六《雜事記》）

天降黑雨，著衣如墨點。（嘉慶《松江府志》卷八〇《祥異》；光緒《青浦縣志》卷二九《祥異》）

南康雨雹。是月，南康狂風雷雨，拔大樹木。是年七月，大風，飄蕩民居無算，尊經閣、敬一亭皆圮。（同治《南安府志》卷二九《祥異》）

二日，雨黑水。（光緒《嘉興府志》卷三五《祥異》）

初二日，雨黑水。初三、四日，落黃沙。十九、二十日，連發黃沙。（同治《湖州府志》卷四四《祥異》）

初二日，雨黑水。（光緒《嘉善縣志》卷三四《祥眚》）

初二日，雨黑水，雜以黃沙。（民國《德清縣新志》卷一三《雜志》）

天雨黑水。（光緒《桐鄉縣志》卷二〇《祥異》）

黑雨，雜以黃沙。（光緒《歸安縣志》卷二七《祥異》）

湖墅大火。二十一日清明，忽起大風，湖市北關外金家衖口糧船上火起。（萬曆《錢塘縣志·灾祥》）

二日，黑雨。（乾隆《烏程縣志》卷一六《雜記》）

初三日，平虜所烈風大作，頃之，參將廳脊、城門樓脊瓦獸吻內生火，經時方息。（萬曆《朔方新志》卷三《祥異》）

戌夜，下黑雨。（民國《重修秀水縣志·災祥》）

雨雹。是月，狂風雷雨，拔大樹木。是年七月，大風，飄蕩民居無算，尊經閣、敬一亭皆圮。（同治《南康縣志》卷一三《祥異》）

雷震文廟，成雷擊其左柱。（同治《新化縣志》卷一一《政典》）

雷擊櫺星門左鰲頭石柱。（康熙《澄邁縣志》卷九《紀異》）

癸亥，夜，下黑雨，十九、二十日連發黃沙。（崇禎《烏程縣志》卷四《災異》）

## 三月

月初，雨土數日，至十三日大風忽起。（萬曆《帝鄉紀略》卷六《災患》）

癸卯，泗州盱眙大水。（《國榷》卷七七，第4792頁）

丙寅，夜，大雨水溢，興文門見一龍挈空而上。（道光《永州府志》卷一七《事紀畧》）

初十日，又雨雹，大者如鷄卵，破瓦傷稼，澳頭沿海一帶尤甚。又有黑雲一片如簸箕大，自縣中出南地而去，所過屋瓦俱動，至劉五店尤甚。（民國《同安縣志》卷三《災祥》）

十二日，怪風大作。二十一日，黑風，自未至申白晝晦冥。（咸豐《平山縣志》卷一《災祥》）

清明前一日，怪風拔木，吹人至三四十里，次日始回。（康熙《延綏鎮志》卷五《紀事》；嘉慶《延安府志》卷六《大事表》）

昆明雨雹殺麥。（康熙《雲南府志》卷二五《菑祥》）

二十一日，黑風起，白晝晦暝，燈火無光，從午至酉始霽。（順治《真定縣志》卷四《災祥》）

大雨雹，城中雹大如拳，城西諸鄉大如斗，破屋殺畜，民無所避。（道光《新會縣志》卷一四《祥異》）

省城南雹殺麥。（天啟《滇志》卷三一《災祥》）

## 四月

辛酉朔，甘肅西寧地震。（《明神宗實錄》卷三〇九，第 5777 頁）

大雹壞屋。（康熙《成安縣志》卷四《總紀》；民國《成安縣志》卷一五《故事》）

雹大如斗，壞民廬舍。（乾隆《裕州志》卷一《祥異》）

雪雹傷麥秧。（嘉慶《高郵州志》卷一二《雜類》）

泰和疾風，拔樹壞屋。（光緒《吉安府志》卷五三《祥異》）

十七日，大雨雹，傷麥摧樹。（乾隆《濟陽縣志》卷一四《祥異》）

永年、成安雨雹。（光緒《廣平府志》卷三三《災異》）

河復大決黃堌口，由符離橋出宿遷新河口，入大河，二洪告涸。（同治《宿遷縣志》卷一〇《河防》）

疾風拔樹，池水湧。（同治《泰和縣志》卷三〇《祥異》）

十七至十九日，連夜大雨，浸倒城四十八丈五尺，馬路三十五丈五尺，城垛五十餘丈，城濠岸四十丈，門樓各處損壞。（嘉慶《潮陽縣志》卷三《城池》）

歸善大水，淹及府署大門內。（光緒《惠州府志》卷一七《郡事上》）

夏四月、五月，霪雨。（乾隆《新興縣志》卷六《編年》）

四、五月，冰雹，大風拔木。（光緒《泗水縣志》卷一四《災祥》）

## 五月

辛丑，四川茂州地震有聲。保縣同日震。（《明神宗實錄》卷三一〇，第5796頁）

冰雹，傷田禾，城中亦深二三尺。（乾隆《清水縣志》卷一一《災祥》）

戊午，大雷雨，鍾賈山蛟起，崩其西南隅。（乾隆《婁縣志》卷一五《祥異》）

霪雨浹旬，麥禾盡浥，歲大饑。（光緒《霑化縣志》卷一四《祥異》）

大水，田廬多沒，古城高隔，城中得免。（雍正《定襄縣志》卷七《災祥》）

連雨。饑。（康熙《山海關志》卷一《災祥》）

一日雪，麥豆皆死。（光緒《五臺新志》卷四《雜錄》）

冰雹傷田，城中或深二三尺。（乾隆《直隸秦州新志》卷六《災祥》）

冰雹傷田，城中亦深二三尺。（康熙《清水縣志》卷一〇《災祥》）

雹傷東錦麥百餘頃。（康熙《章丘縣志》卷一《災祥》）

大雨，麥禾盡湮。大饑。（民國《濟陽縣志》卷二〇《祥異》）

大雨雹。（光緒《惠民縣志》卷一七《災祥》）

大雨，麥禾盡浥。大饑。（民國《陽信縣志》卷二《祥異》）

戊午，鍾賈山蛟起，崩西南一隅角。（嘉慶《松江府志》卷八〇《祥異》）

六日，大風拔木。（萬曆《沛志》卷一《邑紀》）

貴池西鄉蛟大作，水溢數丈，壞田廬無筭，男女死者數千人。（萬曆《池州府志》卷七《祥異》）

十五日，始大雨。二十二日晝夜如注。二十五日平地水高四丈，衝入東南城關，四野盡成江河。八九等都山崩水溢，故道無存，積屍橫野，廬舍漂沒。十一都湧北一山，約六七畝，飛越溪南，壓斃男婦十四五人，山上樹木如故。（康熙《石埭縣志》卷二《祥異》）

大水。（宣統《建德縣志》卷二〇《祥異》）

大水，城中通舟楫，縣治皆沒。三日夜始退。（道光《永州府志》卷一七《事紀畧》）

復大水，民終歲無粒收，甚于丙戌。而覆水災者不以實聞，賦多全徵，民甚苦之。（萬曆《廣東通志》卷七一《雜錄》）

至七月，雨。是年饑。（民國《綏中縣志》卷一《災祥》）

## 六月

初三，暴水漫堤，幾不為衛。（萬曆《臨城縣志》卷二《城池》）

大雨，寒凜，禾潯。（光緒《常昭合志稿》卷四七《祥異》）

襄水暴漲，鍾邑堤潰，漢川水。承天知府常督工搶築。（同治《漢川縣志》卷一四《祥祲》）

霪雨滂沱，半月不絕，廬舍田禾漂盡，行舟入城。（乾隆《鍾祥縣志》卷一五《祥異》）

京山大水。（康熙《安陸府志》卷一《郡紀》）

二十六日，雨雹。（道光《綦江縣志》卷一〇《祥異》）

## 七月

庚寅朔，黃花鎮雷火燬臺垣及神火器具。（《明神宗實錄》卷三一二，第5821頁）

甲辰，熒惑犯歲。（《明神宗實錄》卷三一二，第5840頁）

庚寅朔，雷燬黃華鎮臺垣及火器。（光緒《樂清縣志》卷一三

《災祥》）

旱。（康熙《利津縣新志》卷九《祥異》）

大水。冬饑。（康熙《灤志》卷三《世編》；光緒《永平府志》卷三〇《紀事》）

大水。（康熙《安州志》卷三《祥異》）

風傷穀。（康熙《章丘縣志》卷一《災祥》）

大雨。（萬曆《沛志》卷一《邑紀》）

## 八月

壬戌，京師風雹。（《明神宗實錄》卷三一三，第5854頁）

甲申，京師地震，禮部以修省寔事疏請，得吉。（《明神宗實錄》卷三一三，第5860頁）

甲申，遼陽、開原、廣寧等衛俱震，地裂湧水，三日乃止。宣府、薊鎮等虜俱震，次日復震。（《明神宗實錄》卷三一三，第5860頁）

甲申，山東濰縣、昌邑、安樂（廣本、抱本作"樂安"）、即墨皆震，臨淄縣不雨，濠水忽漲，南北相向而鬪。又夏莊大灣忽見潮起，隨聚隨開，聚則丈餘，開則見底。樂安小清河水逆湧流，臨清、磚板二閘無風起大浪。（《明神宗實錄》卷三一三，第5860~5861頁）

甲申，肅州、涼州天有火光，形如車輪，尾分三股，約長三丈。松山天鼓鳴。（《明神宗實錄》卷三一三，第5861頁）

無雨，池井水自長數尺，徐自消。（康熙《漳浦縣志》卷四《災祥》）

河水震盪，池井俱溢。（光緒《潛江縣志續》卷二《災祥》）

水泉湧溢。（萬曆《嘉定縣志》卷一七《祥異》）

二十四日，水動有聲。（順治《曲周縣志》卷二《災祥》）

二十六日，寅時，池水盡黑，流溢遍地。（光緒《永濟縣志》卷二三《事紀》）

二十七日，天晴水溢，各水皆溢尺餘。（乾隆《諸城縣志》卷二《總紀上》）

井沸池溢，東流數丈，逾時方止，自太平至蒲州皆然，臨晉更甚。説者謂之"水淫"，是秋果多雨。（民國《聞喜縣志》卷二四《舊聞》）

水，暴潮。是月十六日，濠水無風溢數尺許，良久乃退。或謂地震所致，而民居未見動搖者。（康熙《定州志》卷五《事紀》）

大水。（雍正《邱縣志》卷七《災祥》）

太平、臨晉、猗氏、榮河、蒲、解州、安邑、聞喜池水自溢。冬，平陸黄河堅冰。（萬曆《山西通志》卷二六《災祥》）

池塘水溢。説者謂之"水淫"，主秋雨，果應。（道光《太平縣志》卷一五《祥異》）

池塘水潮如鼎沸。（萬曆《安邑縣志》卷八《祥異》）

井沸池溢，泛濫橫流，幾數丈，踰時方止。（民國《臨晉縣志》卷一四《舊聞記》）

池水無小大皆溢，如躍者三。（乾隆《大荔縣志》卷二六《祥祲》）

境内無風，水各溢尺餘。（康熙《章丘縣志》卷一《災祥》）

小清河逆流。（民國《續修廣饒縣志》卷二六《通紀》）

不雨，水沸。（康熙《莒州志》卷二《災異》）

甲申，水溢。（宣統《聊城縣志》卷一一《通紀》）

二十八日，溪地自湧，水溢數尺。（乾隆《龍溪縣志》卷二〇《祥異》）

隕霜殺稼。（萬曆《榆次縣志》卷八《災祥》）

## 九月

庚子，是日，雪。（《明神宗實録》卷三一四，第5871頁）

英德霪雨。（同治《韶州府志》卷一一《祥異》）

大雪。（乾隆《蒲縣志》卷九《祥異》；民國《許昌縣志》卷一九《祥異》）

月初，雷大震，城裂數尺。（乾隆《諸暨縣志》卷七《祥異》）

初二日大雨，水漂民田廬，市可行舟。（康熙《漳浦縣志》卷四《災祥》）

大雪，壓倒房屋，折傷樹木無數。（康熙《蒲縣新志》卷七《災祥》）

霪雨。（道光《英德縣志》卷一五《災異》）

## 十月

戊寅，火星逆行入井。（《明神宗實錄》卷三一五，第 5889 頁）

## 十二月

甲子，湖廣潛江、景陵、漢川三縣水災，議免拖欠府倉銀兩，仍羡賑濟。從按臣趙文炳請也。（《明神宗實錄》卷三一七，第 5905 頁）

乙酉，京師地震。（《明神宗實錄》卷三一七，第 5910 頁）

十二日，雷鳴。（道光《綦江縣志》卷一〇《祥異》）

## 是年

春，大風蔽日，晝晦。（乾隆《新樂縣志》卷二〇《續雜志》）

春，大風，雨土。夏秋，大雨。（道光《江陰縣志》卷八《祥異》）

春，濟南河井溝瀆之水無風而沸，諸州邑皆同。（光緒《霑化縣志》卷一四《祥異》）

夏，池水盈溢有聲，泮池亦然。（同治《廣豐縣志》卷一〇《祥異》）

夏，永豐池水溢有聲，洋〔泮〕池亦然。（同治《廣信府志》卷一《祥異附》）

寧洋甘露降。（道光《龍巖州志》卷二〇《雜記》）

德化大水。（乾隆《永春州志》卷一五《祥異》）

雷震澄邁（疑脫“縣”字）學櫺星門左右柱。（道光《瓊州府志》卷四二《事紀》）

風雨，時禾稼稍登。（光緒《吳川縣志》卷一〇《事略》）

大水傷稼，復飢。（咸豐《順德縣志》卷三一《前事畧》）

雨雹傷禾。（光緒《永年縣志》卷一九《祥異》）

大雨，河溢，後連年大雨水。（光緒《虞城縣志》卷一〇《災祥》）

大水。（乾隆《裕州志》卷一《祥異》；嘉慶《沅江縣志》卷二二《祥異》）

大水入城。（光緒《零陵縣志》卷一二《祥異》）

揚州雨黑豆。（乾隆《江都縣志》卷二《祥異》；嘉慶《高郵州志》卷一二《雜類》）

水嘯。（乾隆《直隸通州志》卷二二《祥祲》；嘉慶《如皋縣志》卷二三《祥祲》；光緒《通州直隸州志》卷末《祥異》）

河運水涸。（同治《宿遷縣志》卷三《紀事沿革表》）

雨黑豆，泰州雨粟，雨毛。（雍正《揚州府志》卷三《祥異》）

旱。（光緒《安東縣志》卷五《民賦下》；光緒《霑益州志》卷四《祥異》）

霪雨，麥不登。（光緒《靖江縣志》卷八《祲祥》）

蝝。（乾隆《㹲縣志》卷五《祥異》）

不雨，水沸。（嘉慶《莒州志》卷一五《記事》）

大旱，人多饑死。（民國《蒙化縣志稿》卷二《祥異》）

松陽池塘水漲，蕩漾有聲。（光緒《處州府志》卷二五《祥異》）

秋，大雨雹，狀如彈丸。（雍正《惠來縣志》卷一二《災祥》）

秋，潦漲山崩。（宣統《高要縣志》卷二五《紀事》）

冬，大雪害麥。明年戊戌〔戌〕，大旱，米價昂貴，知縣蘇宇庶捐俸買穀以賑。（嘉慶《旌德縣志》卷一〇《祥異》）

春，旱。夏，久雨，田禾潦。民大饑。（康熙《昌黎縣志》卷一《祥異》）

春，大風，摧折樹木。（康熙《清水縣志》卷一〇《災祥》；乾隆《清水縣志》卷一一《災祥》；乾隆《直隸秦州新志》卷六《災祥》）

春，大風，日晝晦。（雍正《直隸定州志》卷一〇《祥異》）

春，大旱。夏，大雨兩月。（嘉慶《東臺縣志》卷七《祥異》）

夏，霪雨不止，圩田不得栽蒔。（雍正《巢縣志》卷二一《瑞異》）

夏，旱。（崇禎《吳縣志》卷一一《祥異》）

夏，淫雨，大水没禾。（道光《濟甯直隸州志》卷一《五行》）

大理大疫。蒙化旱，人多饑死。（天啟《滇志》卷三一《災祥》）

大旱。（道光《樂至縣志》卷一六《雜紀》）

昭平雷發櫺星門。（雍正《平樂府志》卷一四《祥異》）

大水，城通舟楫。（民國《陽朔縣志》第五編《前事》）

颶風作，城毀。（乾隆《瓊州府志》卷二《城池》）

颶風，樓鋪多壞。（萬曆《廣東通志》卷四五《城池》）

大水，鼎安金利圍破，傷稼倒屋。（康熙《南海縣志》卷三《災祥》）

水。（康熙《安鄉縣志》卷二《災祥》；乾隆《武寧縣志》卷一《祥異》）

蝗。（民國《鄲城縣記》第五《大事篇》）

大□水，河溢。（民國《夏邑縣志》卷九《災異》）

沁河決，大水潦東北二關，城半頹圮，東西北三門土塞，舟泊城下，日用米菜等，城上繫繩取之。（乾隆《汲縣志》卷一《祥異》）

復大水。（康熙《新喻縣志》卷六《歲眚》；同治《臨江府志》卷一五《祥異》）

旱，米翔貴。（同治《祁門縣志》卷二一《名宦》）

池塘水漲，蕩漾有聲。（光緒《松陽縣志》卷一二《祥異》）

（溫嶺縣）大風雨，塗田淤漲。（康熙《太平縣志》卷八《祥異》）

嚴州大風雨，壞田萬餘畝。（康熙《浙江通志》卷二《祥異附》）

河復大決黃堌口，其半由徐州入舊河，濟運上源水枯，二洪告涸。（民國《銅山縣志》卷一四《河防》）

是年，河決狼旋、磨臍二口，蒙陰、馬陵山水俱發，邳、宿、安東悉沉釜底。（天啟《淮安府志》卷一四《祥祲》）

鹽、安旱魃，秋禾槁。（乾隆《淮安府志》卷二五《五行》）

淮水大漲，浸及泗陵。（康熙《揚州府志》卷六《河渠》）

大旱，邑令陳繼疇作文禱於城隍廟，乃雨。（康熙《泰興縣志》卷一《祥異》）

雨粟，雨毛。（道光《泰州志》卷一《祥異》）

井水沸，池水溢。（光緒《榮河縣志》卷一四《祥異》）

頻年旱暵，而丁酉春則飛雪千里，且旬必一雨，秋收更豐。（康熙《隰州志》卷二四《藝文》）

修文里大雨水數尺，損民房百餘間。秋八月，隕霜殺稼。（萬曆《榆次縣志》卷八《災祥》）

河決溫家灘，害稼。（民國《青縣志》卷一三《祥異》）

地震。秋，螟。（民國《高淳縣志》卷一二《祥異》）

秋，雨。（乾隆《太平縣志》卷八《祥異》）

秋，河渠復溢。（乾隆《饒陽縣志》卷下《事紀》）

秋，大水，漳河北徙。（光緒《臨漳縣志》卷一《紀事沿革》）

秋，雨雹如彈丸。（乾隆《潮州府志》卷一一《災祥》）

秋，大水，圩堤多決，石奇堤決四十餘丈，淹沒田廬。（光緒《高明縣志》卷一五《前事》）

秋，大旱。（嘉慶《三水縣志》卷一三《編年》）

冬，滛雪爲祟，害戕二麥。（萬曆《旌德縣志》卷一〇《藝文》）

冬，大雪，至於明年三月，牛馬凍饑死者過半。（雍正《瑞昌縣志》卷一《祥異》）

風雨時，禾稼稍登。（乾隆《吳川縣志》卷九《事蹟紀年》）

冬，水結冰，成龍蛟鱗甲之狀。（民國《太湖縣志》卷四〇《祥異》）

不雨，至四月二麥俱槁。夏，大雨，田傷澇。民大飢。（民國《昌黎縣志》卷一二《故事》）

# 萬曆二十六年（戊戌，一五九八）

## 正月

雨黑水。（民國《高淳縣志》卷一二《祥異》）

## 三月

二十日，雨雹。（民國《台州府志》卷一三四《大事略》）

大雨，圩田沉没，麥不可食。（民國《高淳縣志》卷一二《祥異》）

二十日，雨雹。（康熙《天台縣志》卷一五《災祥》）

膳風三日。（乾隆《淮寧縣志》卷一一《祥異》）

## 四月

壬申，詔百官各修省祈雨。（《明神宗實録》卷三二一，第5972頁）

京師雨雪。（《國榷》卷七八，第4813頁）

雨雹於育山之陽，大如栗，深三尺，傷苗及一牛一犢。（光緒《唐縣志》卷一一《祥異》）

雨雪。（乾隆《新鄉縣志》卷二八《祥異》）

大風，麥無苗。（民國《馬邑縣志》卷一《災異》）

三日立夏，大雨雪。（民國《台州府志》卷一三四《大事略》）

水漲，獨山渡溺死五十三人。（光緒《松陽縣志》卷一二《祥異》）

大雨雹，育山之陽大如栗，深三尺，傷苗及一牛一犢。五月，大水唐河偶漲高丈餘。……秋又大雨雹，崗北村西雹堆如嶺，高七尺，長數丈，移時乃消。（康熙《唐縣新志》卷二《災異》）

馬邑大風，麥無苗。（雍正《朔平府志》卷一一《祥異》）

明秀鄉大風拔木。（道光《章邱縣志》卷一《災祥》）

初三日立夏，大雪。是歲饑。（康熙《天台縣志》卷一五《災祥》）

立夏日，金華有飛雪。是年八縣大旱，顆粒無收，民多餓殍。（康熙《金華府志》卷二五《祥異》）

大水，自四月雨至五月初五日，水入縣門，邑城民居浸頹過半，男婦多漂没；十八日，縣南出蛟，水暴漲，田禾淹没，隴畝成溪，饑溺交困。……秋旱。（乾隆《武寧縣志》卷一《祥異》）

霖雨連旬，水高十數丈，舟行屋上，城垣民舍多圮。（道光《辰溪縣

志》卷三八《祥異》)

至五月，大雨水，無麥。(康熙《儀徵縣志》卷七《祥異》)

至八月，不雨，赤地數千里，民大饑。夏至雷震。(道光《東陽縣志》卷一二《禨祥》)

## 五月

一日，雪，麥豆皆死，秋未熟。(康熙《五臺縣志》卷八《祥異》)

初四日，雨雪。(康熙《靜樂縣志》卷四《災變》)

大風雨壞廬宇，傷禾稼。(民國《石城縣志》卷一〇《紀述》)

大水，唐河漲溢，南北伏城漂没民舍甚多。秋，雨雹。(光緒《唐縣志》卷一一《祥異》)

十六日，大雨不止。二十九日申時，河水泛溢，高湧數十丈。(乾隆《府谷縣志》卷四《祥異》)

雹傷麥。(康熙《利津縣新志》卷九《祥異》)

十六日，大雨不已，至二十九日申時，河水泛溢。(康熙《保德州志》卷三《風土》)

荒，邑令陳公瑛盡發惠民倉及社倉穀平糶，有餓莩及不能糴者，日給糜粥食之。縣簿張一讓亦殫心共救，歲雖饑而不害。(同治《崇仁縣志》卷一三《祥異》)

春，大饑，發賑。至五月二十一日乃雨，秋大熟。(光緒《范縣志》卷一《災祥》)

大水氾漲，有硝磺氣，河魚浮没，人可手取。(道光《龍安府志》卷一〇《祥異》)

大水泛漲，有硝磺氣，河魚浮没，人可手取。(嘉慶《内江縣志》卷五二《祥異》)

五、六、七三月不雨，泉流俱竭，歲大歉，饑饉相望。箭竹内每節産米一粒，傳為箭米，人采之療生。(乾隆《諸暨縣志》卷七《祥異》)

大旱，五月至七月，方得雨。(雍正《開化縣志》卷六《雜志》)

至七月不雨，泉流皆竭，各邑民饑，或采竹米以療。（乾隆《紹興府志》卷八〇《祥異》）

大旱，五月至七月，方得雨，五邑大饑。（民國《衢縣志》卷一《五行》）

至七月不雨，泉流皆竭，各邑民饑，至採竹米以食。（民國《新昌縣志》卷一八《災異》）

至九月不雨。後雷雨，孟冬至次年仲春方霽，麥禾俱無。（康熙《天台縣志》卷一五《災祥》）

不雨，至八月雨，早晚禾失收。（嘉慶《武義縣志》卷一二《祥異》）

大旱，五月至九月不雨。次年春，民皆食草根樹皮，至有殣泥者，餓殍不可勝言。（康熙《浦江縣志》卷六《灾祥》）

大旱，自五月不雨，至十月。（民國《湯溪縣志》卷一《編年》）

## 六月

大水，壞民屋宇。（民國《馬邑縣志》卷一《灾異》）

大水，壞屋宇。（雍正《朔平府志》卷一一《祥異》）

連雨四日，後復雷電交作，通宵達旦，水漲至數十丈，衝没村莊三十四處。水落後，仍貼岸流行，遂成荒沙。（光緒《保德州鄉土志》第十六節《河變》）

二十日，平和縣東廂外陳孫家雷震，適幼孩在轎中，轎飛出屋外打碎，孩跌地尚存。（光緒《漳州府志》卷四七《災祥》）

垣曲大雨雹。秋，稷山無禾。（萬曆《山西通志》卷二六《災祥》）

二十三日，午夜，地震。（光緒《定安縣志》卷一〇《災祥》）

二十六日，夜半，大雨，平地水高數尺，淹没房屋不可勝紀。（康熙《垣曲縣志》卷一二《災荒》）

大水，敗城郭田廬，溺洛河死者數十百人，洪令其道議請賑貸，煮粥濟饑。（乾隆《雒南縣志》卷一〇《災祥》）

旱。六月，雨冰。（嘉慶《沅江縣志》卷二二《祥異》）

大雨，水深數尺，淹没無算。（光緒《垣曲縣志》卷一四《雜志》）

## 七月

丙戌，夜二更，東方有流星，大如蓋，色青白，光明（抱本作“有光”）照地，復（抱本作“後”）有二（抱本作“三”）小星隨之。（《明神宗實錄》卷三二四，第 6015~6016 頁）

初十日，雨雹，禾稼多傷。（民國《陵川縣志》卷一〇《舊聞記》）

初十日，雨雹，田禾多傷。（康熙《陵川縣志》卷六《祥異》）

隕霜殺稼。（民國《沁源縣志》卷六《大事考》）

十一日，平虜衛大雨米〔水〕雹，禾稼盡傷，漳没居民廬舍。（萬曆《山西通志》卷二六《災祥》）

平遠衛雨雹，殺禾壞屋。歲飢。（雍正《朔平府志》卷一一《外志》）

高平、陵川雨雹，壞屋傷禾。（雍正《澤州府志》卷五〇《祥異》）

潦，務本鄉爲甚。（康熙《利津縣新志》卷九《祥異》）

## 八月

丁丑，夜四更，京師地震。（《明神宗實錄》卷三二五，第 6036 頁）

丁丑夜，京師地震，復雨雪。（《國榷》卷七八，第 4819 頁）

水溢。（光緒《蠡縣志》卷八《災祥》）

復雨雪。（乾隆《新鄉縣志》卷二八《祥異》）

隕霜殺禾，大饑。（光緒《五臺新志》卷四《雜録》）

塘水忽躍起數尺，湖中水鬭。（民國《高淳縣志》卷一二《祥異》）

## 九月

壬辰，以水災蠲免浙江各府縣錢糧有差。（《明神宗實錄》卷三二六，第 6041 頁）

水災。（光緒《歸安縣志》卷二七《祥異》）

水，慈谿災九分，准免六分。（光緒《慈谿縣志》卷五五《祥異》）

水災，户部覆巡按方元彦、撫軍劉元霖奏准被災十分，准免七分，并二

十一年前未完米折鹽鈔等銀悉准蠲免。（光緒《嘉善縣志》卷九《郵政》）

水災八分，准免五分。（光緒《平湖縣志》卷八《蠲恤》）

水爲災。《續文獻通考》：戶部覆撫按劉元霖、方元彥奏，被災七分之武康等縣，准免四分，於本年存留糧內照數豁免。（道光《武康縣志》卷一《邑紀》）

浙江水，鄞縣被災九分。（同治《鄞縣志》卷六九《祥異》）

水災，戶部覆巡按方元彥、巡撫劉元霖准金華被災八分，免五分。（光緒《金華縣志》卷一二《蠲恤》）

上旬，雨雪。（嘉慶《沅江縣志》卷二二《祥異》）

## 十月

癸亥，大雨雪，喜峯路臺上忽從西北樓内旋風大作，響聲震地，黑氣冲天，旗杆倒折，樓内上層有火光。（《明神宗實錄》卷三二七，第6056頁）

## 十一月

辛亥，彰德隕霜，不殺草。（《明史·五行志》，第428頁）

## 十二月

地震，大雷雨。（乾隆《德慶州志》卷二《紀事》）

除夕，大風，折木發屋。（萬曆《汶上縣志》卷七《災祥》）

## 是年

春，水湧。（康熙《新城縣志》卷一〇《災祥》）

春，大饑，發賑，至五月二十一日乃雨，秋大熟。（民國《續修范縣縣志》卷六《災異》）

春，霪雨，無麥。（嘉慶《如皋縣志》卷二三《祥祲》；光緒《通州直隸州志》卷末《祥異》）

春，不雨，泍水河渴（疑當作"竭"）……是年冬，無積雪，春復少

雨，河水枯渴（疑當作"竭"）。（萬曆《臨城縣志》卷七《事紀》）

春，滛雨，無麥。（乾隆《直隸通州志》卷二二《祥祲》）

自春至夏，霪雨毒霧爲災，二麥壞。改折漕米三分。（嘉慶《重刊宜興縣舊志》卷末《祥異》）

夏，大旱。（同治《江山縣志》卷一二《祥異》）

夏，大旱，柳生烟。（民國《成安縣志》卷一五《故事》）

地震，雨雹。（民國《太和縣志》卷一二《災祥》）

婺源旱，黟大水。（道光《徽州府志》卷一六《祥異》）

雹傷稼。（同治《武邑縣志》卷一〇《雜事》）

旱。（同治《餘干縣志》卷二〇《祥異》；同治《萬年縣志》卷一二《災異》；光緒《餘姚縣志》卷七《祥異》）

雷大震。（光緒《綏德直隸州志》卷三《祥異》）

浙江水災。冬，大雷。（同治《湖州府志》卷四四《祥異》）

大旱，人多流離。次年春，發預備倉穀一十八廒賑濟。（光緒《永康縣志》卷一一《祥異》）

大旱，粒穀無收，民食草木，餓殍滿野。（嘉慶《義烏縣志》卷一九《祥異》）

颶風大作，墮城南樓。（康熙《漳州府志》卷二〇《官蹟》）

本（疑脫"縣"字）大旱，五月至七月方得雨。是季大饑，煮糜食饑民。（崇禎《開化縣志》卷六《雜志》）

大旱。（萬曆《蘭谿縣志》卷七《祥異》；康熙《朝城縣志》卷一〇《災祥》；康熙《永康縣志》卷一五《祥異》；嘉慶《蘭谿縣志》卷一八《祥異》；同治《武岡州志》卷三二《五行》；光緒《蘭谿縣志》卷八《祥異》；光緒《仙居志》卷二四《災變》）

浙江水災，定海被災九分，准免糧六分。（光緒《鎮海縣志》卷三七《祥異》；民國《鎮海縣志》卷四三《祥異》）

大旱，令蔣仁奉檄發常平倉賑之。（康熙《臨安縣志》卷八《祥異》；宣統《臨安縣志》卷一《祥異》）

大旱，饑。（康熙《衢州府志》卷三〇《五行》）

水。臨安縣大旱。（乾隆《杭州府志》卷五六《祥異》）

大旱。九月，以被災五分准免錢糧二分。（民國《龍游縣志》卷一《通紀》）

水災七分，準免四分，俱於本年存留糧內，照數豁免。（同治《長興縣志》卷九《災祥》）

黃河水衝地六十頃六十畝四分四厘九毫八絲。（康熙《保德州志》卷四《田賦》）

夏，潮。（民國《崇明縣志》卷一七《災異》）

水圮南城。（光緒《垣曲縣志》卷三《城池》）

夏，大旱。秋，大旱，無穫。（雍正《瑞昌縣志》卷一《祥異》）

夏，鶴慶旱，蝗。（天啟《滇志》卷三一《災祥》）

遂昌旱荒。（雍正《處州府志》卷一六《雜事》）

秋，大水，自是主〔年〕（至）於天啟間，水災尤甚。（光緒《安東縣志》卷五《民賦下》）

秋，延安府大水，漂人畜。（康熙《延綏鎮志》卷五《紀事》；嘉慶《延安府志》卷六《大事表》）

秋，大水。（乾隆《无为州志》卷二《灾祥》；嘉慶《中部縣志》卷二《祥異》；民國《文安縣志》卷終《志餘》）

秋，大水，黃淮夜泛。（雍正《安東縣志》卷一五《祥異》）

水。（嘉慶《東臺縣志》卷七《祥異》；道光《泰州志》卷一《祥異》）

以水災免徵銀一百五十四兩有奇。（咸豐《靖江縣志稿》卷一《蠲恤》）

冬，大雷。（崇禎《烏程縣志》卷四《災異》；光緒《嘉興府志》卷三五《祥異》；光緒《嘉善縣志》卷三四《祥眚》；民國《重修秀水縣志·災祥》）

有鳴鳥於境內，形似鳥而小，不知何名。是年，大水。（民國《徐水縣新志》卷一〇《大事記》）

水湧。春初，凡河溝及各灣之水，無風而沸，諸處水皆同。（康熙《新城縣志》卷一一《災祥》）

春，淫雨傷麥。夏稍旱，尋禱有雨。（萬曆《帝鄉紀略》卷六《災患》）

春，不雨。夏，久雨，田潦。秋螟。冬饑。（光緒《永平府志》卷三〇《紀事》）

夏，水溢，決堤傷稼。（光緒《高明縣志》卷一五《前事》）

夏，大石村一帶二十里冰雹傷田，其塊大二三尺許。（光緒《新續渭南縣志》卷一一《祲祥》）

大旱，人民饑荒過甚。（道光《安岳縣志》卷一五《祥異》）

大旱，人民飢荒。（雍正《樂至縣志·祥異》）

旱，野無青草。（康熙《文昌縣志》卷九《災祥》）

大水，城壞濠淤。（道光《高州府志》卷二《城池》）

隨龍堤復潰。（乾隆《博羅縣志》卷三《堤岸》）

霪雨連旬，水高數十丈，舟行屋上，城垣民舍皆圮〔圯〕，浦市居民財貨漂流幾盡。（乾隆《辰州府志》卷六《機祥》）

大旱，無禾，人相食。（順治《洛陽縣志》卷八《災異》）

蝗飛蔽天，聲如大風。（乾隆《儀封縣志》卷一《祥異》）

大水。（康熙《安肅縣志》卷三《災異》；嘉慶《黟縣志》卷一一《祥異蠲賑》；同治《鄱陽縣志》卷二一《災祥》；光緒《榮河縣志》卷一四《祥異》；民國《太倉州志》卷二六《祥異》；民國《洛川縣志》卷一三《社會》）

大浸。（康熙《湖廣通志》卷二二《人物》）

旱荒。（康熙《遂昌縣志》卷一〇《災眚》）

紹興、衢州、金華、台州大旱。嚴州洪水，平地十餘丈。蕭山地湧血。金華立夏有飛雪。（康熙《浙江通志》卷二《祥異附》）

一歲兩灾，改折漕粮三分。是年自春至夏，滛雨毒露爲灾，二麥俱壞。（萬曆《常州府志》卷七《賑貸》）

大水，漂人畜甚多，水由西川發，衝盪村落，至縣南門止。（民國《安塞縣志》卷一〇《祥異》）

河水衝圯（城）南面。（康熙《垣曲縣志》卷二《城池》）

大風拔木。（萬曆《山西通志》卷二六《災祥》）

旱，蝗。（雍正《邱縣志》卷七《災祥》；光緒《溧水縣志》卷一《庶徵》）

旱。霜不殺草，榆槐再花，李冬實。（光緒《臨漳縣志》卷一《紀事沿革》）

漳河決曲周縣鄭家口，溢入滏陽。（康熙《任縣志》卷一《八景》）

蝗災。（康熙《文安縣志》卷一《災祥》）

蝗。（光緒《大城縣志》卷一〇《災異》）

秋，延安府大水，漂人畜甚眾。綏德州倉門三人并坐，其一抱兒，被雷火擊之，兒無恙。（康熙《延綏鎮志》卷五《紀事》）

無禾。（同治《稷山縣志》卷七《祥異》）

秋，旱。（民國《婺源縣志》卷七〇《雜志》）

至二十九年，並大旱，民饑。（乾隆《獲嘉縣志》卷一六《祥異》）

大旱，至二十七年七月猶不雨。（乾隆《介休縣志》卷一《祥異》；嘉慶《介休縣志》卷一《兵祥》）


# 萬曆二十七年（己亥，一五九九）


## 正月

元旦，雷鳴。（乾隆《番禺縣志》卷一八《事紀》；光緒《廣州府志》卷七九《前事署》；民國《順德縣志》卷二三《前事》）

初一日，雷聲。（康熙《開平縣志·事紀》）

至四月不雨，無麥，民饑，至閏四月終方雨，民始播種，米價騰貴，斗米百錢。撫按檄令開倉賑民，仍發銀四百兩以濟之。（民國《沁源縣志》卷

六《大事考》）

至七月方雨。禾將秀，忽生虫，食禾至根，野無寸草。民饑。（康熙《武強縣新志》卷七《災祥》）

## 二月

初二日，大風，黃沙蔽日，商賈罷市。（康熙《利津縣新志》卷九《祥異》）

永清風霾大作，晝晦如夜。（光緒《順天府志》卷六九《祥異》）

## 三月

壬午，山東兗州府地震。（《明神宗實錄》卷三三二，第6138頁）

癸巳，遵化縣天鼓鳴，西北一星光如皎月，流至東北方散。（《明神宗實錄》卷三三二，第6147~6148頁）

乙未，貴州平壩衛地震，大雨雹。（《明神宗實錄》卷三三二，第6148頁）

庚子，遼東盖州天鼓鳴，連隕三大星。（《明神宗實錄》卷三三二，第6151頁）

旱。夏秋，大旱，無禾，開倉平糶賑之。（乾隆《杞縣志》卷二《祥異》）

旱。秋，大旱，無禾。冬，大饑。（道光《尉氏縣志》卷一《祥異附》）

## 四月

甲寅，以雨澤愆期，命順天府竭誠祈禱。（《明神宗實錄》卷三三三，第6156~6157頁）

丙辰，遼東廣寧地震，天鼓（抱本作“數”）鳴，盖州、三萬、遼海、鐵嶺等衛俱地震。是月，慶雲、鎮遠等各衛堡同日火。畿輔災。（《明神宗

實録》卷三三三，第 6157 頁）

戊辰，夜，月犯南斗魁第二（廣本、抱本作"一"）星。（《明神宗實録》卷三三三，第 6163 頁）

戊寅，晚（廣本作"曉"）刻，雨，太廟槐樹雷火。巡視兵科給事中桂有根以聞，并祈修省，以答天變。（《明神宗實録》卷三三三，第 6170 頁）

二十八日，大雨雹傷禾，二麥俱無。知縣蔣守浩申請撫院發本縣倉穀賑濟焉。（康熙《懷柔縣新志》卷二《災祥》）

大雨，冰雹傷麥。（雍正《密雲縣志》卷一《災祥》）

## 閏四月

己丑，諭禮部："去冬至今，亢旱為災，已歷三時。河井乾竭，二麥枯槁，民何所賴？朕日夜焦思，深惟失德致此。你部便具儀遣官祭告天地、社稷、山川，并應祀神廟，竭誠祈禱，内外大小臣工痛加修省，各勤職業，以回天意，毋事虚文。"（《明神宗實録》卷三三四，第 6187 頁）

庚寅，夜，金星犯水星，順行在井度。（《明神宗實録》卷三三四，第 6188 頁）

甲午，以久旱祭告南郊、北郊、社稷、山川、風雲雷雨、黑龍潭。命公徐文璧，侯陳長弼、郭大誠，伯王學禮，駙馬侯拱宸，真人張國祥各行禮。（《明神宗實録》卷三三四，第 6189 頁）

壬寅，以雨澤霑足，告謝南郊、北郊、社稷、山川及風雲雷雨、黑龍潭之神，命公徐文璧，侯陳良弼、郭大誠，伯王學禮，駙馬侯拱宸，真人張國祥等各行禮。（《明神宗實録》卷三三四，第 6198~6199 頁）

初三日，牛村雷雨，大水如注，淹死鄭廷豸等男婦二十餘口，頭畜百餘。（萬曆《榆次縣志》卷八《災祥》）

## 五月

永昌、騰越大水。（光緒《永昌府志》卷三《祥異》）

五日，怪風拔木。（民國《重修秀水縣志·災祥》）

二十五日，怪風拔木。（同治《湖州府志》卷四四《祥異》；光緒《嘉興府志》卷三五《祥異》；光緒《歸安縣志》卷二七《祥異》）

二十五日，怪風拔木。（崇禎《烏程縣志》卷四《災異》）

蝗。（光緒《冠縣志》卷一〇《祲祥》）

霪雨，自五月至八月，禾稼俱漂。（嘉慶《常德府志》卷一七《災祥》）

饑。霪雨，自五月至於八月，禾稼俱漂。（光緒《龍陽縣志》卷一一《災祥》）

蝗。（嘉慶《東昌府志》卷三《五行》）

## 六月

二十日，平和大蘆溪洪水突出，漂没田廬人畜無數。（光緒《漳州府志》卷四七《災祥》）

## 七月

辛未，湖廣承天府沔陽州及岳（廣本作"汾"）州地震。（《明神宗實錄》卷三三七，第 6252 頁）

夜，天鳴東南，次日晝晦。（光緒《續修嵩明州志》卷二《災祥》）

二十九日，雷死四人。七月，太平大風雨，漂没無算。（民國《台州府志》卷一三四《大事略》）

縉雲大水。（雍正《處州府志》卷一六《雜事》；光緒《處州府志》卷二五《祥異》）

霪雨害民稼務，本鄉尤甚。（康熙《利津縣新志》卷九《祥異》；乾隆《樂陵縣志》卷三《祥異》）

壬辰，冰雹。（順治《高平縣志》卷九《祥異》）

地震，大雨如注，晝夜十日，土窰皆陷。（光緒《藍田縣志》卷三《紀事沿革表》）

飛霜殺禾。次年，復大饑。（乾隆《新修慶陽府志》卷三七《祥眚》）

飛霜殺禾稼。（乾隆《環縣志》卷一〇《五行》）

## 八月

甲辰，火星犯魁宿。（《明神宗實錄》卷三三八，第6274頁）

有龍起城西，孫家廟前槐上隨即火起，烟焰經終月不息，碎枝迸飛五六十步。（康熙《保德州志》卷三《風土》）

初九日，嚴霜早降，秋禾未熟，歲致大祲，人食樹皮草根，餓殍載道，且瘟疫，民甚苦之。（康熙《臨縣志》卷一《祥異》）

庚戌，隕霜，歲大饑。冰雹殺禾立盡，民改種蕎麥，又以霜早無成，是歲大饑，民間鬻妻子者幾千家。（順治《高平縣志》卷九《祥異》）

## 九月

辛亥，月晝犯金星。（《明神宗實錄》卷三三九，第6287頁）

## 十月

丁丑朔，户科都給事中李應策言："九月初五日未時，日躔角、太陰、太白同尾度見於午午（廣本、抱本'午午'作'午'）未，次舍相逼星見異，月同見尤異，月犯金異，月晝犯金尤異。又陝西狄道山崩，平地湧成山。"（《明神宗實錄》卷三四〇，第6305頁）

## 十一月

癸酉，以旱災蠲亳州、鳳陽等州縣存留錢糧及改折各有差。災重者，命有司發賑之。（《明神宗實錄》卷三四一，第6335頁）

恒雨，自十一月至三月。（乾隆《歸善縣志》卷一八《雜記》）

## 十二月

除夕大風。（萬曆《沛志》卷一《邑紀》）

雷，龍見。(嘉慶《桐鄉縣志》卷一二《機祥》)

雷電。(乾隆《銅陵縣志》卷一三《祥異》)

## 是年

春，旱。秋，水。(光緒《安東縣志》卷五《民賦下》)

春，久雨無麥。(道光《江陰縣志》卷八《祥異》)

春夏，先水後旱。(民國《萬載縣志》卷一《祥異》)

春夏，嘉、湖霪雨傷麥。(同治《湖州府志》卷四四《祥異》)

春夏，霪雨傷麥。(光緒《歸安縣志》卷二七《祥異》)

夏，大旱。(同治《江山縣志》卷一二《祥異》)

夏，旱。(康熙《衢州府志》卷三〇《五行》)

夏，霪雨傷麥。(同治《長興縣志》卷九《災祥》)

大旱。(萬曆《休寧縣志》卷八《機祥》；天啟《中牟縣志》卷二《物異》；康熙《休寧縣志》卷八《機祥》；乾隆《濟源縣志》卷一《祥異》；乾隆《歷城縣志》卷二《總紀》；嘉慶《黃平州志》卷一二《祥異》；嘉慶《西安縣志》卷二二《祥異》；道光《甌乘補》卷一一《祥異》；民國《禹縣志》卷二《大事記》；民國《元氏縣志·災祥》；民國《襄陵縣志》卷二三《舊聞考》；民國《衢縣志》卷一《五行》)

太〔大〕旱。(民國《孟縣志》卷一〇《祥異》)

休寧大旱。(道光《徽州府志》卷一六《祥異》)

大風晝晦，星隕有聲如雷。(光緒《永年縣志》卷一九《祥異》)

旱，正月至七月方雨，禾將秀，蟲食其根，民饑並疫。(道光《重修武強縣志》卷一〇《機祥》)

旱，禾不登，斗米錢一百三十，民饑。(民國《棗強縣志》卷八《災異》)

旱。(順治《鄆城縣志》卷八《祥異》；道光《禹州志》卷二《紀事沿革表》；民國《鄆城縣記》第五《大事篇》)

大潦，舟人泊西城闉以渡。(光緒《德安府志》卷二〇《祥異》；光緒

《咸甯縣志》卷八《災祥》）

河決監（疑當作"堅"）城集，故道涸絶。（同治《徐州府志》卷五下《祥異》）

大風霾。（光緒《延慶州志》卷一二《祥異》）

旱螟，無禾麥，道殣相望。（光緒《德平縣志》卷一〇《祥異》）

大雨雹。（乾隆《平陸縣志》卷一一《祥異》）

安塞大水。（嘉慶《延安府志》卷六《大事表》）

大水。（康熙《雄乘》卷中《祥異》；雍正《江浦縣志》卷一《祥異》；乾隆《碭山縣志》卷一《祥異》；同治《漢川縣志》卷一四《祥祲》；同治《續輯漢陽縣志》卷四《祥異》；光緒《騰越廳志稿》卷一《祥異》）

大水，繼而大旱。（民國《建德縣志》卷一《災異》）

大水，旱。（乾隆《建德縣志》卷一〇《機祥》）

夏秋，不雨，無稼。（民國《襄垣縣志》卷八《祥異》）

旱。秋，大熟。（民國《重修滑縣志》卷二〇《祥異》）

春，久雨，無麥。改折漕糧等米，每石折銀五錢，省免輕賚等銀五千一百十二兩五錢七分一釐。（嘉慶《重刊宜興縣舊志》卷末《祥異》）

大饑。（民國《臨縣志》卷三《大事》）

春，久雨，無麥。（道光《江陰縣志》卷八《祥異》）

春，大旱，饑。山川草木無有寸遺，母子夫妻有相抱立死者。（民國《臨汾縣志》卷六《雜記》）

平壩等衛晝晦如夜，大雷電，雨雹如斗。（乾隆《貴州通志》卷一《祥異》）

蚜蚄食穀葉，不傷穀。（嘉慶《長垣縣志》卷九《祥異》）

旱，臘。（乾隆《平原縣志》卷九《災祥》）

蚜蚄食花。（乾隆《東明縣志》卷七《灾祥》）

大旱，斗米銀二錢半，山川草木無復寸皮，母子夫妻相抱而斃者甚眾。（道光《太平縣志》卷一五《祥異》）

春，久雨，無麥。改折漕糧正米。（萬曆《常州府志》卷七《賑貸》）

春，久雨無麥，改折漕糧，省免輕齎等役銀三千四百四十二兩六錢零。（光緒《無錫金匱縣志》卷一一《蠲賑》）

春夏以來，水旱相仍。秋，經旬不雨，歲歉……是年半荒。（崇禎《瑞州府志》卷二四《祥異》）

春夏，不雨，無麥。（光緒《臨漳縣志》卷一《紀事沿革》）

自春徂夏，不雨。（萬曆《靈石縣志》卷三《祥異》）

夏，大雨雹。（萬曆《汶上縣志》卷七《災祥》）

夏，螟蟊害稼。（光緒《寧津縣志》卷一一《祥異》）

（大水），東鄉王顯庄一帶村庄皆被患。（光緒《榮河縣志》卷一四《祥異》）

夏，鶴慶大水，無麥，民饑。（天啟《滇志》卷三一《災祥》）

雨潦。（雍正《應城縣志》卷七《祥異》）

（嵩縣）蝗上蔽天，下填野。穀盡繼草，草盡繼木。（順治《河南府志》卷三《災異》）

旱荒。（乾隆《陳州府志》卷一九《忠義》；乾隆《扶溝縣志》卷一二《列傳》）

蝗，平地三寸厚，傷禾。（乾隆《儀封縣志》卷一《祥異》）

城被水壞。（萬曆《泉州府志》卷四《規置》）

雲龍橋。己亥秋洪水，橋壞。（乾隆《德化縣志》卷四《山川》）

水復大至。（萬曆《漳州府志》卷六《規制》）

（慶元縣新窯溪）橋因洪水漂没。（萬曆《續處州府志》卷四《地理》）

大水，（濟川）橋僅存什之一二。（乾隆《龍泉縣志》卷二《建置》）

水旱，後山竹生米，民採而食之，全活者眾，六縣皆生。（萬曆《續修嚴州府志》卷一九《祥異》）

河決鹽（疑當作“堅”）城集，故道涸絕，舉步可越。（順治《徐州志》卷八《災祥》）

大雨，冰雹。（康熙《解州全志》卷九《災祥》）

霖雨，壞官民房舍。（崇禎《山陰縣志》卷五《災祥》）

臨汾、襄陵、太平、靈石、蒲州、汾西、河津、沁源、沁州大旱，民饑。（雍正《山西通志》卷一六三《祥異》）

大風晝晦。（崇禎《永年縣志》卷二《災祥》）

蚜蚄爲災，蠲振有差。夏旱。秋稔。（咸豐《大名府志》卷四《年紀》）

大旱，民多餓死。（乾隆《冀州志》卷一八《機祥》）

蟲，傷稼爲災，瘟疫並作，民死無數。（雍正《深州志》卷七《事紀》）

螟蟲食苗盡，民剝榆掘草以食之，野多餓莩，有棄嬰兒於路者。（光緒《東光縣志》卷一一《祥異》）

大水浸城，城門壅土爲障，四境尺地無餘。（乾隆《新安縣志》卷七《機祚》）

蝗災。（康熙《文安縣志》卷一《災祥》）

水勢滔天。（康熙《保定府志》卷二六《祥異》）

秋，大水，禾稼盡傷。有司發倉穀，煮粥賑之。（康熙《安州志》卷八《祥異》）

秋，社日霜厚一寸，百穀盡死，人相食。（康熙《五臺縣志》卷八《祥異附》）

秋，蝗蝻遍野，傷禾，粟價湧貴。（萬曆《威縣志》卷八《祥異》）

# 萬曆二十八年（庚子，一六〇〇）

## 正月

戊午，户部題：“勘過順天府屬水澇蟲災（廣本作‘重災’，抱本作‘災重’），乞照勘寔分數酌量蠲緩，折徵倉穀（廣本、抱本作‘穀’）賑郵。”從之。（《明神宗實錄》卷三四三，第6365頁）

丁卯，申時，西（廣本、抱本無“西”字）北方有星如盞大，青白色，有光，仍往北行入雲中。（《明神宗實錄》卷三四三，第6371頁）

壬申，夜二更，火星逆行，過柳宿、鬼宿度。（《明神宗實錄》卷三四三，第 6378 頁）

丁巳，辰刻，蒲縣中白村忽大風，雲霧中有物大如桶，黃色，捲物落嶺柳樹下，眾往視之，忽杳無跡。（《國榷》卷七八，第 4847 頁）

大風。中白村雲霧中有物長丈餘，色黃，捲物落嶺樹下，視之頓減。是歲旱，大饑。（乾隆《蒲縣志》卷九《祥異》）

十二日辰時，中白村忽大風聲，雲霧中有物，狀如木桶，長約丈餘，其色黃，捲物。（康熙《蒲縣新志》卷七《災祥》）

臨汾大雨雪，望後八日平地數尺，傷樹。（萬曆《平陽府志》卷一〇《災祥》）

## 二月

戊寅，午時，地動起自東北艮方來，往西南行，連動二（廣本作"三"，廣本、抱本"連"上有"日"字，"動"下有"者"字）次。（《明神宗實錄》卷三四四，第 6389 頁）

庚寅，一更（廣本"更"下有"時"字），火星順行鬼宿度。（《明神宗實錄》卷三四四，第 6409 頁）

二日夜初漏，黑風西北起，天地晦冥。（民國《續修醴泉縣志稿》卷一四《祥異》）

初六，夜，雨雹，大者徑四寸許，屋無全瓦，童遊後山等處尤甚。（民國《建陽縣志》卷二《大事》）

初七，夜，雨雹。是年秋冬，痘疹災。（萬曆《福寧州志》卷一六《時事》；乾隆《福寧府志》卷四三《祥異》）

大雪兼雨雹。（嘉慶《揚州府志》卷七〇《事略》）

十九日，大雪兼雨雹，雹有斑文如瑪瑙。（嘉慶《東臺縣志》卷七《祥異》）

## 三月

庚戌，陝西巡撫賈待問奏："真寧縣正月十八日卯時，天陰，黑暗如夜，歷兩時分，汛（廣本、抱本作'迅'）雷怪鳴二次，西北方從（廣本、抱本作'半'）天落下一火塊，其大如硾，軸長三尺餘，光照四遠。又二時分，墮地消散，天光復明。切思震為天地長男，萬物需之以動，故出則臾利，入則除害。今出以正月，失其常度，不發而震，施鞭吐火，变不虛生，關中累年亢旱，加以礦稅，軍民嗷嗷，殊足寒心。"疏入不報。（《明神宗實錄》卷三四五，第 6423 頁）

雨。（天啟《淮安府志》卷二三《祥異》）

永平滛雨，自三月至九月。（天啟《滇志》卷三一《災祥》）

## 四月

大風霾。（雍正《阜城縣志》卷二一《祥異》）

十五日，雨雹，大如鵝卵。（乾隆《濰縣志》卷六《祥異》）

二十四日申時，大風雹。（嘉慶《長山縣志》卷四《災祥》）

大風，拔禾飄瓦，有巨石移於他所。（乾隆《昌邑縣志》卷七《祥異》）

大風霾，紅沙蔽日，自午至晡始明。（康熙《重修阜志》卷下《祥異》）

二十四日申時，怳風驟起，白晝如夜。雹降，小者如卵，大者如杵，壞坊傷人，落地無聲。（乾隆《淄川縣志》卷三《災祥》）

大風雨。（天啟《淮安府志》卷二三《祥異》）

不雨，至九月乃雨。（民國《新修寧鄉縣志》故事編第一《縣年記》）

## 五月

十四日，雷火大作。（民國《吳縣志》卷五五《祥異考》）

大雨雹，麥盡傷。（萬曆《山西通志》卷二六《災祥》）

雷震，六桂坊裂，而瓦不損。（康熙《石城縣志》卷三《祥異》）

至十二月，雨暘時若。宿遷有風雨災。是年河決黃堌口。（天啟《淮安府志》卷二三《祥異》）

## 六月

丁丑，山東巡撫劉易從奏報異常，風雹災傷，打死人畜，傾毀城屋，傷壞（廣本、抱本作"壞傷"）禾麥。有磁甕七隻，飛出離城五里之異。（《明神宗實錄》卷三四八，第6494～6495頁）

庚寅，河南巡撫曾如春（廣本、抱本作"泰"）奏報冰雹異常。同日，打傷三府九州縣禾麥、人畜、房屋。昔蔡中郎疏："世權不在上，則雹傷物，此群小假旨擅虐之兆也。乞委官踏勘分數，分別賑濟。"不報。（《明神宗實錄》卷三四八，第6505～6506頁）

壬辰，上以天（廣本、抱本"天"下有"久"字）旱，命順天（廣本、抱本"天"下有"府"字）竭誠祈禱。（《明神宗實錄》卷三四八，第6507頁）

丙申，諭（廣本、抱本"諭"上有"上"字）內閣："近因久旱不雨，天時炎熱，朕昨偶爾中暑。"（《明神宗實錄》卷三四八，第6508頁）

辛丑初（廣本、抱本作"夜"），昏刻，未舡列宿有星，如盞大，赤色，尾跡有光，起自中天，往西北行入雲中，後有二小星隨之。（《明神宗實錄》卷三四八，第6512頁）

雷震，六桂坊裂，而瓦不損。（民國《石城縣志》卷一〇《紀述》）

不雨，至二十九年始雨。（民國《順義縣志》卷一六《雜事記》）

雨，冰雹傷禾。（民國《項城縣志》卷三一《祥異》）

雨雹，河決黃堌口。（同治《重修山陽縣志》卷二一《雜記》；光緒《淮安府志》卷四〇《雜記》）

大風雹。（民國《增修膠志》卷五三《祥異》）

雨雹，大如鵝卵，小如棗粟，害傷禾稼。（民國《交河縣志》卷一〇《祥異》）

雨雹如拳，積盈尺，不消，麥熟盡壞。（乾隆《高平縣志》卷一六

《祥異》）

大風雨雹，傷人畜禾苗。飢。（乾隆《曲阜縣志》卷三〇《通編》）

## 七月

辛亥，以雨澤愆期，命有司（廣本、抱本作"百官"）盡心修省，共期弭災，仍令順天府官竭誠祈禱。（《明神宗實錄》卷三四九，第6530頁）

甲寅，工科都給事中王德完以祈禱雨澤奏言："皇上頃因雨澤愆期，諭臣工痛加修省，仍令順天府祈禱。"（《明神宗實錄》卷三四九，第6537頁）

辛酉，以旱災賑恤，紀錄知州劉觀文等十二員，從河南巡撫蔡如春請也。（《明神宗實錄》卷三四九，第6546頁）

戊辰，保定巡撫汪應蛟以畿內荒疫旱蝗相繼為虐，乞勅盡罷礦稅，併近議行鹽魚葦折稅等項。仍乞將各省礦稅，一切並罷。不報。（《明神宗實錄》卷三四九，第6552頁）

壬戌，彰德大風傷黍。（《國榷》卷七八，第4859頁）

興化府大雨水浸城。（《國榷》卷七八，第4860頁）

大雨數日，夜城垣、橋梁、堤岸皆圮，興化莆田、福安皆然。（民國《連江縣志》卷三《大事記》）

十八，颶風。（萬曆《常熟縣私志》卷四《敘產》）

二十一日，大風，摧黍落實過半。（光緒《臨漳縣志》卷一《紀事沿革》）

大雨三日，水溢，城不浸者丈餘。四野一壑，鄉村屋傾無數。海船至城下，小艇直入南市。（乾隆《莆田縣志》卷三四《祥異》）

大風，壞屋舍。（光緒《蘄州志》卷三〇《祥異》）

## 八月

大雨。（民國《壽光縣志》卷一五《大事記》）

自八月旱。次年四月，始微雨，民大疫。（光緒《麟遊縣新志草》卷八《雜記》）

池水溢。（民國《臨汾縣志》卷六《雜記》）

大水。（嘉慶《武義縣志》卷一二《祥異》）

地震。冬，雷。（乾隆《番禺縣志》卷一八《事紀》）

## 九月

辛丑，户科都給事中李應策奏："燕南江北水旱，流離之狀，欲如撫臣汪應蛟、李三才所請，分別賑貸。"（《明神宗實録》卷三五一，第6569頁）

壬子，昏刻，東北方有星大如卯〔卵〕，赤色而光，迳東南方行（廣本作"來"）。（《明神宗實録》卷三五一，第6578頁）

庚申，是夜子刻，月犯井宿。（《明神宗實録》卷三五一，第6582頁）

二十二日雨，至十二月方止。（道光《新修羅源縣志》卷二九《祥異》）

水復泛漲，北河官舟碎裂，湖死者五十餘人。（乾隆《華容縣志》卷一二《志餘》）

## 十月

丁酉，工科左給事中張問達以典試山東，所經道路飢饉流離之狀，風雹、瘟疫之災，征斌（廣本、抱本作"賦"）重疊之慘，臚列上奏，請亟罷礦稅，卹民生，安宗社。疏入留中。（《明神宗實録》卷三五二，第6602頁）

## 十一月

大雨二晝夜，泥水不成凍。（康熙《長垣縣志》卷二《災異》；乾隆《東明縣志》卷七《灾祥》）

運河冰。（光緒《嘉善縣志》卷三四《祥眚》）

大霖雨。（咸豐《大名府志》卷四《年紀》）

## 十二月

運河冰。（光緒《嘉興府志》卷三五《祥異》）

運河冰凍。（民國《重修秀水縣志·災祥》）

## 是年

春，雷震府學正殿。秋，地震。（康熙《鄱陽縣志》卷一五《災祥》；同治《饒州府志》卷三一《祥異》）

春，旱，早霜傷稼禾。（光緒《延慶州志》卷一二《祥異》）

夏，旱。（康熙《海豐縣志》卷四《事記》；民國《無棣縣志》卷一六《祥異》）

夏，大旱。（光緒《唐縣志》卷一一《祥異》）

大水，漂没廬舍數百家。（道光《桐城續修縣志》卷二三《祥異》）

大水。（乾隆《晉江縣志》卷一五《祥異》；嘉慶《無爲州志》卷三四《機祥》；民國《高淳縣志》卷一二《祥異》）

颶風，晝夜暴雨不止，水漲衝堤十餘處，湮没田産、人畜無數。（光緒《四會縣志》編一〇《災祥》）

大旱。（乾隆《新樂縣志》卷二〇《續雜志》；光緒《臨漳縣志》卷一《紀事沿革》）

雨雹。（民國《大名縣志》卷二六《祥異》）

漳水決寶公隄。（民國《成安縣志》卷一五《故事》）

旱，蝗蝻食禾殆盡，積屍滿野，或棄子女井中，鬻妻自縊。（道光《重修武强縣志》卷一〇《機祥》）

蛟出茅山，□□大水浸壞田廬。（乾隆《句容縣志》卷末《祥異》）

暴風爲災。（同治《宿遷縣志》卷三《紀事沿革表》）

池水溢。（同治《稷山縣志》卷七《祥異》）

富民大水。（康熙《雲南府志》卷二五《菑祥》）

騰越大水，廬舍田禾皆没，永平淫雨，自三月至九月乃止。（光緒《永

昌府志》卷三《祥異》）

　　大水，廬舍田禾盡没。（民國《蒙化縣志稿》卷二《祥異》）

　　夏秋，大風雨，河漲。（光緒《安東縣志》卷五《民賦下》）

　　秋熟未穫，烈風三日，禾盡偃，歲不登。（乾隆《獲嘉縣志》卷一六《祥異》）

　　秋，大雨雹。（道光《膠州志》卷三五《祥異》）

　　春，旱。夏，大水，至十月方涸。（嘉慶《沅江縣志》卷二二《祥異》）

　　春，紅石峽西崖山崩，壞邊垣樓閣，擁水不流，踰日始決。（康熙《延綏鎮志》卷五《紀事》）

　　春，大雨雪。（民國《臨汾縣志》卷六《雜記》）

　　大同及朔，春，旱。秋，霜。歲大歉，民間多食草子。巡撫都御史房守士出米百石于四門者，時濟饑；又設和市之法，糴運裏府粟米，民賴存活，不至流散。（萬曆《山西通志》卷二六《災祥》）

　　春夏旱，螽損禾。（乾隆《饒陽縣志》卷下《事紀》）

　　亢旱不雨，至仲夏始雨，農家方布種南畝，而雨又不能霑足，垂西成，四郊又生蝗蝻，且瘟疫大作。而菜色民愈沉吟，無所託命，鄰封扶老攜幼，啼饑號寒，就食南移者，過吾邑日以百數，目不忍見而耳不忍聞也。（民國《元氏縣志·藝文》）

　　民大饑。夏，多雨，鹽花不生。至冬十一月盛生，顆粒極大。公私獲利，亦一異也。（康熙《解州全志》卷九《災祥》）

　　河水大泛，四禾衝没。（康熙《定邊縣志·災祥》）

　　大水，淹没田廬。（康熙《蒙化府志》卷一《災祥》）

　　大水，近屯與清水驛淹没田畝數十頃。（乾隆《永北府志》卷二四《祥異》）

　　富民、楚雄、騰越、蒙化、北勝大水，廬舍田禾皆没。（天啟《滇志》卷三一《災祥》）

　　值霪雨災，淹益甚。（民國《續修浪穹縣志》卷一《溝洫》）

　　復大旱，人多饑死。（嘉慶《黄平州志》卷一二《祥異》）

水。（康熙《安鄉縣志》卷二《災祥》）

河池水溢尺餘。（乾隆《光山縣志》卷三二《雜紀》）

大風損禾。（天啟《中牟縣志》卷二《物異》）

桐城大水，漂没廬舍數百家。（康熙《安慶府志》卷六《祥異》）

大水，橋梁皆頹，禾苗淹没。（嘉慶《舒城縣志》卷三《祥異》）

湖汊、潼渚洪水驟發，衝壞田禾竹地及民屋商船，多溺死者。發縣倉穀八百四十五石賑之，江院朱弼發穀三百石助賑。（嘉慶《重刊宜興縣舊志》卷末《祥異》）

雷震虞山大石。陳三恪曰：“石在三皇閣前，雷甚厲，居民遥見火繞石旁，煙燄蓬勃。雨過就視，剝石角數塊，徧地皆小珠，珠圓而瑩，手按之即碎如粉，作硫磺氣。”（光緒《常昭合志稿》卷四七《祥異》）

（嘉定縣）雷震丘臣家。（崇禎《外岡志》卷二《祥異》）

不雨，黎城縣更饑。（乾隆《潞安府志》卷一一《紀事》）

旱，大饑。（康熙《靈邱縣志》卷二《災祥》）

大蝗，大名雨雹。（咸豐《大名府志》卷四《年紀》）

（漳水）決王林堤，由金山陽寺、西馬頭、化兒店、堤西等村入肥鄉境。（民國《成安縣志》卷二《河流》）

旱，蝗蝻遍地，食禾殆盡。民大饑，積屍滿野，人相食，有棄子女井中、升米鬻妻、自縊服毒者。（康熙《武强縣新志》卷七《災祥》）

旱，蝗復作，民大饑。瘟疫流行，村落為墟。（道光《深州直隸州志》卷末《襪祥》）

大霜。（乾隆《直隸易州志》卷一《祥異》）

風霜。（崇禎《廣昌縣志·災異》）

新邑大水，民皆流亡，力請發天津倉米三千石以賑之。（乾隆《新安縣志》卷二《賑政》）

蝗災。（康熙《文安縣志》卷一《災祥》）

旱，蝗，歲大荒。（咸豐《平山縣志》卷一《災祥》）

秋，大風，壞民房舍，大木盡折，至捲行石臼數里外。（道光《重修平

度州志》卷二六《大事》)

　　寧鄉風雨時若，秋，禾大獲。(萬曆《汾州府志》卷一六《災祥》)

　　秋，尋甸旱，民饑。(天啟《滇志》卷三一《災祥》)

　　冬，臨安大雨雹，瀘江堤決。(天啟《滇志》卷三一《災祥》)

　　冬，雷。(乾隆《番禺縣志》卷一八《事紀》)

　　大風雹，擊死人畜，傷禾苗，饑。(乾隆《歷城縣志》卷二《總紀》)

　　大饑。(道光《會稽縣志稿》卷九《災異》)

　　春，地震。(民國《大埔縣志》卷三七《大事》)

# 萬曆二十九年（辛丑，一六〇一）

## 正月

　　丁未，夜，月犯昂〔昴〕宿。(《明神宗實録》卷三五五，第6637頁)

　　大旱，自正月至七月不雨，無麥，民大饑。(乾隆《武鄉縣志》卷二《災祥》)

　　元旦，黑霧黃風，大隅頭居民房併坊牌災。(順治《潁州志》卷一《郡紀》)

　　朔，黃霧黃風，晝晦，火災民舍。(光緒《亳州志》卷一九《祥異》)

　　初九日，大雪四十日，雪水淹麥，瘟疫盛行，死者無數，地盡荒蕪。(康熙《新蔡縣志》卷七《雜述》；乾隆《新蔡縣志》卷一〇《雜述》)

## 二月

　　丁丑，夜一更，月犯井宿。(《明神宗實録》卷三五六，第6652頁)

　　戊寅，京師地震。(《明神宗實録》卷三五六，第6652頁)

　　二十九日將昏，南方大雹并雪，北方雲赤色。(嘉慶《揚州府志》卷七〇《事略》)

　　霪雨，自二月迄四月，麥盡傷。即獲者亦不可食。(咸豐《靖江縣志

稿》卷一一《災祥》）

澂江自二月至六月，不雨。（天啟《滇志》卷三一《災祥》）

## 三月

春，民多飢死。三月，黑風起自東北，晝晦，踰時方息。（民國《棗強縣志》卷八《災異》）

初四日，無雲而雷。（民國《淮陽縣志》卷八《災異》）

大雪。夏，大雨，無麥。（光緒《孝感縣志》卷七《災祥》）

夜，大風雨。（光緒《松陽縣志》卷一二《祥異》）

夜，松陽大風雨，羅木崗文昌閣仆。（光緒《處州府志》卷二五《祥異》）

雷擊折天壇燈竿，長陵明樓火。（《二申野録》）

大雪。二十九年、三十年連歲大水，無禾。（同治《瀏陽縣志》卷一四《祥異》）

十二，河水暴漲，城圮數十丈。（乾隆《綏陽縣志·城池》）

## 四月

己卯，大學士沈一貫以久旱不雨，連日怪風陰（廣本、抱本作"昏"）霾，熱審已近，乞命三法司及鎮撫司犯人會審。不報。（《明神宗實録》卷三五八，第6681頁）

甲申，工部尚書楊一魁等言："今歲經年不雨，徐邳一帶糧運淺阻，乞勑河道官員長（廣本、抱本'長'上有'講求'二字）策，務期先濟。"從之。（《明神宗實録》卷三五八，第6686頁）

戊辰，貴州旱饑，斗米四錢。（《國榷》卷七九，第4874頁）

旱。（道光《陽江縣志》卷八《編年》）

旱，有黑眚爲祟，入夜，火光襲人。（民國《陽江志》卷三七《雜志》）

大雨雹。是歲，饑。（同治《藤縣志》卷二一《雜記》）

春，霪雨，自二月迄四月乃止，麥盡傷。（光緒《靖江縣志》卷八《祲祥》）

連日風霾，甚至晝晦。傷麥。（光緒《寧津縣志》卷一一《祥異》）

淫雨，麥爛。（嘉慶《武義縣志》卷一二《祥異》）

十五日，容縣大雨雹。（雍正《廣西通志》卷三《磯祥》）

## 五月

己亥，以畿輔大旱，遣公徐文璧等祭告天地、社稷等壇。（《明神宗實錄》卷三五九，第 6701 頁）

丁未，吏部尚書李戴等條上旱災封事言："自去年六月不雨至今，三輔嗷嗷，民不聊生。草茅（廣本、抱本作'木'）既盡，剝及樹皮，夜竊成羣，兼以晝劫，道殣相望，村室無煙。據巡撫汪應蛟揭稱坐而待賑者十八萬人，過此以往，夏麥已枯，秋種未布……"（《明神宗實錄》卷三五九，第 6707 頁）

壬子，是日（廣本、抱本無"日"字）夜望，月食。（《明神宗實錄》卷三五九，第 6713 頁）

壬子，保定巡撫汪應蛟以大旱自劾，并陳言舉行大禮下考選釋逮繫等事。不報。（《明神宗實錄》卷三五九，第 6713 頁）

初三日，大水，自錦田河來，入城三四尺許，城外田廬車壩多被衝壞。（同治《江華縣志》卷一二《災異》）

江華大水入城。（道光《永州府志》卷一七《事紀畧》）

大旱。（民國《增修膠志》卷五三《祥異》）

不雨。（光緒《遼州志》卷三下《祥異》）

大旱，赤地七百餘里。（道光《臨邑縣志》卷一六《紀祥》）

淋雨，麥腐嶽。秋，大水，豆角內生蟲。（順治《潁州志》卷一《郡紀》）

辛丑復旱，五月二十八日始雨，有秋。（萬曆《齊東縣志》卷九《災祥》）

# 六月

乙亥，以畿輔大雨，遣公徐文璧等祭（廣本、抱本作"致"）謝南北郊等壇廟。（《明神宗實錄》卷三六〇，第6723頁）

甲申，貴陽地震有聲。思南大水。（《國榷》卷七九，第4878頁）

永明大旱。（道光《永州府志》卷一七《事紀畧》）

癸未，大雨，晝夜不息，北鄉田禾盡没。（光緒《重修華亭縣志》卷二三《祥異》）

癸未，大雨，晝夜不息，北鄉田禾盡没，氣忽寒凓〔凜〕。（乾隆《婁縣志》卷一五《祥異》）

大風。（乾隆《諸城縣志》卷二《總紀上》）

寒，飛雪成堆。（同治《湖州府志》卷四四《祥異》）

寒，大雪。（光緒《桐鄉縣志》卷二〇《祥異》）

辛丑，寒氣逼人，富陽山中飛雪成堆。（乾隆《杭州府志》卷五六《祥異》）

五日，雨雹，大如雞卵，間有如盂者，壞屋殺禾，麥豆不收，大饑。（康熙《五臺縣志》卷八《祥異附》）

六日，大水。（乾隆《晉江縣志》卷一五《祥異》）

六日，洪水高漲，没溺民居無數，比三年甚。（康熙《南安縣志》卷二一《雜志》）

（太原）大旱。（光緒《山西通志》卷八六《大事紀》）

自去年八月至本年六月不雨，百姓嗷嗷待哺。（萬曆《靈石縣志》卷三《祥異》）

旱。（乾隆《曲阜縣志》卷三〇《通編》）

十七日，大雨如注，通晝夜不息，北鄉田禾盡没，天氣忽寒烈。後聞杭州富陽下雪尺餘。（崇禎《松江府志》卷四七《災異》）

有霆震縣堂鴟吻二。（道光《石門縣志》卷二三《祥異》）

寒，飛雪成堆。至七月始熱，八、九月仍熱如故，里無不病之家，家無

不病之人。(光緒《烏程縣志》卷二七《祥異》)

大寒，人盡衣棉絮，深山積雪不消。至七月始熱，八月猶熱，時吳越及大江南北無不病者。(康熙《石埭縣志》卷二《祥異》)

漢水溢。(同治《漢川縣志》卷一四《祥禨》)

颶風大作，壞城堞、學宮及官民舍，仆拔喬木。(乾隆《新寧縣志》卷三《編年》)

## 七月

永春縣大雨水，流溢泉州。(《國榷》卷七九，第4880頁)

黃河漲。(光緒《榮河縣志》卷一四《祥異》)

大風一晝夜。(雍正《處州府志》卷一六《雜事》；光緒《縉雲縣志》卷一五《災祥》)

二十，龍見西山，雨雹，雷擊山石。(萬曆《常熟縣私志》卷四《敘產》)

二十五日，風霜殺禾，歲大饑，人相食。(康熙《靜樂縣志》卷四《災變》)

二十六日，霜甚，禾盡萎。(康熙《保德州志》卷三《風土》)

隕霜殺禾，靜樂、神池皆大饑。詔免秋稅。(光緒《神池縣志》卷九《事考》)

榮河、黃河水漲，侵漫民田。(萬曆《山西通志》卷二六《災祥》)

隕霜殺稼。(康熙《米脂縣志》卷一《災祥》)

寧州降霜。(乾隆《新修慶陽府志》卷三七《祥眚》)

大水。(道光《鉅野縣志》卷二《編年》)

永春霖雨數日，大水自山中發，溢入郡城。(萬曆《泉州府志》卷二四《祥異》)

河三決。(乾隆《陽武縣志》卷三《建置》)

大雨，城頹數處。(民國《商水縣志》卷七《建置》)

春，華容大旱，至七月方雨。(乾隆《岳州府志》卷二九《事紀》)

## 八月

己巳，沔陽大水入城。（《國榷》卷七九，第 4881 頁）

乳源八月十八夜大風雨，平溪水暴漲。（同治《韶州府志》卷一一《祥異》）

大雨雹傷稼，建羊、陶邱等村尤甚。（光緒《唐縣志》卷一一《祥異》）

漢水泛溢，漲三丈餘，七日方退。（光緒《光化縣志》卷八《祥異》）

漢水泛溢，長三丈餘，七日方退。（乾隆《襄陽府志》卷三七《祥異》；同治《宜城縣志》卷一〇《祥異》）

初九日，嚴霜早降，秋禾全未成熟，致大祲，人食樹皮革根。（萬曆《汾州府志》卷一六《災祥》）

十二日，大風過壩上，拔木傾屋，吹人與牛起，空中旋轉，捲穀三千束，莫知所之。落雨數點，形大如甕。（光緒《壽張縣志》卷一〇《雜事》）

八月十二颶，九月十八又颶，田禾半壞。（宣統《南海縣志》卷二《前事補》）

十三日，颶。（民國《龍山鄉志》卷二《災祥》）

嚴霜殺稼。（光緒《遼州志》卷三下《祥異》）

隕霜殺穀。大饑。（乾隆《忻州志》卷四《災祥》）

霪雨，早禾傷。（光緒《靖江縣志》卷八《禨祥》）

十八夜，大風雨，平溪水暴漲。廣州同夜大風雨，五羊驛前大舟湃没者無數，溺死者無算。（康熙《乳源縣志》卷一一《災異》）

江郎山災。是月二十七日，見中石之巓微煙漸起，向晚纖雨，雨後聞雷擊聲，火勢燭天，光映數十里，七晝夜不絕。燼餘，古柏木從巓墜下，其香撲鼻。（同治《江山縣志》卷一二《祥異》）

漢水泛溢，初四日浪湧三丈餘，城中俱淹，初七日方退。（乾隆《鍾祥縣志》卷一五《祥異》）

旱。（同治《蒼梧縣志》卷一八《紀事》）

## 九月

癸丑，巡撫貴州右副都御史郭子章言：“六月十八日，貴陽府定番州地震，自酉至戌，有聲如雷。黔東諸府衛及黃平五司，自正月不雨，至於六月。思南府大雨。婺川縣大雨至（廣本、抱本無‘至’字），冰雹交作（廣本‘作’下有‘水自北門入’五字），城內水深數尺。去年苦兵，今年苦饑，黔冬（疑當作‘東’）夏旱，黔南夏水，斗米四錢，軍民重困，議將湖廣、四川二省協濟拖欠錢粮如數徵解，以賑全黔。”戶部如議請，報可。（《明神宗實錄》卷三六三，第 6772 ～ 6773 頁）

壬寅，巡撫河南右□都御史曾如春報河決蕭家口。（《國榷》卷七九，第 4882 頁）

颶風大作，當晚稼將熟之時，忽連日颶風，禾穗不實。其明年春遂荒。（雍正《惠來縣志》卷一二《災祥》）

大水，冬，詔免明年夏秋糧三分之一。（民國《恩平縣志》卷一三《紀事》）

昆明大雨雪。（康熙《雲南府志》卷二五《菑祥》）

大雨雪。（道光《昆明縣志》卷八《祥異》）

颶風作，大雨，溪水溢，灌至城內挺秀坊，毀民廬田畝甚眾。（康熙《從化縣志·災祥》）

十八日又颶，田禾半壞。（民國《龍山鄉志》卷二《災祥》）

十九日，颶風大作，拔木飄瓦，大雨三晝夜，潮水漲入北門。（乾隆《南澳志》卷一二《災異》）

二十二日，大水，壞新橋。（乾隆《龍溪縣志》卷二○《祥異》）

大水。冬，詔免明年夏秋糧三之一。（同治《香山縣志》卷二二《祥異》）

颶風復作。（乾隆《新寧縣志》卷三《編年》）

省城大雪，雨。（天啟《滇志》卷三一《災祥》）

## 十月

甲午，是月，太白經天。（《明神宗實錄》卷三六四，第 6815 頁）

## 十一月

癸卯，吏科都給事中桂有根等（廣本無"等"字）疏："催黜總河大臣因言漕河淺澁，挑濬不易，祖陵昔受水害，黃河之衝決尚在，黃堌迤南，茲又上徙於黃堌之西百數十里，歸德、永城而下通為巨浸。春夏之間，雨水暴增，恐淮泗益不敵黃（廣本'黃'下有'河'字），而祖陵左右復為沮洳之區矣。先年，黃河、漕河用兩大臣，僅僅竣役，自并漕河於一人，曾幾何人（廣本、抱本作'時'）？遂致（廣本、抱本'致'下有'大'字）敝，今奈何并靳此一人也，奉旨河漕重任，再催（廣本、抱本二字作'推'）二員（廣本作'人'），并前催（疑當作'推'）通寫來看。"（《明神宗實錄》卷三六五，第6823頁）

己酉，是日，夜望月食。（《明神宗實錄》卷三六五，第6826頁）

戶部覆直隸巡按何熊祥題蘇、松水災異常，乞將被災十分、九分以上漕粮俱准改折。（崇禎《松江府志》卷一三《荒政》）

朔，金堂縣大雷雨。（萬曆《四川總志》卷二七《祥異》）

## 十二月

庚辰，是冬無雪，命順天府祈禱。（《明神宗實錄》卷三六六，第6860頁）

甲申，上以宣大荒歉缺餉，亟宜救濟，命上緊催發京各省直通欠民運，勒限催徵完解。從宣大總督楊時寧之請也。（《明神宗實錄》卷三六六，第6861頁）

丁亥，先是督撫以大同災荒請賑。（《明神宗實錄》卷三六六，第6862頁）

除夕，黑霧黃風，白晝若晦，火災異常，西關至延燒數百家，闔邑驚惶（乾隆《潁上縣志》卷一二《災異》）

除夕，大風，晝晦。（光緒《潁上縣志》卷一二《祥異》）

## 是年

春，不雨。夏，隕霜，詔免秋稅十分之六。（乾隆《廣靈縣志》卷一

《災祥》）

春，大水，傷麥。（嘉慶《如皋縣志》卷二三《祥祲》）

春，霪雨傷麥，溝渠皆溢。（同治《上海縣志》卷三〇《祥異》）

春，霪雨傷麥。（光緒《川沙廳志》卷一四《祥異》；民國《南匯縣續志》卷二二《祥異》）

自春入夏，霪雨連縣，禾麥盡没。（光緒《淮安府志》卷四〇《雜記》）

春夏，霪雨傷麥。（光緒《青浦縣志》卷二九《祥異》；光緒《嘉善縣志》卷三四《祥眚》）

春夏，蘇、松、嘉、湖霪雨，傷麥。（光緒《嘉興府志》卷三五《祥異》）

自春及夏，霪雨不止，二麥浸爛，江湖水溢，秋禾不能裁〔栽〕種。（同治《湖州府志》卷四四《祥異》）

自春及夏，滛雨不止，二麥浸爛，江湖水溢，不能栽種。（光緒《歸安縣志》卷二七《祥異》）

自春及夏，霪雨不止，江湖水溢，不能栽種。（同治《長興縣志》卷九《災祥》）

夏，旱，民絶糧。（康熙《安肅縣志》卷三《災異》；民國《徐水縣新志》卷一〇《大事記》）

夏，霪雨傷麥。是歲，饑民毆殺税使七人。（光緒《蘇州府志》卷一四三《祥異》）

夏，淫雨傷麥。是歲，饑民毆殺税使七人。（民國《吳縣志》卷五五《祥異考》）

夏，霪雨六十日不止。（光緒《安東縣志》卷五《民賦下》）

夏，水。秋，旱。（道光《重修寶應縣志》卷九《災祥》）

夏，隕霜。（康熙《龍門縣志》卷二《災祥》；乾隆《宣化縣志》卷五《災祥》；乾隆《蔚縣志》卷二九《祥異》；同治《西寧縣新志》卷一《災祥》；民國《陽原縣志》卷一六《天災》）

旱，赤地數千里。（民國《青縣志》卷一三《祥異》）

旱，至六月方雨。（道光《重修武强縣志》卷一〇《機祥》）

大水。（康熙《雄乘》卷中《祥異》；民國《鄲城縣記》第五《大事篇》）

大旱。（乾隆《歷城縣志》卷二《總紀》）

以蘇州等府水災，改折漕糧有差。（光緒《常昭合志稿》卷一二《蠲賑》）

水災，改折漕糧有差。（民國《太倉州志》卷二六《祥異》）

大水，無麥。（道光《江陰縣志》卷八《祥異》）

永豐大雨如注。頃刻，高丈餘，城中亦登樓援屋以避。鉛山大雨十日，葛水、石溪、汭川、膽井並溢。九陽山下二龍飛起，雷電交作，鰍鱔魚蝦之屬，自空中隕落。（同治《廣信府志》卷一《星野》）

大雨如注，陂堰盡圮〔圮〕。（同治《興安縣志》卷一六《祥異》）

大雨如注，水頃高丈餘，瀕河民居漂溺，城中亦登樓屋以避。（同治《廣豐縣志》卷一〇《祥異》）

旱。（嘉慶《義烏縣志》卷一九《祥異》；光緒《德平縣志》卷一〇《祥異》；民國《同安縣志》卷三五《循吏錄》）

大旱，歲饑。（康熙《文水縣志》卷一《祥異》）

河渭俱暴漲，没民田。（天啟《同州志》卷一六《祥祲》；康熙《朝邑縣後志》卷八《災祥》）

黄河暴漲，没民田。（民國《平民縣志》卷四《災祥》）

雨雹，有大如牆者，彌旬。（光緒《麟遊縣新志草》卷八《雜記》）

螟，大饑。（光緒《永昌府志》卷三《祥異》）

大水，西山崩。（宣統《楚雄縣志》卷一《祥異》）

昆明夏秋不雨，民大饑。（康熙《雲南府志》卷二五《菑祥》）

夏秋，無雨，疫死甚多。（雍正《定襄縣志》卷七《灾祥》）

夏秋，不雨，民大飢。（道光《昆明縣志》卷八《祥異》）

秋，殞霜殺稼。（康熙《延綏鎮志》卷五《紀事》；嘉慶《延安府志》卷六《大事表》）

秋，大水。（康熙《杞紀》卷五《繫年》；康熙《續安丘縣志》卷一《總紀》；光緒《新續渭南縣志》卷一一《祲祥》）

會開、歸大水，河漲商丘，決蕭家口，全河盡南注。河身變爲平沙，商賈舟膠沙上，南岸蒙墙寺忽徙置北岸，商、虞多被淹没，河勢盡趨東南，而黃堌斷流。（《明史·河渠志》，第 2066~2067 頁）

春，大旱。（崇禎《廉州府志》卷一《歷年紀》）

春，霪雨。夏，大旱。（嘉慶《沅江縣志》卷二二《祥異》）

春，淫雨。秋，旱，復疫。（道光《新化縣志》卷三三《祥異》）

春，雨，至初夏方止，水入城市，穀〔穀〕價騰貴。（嘉慶《懷遠縣志》卷九《五行》）

大饑，春夏不雨。入秋，霪霖數十日，民間房屋傾倒過半。（雍正《孝義縣志》卷一《祥異》）

自春入夏，雷雨連縣，麥禾盡没。（光緒《鹽城縣志》卷一七《祥異》）

自春入夏，霪雨連縣，禾麥盡没。（同治《重修山陽縣志》卷一二《雜記》）

自春及夏，蘇、松、嘉、湖等處霪雨不止，二麥浸爛，江湖水溢。秋禾不能栽種。（崇禎《烏程縣志》卷四《災異》）

洪水，侵倒（養濟院房屋）十間。（康熙《同安縣志》卷一《規制》）

復大旱。（乾隆《平原縣志》卷九《災祥》）

水。（道光《泰州志》卷一《祥異》）

汾陽、孝義、臨縣、永寧州大饑。（乾隆《汾州府志》卷二五《事考》）

夏，霪雨，圩田盡没。（乾隆《銅陵縣志》卷一三《祥異》）

自春徂夏，田禾大旱。（民國《筠連縣志·官制》）

春夏，淫雨，改折本年漕糧十之七。（乾隆《吳江縣志》卷四〇《災變》）

春夏，大旱，麥槁。秋禾未播。冬，民飢。（萬曆《榆次縣志》卷八

《災祥》)

春夏，旱。秋，乃雨。（乾隆《饒陽縣志》卷下《事紀》)

夏，隕雪。（民國《懷安縣志》卷一〇《大事記》)

夏，大水，四關外漂没廬舍數千間。（乾隆《青城縣志》卷一〇《祥異》)

夏，旱。秋，大水。（嘉慶《昌樂縣志》卷一《總紀》)

夏，洪水衝圯（渌江橋），木石漂流。（同治《醴陵縣志》卷一二《藝文》)

夏，大雨雹。（同治《蒼梧縣志》卷一八《紀事》)

夏，大雨雹。旱。（光緒《平樂縣志》卷九《災異》)

夏，旱。（順治《閿鄉縣志》卷一《星野》；康熙《潼關衛志》卷上《災祥》；乾隆《重修直隸陝州志》卷一九《災祥》；民國《陝縣志》卷一《大事記》)

永昌螟，人饑。（天啟《滇志》卷三一《災祥》)

颶風壞城堞。（光緒《廣州府志》卷六四《建置》)

大雨。（康熙《瀏陽縣志》卷九《災異》)

京山大旱。（康熙《安陸府志》卷一《郡紀》)

湘水橫漲，廟堤復壞。（順治《河南府志》卷七《城池》)

大水，傷稼。（康熙《淅川縣志》卷八《災祥》)

河溢。（光緒《鹿邑縣志》卷六下《民賦》)

河決，支流四出，平地皆水。（康熙《商丘縣志》卷三《災祥》)

風沙蔽日。（康熙《延津縣志》卷七《災祥》)

大旱，麥、稷、黍、豆、麻，凡地中所出者皆無收。時稻將熟，西北風大發數日，稻棉將盡，繼之東南風又大發，稻仍被回風飄拔無餘。（康熙《安海志》卷八《祥異》)

大旱，疫。（康熙《瀲水志林》卷一五《祥異》)

大雨如注，水頓高丈餘，瀕河民居漂溺，田廬悉壞，城中居民亦登樓援屋以避。（康熙《廣永豐縣志》卷五《譏祥》)

旱，蝗。（天啟《新修來安縣志》卷九《祥異》）

伏中連雨十日。（乾隆《諸暨縣志》卷七《祥異》）

河決單縣，南下洪澤，桃源河道悉淤。（民國《泗陽縣志》卷三《大事》）

以水災免徵銀一百七十八兩有奇。（咸豐《靖江縣志稿》卷一《蠲恤》）

水，無麥。（康熙《常州府志》卷三《祥異》）

水，無麥。改折漕糧正米一萬一千五百六十石零。（光緒《無錫金匱縣志》卷一一《蠲賑》）

水，巡按何熊祥題請被災九分以上太倉州、吳江、崑山、武進、江陰、宜興、金壇七縣本年漕糧俱準改折七分，仍徵本色三分。（嘉慶《重刊宜興縣舊志》卷末《祥異》）

黃河泛漲。（光緒《永濟縣志》卷二三《事紀》）

永寧霜，盡殺禾，大饑。至三十年春，人多瘟疫，亡餓盈野。（萬曆《汾州府志》卷一六《災祥》）

大旱，疫，汾河遠徙十餘里。（光緒《清源鄉志》卷一六《祥異》）

陽曲、壽陽、文水、清源、遼州大旱。靜樂、武鄉、孝義、永寧、汾陽、臨縣、汾西、朔州、神池、廣靈、遼州皆大饑。詔免秋稅十之六。（雍正《山西通志》卷一六三《祥異》）

荒旱，盜起。（光緒《保定府志》卷四八《職官》）

稼皆肅於霜。（崇禎《廣昌縣志·災異》）

省城夏秋不雨，民盡饑。（天啟《滇志》卷三一《災祥》）

秋，淫雨連月，山水猛急，鼓浪奮擊不輟，城西北隅崩至五十丈許……（范公）冬十月下車，即大雪千里，深三尺許，皆以爲數十年未有之祥。先是八月隕霜，歲不登，而攝事者報災。（康熙《隰州志》卷二四《藝文》）

秋，昭化大水。（雍正《四川通志》卷三八《祥異》）

二十九年、三十年，河連決。（嘉慶《長垣縣志》卷五《地理》）

二十九年、三十年，大水。（天啟《中牟縣志》卷二《物異》）

至三十一年，河數決。（民國《大名縣志》卷二六《祥異》）

至三十一年，河屢決，州境半被水災。（光緒《宿州志》卷三六《祥異》）

二十九年、三十一年，黃河泛入渦，入城壞民舍。（民國《重修蒙城縣志》卷一二《祥異》）

二十九年、三十年、三十一年，河數決。（康熙《元城縣志》卷一《年紀》）

辛丑歷甲辰，一望無涯水任漂沒，禾稼不登，征輸日負，民之流亡過半矣。（嘉慶《濬縣志》卷一〇《水利》）

# 萬曆三十年（壬寅，一六〇二）

## 正月

辛亥，宣（抱本改“宣”作“寅”）時，南澳同時地震，有聲如雷，盖閩粵交界地也。（《明神宗實錄》卷三六七，第6866～6867頁）

丁巳，是夜五更，火星逆行，入太微。（《明神宗實錄》卷三六七，第6869頁）

雪六尺。（嘉慶《高郵州志》卷一二《雜類》）

十四日，河凍，不通者三日。（光緒《桐鄉縣志》卷二〇《祥異》）

雪。（萬曆《六合縣志》卷二《災祥》）

大雪深五尺。（同治《霍邱縣志》卷一六《祥異》）

雪深五尺許。（道光《阜陽縣志》卷二三《機祥》）

大雪，積數尺。（光緒《亳州志》卷一九《祥異》）

大雪。（乾隆《鍾祥縣志》卷一五《祥異》；嘉慶《懷遠縣志》卷九《五行》）

初二日，雨雪，經旬不止，其大異常。（同治《天長縣纂輯志稿·總

目》卷一〇《祥異》)

正、二月，久雪。(天啟《淮安府志》卷二三《祥異》)

## 二月

天陰無雪，滿城樹架。次年，禾稼倍收。(康熙《徐溝縣志》卷三《祥異》)

二十四日，雨黑水。(乾隆《潁上縣志》卷一二《災異》；道光《阜陽縣志》卷二三《機祥》)

清明日，金谿雨雹，大如雞子。(光緒《撫州府志》卷八四《祥異》)

清明日，境內雨雹，大如雞子。(乾隆《金谿縣志》卷三《祥異》)

二、三月，霪雨。(嘉慶《懷遠縣志》卷九《五行》)

## 閏二月

戊午，陝西河州蓮花寨等處黃河水乾見底。(《明神宗實錄》卷三六九，第6921頁)

戊午，陝西河州蓮花寨等處黃河涸。(《國榷》卷七九，第4894頁)

## 三月

辛巳，陝西河州黃河水漲，將橋邊墩院房屋衝去。蓋河水自閏二月二十五日流絕見底，至是日突漲也。(《明神宗實錄》卷三七〇，第6939頁)

甲申，卯時，日出赤黃照地。(《明神宗實錄》卷三七〇，第6939頁)

三日，有黑風自北來。(乾隆《裕州志》卷一《祥異》)

大雨雹。(同治《宿遷縣志》卷三《紀事沿革表》)

二十七日，黃河水竭，大夏河水渾黑。(萬曆《臨洮府志》卷二二《祥異》)

貴德所黃河水竭，至河州，凡二十七日。(乾隆《西寧府新志》卷一五《祥異》)

大雪深尺許，兆〔桃〕李花多凍死。(康熙《儀徵縣志》卷七《祥異》)

裕州有黑風自北來，風中有火如繩，夜半乃止。（嘉慶《南陽府志》卷一《祥異》）

十六日，雷，於老官廟街擊死一家三人。（道光《綦江縣志》卷一〇《祥異》）

三、四月，冰雹，霖雨。秋，河淮各山水俱漲，田廬禾畜漂沒，歲大饑。（光緒《淮安府志》卷四〇《雜記》）

三、四月，冰雹，霖雨，饑饉。（乾隆《淮安府志》卷二五《五行》）

三、四月，冰雹。秋，河、淮俱漲。（雍正《安東縣志》卷一五《祥異》）

## 四月

丙午，是夜月食，子正初一刻虧，卯初一刻復圓。（《明神宗實錄》卷三七一，第6959頁）

戊申，淮、蘇、杭水災，地方將婚禮袍服未織三運分作六運，每年二（廣本作"一"）運織解。從太監孫隆請也。（《明神宗實錄》卷三七一，第6961頁）

己未，京師大雨雹。（《明神宗實錄》卷三七一，第6970頁）

大水潦麥。（民國《淮陽縣志》卷八《災異》）

宿遷大水。（同治《徐州府志》卷五下《祥異》）

大水。（同治《宿遷縣志》卷三《紀事沿革表》）

二十四日，黃河水下，大夏河水仍自澄清。（萬曆《臨洮府志》卷二二《祥異》）

大雨，水入城。（乾隆《鍾祥縣志》卷一五《祥異》）

## 五月

甲申，未刻，四川壩底等處地震，大鳴如雷，申刻復震。（《明神宗實錄》卷三七二，第6983頁）

乙丑，潁州雨雹。（《國榷》卷七九，第4897頁）

大水，東北市水深二丈，壞民產無數。（民國《靈川縣志》卷一四《前事》）

有虎子入城。是年，大水，龍挾九子妖蛟不戢，地陷山崩，陵谷失位。（道光《蒲圻縣志》卷一《災異并附》）

大雨七日，民田盡没，小閘口隄決。（嘉慶《高郵州志》卷一二《雜類》）

大水，漂溺廬舍。（同治《饒州府志》卷三一《祥異》）

龍井水溢，大雨，頃刻高三四尺。（萬曆《錢塘縣志·灾祥》）

大水。（宣統《臨安縣志》卷一《祥異》）

大雨，龍井山水頃刻高四尺，臨安縣大水。（乾隆《杭州府志》卷五六《祥異》）

雨雹三次。（雍正《邱縣志》卷七《災祥》）

雨雹，大如雞卵。（康熙《永寧州志》卷八《災祥》）

高平店頭村暴雨河漲，民幾漂没，村後平地。（萬曆《澤州志》卷一五《灾祥》）

初四日，雨雹，沈邱鎮瓦店大如鵞卵，人牛樹物俱傷，雨後風熱如火。秋，大水，傷禾。（道光《阜陽縣志》卷二三《機祥》）

初四日，雨雹，傷人畜樹木，後風熱如火。（光緒《亳州志》卷一九《祥異》）

初四日，雨雹，大如卵。（光緒《潁上縣志》卷一二《祥異》）

水入城市。二麥無收，菽不及播，米穀甚貴，蔬果少。（嘉慶《懷遠縣志》卷九《五行》）

大水害稼。（萬曆《歙志·恤政》）

大水害稼，蕩民舍。（康熙《休寧縣志》卷三《邮政》）

十二日，水夜漲，頃刻彌野，人廬漂溺無數，盤城而入城中，士民蹲屋上。（康熙《浮梁縣志》卷二《祥異》）

大水，漲高數丈，山飛入田，田變爲阜，壓損房屋，淹溺人畜無算。（民國《婺源縣志》卷七〇《雜志》）

十六、十九日二日大水，漂流民居大半。（道光《綦江縣志》卷一〇《祥異》）

廿八夜一更時，雨從西北來，雷電交作，閃爍霹靂聯絡不絕，異常之聲連震十六七次。一更次間，滿天地皆雷電，發屋折旗，俱在員通、賢佐、安平境。（康熙《安海志》卷八《祥異》）

金堂縣大雨雹。（雍正《四川通志》卷三八《祥異》）

邑城天雨，溪水泛漲，幾入城門。（同治《營山縣志》卷二七《祥異》）

己丑，薄暮雲起，西北隅大雷雹，以風，雨雹兼下，須臾水深數尺。（康熙《隰州志》卷二四《藝文》）

## 六月

辛卯朔，是夜戌時，四川壩底有聲，如微雷，房屋俱動。（《明神宗實錄》卷三七三，第6989頁）

戊申，福建興化、泉州同日地震。（《明神宗實錄》卷三七三，第7005頁）

辛亥，是日卯時，福建福州府、興化府、泉州府同日又地震。（《明神宗實錄》卷三七三，第7013頁）

丁巳，京師霪雨壞民房。（《明神宗實錄》卷三七三，第7017頁）

丁巳，京師大雨水，壞民舍。（《國榷》卷七一九，第4898頁）

大水潦禾，大寒五日如嚴冬。（民國《淮陽縣志》卷八《災異》）

初十日夜，大水，平地高一丈有奇，漂沒北董等莊。（民國《新絳縣志》卷一〇《災祥》）

十三日午後，雷雨大作，平地水深四尺，漂沒禾稼，少頃晴霽。十五日復如之。有地名鮑源者，田中忽起一阜高數丈，大里餘，近地高山崩瀉者無算。自是民多災眚，年穀不登。（同治《樂平縣志》卷一〇《祥異》）

十七日，暴雨，百川皆溢。（乾隆《諸城縣志》卷二《總紀上》）

又不雨，侯（邑侯武公）禱，應。（乾隆《襄垣縣志》卷七《藝文》）

州大水，漂溺千人，水發泰山大小龍口，御帳衝毀，大夫松仆，崖石崩，盤道盡爲阻塞，民死以千計。（民國《重修泰安縣志》卷一《災祥》）

夏，大水渰麥。六月，復大水渰禾，大寒五日，人着絮衣。（康熙《續修陳州志》卷四《災異》）

蝗食禾，民大饑。（順治《沈丘縣志》卷一三《災祥》）

大旱。（康熙《永明縣志》卷一四《災祥》）

滛雨。（道光《龍安府志》卷一〇《祥異》）

滛雨，河水渰入城内。（嘉慶《内江縣志》卷五二《祥異》）

淫雨，連月江水入城。（咸豐《資陽縣志》卷一四《祥異》）

赤虹垂於貴陽城兆民家。畢節大水，漂民舍。（乾隆《貴州通志》卷一《祥異》）

## 閏六月

下旬，大雨如注者數日，至七月初三尤甚，河大溢。（康熙《朝邑縣後志》卷八《災祥》）

## 七月

丙子，是夜五更，月生五色小暈三重。（《明神宗實錄》卷三七四，第7030 頁）

初七日，漕河決二處，洪河、蓮花池田畝廬舍悉皆漂没，直抵城下，由古黃河北去。（光緒《清河縣志》卷三《災異》）

十五日，福安大風。（乾隆《福寧府志》卷四三《祥異》）

十五日，大風拔木。（光緒《福安縣志》卷三七《祥異》）

雨雹於葛山之陽，大如卵。（光緒《唐縣志》卷一一《祥異》）

大風雨。（乾隆《紹興府志》卷八〇《祥異》）

二十三日，海風大發，巨浪直衝内地，石梁漂去里許方沉，倒壞民居，淹溺者不可勝計。（康熙《山陰縣志》卷九《災祥》；嘉慶《山陰縣志》卷

二五《譏祥》）

二十七日，晝晴，忽迅雷震擊，須臾，復晴朗如故。（康熙《威縣志》卷八《祥異》）

七（"七"原作"九"）月，颶風作，長樂渡舟覆，溺死三十餘人。（乾隆《福州府志》卷七四《祥異》）

## 八月

甲寅，是夜五更，有長星，頭大紅色，尾尖白色，發響一聲裂開，中紅邊白，自東飛過西南，後身曲能動，將紅色星團圓一半，徐散。（《明神宗實錄》卷三七五，第7052頁）

大風。（康熙《長樂縣志》卷七《災祥》）

## 九月

己未，朔，是日戌時，一星起自東南，色血紅，大如椀。忽化為五，攢聚，各大如前。中一星最明，俄為雲掩，至子會為一，丑復分為五。久之，又會為一，大如簏，頃復如初，出（廣本、抱本"出"下有"曉"字）漸沒。（《明神宗實錄》卷三七六，第7060頁）

辛巳，是日五更，東方流星如雞彈大，青白色，尾跡有光。起自下台星，至近濁，隨時觀見。西南方流星如椀大，青白色，尾跡光明照地，起自參宿，行入天苑星，後有二小星隨之。又有大小星數百，四面交錯而行。（《明神宗實錄》卷三七六，第7076頁）

## 是年

春，德安大雪，夏，多雨，無麥。（光緒《德安縣志》卷二《祥異》；光緒《德安府志》卷二〇《祥異》）

春，大雪連月。夏，多雨無麥。（光緒《孝感縣志》卷七《災祥》）

夏，雨雹。秋，河淮俱漲。（光緒《安東縣志》卷五《民賦下》）

夏，大旱，無麥且蝗。（光緒《定興縣志》卷一九《災祥》；民國《新

城縣志》卷二二《災禍》)

水災，巡撫曹時聘奏賑。(道光《徽州府志》卷五《郵政》)

冬，雨雪。(乾隆《歸善縣志》卷一八《雜記》)

大水，振饑。(民國《順義縣志》卷一六《雜事記》)

大水。(天啟《中牟縣志》卷二《物異》；乾隆《句容縣志》卷末《祥異》；乾隆《岳州府志》卷二九《事紀》；嘉慶《東臺縣志》卷七《祥異》；同治《臨湘縣志》卷二《祥異》；光緒《絳縣志》卷六《大事表》；光緒《霑化縣志》卷一四《祥異》；民國《鄆城縣記》第五《大事篇》)

大旱。(乾隆《象山縣志》卷一二《禨祥》；道光《永州府志》卷一七《事紀署》；同治《江華縣志》卷一二《災異》；光緒《零陵縣志》卷一二《祥異》)

飛蝗遍野。(康熙《高唐州志》卷九《災異》；乾隆《夏津縣志》卷九《災祥》)

大旱，麥苗枯死。(光緒《德平縣志》卷一〇《祥異》)

霪雨壞民舍，道路街市可通舟楫。(光緒《壽張縣志》卷一〇《雜事》)

秋，大水，多魚。(嘉慶《如皋縣志》卷二三《祥祲》)

冬，連日濃霜。(嘉慶《蘭谿縣志》卷一八《祥異》)

春，大雪，民有僵死者。(同治《瀏陽縣志》卷一四《祥異》)

夏……蛟起，大水。(民國《湖北通志》卷七五《災異》)

夏，大旱。(光緒《開州志》卷一《祥異》)

夏，大水，入郡城。(天啟《衢州府志》卷六《禮典》)

夏，雷震赭面石，擊死怪物。(同治《南城縣志》卷一〇《祥異》)

夏，大水。冬，旱。(康熙《鄱陽縣志》卷一五《災祥》)

大風，(城樓)損塌。(康熙《乳源縣志》卷二《城池》)

洪水懷襄，廟垣頹陷。(康熙《麻陽縣志》卷三《城池》)

龍津橋圮于水。(乾隆《沅州府志》卷一〇《津梁》)

大水，龍挾九子，妖蛟不載，地陷山崩，陵谷失位。(乾隆《重修蒲圻

縣志》卷一四《紀異》）

河大決，漂蕩田廬。水入城，城内行舟。（民國《夏邑縣志》卷九《災異》）

河決，麥禾屋廬漂蕩幾盡，堤不没者二三尺，水浸城内盈尺。（光緒《虞城縣志》卷一〇《災祥》）

黄河南徙，圍歸德。又值霖雨，水不及隄者尺許，勢在危急。涉令人解衣囊土以塞隄口，計其值以布償之，水不溢入，闔郡賴以生全。（康熙《商丘縣志》卷一〇《卓行》）

河連決。（嘉慶《長垣縣志》卷五《地理》）

霖潦。（乾隆《湯陰縣志》卷一《地理》）

堤口冲決數十丈。（順治《封邱縣志》卷二《堤廠》）

旱災。（康熙《上杭縣志》卷九《人物》）

大旱，小斗米銀一錢，十室九空，民多饑死者。（康熙《詔安縣志》卷二《祥異》）

烈風連五日，冬禾大損。（乾隆《莆田縣志》卷二四《祥異》）

河屢決，州境半被水災。（光緒《宿州志》卷三六《祥異》）

水。（道光《泰州志》卷一《祥異》）

大旱，至六月不雨，民多流離。（康熙《朝城縣志》卷一〇《災祥》）

河決，單縣東南水勢洶湧，灌入城北，四十里一望汪洋，民舍蕩漂，流離萬狀。（康熙《單縣志》卷一《祥異》）

異風壞樂陵王宫殿城三十三垛口，碾磨飛颺。王城一鹿，風送城北六里許。有磨石揚至民屋，蓋一宿上。（康熙《滋陽縣志》卷二《災異》）

禾登。（光緒《汾西縣志》卷七《祥異》）

漳河入滏，堤多坍圮〔圮〕，水每汎溢。（同治《平鄉縣志》卷一一《藝文》）

淫雨如注，漳水泛，衝城牆垛口，門樓角樓盡皆頹敗。（光緒《臨漳縣志》卷二《城池》）

河數決。（康熙《元城縣志》卷一《年紀》）

漳水決寶公隄。（民國《成安縣志》卷一五《故事》）

秋，大雨，城圮，知縣崔爾進修之。（光緒《長子縣志》卷四《建置》）

秋，河、淮山水俱漲，田廬、畜產、禾苗俱盡，比壬辰水更大。（天啟《淮安府志》卷二三《祥異》）

秋，大水傷禾。（嘉慶《息縣志》卷八《災異》）

秋，天陰雨微晦，邑東總河水忽漲起丈餘，下流水逆流而上，如相斗狀，兩岸田皆畦成洪浪，洄漩不下，聲賑〔震〕如雷，逾時而平。魚無巨細皆死於岸畔間，或以為龍戰，想亦非誣也。（康熙《順寧府志》卷一《災祥》）

冬，臨安大水，決河堤。（天啟《滇志》卷三一《災祥》）

河決朱旺口，縣當正衝，澤洞殷流，幾與堤平。（光緒《豐縣志》卷二《城池》）


# 萬曆三十一年（癸卯，一六○三）


## 正月

臨安不雨至六月。（天啟《滇志》卷三一《災祥》）

## 二月

天日無光，雷雨隕雹，如鵝卵，傷禾麥殆盡。（光緒《邵武府志》卷三○《祥異》）

雨雹，大如雞子。（民國《靈川縣志》卷一四《前事》）

大雨雹，牛鴨多斃，麻麥不收。（道光《重纂光澤縣志》卷一《時事表》）

某日，晝晦，雷雨交作，雹如鵝卵，擊死禽獸，麻麥殆盡。（民國《泰寧縣志》卷三《大事》）

雨雹。（乾隆《興安縣志》卷一○《祥異》）

## 三月

庚申，陝西鞏昌府三十年十二月二十四日子時，西南方地震有聲，御史以聞。（《明神宗實錄》卷三八二，第 7177 ~ 7178 頁）

庚辰，以不雨，命順天府祈禱。（《明神宗實錄》卷三八二，第 7191 頁）

壬午，欽天監奏："四月朔日辰時，日食八分八十八抄〔秒〕，巳時復圓。"是日為孟夏廟享之期，午時行禮。（《明神宗實錄》卷三八二，第 7194 頁）

新店大雨雹，殺鳥獸，無麥。（光緒《孝感縣志》卷七《災祥》）

烈風雨雹，害麥。民薦饑，官發粟減價以賑被災者。（萬曆《武進縣志》卷四《賑貸》）

大風雨雹，屋瓦皆裂。（道光《瀘溪縣志》卷一一《休咎》）

## 四月

戊戌，巡按直隸御史楊廷筠以天降陰雨，水勢增長，清口可（疑當作"河"）無淺阻之患上聞。下部知之。（《明神宗實錄》卷三八三，第 7211 頁）

甲寅，夜三更，西南方有流星，大如碗，青白色，尾跡有光。（《明神宗實錄》卷三八三，第 7222 頁）

辛亥，祁州大雨雹，清苑蝗。（《國榷》卷七九，第 4910 頁）

河水暴漲，衝單縣、魚臺，又大決單縣蘇家莊及曹縣縷隄。（乾隆《曹州府志》卷一〇《災祥》）

大寧社地方大水。（乾隆《潮州府志》卷一一《災祥》）

大寧社以上地方大水。（民國《大埔縣志》卷三七《大事》）

河決蘇家莊，北浸豐、沛、魚臺、單縣。（《明史·神宗紀》，第 283 頁）

夏朔，夜，水雹。（光緒《新續渭南縣志》卷一一《祲祥》）

四月、七月，不雨，公前後禱於神，雨大作，四境霑足。是歲，麥禾俱豐，民得安飽。（康熙《隰州志》卷二四《藝文》）

## 五月

甲戌，宣府巡撫彭國光因地震陳言曰：“本年四月二十三日寅時，本鎮在城又（廣本、抱本作‘及’）下、中、北三路地方一時震响，有聲如雷，房屋動搖。”（《明神宗實錄》卷三八四，第 7229 頁）

戊寅，卯時，京師地震。（《明神宗實錄》卷三八四，第 7231 頁）

戊寅，歷城縣大雨，突出二龍，水中互相觸，推山走石，平地水高十丈，湮没人畜及崩陷土地無算。（《明神宗實錄》卷三八四，第 7232 頁）

癸未，卯時，月犯金星。（《明神宗實錄》卷三八四，第 7233 頁）

戊寅，京師地震。鳳陽皇陵大風雨雹，拔木。（《國榷》卷七九，第 4911 頁）

庚辰，安肅大雨雹。（《國榷》卷七九，第 4911 頁）

戊寅，大雨雹。（光緒《五河縣志》卷一九《祥異》）

漳、滏、沙河並溢，決堤橫流。（光緒《永年縣志》卷一九《祥異》）

漳河決，修護城隄。（民國《成安縣志》卷一五《故事》）

河決沛縣四鋪口大行隄，灌昭陽湖，入夏鎮，橫衝運道，豐縣被浸。是年，徐州春夏滛雨傷稼。秋冬大饑，人相食。（同治《徐州府志》卷五下《祥異》）

霪雨，晝夜三旬不止，水溢米貴，人多疫死。（光緒《淮安府志》卷四〇《雜記》）

南康旱。（同治《南安府志》卷二九《祥異》）

初九日，縣東五里外大雨雹，廣袤數十里，傷麥禾殆盡。（乾隆《諸城縣志》卷二《總紀上》）

安州水溢，決隄橫流。（光緒《保定府志》卷四〇《祥異》）

永年、成安、肥鄉，漳、滏河並溢，決隄橫流。（光緒《廣平府志》卷三三《災異》）

旱。（同治《南康縣志》卷一三《祥異》）

雨，至八月。（道光《禹州志》卷二《紀事沿革表》；民國《禹縣志》卷二《大事記》）

## 六月

癸丑，山東泰安州水災，淹殺男婦八百餘口，傾圮房屋數千餘間。（《明神宗實錄》卷三八五，第7249頁）

大風，松樹墩石亭仆，壓死四人。（光緒《松陽縣志》卷一二《祥異》）

松陽大風，松樹墩石亭仆，壓死四人。（光緒《處州府志》卷二五《祥異》）

大寒飛雪，人復衣綿。（乾隆《諸暨縣志》卷七《祥異》）

初五日，申酉時，業林溝王家寨等處雹，擊地盡赤，城東西溝畦園盡没，下園民居俱爲園澤，南溝井浮橋被衝去。（康熙《保德州志》卷三《風土》）

州大水，發自泰山龍口……霆畦潦地，鮮獲有秋。（康熙《泰安州志》卷一《災祥》）

## 七月

乙卯，鳳陽巡撫李三才揭稱："五月二十三日巳時，皇陵陡起大風、雷雨、冰雹，傷殿脊及南西陪祀朝房，傾倒牌坊三座，拔檜柏甚多。"（《明神宗實錄》卷三八六，第7251頁）

辛酉，保定巡撫孫瑋上言："祁州四月二十五日，迅雷烈風，猛雨墜雹。頃刻，水深尺餘，拔樹折木，麥苗盡傷。清苑縣蝗蝻甚生，蠶食禾稼，聚若蟻，起如蜂。安肅縣五月二十五日，風雨冰雹，如祁州、成安、永年、肥鄉、安州、深澤等處，漳、釜〔滏〕、沙、燕等河汛溢橫流，衝決堤岸。清海百川萃至。祁州先雹後水，田廬盡没，城垣傾壞，乞查勘賑恤。"（《明

神宗實録》卷三八六，第 7254 頁）

丁丑，申時，京師大雨雹。（《明神宗實録》卷三八六，第 7265 頁）

辛巳，豐縣大水。（《明神宗實録》卷三八六，第 7268 頁）

朔，貴溪暴風，拔木傷穀，壞西城樓及學宫。（同治《廣信府志》卷一《星野》）

唐安里雷震，雨温如湯。（同治《高平縣志》卷四《災祥》）

霖雨，秋七月二十七日水決邑護堤，破城。（萬曆《沛志》卷一《邑紀》）

雨雹。（道光《阜陽縣志》卷二三《禨祥》；光緒《亳州志》卷一九《祥異》）

朔，風雹異常，拔木隕穀，壞西門城樓、儒學前牌坊二，五里牌牌坊一。（道光《貴溪縣志》卷二七《祥異》）

江水泛漲，淹没禾稼無秋。（萬曆《歸州志》卷三《災祥》）

河水復大漲入城，較嘉靖丁未更甚。（乾隆《富順縣志》卷五《祥異》）

臨安雨六十餘日。（天啓《滇志》卷三一《災祥》）

## 八月

丁亥，福建泉州府等處大雨潦（廣本、抱本無"潦"字），海水暴漲，颶風驟作，渰死者萬有餘人，漂蕩民居物畜無筭。（《明神宗實録》卷三八七，第 7274 頁）

甲午，夜一更，月犯牛宿。（《明神宗實録》卷三八七，第 7279 頁）

同安縣颶風大作，扷潮壞廬舍，溺人亡算。（《國榷》卷七九，第 4914 頁）

初五日，烈風暴雨，大水漂没民居，沿海地方尤甚，淹死數千人，或以爲海嘯。（乾隆《長泰縣志》卷一二《災祥》）

大水，陸地丈餘。（道光《阜陽縣志》卷二三《禨祥》）

大水。（光緒《亳州志》卷一九《祥異》）

大水，平地丈餘。饑。（乾隆《潁州府志》卷一〇《祥異》）

大水，陸地丈餘，大饑，發臨平倉米賑。（光緒《潁上縣志》卷一二《祥異》）

初五日，颶風大作，潮湧數丈，沿海民居埭田漂没甚眾，船有泊於庭院者，泅洲幾爲巨浸，董水石梁漂折二十餘間。（民國《同安縣志》卷三《災祥》）

初五日未時，颶風大作，壞公廨、城垣、民舍。是日海水溢堤岸，驟起丈餘，浸没沿海數千餘家，人畜死者不可勝數。（乾隆《澄海縣志》卷一八《災祥》）

初五日未時，颶風大作，壞公廨、城垣、民屋。是日海溢高堤岸丈餘，人畜死者，不可勝計。有大番舶，漂衝入石美鎮城，壓壞民舍。（乾隆《龍溪縣志》卷二〇《祥異》）

初六日，大水，颶風暴作，濱海溺死者數千人。（康熙《漳浦縣志》卷四《災祥》）

初六日，大水，颶風暴作，濱海溺死者數千人。（光緒《漳浦縣志》卷四《災祥》）

初六日，大雨，颶風暴作，海濱溺死數千人。（乾隆《銅山志》卷九《災祥》）

## 九月

洪水橫流，田禾盡壞。（光緒《永昌府志》卷三《祥異》）

大水橫流。（光緒《騰越廳志稿》卷一《祥異》）

初五，雹傷稼。（萬曆《武進縣志》卷四《賑貸》）

初九日，又雨雹傷稼。（嘉慶《重刊宜興縣舊志》卷末《祥異》）

## 十月

雨黑雪，傷穀。（光緒《永昌府志》卷三《祥異》；光緒《騰越廳志稿》卷一《祥異》）

## 十一月

初五日，暴雨。望魚坎岩崩，壓死夫婦二人。（道光《綦江縣志》卷一〇《祥異》）

## 十二月

丁酉，禮部以冬月雪澤愆期，請行順天府祈禱，從之。（《明神宗實錄》卷三九一，第 7383 頁）

## 是年

春，淫雨七旬。（民國《碻山縣志》卷二〇《大事記》）

春，霪雨七旬。（萬曆《汝南志》卷二四《災祥》；康熙《汝陽縣志》卷五《機祥》）

春，霪雨，大水。（民國《滎經縣志》卷一三《五行》）

徐州春夏淫雨傷稼。（民國《銅山縣志》卷四《紀事表》）

夏，大水，害稼。（康熙《續修陳州志》卷四《災異》；民國《淮陽縣志》卷八《災異》）

水泡飛。（乾隆《歸善縣志》卷一八《雜記》）

大雹。（雍正《平樂府志》卷一四《祥異》；光緒《富川縣志》卷一二《災祥》）

大水。（萬曆《辰州府志》卷一《災祥》；萬曆《汶上縣志》卷七《災祥》；康熙《新鄭縣志》卷四《祥異》；同治《萬年縣志》卷一二《災異》；民國《鄆城縣記》第五《大事篇》）

大水潰西津並各鄉圩，侍御田珍捐俸修築。（同治《餘干縣志》卷二〇《祥異》）

河水大漲，浸城。（民國《齊東縣志》卷一《災祥》）

冰雹傷禾。（民國《岳陽縣志》卷一四《災祥》；民國《安澤縣志》卷一四《祥異》）

夏秋，霪雨。（光緒《安東縣志》卷五《民賦下》）

秋，大雨，平地水深二尺，禾稼盡傷。（乾隆《東明縣志》卷七《灾祥》）

冬，木冰。（光緒《長汀縣志》卷三二《祥異》）

春，霪雨，大疫。秋，大水，死者十之三四。（順治《固始縣志》卷九《畜異》）

春，霪雨，大疫。秋，大水，死者十之三四，巡道黃公設義塚四處，取掩暴骸。（嘉慶《息縣志》卷八《災異》）

春，霪雨七旬，無禾。（康熙《上蔡縣志》卷一三《編年》）

春，暴風雨，倒損星門石柱。（嘉慶《南平縣志》卷二《學校》）

春夏，霪雨，盡傷禾稼。秋冬大饑，人相食。是年夏，水決城東南堤之勻平橋。（順治《徐州志》卷八《災祥》）

夏，黃河暴衝，大饑，人相食。（乾隆《魚臺縣志》卷三《災祥》）

夏，大水，河隄決，人民溺死無算。（民國《寶應縣志》卷五《水旱》）

旱。（康熙《新喻縣志》卷六《歲眚》；道光《高要縣志》卷一〇《前事畧》；同治《臨江府志》卷一五《祥異》；同治《峽江縣志》卷一〇《祥異》）

水。（萬曆《澧紀》卷一《災祥》）

旱，民艱于汲水。（道光《永州府志》卷二《名勝》）

水荒，瘟疫，歲大饑，民相食。（乾隆《鄧州志》卷二四《祥異》）

大水，衝決民室甚多。（康熙《淅川縣志》卷八《災祥》）

大水，淹沒禾稼。（康熙《襄城縣志》卷七《災祥》；民國《重修臨潁縣志》卷一三《災祥》）

天降淫雨，大水猝至，壞官亭民舍無算。（光緒《扶溝縣志》卷一四《碑記》）

河決，邑被荒。（康熙《永城縣志》卷六《人物》）

河大決。（康熙《夏邑縣志》卷一〇《災異》）

河決歸德，都御史曾如春挑北河，引河入淮。（康熙《河南通志》卷九《河防》）

螟蔽野。（康熙《濬縣志》卷一《祥異》）

黃河泛濫，失其故道。（道光《輝縣志》卷一〇《名宦續紀》）

大水，淯没民田。（乾隆《登封縣志》卷七《大事記》）

風雨為災，殿廡圮。（民國《莆田縣志》卷一一《學校》）

歐公橋，萬曆〔曆〕三十一年大水崩塌。（乾隆《福寧府志》卷九《津梁》）

大旱。（同治《新淦縣志》卷一〇《祥異》）

河屢決，州境半被水災。（光緒《宿州志》卷三六《祥異》）

黃河水溢入境。（民國《太和縣志》卷一二《災祥》）

黃河泛，入渦，入城壞民舍。（民國《重修蒙城縣志》卷一二《祥異》）

烈風雨雹傷禾。（嘉慶《重刊宜興縣舊志》卷末《祥異》）

大霖雨，河決。工役大興，歲祲，民饑。（光緒《曹縣志》卷一八《災祥》）

滛雨，壞民舍殆盡，道路街市可通舟楫。（崇禎《鄆城縣志》卷七《災祥》）

連年大水，禾稼盡傷。（光緒《菏澤縣志》卷一八《雜記》）

駐馬橋在縣西門外，萬曆〔曆〕癸卯夏瀑水漲，裂一孔。（乾隆《華陰縣志》卷四《建置》）

漳、滏、沙、燕河并溢，決隄橫流。（民國《冀縣志》卷三《漳水變遷表》）

河數決。（康熙《元城縣志》卷一《年紀》）

祁州水圮城。（光緒《保定府志》卷四〇《祥異》）

夏秋，大雨。（光緒《永濟縣志》卷二三《事紀》）

夏秋，俱大水，麥穀踴貴。（順治《沈丘縣志》卷一三《災祥》）

夏秋，昌黎霪潦，大荒。（光緒《永平府志》卷三〇《紀事》）

秋，大霖雨。（咸豐《大名府志》卷四《年紀》）

秋，沂州大水，民饑。（乾隆《沂州府志》卷一五《記事》）

秋，黄河復泛，城垣崩塌者南門迤西三丈一尺，東門迤北三十一丈五尺。（康熙《徐州志》卷三《城池》）

秋，旱。（崇禎《長沙府志》卷七《祥異》）

秋，雨傷稼。（嘉慶《黄平州志》卷一二《祥異》）

大饑，人相食。（康熙《魚臺縣志》卷四《災祥》）

至四十三年，皆大水。（乾隆《新野縣志》卷八《祥異》）

# 萬曆三十二年（甲辰，一六〇四）

## 正月

庚午，夜五更，月犯角宿。（《明神宗實録》卷三九二，第7401頁）

大雨，都城崩。（《二申野録》）

成都城北閣為大風顛隕，北門夜開。（萬曆《四川總志》卷二七《祥異》）

雷電大雪。（康熙《汝陽縣志》卷五《機祥》）

## 二月

甲午，大同應州地震。（《明神宗實録》卷三九三，第7412頁）

丁酉，火星逆行，入角宿。（《明神宗實録》卷三九三，第7413頁）

日大風，雷，縣人入花山界取筍者，凍死三十餘人。（民國《靈川縣志》卷一四《前事》）

菊花開。是年，水溢至縣門。（雍正《歸善縣志》卷二《事紀》）

朔，在城人入花山界取笋，風雷乍起，冷死者三十餘人。（雍正《靈川縣志》卷四《祥異》）

## 三月

丁巳，福建漳、泉等處地震有聲。（《明神宗實錄》卷三九四，第7422頁）

丁卯，禮部題廟祀正值天變，四月初一日日食，移初五日享太廟。從之。（《明神宗實錄》卷三九四，第7426頁）

戊辰，大同、陽和等處見流星，斗大，先白後赤，光芒燭地。（《明神宗實錄》卷三九四，第7426頁）

晝忽瞑，雷電交作，雹大如升斗。（雍正《慈谿縣志》卷一二《紀異》）

安東縣三月亢旱。（乾隆《淮安府志》卷二五《五行》）

臨安三月不雨至五月。（天啟《滇志》卷三一《災祥》）

## 四月

辛巳，朔，日有食之。（《明神宗實錄》卷三九五，第7433頁）

癸巳，禮部題為祈禱雨澤（廣本作"降"，誤）事。有旨行順天府竭誠祈禱。（《明神宗實錄》卷三九五，第7437頁）

大旱，至芒種不雨。（道光《陽江縣志》卷八《編年》）

大旱，至芒種不雨，邑令林恭章虔禱，暴於烈日中，三日甘雨如注，歲乃大熟。（民國《陽江志》卷三七《雜志上》）

大風雨，毀東華門，樹木皆折。（康熙《陝西通志》卷三〇《祥異》）

雹。二月，殘毀樹，葉剝盡。大饑。（乾隆《登封縣志》卷七《大事記》）

春大旱。夏四月，大水。（乾隆《澧志舉要》卷一《大事記》；同治《續修永定縣志》卷一〇《祥異》）

大旱。四月，大水。（同治《安福縣志》卷二九《祥異》）

## 五月

乙卯，山東青城縣天鼓鳴。（《明神宗實錄》卷三九六，第7449頁）

癸酉，長陵明樓雷，火災。（《明神宗實錄》卷三九六，第7453頁）

乙亥，大學士沈一貫言，該文書官冉登捧出聖諭："朕覽文書，見天壽山守備內官李浚等具奏：'本月二十三日夜，雨，雷火燒燬祖陵明樓。'朕心驚懼弗已，其恭行奉慰修理及修省禮儀，卿等便擬出旨來，諭卿等知，欽此。"（《明神宗實錄》卷三九六，第7453～7454頁）

颶風，大水，地震。（宣統《高要縣志》卷二五《紀事》）

初十日，綏陽大水，浸城七尺。（道光《遵義府志》卷二一《祥異》）

癸酉，雷燬長陵樓。（光緒《昌平州志》卷六《大事表》）

大雨，逾月不止，水自東門入城，深二尺餘，東關民舍多漂沒。（光緒《唐縣志》卷一一《祥異》）

月初，龍水忽起，平地水深八尺，崇仙里民如葛氏等舉家老幼數十人盡行漂沒。（順治《通城縣志》卷九《災異》）

大水。（嘉慶《三水縣志》卷一三《編年》）

初十日黎明，天雨赤。（民國《潮州府志略・述異》）

大水颶風。（道光《肇慶府志》卷二二《事紀》）

風拔成都北城閣。五月，金堂雨雹。（天啟《新修成都府志》卷二《成都紀》）

五、六月，大霖雨。（乾隆《淮安府志》卷二五《五行》）

五、六二月，大水沸騰，崩壞大山，漂流大木無數。居民拾獲木上夜有火光，人號為"夜明木"。其祥不可知。（萬曆《蕭鎮華夷志》卷四《災祥》）

## 六月

乙酉，太白晝見在（廣本、抱本無"在"字）未（廣本作"木"，當誤）位。（《明神宗實錄》卷三九七，第7466頁）

丁酉，昌平州雨水暴漲，衝倒長、康、泰、昭等陵石橋欄（廣本、抱本"欄"下有"杆"字），并壇垣等處，蟲食長陵松柏葉盡。（《明神宗實錄》卷三九七，第7468頁）

己丑，夏縣大雨雹，傷稼。（《國榷》卷七九，第4928頁）

二十八日，雷震城隍像。（乾隆《福寧府志》卷四三《祥異》）

大水。（道光《繁峙縣志》卷六《祥異》；民國《東安縣志》卷九《機祥》；民國《新絳縣志》卷一〇《災祥》）

大水，壞各陵橋道。（光緒《昌平州志》卷六《大事表》）

霪雨兩月，衝決教場口岸，湮城磚二十四層，人民餓死無算。（民國《新校天津衛志》卷三《災變》）

癸卯，灤河溢，丁未，復溢。（民國《盧龍縣志》卷二三《史事》）

霪雨五十餘日，山水湧發，通、漷房舍盡傾。（康熙《通州志》卷一一《祥異》）

癸卯，灤河溢，丁未，復溢。（光緒《永平府志》卷三〇《紀事》）

大雨，自六月至十月十七日方止，禾稼盡潦。（康熙《遵化州志》卷二《災異》）

山水泛溢，溺民田。（乾隆《滿城縣志》卷八《災祥》）

忻州雨雹。（雍正《山西通志》卷二六《祥異》）

霪雨，東西北三面（城垣）塌毀百餘丈。（乾隆《嶧縣志》卷一《城池》）

雹如鷄卵。（康熙《黎城縣志》卷二《紀事》）

初十日，大雨雹，禾黍棗果木綿盡傷。（乾隆《解州夏縣志》卷一一《祥異》）

綏德州水，雨雹。（康熙《延綏鎮志》卷五《紀事》）

臨安大水，沒田廬。（天啟《滇志》卷三一《災祥》）

## 七月

庚戌朔，京師大霪雨。（《明神宗實錄》卷三九八，第 7475 頁）

癸亥，順天巡撫劉四科疏：“畿輔水災，永平府等（廣本、抱本作‘等府’）州縣淹死男婦無數（抱本‘數’下有‘及房屋盡行倒塌’七字）。”奉旨戶部看（廣本、抱本無“看”字）議。（《明神宗實錄》卷三九八，第 7481 頁）

癸亥，薊遼總督蹇達題：畿輔水患異常，邊墻衝圮〔圮〕日甚，請乞申嚴防禦以伐虜，謀寬恤軍民以銷隱禍。得旨，衝倒墻基及一切緊要邊備，嚴行修補整飭。（《明神宗實錄》卷三九八，第7481頁）

又大水，地震。（道光《肇慶府志》卷二二《事紀》；宣統《高要縣志》卷二五《紀事》）

永平水。（民國《盧龍縣志》卷二三《史事》）

河決趙莊口，復決新洋廟口。（民國《沛縣志》卷二《沿革紀事表》）

大稔。七月，雷擊安亭菩提寺。（萬曆《嘉定縣志》卷一七《祥異》）

京師淫雨兩月不止，正陽、崇文二門城牆中陷者七十餘丈，民居多壞。（光緒《順天府志》卷六九《祥異》）

大水，杏葉口決，禾盡淹沒。（民國《文安縣志》卷終《志餘》）

唐安里河溢。大雨暴注，河水不由故道，徑趨村中，漂没民舍數十間，淹死男婦二口。（順治《灤平縣志》卷九《祥異》）

雨雹。（乾隆《潁州府志》卷一〇《祥異》）

大颶，初三日至初七乃止。（嘉慶《潮陽縣志》卷一二《紀事》）

臨安雨雹，害稼。（天啟《滇志》卷三一《災祥》）

## 八月

秦（抱本“秦”上有“壬午”二字）州地震，聲如鳴鼓。（《明神宗實錄》卷三九九，第7489頁）

辛丑，山東巡撫黃克纘言：“自河決蘇家莊，水潦豐沛，下流壅滯，黃水倒灌，濟寧、魚臺，平地成湖（廣本、抱本作‘河’）。況加狂雨彌旬，城門之外即成巨浸。單縣被潦，雖止一隅，而連歲河工、人夫、物力半取足于該縣，運柳派〔派〕及孤寡，供應累及諸生。此三州縣，必大加賑邮，庶有起色。至於漕運，臨、德倉糧非破格改折，是趣之斃也。請于存留糧內照依分數蠲免，無糧貧民，准免丁口鹽鈔，災民酌量倉穀，分別賑貸。”保定巡撫孫瑋亦言：“霪雨連綿，田廬漂没，請留漕糧十萬石，并留撫按贓罰，以捄顛連。”俱下戶部。（《明神宗實錄》卷三九九，第7494~7495頁）

今年順天、保定、遼東、山東、陝西、鳳陽六處撫按（廣本、抱本作"巡按"）俱報水旱災荒，請發內帑漕（抱本作"錢"）糧以為賑濟。（《明神宗實錄》卷三九九，第7496頁）

河決朱旺口及太行堤數處，豐境悉成巨浸，民舍漂没三載，田宅價值極賤，後河徙午溝始定。（光緒《豐縣志》卷一六《災祥》）

河決朱旺口及太行隄數處，民舍漂没，蕩漾二載，河徙午溝始定。（嘉慶《蕭縣志》卷一八《祥異》）

河決豐縣，由昭陽湖穿李家港口，出鎮口，上灌南陽、單縣，復潰濟甯、魚臺，平地成湖。（道光《濟甯直隸州志》卷一《五行》）

河決朱旺口及太行隄。是年，沛亦大水，陷城。（同治《徐州府志》卷五下《祥異》）

白虹見於西方。（民國《潮州府志略·述異》）

辛亥初昏，有黑氣自西東（府志作"南"），經南斗。（乾隆《靈山縣志》卷三《事蹟》）

二十七日庚戌，天霽而雨，時謂之"天泣"。是日，採珠中官抵廉州。（崇禎《廉州府志》卷一《歷年紀》）

## 九月

辛酉，夜，木星、火星、土星合聚尾宿，俱順行。（《明神宗實錄》卷四〇〇，第7504頁）

乙丑，夜，西南方生異星，大如彈，體赤黄色，名曰客星。（《明神宗實錄》卷四〇〇，第7506頁）

河決豐縣。（同治《徐州府志》卷五下《祥異》）

三義廟杏華。大水入城，民多死。（萬曆《香河縣志》卷一〇《災祥》）

十一日，夜半，寶雞天忽東西斷裂，南北若疋練，食頃，復合如故。（康熙《陝西通志》卷三二《祥異》）

十一日，夜半，寶雞天忽東西斷裂，南北若匹練，食頃，復合。十三

日，地震。（民國《寶雞縣志》卷一六《祥異》）

十一日，夜半，忽東西斷裂，南北若匹練，食頃，復合。十三日，地震。（雍正《鄜縣志》卷七《事紀》）

## 閏九月

庚辰，陝西鞏昌府醴縣地震，聲如雷，一日十餘次，城墙（廣本、抱本作"垣"）房屋大半傾倒。又白陽、吴泉交界去虜地裂三丈，溢出黑水，搏激丈餘。（《明神宗實録》卷四〇一，第7511頁）

丙申，鳳陽大風雨。（《國榷》卷七九，第4932頁）

大旱，地震。（民國《鰲屋縣志》卷八《祥異》）

大旱。（康熙《鄆城縣志》卷八《災異》）

## 十月

丁卯，直隸巡按孔貞一題：畿南水患異常，乞行煮賑。詔以太僕寺賑濟，餘銀分賑保薊各三萬兩，各撫按亦宜自設方畧，便宜處置，盡心轉糴，関津不許留難，豐熟處所不許遏糴，違者糸虜以聞。盖輔臣之請，至是始行。上之欲恩威已〔己〕出如此。（《明神宗實録》卷四〇二，第7529頁）

戊辰，四川華陽縣天鼓大鳴，似雷非雷。（《明神宗實録》卷四〇二，第7532頁）

大雨成氷，樹木盡折。（乾隆《東明縣志》卷七《災祥》）

（冠縣）雨，木冰，三晝夜，隨大風，樹木盡折。（順治《堂邑縣志》卷三《災祥》）

大雨雪，結爲琉璃，天盛寒，鳥斃者衆。（乾隆《湯陰縣志》卷一〇《雜志》）

桃花盛開如春，牡丹開數十，爛熳可愛。（乾隆《裕州志》卷一《祥異》）

南召桃花盛開，城西牡丹開數十朵。（嘉慶《南陽府志》卷一《祥異》）

八日夜分，地震。（乾隆《諸暨縣志》卷七《祥異》）

## 十一月

雨，水〔木〕氷三日夜。已〔已〕而大風拔木。（光緒《堂邑縣志》卷七《災祥》）

地震。（光緒《平湖縣志》卷二五《祥異》）

十三夜，地震。（康熙《海寧縣志》卷一二上《祥異》）

## 十二月

辛酉，是夜，客星随天轉，見東南方，大如彈丸，赤黄色，光芒微小，在尾宿。（《明神宗實録》卷四〇四，第7548～7549頁）

庚午，禮部煩（廣本、抱本作"類"）奏年終灾異，大學士沈一貫等言："禮部每年類奏灾異，雖循舊制，原非靡文。今年灾異除天鳴、地震、河決、旱澇，種種害民傷物，載在四方之牘，未暇枚舉。乃若正陽日食，諸陵雷火變，孰有大於是者。而又連年疊見，月日盡同，非偶然之故明矣。況京師久沴，三輔大祲（疑當作'浸'），虫囓陵樹，妖星經天，水澇所洊，儲積如洗，城邑漂没，盡（抱本作'畫'）日晦冥。家懷天墜之憂，人切陸沉之懼，罔不椎心抆血，號泣于雙闕九門之下。"（《明神宗實録》卷四〇四，第7550頁）

雨冰，樹枝多折。（康熙《定興縣志》卷一《磯祥》）

四日，大凍三日。（民國《重修秀水縣志·災祥》）

## 是年

雹殺禾稼。（光緒《鎮平縣志》卷一《祥異》）

大水。（崇禎《松江府志》卷三《荒政》；康熙《高密縣志》卷九《祥異》；康熙《山海關志》卷一《災祥》；光緒《青浦縣志》卷二九《祥異》；光緒《德平縣志》卷一〇《祥異》；民國《臨榆縣志》卷八《紀事》；民國《無極縣志》卷一八《大事表》；民國《鄆城縣記》第五《大事篇》；民國《綏中縣志》卷一《災祥》）

春，大旱。（宣統《高要縣志》卷二五《紀事》）

春，旱。（乾隆《諸城縣志》卷二《總紀上》）

春，旱。夏，霪雨。（光緒《安東縣志》卷五《民賦下》）

春，稔。秋，大雨。冬，大雪。（光緒《延慶州志》卷一二《祥異》）

夏，大水潯禾。（道光《膠州志》卷三五《祥異》）

夏，霪雨四十餘日，平地水泉突出。（民國《遷安縣志》卷五《記事篇》）

大旱。（乾隆《直隸易州志》卷一《祥異》）

大水，籽粒無存，縣令許宗曾繪圖請賑，得糧八千石。（民國《望都縣志》卷一一《雜志》）

霪雨四十日。（光緒《撫寧縣志》卷三《前事》）

又鳴，又水。丁未，又鳴，水益大，乃知是鳥爲淫潦之兆。（民國《徐水縣新志》卷一〇《大事記》）

深澤大水，發廩賑恤。（咸豐《深澤縣志》卷一《編年》）

河溢。（康熙《商丘縣志》卷三《災祥》）

霪雨傷麥禾。（民國《項城縣志》卷三一《祥異》）

大雨害稼。（光緒《惠民縣志》卷一七《災祥》）；民國《陽信縣志》卷二《祥異》；民國《濟陽縣志》卷二〇《祥異》）

雨雹如雞子。（民國《萬泉縣志》卷終《祥異》）

雨雹。（光緒《綏德直隸州志》卷三《祥異》）

大雨雹，相搏如杵。（光緒《慈谿縣志》卷五五《祥異》）

大雨雹，相搏擊如杵。（雍正《寧波府志》卷三六《祥異》；乾隆《鄞縣志》卷二六《祥異》）

夏秋，霪潦，大荒。（民國《昌黎縣志》卷一二《故事》）

秋，大水。（康熙《續修陳州志》卷四《災異》；民國《淮陽縣志》卷八《災異》）

冬，雨冰樹折。（光緒《定興縣志》卷一九《災祥》；民國《新城縣志》卷二二《災禍》）

冬，祈寒，樹枝著冰，損折大半。（光緒《清河縣志》卷三《災異》）

春，旱。三冬大雪，民多凍死。（康熙《通州志》卷一一《祥異》）

夏，大水，漂城外民廬數十家，沖壞南溪、玉溪二橋。（崇禎《尤溪縣志》卷四《災祥》）

夏，暴雨三日，大水。（康熙《平和縣志》卷一二《災祥》）

夏，大水。（康熙《番禺縣志》卷一四《事紀》）

夏，大水，衝壞居民房屋。（嘉慶《平樂府志》卷三二《祥異》）

夏，大旱。（雍正《江浦縣志》卷一《祥異》）

夏，縣治西雨粟。（民國《高淳縣志》卷一二《祥異》）

夏，大雨霪潦，高下俱淹。自縣境上船，可以北達京師，西抵河間。（光緒《東光縣志》卷一一《祥異》）

夏，大水，庚河溢至城下。歲大饑。（康熙《豐潤縣志》卷二《災祥》）

夏，霪雨四十餘日。（光緒《永平府志》卷三〇《紀事》）

大旱，夏，地震。（道光《肇慶府志》卷二二《事紀》）

蓬萊、黃縣，夏，旱。秋，大水。（光緒《增修登州府志》卷二三《水旱豐饑》）

河水暴瀉，圮城百餘丈。（民國《貴州通志·建置》）

赤水、畢節大水，水入畢節東門，漂民舍，溺人。（道光《大定府志》卷四五《紀年》）

颶風，聖廟啟聖祠兩廡、明倫堂俱壞。（康熙《海康縣志》卷中《學校》）

洪水，禾稼雖傷，收成不損，民無菜色。（康熙《長樂縣志》卷七《災祥》）

半旱。（康熙《安鄉縣志》卷二《災祥》）

霪雨暴降，麥禾傷甚，災亦如之。（順治《商水縣志》卷八《災變》）

烏橋，萬曆三十二年圮于水。（萬曆《浦城縣志》卷二《關梁》）

水，衝破（通濟橋），重修。（乾隆《建昌府志》卷五九《藝文》）

大水，漂蕩民居，溢城市，東南城樓俱圮，田地淤塞，民沉溺無算。（乾隆《武寧縣志》卷一《祥異》）

泗州虹，邑麥大熟。（乾隆《泗州志》卷四《祥異》）

河決朱旺口及太行堤。（道光《銅山縣志》卷二三《祥異》）

大風拔木。（嘉慶《東昌府志》卷三《五行》）

河工大興，瘟疾作，人死過半。（光緒《曹縣志》卷一八《災祥》）

河決沛之太行堤十七鋪口，衝邑城，没廬舍縣署，水深數尺。（康熙《魚臺縣志》卷四《災祥》）

大水，雨雹。（康熙《米脂縣志》卷一《災祥》）

城北汾水泛漲，徑入沙河，夏秋二禾盡没，農家失望。（康熙《重修平遥縣志》卷八《災異》）

暴水衝頹（城垣）。（萬曆《成安縣志》卷三《建置》）

滄州大淫雨。（民國《滄縣志》卷一六《大事年表》）

旱。（崇禎《廣昌縣志·災異》；康熙《都昌縣志》卷一〇《災祥》）

又水。（康熙《安肅縣志》卷三《災異》）

大水決堤。冬，霆雨。（萬曆《保定縣志》卷九《災異》）

大水，禾盡没。（光緒《大城縣志》卷一〇《災異》）

河漲隄決，城不浸者三版，崩頹強半。（民國《香河縣志》卷一《區域》）

灤水溢，壞城垣，傷禾。（萬曆《樂亭志》卷一一《祥異》）

棉花市口衝決，浸城數版，屋宇盡頹，居民依樹爲樓。（乾隆《武清縣志》卷四《禨祥》）

秋，大風，壞屋覆舟，雷震死六人于龍翔寺。（康熙《永嘉縣志》卷一四《祥異》）

秋，河決豐縣，由昭陽湖穿李家港口，出鎮口，上灌南陽。而單縣決口復潰，魚臺、濟寧間平地成湖。（《明史·河渠志》，第 2069 頁）

大水。冬，大雪連旬，平地深數尺。（乾隆《新安縣志》卷七《禨祚》）

秋，大雨，滹沱水徙城北。（乾隆《饒陽縣志》卷下《事紀》）

冬，多雪。（道光《陽曲縣志》卷一六《志餘叙録》）

三十二年、三十三年，大雨潦，害稼。（崇禎《武定州志》卷一一《災祥》）

甲辰、乙巳，連歲大雨潦，橋益圮〔圮〕。（康熙《薊州志》卷八《藝文》）

# 萬曆三十三年（乙巳，一六〇五）

## 正月

雪片如掌，著樹成冰。至夜，樹拱把者皆折。（光緒《淶水縣志》卷一《祥異》）

大雪。（康熙《安肅縣志》卷三《災異》；民國《徐水縣新志》卷一〇《大事記》）

雷，大雪。（民國《確山縣志》卷二〇《大事記》）

八日，大雷。（民國《鳌屋縣志》卷八《祥異》）

雪大如掌，落樹枝皆結成冰。（乾隆《直隸易州志》卷一《祥異》）

大雷。（康熙《鄠縣志》卷八《災異》）

雷電。（康熙《上蔡縣志》卷一二《編年》）

## 二月

庚申，夜望，月食。（《明神宗實録》卷四〇六，第 7579 頁）

月初，大雪，三日始霽。（萬曆《嘉定縣志》卷一七《祥異》；崇禎《吳縣志》卷一一《祥異》）

## 三月

雹深尺許，漳河決。（民國《成安縣志》卷一五《故事》）

三、四月，大風雨，城市皆水，房舍多傾。夏秋，大旱，禾稼不登。

（光緒《淮安府志》卷四〇《雜記》）

　　三、四月，風雨猛暴，平地成湖，房舍多崩。山鹽、清桃自六月大旱三月，顆粒不登。（乾隆《淮安府志》卷二五《五行》）

## 四月

　　壬戌，京師雨雹。（《明神宗實錄》卷四〇八，第 7615 頁）

　　丙寅，湖廣武昌府連日地震，其聲如雷。（《明神宗實錄》卷四〇八，第 7616 頁）

　　二十九日，綏陽大水，城圮東南角，至七月初四日雨始止，田禾盡没。（道光《遵義府志》卷二一《祥異》）

　　旱蝗。（民國《大名縣志》卷二六《祥異》）

　　石堂等村雹厚尺餘，三日乃消。（康熙《保德州志》卷三《風土》）

　　大雨，二麥淹没。自夏迄秋踰月不雨，禾菽多稿，知縣王存敬率屬祈請，徒行日中，至八月中旬始雨，下田薄收。是歲，果木不實。秋九月，桃杏復華。（嘉慶《懷遠縣志》卷九《五行》）

　　省城雨桂子。（乾隆《貴州通志》卷一《祥異》）

## 五月

　　甲申，京師大雨雹。（《明神宗實錄》卷四〇九，第 7624～7625 頁）

　　丙申，鳳陽府大風雨，摧損皇陵正殿寶座。（《明神宗實錄》卷四〇九，第 7638 頁）

　　庚子，是日夜子時，雷火擊毀圜丘望燈高杆。杆高十丈餘，碎其上段三丈，餘為百數十片，大半有火痕，下段所存六丈餘左右，各有爪損。（《明神宗實錄》卷四〇九，第 7641～7642 頁）

　　辛丑，廣西陸川縣地震，聲若崩山，震塌城垣房屋，壓死居民男婦無筭。（《明神宗實錄》卷四〇九，第 7642 頁）

　　壬寅，順天巡撫劉四科奏："本月初六日，薊鎮石塘路大雷雨，擊死住操勇壯援兵朱昂等三（抱本作'二'）名，并牧放馬三匹，及傭工鋤田人劉大益等二名，又燒傷牧馬幼童譚喜兒等五名。十一日，松棚路九十四號臺，被雷火霹破門樓，將佛郎機快鎗等件棄擲臺下，多有（抱本作‘所’）折損，火箭火火藥（抱本‘火火藥’作‘火藥’），悉行焚燬。十六日，燕河路四號臺，被雷火震倒南、北、西三面垛口，焚燬火器等件，其甎瓦木料棄擲墻外，并跌傷軍妻二口。”（《明神宗實錄》卷四〇九，第 7645 頁）

癸卯，四川松藩穀粟屯地方，本月十三日申時，有火光一塊，大如桶，墜落本邊墻外，督撫按臣以聞。（《明神宗實錄》卷四〇九，第 7646 頁）

己卯，薊鎮石塘路大雷雨，斃十人。（《國榷》卷八〇，第 4941 頁）

雨赤。（乾隆《潮州府志》卷一一《災祥》）

雨赤水。（嘉慶《澄海縣志》卷五《災祥》）

初十日寅時，忽雨，赤水蚤起，人以盆盛之，其色淡紅。（雍正《惠來縣志》卷一二《災祥》）

大水。（咸豐《順德縣志》卷三一《前事畧》）

春，大饑。夏五月己丑，雷燬燕河路墩臺。（民國《盧龍縣志》卷二三《史事》）

雷火燬德勝門城樓。（民國《南昌縣志》卷五五《祥異》）

旱蝗。秋，蝻生。（民國《續修廣饒縣志》卷二六《通紀》）

十五日、十七日、十九日三日，大雨震電，壞民屋，禾苗皆没。（民國《馬邑縣志》卷一《災異》）

城西雨雹如拳。（民國《新絳縣志》卷一〇《災祥》）

絳州大雨雹，井水變苦。（萬曆《山西通志》卷二六《災祥》）

二十三日，峪岭河水驟漲，將南關堤堪衝塌，水深丈餘。（康熙《徐溝縣志》卷一《城池》）

馬邑三日大雨雹電，壞民屋，禾苗皆没。（雍正《朔平府志》卷一一《祥異》）

蝗蔽地，禾盡。秋蝻復生。（嘉慶《昌樂縣志》卷一《總紀》）

大蝗。秋蝻生，蝗蝻蔽地，田禾食盡，哭聲遍野。（康熙《續安丘縣志》卷一《總紀》）

霪雨大水，南城崩，淹没田地十之六。（雍正《瑞昌縣志》卷一《祥異》）

大水，沙頭基潰。（民國《龍山鄉志》卷二《災祥》）

大旱，民間祈禱無應。六月二十四日，周回，甫入郊，雷電交作，大雨如注，人擬之"隨車雨"，環縣十里大熟，民賴以生。八月以後，霪雨灌禾，遠鄉無收，至有茹草根木皮者。周發倉穀數百石以賑之，民免溝壑。（道光《綦江縣志》卷一〇《祥異》）

## 六月

庚午，廣西靈川縣社壇地中忽有聲如雷，黑氣上騰，陷地十餘丈，深丈餘（廣本、抱本無"文餘"二字）。（《明神宗實錄》卷四一〇，第 7672～7673 頁）

大雨，灤河溢，冬饑。（民國《盧龍縣志》卷二三《史事》）

大飢。六月，大雨。（民國《昌黎縣志》卷一二《故事》）

大水，大名縣支河溢，城幾壞。（民國《大名縣志》卷二六《祥異》）

大雨，灤水溢，道殣相望，父鬻子，夫賣妻，人民相食。（民國《遷安縣志》卷五《記事篇》）

河決蕭縣郭煖樓。（嘉慶《蕭縣志》卷一八《祥異》）

蝗。（康熙《堂邑縣志》卷七《災祥》）

大旱。（光緒《嘉興府志》卷三五《祥異》；光緒《嘉善縣志》卷三四《祥眚》；光緒《桐鄉縣志》卷二〇《祥異》；民國《重修秀水縣志·災祥》）

旱。（萬曆《常熟縣私志》卷四《敘產》；萬曆《錢塘縣志·災祥》；乾隆《杭州府志》卷五六《祥異》）

大雨，灤河溢。（光緒《永平府志》卷三〇《紀事》）

初一日辰時，大雨如注，孝河泛漲，水高丈餘，自東門入城，城東隅官民房舍塌毀無數，傷人甚眾。知縣劉令與發粟賑之。（雍正《孝義縣志》卷一《祥異》）

# 七月

甲戌，保定巡撫孫瑋奏："畿南各府無歲不災，而去年之水患（廣本、抱本作'災'）為尤甚。節經臣等奏請，部覆奉旨搜查倉庫錢穀〔穀〕，分別賑給。皇上又大發帑金，出通、德二倉粮平糶，及移各省之粟通糶（廣本、抱本作'糶'）。臣等仰（廣本、抱本作'節'）奉德意，督令各有司官取運糶（廣本、抱本作"糶"）買，多方拯救，着實奉行，無敢少怠，而斗米市價一錢五六分，迄今無減也。春時二麥頗茂，滿期有穫。及夏初，雨暘不時，致生疸（廣本、抱本作'疽'）黃，遂減十分之七。清苑、安肅、清河等處或冰雹打毀，或蝗蝻食殘；永年、成安、肥鄉、曲周、雞澤、安州、深澤、高陽、新安等處，漳、滏（廣本、抱本作'隆'）、沙、滋等河泛溢橫流，衝決隄岸，靜海百川萃注；祁州先雹後水，禾苗渰没，廬舍傾頹。大浸之後，重罹此厄，公私兩竭，軍民洶（廣本作'均'）懼，皆臣等奉職無狀，以致禍連重地。除率屬痛加修省外，合行題請蠲賑。"不報。（《明神宗實錄》卷四一一，第7675～7676頁）

壬午，以黃河洶溜（廣本作"湧"），運船過淮，過洪期限，照上年例，量寬一月。其衝決處所，着總河嚴督司道等官，作速修治。（《明神宗實錄》卷四一一，第7685～7686頁）

甲申，大同陽和城地震，有聲如雷，移時方止。（《明神宗實錄》卷四一一，第7688頁）

甲午，是日夜五更時，月犯畢宿，大（抱本作"火"）星約離五十分餘，月在上。（《明神宗實錄》卷四一一，第7701頁）

庚子，山東登州府各州縣地震（抱本"震"下有"俱"字）有聲。（《明神宗實錄》卷四一一，第7705頁）

大颶。（乾隆《潮州府志》卷一一《災祥》；嘉慶《澄海縣志》卷五《災祥》）

初三日至初七日，颶風大作，漂没鉛艘無數。（雍正《惠來縣志》卷一二《災祥》）

蝻害稼。（康熙《堂邑縣志》卷七《災祥》）

## 八月

丁卯，夜，客星不見。自三十二年九月，客星見尾分，一更時出西南方，隨天西轉。至十月夕，伏不見。十一月五更時，出東南方。今年二（廣本、抱本作"一"）月，其光漸暗，至是乃滅。（《明神宗實録》卷四一二，第7726～7727頁）

辛未，本月初四日戌時，直隸揚州府泰州天鳴，有聲如潮而怒，起自南方，轉東而下，更餘乃息，數日不止。時鎮江、宜興（廣本、抱本"興"下有"縣"字）等處亦同時鳴，而鎮江西南華山開裂，闊二三尺。（《明神宗實録》卷四一二，第7730頁）

大雨傷禾稼，大飢，人皆餓斃。（民國《新河縣志》第一册《災異》）

隕霜殺禾稼。（民國《臨汾縣志》卷六《雜記》）

雨黑水。（乾隆《潁上縣志》卷一二《災異》）

河決王家口，潏柘田廬。（康熙《柘城縣志》卷四《災祥》）

河決王家口。（光緒《鹿邑縣志》卷六下《民賦》）

## 九月

辛丑，本月十七日戌時，南京龍江陸兵後營（廣本、抱本作"曹"）有星大于椀，其光如火，墮于閲兵臺後，至地粉碎，遊走如螢，移刻乃滅，化為黑灰。次十八日戌時，復有星如月，從西北流至臺上，分而為三（廣本作"二"），墮地有聲。巡視南京營務給事中金士衡等疏聞，并請點用糸贊機務大臣，及罷諸不便于民者，以與更始。不報。（《明神宗實録》卷四一三，第7752頁）

以旱災免承天府田租及改折屯田子粒有差。（康熙《安陸府志》卷一《郡紀》）

## 十月

戊午，夜五更，北方有赤白氣，入紫微垣，良久漸散。（《明神宗實録》

卷四一四，第 7764 頁）

丁卯，山東巡撫黃克纘（抱本作"績"）以所屬濟寧、魚臺、單縣、金鄉四州縣水災重大，乞將派俵馬匹折價徵解，仍自三十四年為始，改折二年。俟黃河順流，另行議處，下兵部覆議。從之。（《明神宗實錄》卷四一四，第 7775 頁）

十八日，天明已久，而復晦。（乾隆《諸暨縣志》卷七《祥異》）

## 十一月

二十八日，晝雷夜電。（光緒《青陽縣志》卷二《祥異》）

## 十二月

丁未，聞喜縣大風，雨黃土。（《國榷》卷八〇，第 4949 頁）

初七日，大風，雨黃土，當晝如暝。（民國《聞喜縣志》卷二四《舊聞》）

## 是年

春，旱。（嘉慶《澄海縣志》卷五《災祥》）

春夏，旱。（宣統《高要縣志》卷二五《紀事》）

夏，大水，漂城外民廬數十家，冲壞南溪、玉溪二橋。（民國《尤溪縣志》卷八《祥異》）

夏，甚旱。（民國《新河縣志》第一冊《災異》）

暴風傷麥，夏，大雨。秋，無禾。（光緒《安東縣志》卷五《民賦下》）

夏，大雨，綿山水漲，夜半入迎翠門，民居多被潚没。（嘉慶《介休縣志》卷一《兵祥》）

夏，大水，廬室漂没，民棲於舟。（康熙《德清縣志》卷一〇《災祥》；同治《長興縣志》卷九《災祥》）

夏，旱。（崇禎《烏程縣志》卷四《災異》；光緒《歸安縣志》卷二七《祥異》）

夏，大水，廬室漂没，民棲于舟。（同治《湖州府志》卷四四《祥異》）

大水，邑令李喬岱虔禱，霽。秋旱，復步禱于齊雲山，雨隨注。（康熙《休寧縣志》卷八《禨祥》）

大水。（同治《安化縣志》卷三四《五行》；民國《鄆城縣記》第五《大事篇》）

旱。（康熙《新喻縣志》卷六《歲眚》；嘉慶《海州直隸州志》卷三一《祥異》；嘉慶《東臺縣志》卷七《祥異》；同治《峽江縣志》卷一〇《祥異》；同治《臨江府志》卷一五《祥異》；同治《石門縣志》卷一二《祥異》；光緒《松陽縣志》卷一二《祥異》；民國《安鄉縣志》卷一一《縣紀》；民國《内黄縣志》卷一五《祥異》）

蝗。（光緒《德平縣志》卷一〇《祥異》；光緒《清河縣志》卷三《災異》；民國《青縣志》卷一三《祥異》）

水災。（民國《襄陵縣志》卷二三《舊聞考》）

蝗入境。（乾隆《商南縣志》卷一一《祥異》；民國《商南縣志》卷一一《祥異》）

霪雨，壞田萬餘畝，漂没民房，溺死男女不可勝計。（光緒《嚴州府志》卷二二《祥異》）

旱，蝗食豆菽。（民國《台州府志》卷一三四《大事略》）

大雨雹。（嘉慶《義烏縣志》卷一九《祥異》）

旱蝗，豆粟亦盡。（光緒《仙居志》卷二四《災變》）

夏秋，大旱。（道光《江陰縣志》卷八《祥異》）

春，寒。（道光《陽曲縣志》卷一六《志餘叙録》）

春，懷柔城以霪雨傾頹。（康熙《懷柔縣新志》卷六《文》）

春，淫雨。夏，亢陽。（同治《增修酉陽直隸州總志》卷四《城池》）

春夏，霪雨，城塌陷二百餘丈。（道光《新寧縣志》卷四《城池》）

夏，不雨。（萬曆《六合縣志》卷二《災祥》）

夏，吴中大旱。（宣統《吴長元三縣合志初編·人物》）

夏，雨雹，大如拳，傷二麥。（光緒《保定府志》卷四〇《祥異》）

夏，霪雨，沭、沂水決，河有海魚。（道光《沂水縣志》卷九《祥異》）

夏，地方赤旱數月，米價驟騰。（康熙《南海縣志》卷二《建置》）

夏旱連秋，早晚禾失收。（康熙《續修武義縣志》卷一〇《庶徵》）

大旱，饑饉。（乾隆《忠州志》卷六《災祥》）

地震，颶風大作。（道光《瓊州府志》卷七《學校》）

大水災。（同治《益陽縣志》卷二五《災異》）

旱，地震。（同治《續修永定縣志》卷一〇《祥異》）

三十二（當作"三"）年乙巳，旱。（同治《直隸澧州志》卷一九《荒歉》）

大旱。（同治《安福縣志》卷二九《祥異》）

大水，漂去青龍橋。（康熙《邵陽縣志》卷六《祥異》）

大旱，蝗。（康熙《長垣縣志》卷二《災異》）

大水，東壩衝倒三十餘丈。（乾隆《鳳陽縣志》卷一五《紀事》）

山、鹽大旱。（光緒《鹽城縣志》卷一七《祥異》）

山、桃邑內自六月起，大旱三月。（乾隆《重修桃源縣志》卷一《祥異》）

無麥。（民國《崇明縣志》卷一七《災異》）

大雨雹，成男女鳥獸形。（道光《臨邑縣志》卷一六《紀祥》）

大雨潦害稼。（崇禎《武定州志》卷一一《災祥》）

蝗災。（康熙《臨淄縣志》卷七《災祥》）

蝗飛蔽天。（乾隆《濰南縣志》卷一〇《災祥》）

暴水衝把水西橋。（康熙《絡州志》卷一《地理》）

雨雹大如拳。（道光《直隸霍州志》卷一六《機祥》）

蝗生。（乾隆《隆平縣志》卷九《災祥》）

蝗，黑小如蟻。（光緒《容城縣志》卷八《災異》）

大水，盡地無餘。（乾隆《新安縣志》卷七《機祚》）

南門復被霪潦，多倒塌。（康熙《龍門縣志》卷一四《藝文》）

冬，大雪。（康熙《重修襄垣縣志》卷九《外紀》；乾隆《長治縣志》卷二一《祥異》）

嘉興大旱，台州旱，蝗。（康熙《浙江通志》卷二《祥異附》）

大風雨，毀陵殿神座。（光緒《鳳陽縣志》卷一五《紀事》）

萬曆乙巳迄丁未，秋水灌溢，洶湧異常。（崇禎《永年縣志》卷七《藝文》）

# 萬曆三十四年（丙午，一六〇六）

## 正月

聞喜雨黃沙。（雍正《山西通志》卷一六三《祥異》）

至夏，不雨，順天文安、永清、三河、寶坻諸縣大蝗。（光緒《順天府志》卷六九《祥異》）

## 二月

乙卯，是日，夜望，月食。（《明神宗實錄》卷四一八，第7901頁）

丙辰，夜，月食（抱本作"蝕"）既。（《明神宗實錄》卷四一八，第7902頁）

甲子，夜，太白犯昴（廣本、抱本作"昂"）。（《明神宗實錄》卷四一八，第7922頁）

## 三月

旱蝗，民饑，蠲賑有差。（民國《大名縣志》卷二六《祥異》）

至四月，大雨。（天啟《淮安府志》卷二三《祥異》）

## 四月

乙巳，夜，熒人（廣本、抱本作"入"）心（廣本、抱本"心"下有

"宿"字)。(《明神宗實錄》卷四二〇,第 7949 頁)

丙辰,自春正月至夏,不雨。(《明神宗實錄》卷四二〇,第 7954 頁)

丙寅,禮臣以亢旱請祈雨澤,凡三上,乃允行。(《明神宗實錄》卷四二〇,第 7960 頁)

蝗飛蔽天。(光緒《定興縣志》卷一九《災祥》)

海、贛、宿、睢四、五月霪雨,平地水深丈餘,飛蝗食稻穀。(天啟《淮安府志》卷二三《祥異》)

大旱。(光緒《開州志》卷一《祥異》)

四、五月,宿遷大水,平地深丈餘,飛蝗食禾。(同治《徐州府志》卷五下《祥異》)

## 五月

丁丑,卯刻有星,自西北流東北,大如盂,赤色,尾跡有光。(《明神宗實錄》卷四二一,第 7965 頁)

戊寅,夜,熒熒(廣本、抱本作"惑")犯房(廣本、抱本"房"下有"宿"字)。(《明神宗實錄》卷四二一,第 7966 頁)

癸未,熒惑自心行房入氏。(《明神宗實錄》卷四二一,第 7970 頁)

綏陽大水。(道光《遵義府志》卷二一《祥異》)

大雨雪,漂没人畜甚多。(道光《陽曲縣志》卷一六《志餘叙錄》)

二十四日,大水。(光緒《邵武府志》卷三〇《祥異》)

赤水、永寧水。(乾隆《貴州通志》卷一《祥異》)

## 六月

丙辰,陝西地震。(《明神宗實錄》卷四二二,第 7986 頁)

乙未,順天文安、永清、武清、三河、寶坻等縣大蝗。(《明神宗實錄》卷四二二,第 7986 頁)

己亥,河決郭煖樓茶城鎮。(《國榷》卷八〇,第 4959 頁)

興化府大旱。（《國榷》卷八〇，第 4960 頁）

河漲，大水。（光緒《安東縣志》卷五《民賦下》）

飛蝗蔽日，食禾過半，三日飛去。（光緒《壽張縣志》卷一〇《雜事》）

畿內大蝗，食苗殆盡。（光緒《東光縣志》卷一一《祥異》）

束鹿大雨，滹沱河溢，午夜入城，水深數尺，官衙民室浸潦不堪居。（萬曆《保定府志》卷一五《祥異》）

大蝗，食苗殆盡。（民國《景縣志》卷一四《故實》）

翼城雨水，漂没民居。（萬曆《平陽府志》卷一〇《災祥》）

蝗。（乾隆《鞏縣志》卷二《災祥》）

飛蝗。（光緒《開州志》卷一《祥異》）

洮河泛溢。（嘉慶《南陽府志》卷一《祥異》）

雲霄海上龍見，其目甚光，龍頭足俱露，約有半時之久。向晚，雲霧起而大雨注。（康熙《平和縣志》卷一二《災祥》）

六、七月，霪雨彌甚。（同治《徐州府志》卷五下《祥異》）

至七月，霪雨，哭聲震地。（天啟《淮安府志》卷二三《祥異》）

## 七月

甲戌，蠲真定、順德、廣平、大名四府行派諸稅。時按臣錢桓言："畿南累歲洊災，水雹未已，繼之蝗螟。"（《明神宗實錄》卷四二三，第7993 頁）

丙戌，雷震朝日壇，風拔禮神壇，大槐盡折。大雨雹，平地水深三尺許。禮部左侍郎李廷機等乞修舉實政，以答天心。不報。（《明神宗實錄》卷四二三，第 8000 頁）

蝗螟復生，田禾被傷。（光緒《壽張縣志》卷一〇《雜事》）

蝗螟。（乾隆《武安縣志》卷一九《祥異》）

大風，吹壞學前左右坊。（嘉慶《武義縣志》卷一二《祥異》）

大水。（順治《封邱縣志》卷三《祥災》）

初九，雹大如雞卵，田穀悉墮。（道光《新化縣志》卷三三《祥異》）

## 八月

辛亥，夜望，月食既。（《明神宗實錄》卷四二四，第 8010 頁）

癸丑，直隸揚州府泰州天鼓連震六日。（《明神宗實錄》卷四二四，第 8011 頁）

癸卯，風折屋。（《國榷》卷八〇，第 4962 頁）

初七日，大風，陽岐江五舟並覆。時興、泉、漳三郡生儒就試，不得入，欲發舟。舟人止之，不從，中流起風，溺死千餘人。（乾隆《福州府志》卷七四《祥異》）

初七日，颶風異常作一晝夜，城中石坊飄倒十餘座，開元東鎮國塔銅葫蘆鐵蓋飄折崩壞。是年饑。（乾隆《晉江縣志》卷一五《祥異》）

時大風拔近畿富民家木。（光緒《金陵通紀》卷一〇下）

初七日，颶風。（嘉慶《惠安縣志》卷三五《祥異》）

## 九月

甲戌，輔臣（朱）賡又上疏請補閣員，畧云：“今四方水旱，民瘼未瘳，邊備廢弛。”（《明神宗實錄》卷四二五，第 8021 頁）

雨雹，大如雞卵。（光緒《雲南縣志》卷一《祥異》）

白崖彌渡雨雹，大如雞卵，有棱，入地深尺許，傷稼。（道光《趙州志》卷三《祥異》）

蝗。（光緒《永平府志》卷三〇《紀事》）

桃李花，雨雹。（光緒《潁上縣志》卷一二《祥異》）

月出東方，其光如晝，四面各有半月環向之，須臾消沒。（康熙《清豐縣志》卷二《編年》）

白崖、迷渡、雲南縣雨雹，大如雞子，有三棱，入地深逾尺，禾稼盡傷。人畜食敗禾者輒病死。（天啟《滇志》卷三一《災祥》）

## 十月

辛亥，夜，月犯畢宿。（《明神宗實錄》卷四二六，第 8044 頁）

## 十一月

庚辰，夜，熒惑犯掩歲星，行危宿。（《明神宗實錄》卷四二七，第8056頁）

壬辰，宣府蔚州衛地震有聲。（《明神宗實錄》卷四二七，第8060頁）

## 十二月

初六日，雨雹。（乾隆《平定州志》卷五《機祥》）

初六日，地震盂縣。薄暮，烈風迅雷，暴雨，氷雹傷禾。（萬曆《山西通志》卷二六《災祥》）

## 是年

春，旱。是年，入春不雨，人心徬徨，知縣游之光齋戒步禱，至四月始雨，五月再雨，早晚二禾稍得半收，民不至大饑。（雍正《惠來縣志》卷一二《災祥》）

春，旱。夏，蝗。秋，蝻，奉文捕剿乃滅，民不爲災。（光緒《蠡縣志》卷八《災祥》）

春，大旱。（康熙《鄠縣志》卷八《災異》；民國《盩厔縣志》卷八《祥異》）

夏，大旱。（雍正《猗氏縣志》卷六《祥異》）

夏，大旱，傷稼。（光緒《嘉興府志》卷三五《祥異》；光緒《烏程縣志》卷二七《祥異》；光緒《桐鄉縣志》卷二〇《祥異》；光緒《嘉善縣志》卷三四《祥眚》；民國《重修秀水縣志·災祥》）

夏，旱，傷稼。（同治《湖州府志》卷四四《祥異》）

夏，蝗。秋，蝻。（道光《東阿縣志》卷二三《祥異》）

夏，大水，有蝗。六、七月，霪雨彌甚。（同治《宿遷縣志》卷三《紀事沿革表》）

大旱。（康熙《海豐縣志》卷四《事記》；乾隆《福寧府志》卷四三

《祥異》；民國《高密縣志》卷一《總紀》；民國《象山縣志》卷三〇《志異》；民國《重修臨潁縣志》卷一三《災祥》）

大旱，米貴，民饑。（乾隆《海澄縣志》卷一八《災祥》）

旱。（咸豐《興甯縣志》卷一二《災祥》；光緒《松陽縣志》卷一二《祥異》；民國《無棣縣志》卷一六《祥異》）

大雨，滹沱河溢，午夜入城，水深數尺。（民國《束鹿縣志》卷一一《災祥》）

蝗生，復大水。（乾隆《隆平縣志》卷九《災祥》）

大水。（康熙《博平縣志》卷一《機祥》；雍正《師宗州志·災祥》；乾隆《陸涼州志》卷五《雜志》；乾隆《黃岡縣志》卷一九《祥異》；乾隆《漢川縣志·祥祲》；嘉慶《沅江縣志》卷二二《祥異》；同治《益陽縣志》卷二五《災異》；光緒《霑化縣志》卷一四《祥異》；民國《鄆城縣記》第五《大事篇》）

鄖、房大水。（康熙《湖廣鄖陽府志》卷二《祥異》；同治《鄖陽府志》卷八《祥異》）

海州、沭陽滛雨，平地水深丈餘，蝗。（嘉慶《海州直隸州志》卷三一《祥異》）

星變，水漲。（康熙《睢寧縣舊志》卷九《災祥》）

蝗。（乾隆《濟源縣志》卷一《祥異》；光緒《德平縣志》卷一〇《祥異》；民國《孟縣志》卷一〇《祥異》；民國《青縣志》卷一三《祥異》）

大水漂没民居。（民國《翼城縣志》卷一四《祥異》）

河岸崩。（光緒《榮河縣志》卷一四《祥異》）

旱，畝收殺一二。（光緒《仙居志》卷二四《災變》）

秋，大水，平地深數尺，禾稼傷損十之七八。（乾隆《東明縣志》卷七《災祥》）

冬，大寒，百物凋落，六畜凍死。（咸豐《瓊山縣志》卷二九《雜志》）

春，北海水紅數日，田南菜厰水族斃者甚眾。（康熙《文昌縣志》卷九《災祥》）

春，旱。（道光《高要縣志》卷一〇《前事畧》）

春，大水，東山一帶濱江之田彌望盈眸皆沒爲沙渚。（同治《臨武縣志》卷四五《祥異》）

春，旱。秋，下白毛，似綿又似蛛絲。（咸豐《平山縣志》卷一《災祥》）

春，旱。夏秋，蝗。（光緒《保定府志》卷四〇《祥異》）

春，旱。夏，蝗。（康熙《安州志》卷八《祥異》）

春夏，大寒（疑當作"旱"），無雨。（道光《陽曲縣志》卷一六《志餘叙錄》）

夏，無禾。（民國《臨汾縣志》卷六《雜記》）

夏，霪雨爲祟，邑中官舍民房傾圮無算，文廟自正殿以下蕩然無存。（光緒《虞城縣志》卷八《藝文》）

旱甚。（康熙《續修浪穹縣志》卷一《溝洫》）

廣西大水。（天啟《滇志》卷三一《災祥》）

夜，雨如傾，兩泓奔激，橋木漂盡，民皆病涉。（嘉慶《直隸敍永廳志》卷四三《藝文》）

連年大水。（道光《封川縣志》卷一〇《前事》）

連年大水，民居多圮。（民國《東莞縣志》卷三一《前事略》）

水災。（民國《寧鄉縣志·故事編》）

水。（康熙《安鄉縣志》卷二《災祥》）

水入城，城又圮。（乾隆《華容縣志》卷二《城池》）

黄岡、蘄州大水。（民國《湖北通志》卷七五《災異》）

蝗，大饑，民流。（嘉慶《息縣志》卷八《災異》）

大旱，百寧岡地坼〔坼〕長八十餘丈，寬五六尺，深不可測。（康熙《襄城縣志》卷七《災祥》）

蝗，無秋。（乾隆《陽武縣志》卷一二《灾祥》）

飛蝗蔽天，自北而南，食禾幾盡。（康熙《鄭州志》卷一《災祥》）

大蝗，自北而南，群飛蔽天。（康熙《滎陽縣志》卷四《災祥》）

飢，時斗米銀一錢。（康熙《寧化縣志》卷七《灾異》）

颶風大作一晝夜，是年饑。（康熙《南安縣志》卷二〇《雜志》）

大旱，田禾盡枯。是歲，斗米二百錢。（乾隆《莆田縣志》卷三四《祥異》）

洪水衝城垣，東南隅尤甚，拱日樓圮。（康熙《瑞金縣志》卷三《城池》）

旱災。（道光《豐城縣志》卷五《祥異》）

洪水衝没（龍河橋）。（康熙《萬載縣志》卷二《津渡》）

蝗飛蔽天，稼大傷。（光緒《冠縣志》卷一〇《祲祥》）

雨水爲災，殿廡門塾多圮壞。（乾隆《新泰縣志》卷一八《藝文》）

蟲害麥，無升合，唯巴谷、巖谷雨水灌注，存麥數區。知縣應奎刈其麥，報監司爲催科地，諸生董爭之，死杖下。（崇禎《醴泉縣志》卷四《災祥》）

旱，麥不熟。民大飢。（乾隆《解州夏縣志》卷一一《祥異》）

大雨雹傷禾。（康熙《長子縣志》卷一《災祥》）

知縣崔爾進因旱禱，得奇應。（康熙《長子縣志》卷三《廟祠》）

西北鄉冰雹大傷，隣河多愁嘆之聲。（康熙《重修平遥縣志》卷八《災異》）

大旱，大荒，野無青草。（光緒《唐山縣志》卷三《祥異》）

蝗蝻滿地，食苗殆盡。（康熙《東光縣志》卷一《機祥》）

蝗飛蔽天。（民國《新城縣志》卷二二《災禍》）

飛蝗蔽天。（光緒《撫寧縣志》卷三《前事》）

蝗蝻。（乾隆《新樂縣志》卷二〇《災祥》）

畿南地值蟲雹爲災，萬口方嗷嗷待哺。（咸豐《平山縣志》卷八《藝文》）

秋，大旱。（康熙《武平縣志》卷九《祲祥》；乾隆《汀州府志》卷四五《祥異》；光緒《長汀縣志》卷三二《祥異》；民國《上杭縣志》卷一《大事》）

秋，大蝗，傷禾稼。（乾隆《新鄉縣志》卷二八《祥異》；乾隆《汲縣

志》卷一《祥異》）

秋，霍州大風傷禾，大風三晝夜，近山穀〔穀〕熟大半亂落于地。（萬曆《平陽府志》卷一〇《災祥》）

蝗飛蔽天，旋折如錦。秋，螣生，食豆禾幾盡。（萬曆《汶上縣志》卷七《災祥》）

嘉興大旱。（康熙《浙江通志》卷二《祥異附》）

至三十七年，連旱，井泉皆枯。（民國《台州府志》卷一三四《大事略》）

至三十七年，連旱，井水盡枯。（康熙《臨海縣志》卷一一《災變》）

# 萬曆三十五年（丁未，一六〇七）

## 正月

戊辰，先是，禮部署部事左侍郎李廷機類奏："三十四年，凡灾異、地震、天鳴、霹靂、火光一十五事。乞上下交修，共圖明作，省燕會酬，應以專精公務，去就廷（抱本作'延'）賠累，以体悉人情。"上批答已久。至是，乃下曰："連年灾異頻仍，朕仰承上天仁慈，自應修省。"（《明神宗實錄》卷四二九，第8081頁）

癸酉，是夜昏刻，月犯畢宿大（抱本作"火"）星。（《明神宗實錄》卷四二九，第8092頁）

元旦，大風撼屋。（民國《確山縣志》卷二〇《大事記》）

徐州，火延燒居民數百家。（民國《銅山縣志》卷四《紀事表》）

元日，大風撼屋。（順治《汝陽縣志》卷一〇《禨祥》；康熙《汝陽縣志》卷五《禨祥》；康熙《上蔡縣志》卷一二《編年》）

## 二月

己酉，巳時，黃霧四塞。（《明神宗實錄》卷四三〇，第8121頁）

## 三月

沅州雨，冰雹大如雞卵，自巖田至晃州，沿路居民及山中樹木盡毀。（道光《晃州廳志》卷三八《祥異》）

鄉人李應科忽見三日並出，同舟數人共見之。先是，金山衛地方亦曾見三日，海防二守繪圖以傳。（崇禎《松江府志》卷四七《災異》）

雨冰雹，大如雞卵，自巖田以至晃州，沿途民居及樹木盡行打毀。（萬曆《辰州府志》卷一《災祥》）

三、四月旱，麥枯，海、清為甚。（天啟《淮安府志》卷二三《祥異》）

## 四月

壬戌，雨雹，至于明日。（《明神宗實錄》卷四三二，第 8182 頁）

己未，大庾地震。是月，大庾峯山民蔡某見白物若蛇，長二尺許，橫其廬。次日，水暴至，蔡居衝没爲溪澗。（同治《南安府志》卷二九《祥異》）

臨汾旱。（雍正《平陽府志》卷三四《祥異》）

初五日，禺峽山龍起，雷雨大作，諸峯多崩裂。（民國《清遠縣志》卷二《紀年》）

## 五月

甲子，禱雨。（《明神宗實錄》卷四三三，第 8184 頁）

甲子，禮科給事中汪若霖以晦朔雨雹，引《春秋》論大臣專政。不報。（《明神宗實錄》卷四三三，第 8184 頁）

乙酉夜，有流星如丸，尾跡有光，起自牛宿，東南行近濁。（《明神宗實錄》卷四三三，第 8196 頁）

甲戌，西安鳳翔等處各大雹。（《明神宗實錄》卷四三三，第 8189 頁）

初二日起，冰雹雷雨，諸水皆漲，海、清、睢為甚。（天啟《淮安府志》卷二三《祥異》）

初二日，氷雹，雷雨，諸水皆漲。（雍正《安東縣志》卷一五《祥異》）

癸亥，朔，雨雹。（《國榷》卷八〇，第4972頁）

大雨雹雷雨，黃淮交溢，田廬災。（光緒《盱眙縣志稿》卷一四《祥祲》）

大雷雨，風雹交作，諸氷〔水〕皆漲。（嘉慶《海州直隷州志》卷三一《祥異》）

大雨雹，黃淮並漲。（光緒《清河縣志》卷二六《祥祲》）

不雨，至閏六月二十八日大雨，徹五日夜不止，水暴溢三港閭，民溺死以千計。（民國《平陽縣志》卷五八《祥異》）

六日，淫雨。（乾隆《紹興府志》卷八〇《祥異》；民國《新昌縣志》卷一八《災異》）

不雨，至閏六月二十八日大雨，徹五日夜不止，水暴溢。（光緒《永嘉縣志》卷三六《祥異》）

稷山大雨雹傷人。（萬曆《山西通志》卷二六《災祥》）

大雨雹，時在五月十四日，形如拳，人多斃，在白池大陽村。（萬曆《稷山縣志》卷七《祥異》）

二十三日，大水，衝入南關，平地水深丈餘，漰壞居民大半，頭畜物産漂没無算。（康熙《徐溝縣志》卷三《祥異》）

大雨雹，如鷄子。（萬曆《鉅野縣志》卷八《災異》）

大旱，秧皆枯槁。縣令張繡請依例加蠲，步禱。（康熙《儀徵縣志》卷七《祥異》）

大水，沙頭、三江等圩皆潰。（康熙《南海縣志》卷三《災祥》）

五月、六月兩月連雨不止。（乾隆《諸暨縣志》卷七《祥異》）

## 六月

甲午，湖廣黃州府蘄州、黃岡、黃梅、羅田等處蛟起，漂没人家，武昌、承天、郧陽、岳州、常德等府先各亢旱，入夏大雨。至是，民舍漂没凡

數千家。（《明神宗實錄》卷四三四，第8199頁）

甲午，南直徽、寧、太平等府山水大湧，繁昌、黟、歙、南陵等縣漂没人口無算。（《明神宗實錄》卷四三四，第8199頁）

乙未，浙江嚴州山水大湧，建德、桐廬、淳安、遂安、分水五縣漂没數千家。（《明神宗實錄》卷四三四，第8200頁）

庚戌，當塗、繁昌等縣見有星如月，光芒數丈，自南方移至東北。（《明神宗實錄》卷四三四，第8215頁）

戊午，山東巡撫黃克纘言："東昌（廣本作'山東'）六郡連年有水旱之災，而東昌、兗州二府屬又甚，兩次河工費民財以百萬計。去歲蝗災異常，今又雨雪愆期，麥苗已枯。四月冰雹，遺麥盡矣。"（《明神宗實錄》卷四三四，第8218頁）

初三，夜大雨。（乾隆《杭州府志》卷五六《祥異》）

壬辰，朔，蘄州、黃岡、黃梅、羅田多蛟，壞田舍人畜亡算。武昌、承天、鄖陽、岳、常德久旱，入夏大雨，漂没數千人。（《國榷》卷八〇，第4973頁）

山水大湧，漂人口甚衆。（嘉慶《寧國府志》卷一《祥異附》）

朔，大水，蛟四出，壞田禾三千餘畝，壞城三千餘丈。西市水溔六尺，漂没民舍，不可數計。（康熙《休寧縣志》卷八《機祥》）

大水衝没田廬，流亡人畜無算。（民國《歙縣志》卷一六《祥異》）

大水。（康熙《湘鄉縣志》卷一〇《兵災附》；道光《直隸定州志》卷二〇《祥異》；同治《欒城縣志》卷三《祥異》）

鄖四大水，漂没廬舍。（同治《鄖陽府志》卷八《祥異》）

大水潦禾幾盡，清河汜〔氾〕漲，浸至城隍。（乾隆《濟陽縣志》卷一四《祥異》）

大雨水。初三日夜，大雨，嚴州洪水大發，漂流男婦，衝下錢塘江屋宇，有全漂至者，中燈尚熒熒不滅，竹木器皿無算。（萬曆《錢塘縣志·灾祥》）

霪雨，數旬不止，禾皆没。（順治《真定縣志》卷四《災祥》）

霪雨七十日不止，禾稼屋舍盡行漂没，村落巢木以居，哭聲震地，水不浸城者三版。（康熙《安州志》卷八《祥異》）

衛水潰逯家堤，幾衝城。（康熙《大名縣志》卷一六《災祥》）

除日，大風折木發屋。（萬曆《汶上縣志》卷七《災祥》）

飛蝗過野，投河而死，禾未甚傷。（順治《封邱縣志》卷三《祥災》）

水，白陽山蛟見。（乾隆《黃岡縣志》卷一九《祥異》）

丁巳，雨中霹震三聲。（康熙《蘄州志》卷一二《災異》）

武昌、承天、鄖陽等屬大水，漂没廬舍。（民國《湖北通志》卷七五《災異》）

大水，漂没田廬。（嘉慶《巴陵縣志》卷二九《事紀》）

大雨，城壞百丈。（道光《南寧府志》卷三九《機祥》）

雨水。秋冬，半載晴霽。（光緒《永福縣志》卷四《藝文》）

乙巳，颶風大作；丙辰，颶風復作。（雍正《欽州志》卷一《歷年紀》）

乙巳，大颶風；及丙辰，大颶風復作。（崇禎《廉州府志》卷一《歷年紀》）

六月、閏六月，連雨四十日，平地水深數尺，西街行舟，城垣屋舍倒毀過半，大水多魚，無網者解衣取之。（乾隆《雞澤縣志》卷一八《災祥》）

## 閏六月

乙酉，雨潦浸貫城，長安街水深五（廣本、抱本作"三"）尺。（《明神宗實錄》卷四三五，第8235頁）

庚寅，久雨祈晴，命順天府竭誠致禱，毋事虛文。（《明神宗實錄》卷四三五，第8238頁）

乙丑，東安大雨至七月己亥，大水傷稼。（《國榷》卷八〇，第4974頁）

大水，漂溺人畜無數。（民國《磁縣縣志》第二十章《災異》）

大雨經五年旬，漂溺官廨民舍，決陵內五空、七空橋，沙河橋。（光緒

《昌平州志》卷六《大事表第五》）

雨雹雷震。（民國《徐水縣新志》卷一〇《大事記》）

黑羊灘、澶淵等陂大水，泛漲繞城，懷襄郭外登州土河南北五十餘里，田禾淹没，民屋多傾倒，壓溺漂死者甚眾。（光緒《壽張縣志》卷一〇《雜事》）

山中出蛟，洪水泛溢，溺人不可勝計。（乾隆《諸暨縣志》卷七《祥異》）

霪雨一月，平地水湧，通惠河堤閘莫辯〔辨〕，張灣皇木廠大水盡行漂流。（康熙《通州志》卷一一《災異》）

初四日大雨，至七月初日，大水潲禾，較三十二年高二尺。（天啟《東安縣志》卷一《機祥》）

雨雹雷震。（康熙《安肅縣志》卷三《災異》）

漳河西徙，民遭漂溺。（光緒《臨漳縣志》卷一《紀事沿革》）

冷氣如冬，長河有霜。時當酷暑薰蒸，忽陰風襲人，寒冷如冬月之狀。其夜長河結霜，亦如冬月。說者謂夏行冬令。民疫。（順治《高平縣志》卷九《祥異》）

大風雨，水溢。（乾隆《瑞安縣志》卷一〇《災變》）

京師大雨如注，晝夜不息，京邸高廠之地水深二三尺，各衙門皆成巨浸，平陸爲河，内外城垣傾塌二百餘丈，甚至大内紫禁城亦塌壞四十餘丈。雨霽三日，正陽、宣武二門外猶然波濤洶湧，輿馬不得前，城埋不可涉。（《二申野録》）

## 七月

甲午，工部右侍郎劉元霖以都城久雨，溝洫壅閼，乞減織造燒造之費，以資營繕。不報。（《明神宗實錄》卷四三六，第8243頁）

丁酉，今年六月以來，陰雨不解，潦水為災，乃至晝夜如傾，萬類震盪。仰勤聖慮，軫念祈晴，而雨勢轉勃，壞廬舍，溺人民，二百餘年所未數見，非細故也。（《明神宗實錄》卷四三六，第8243頁）

乙巳，保定巡撫孫瑋奏："地方水災，請行勘賑郵。"報聞。（《明神宗實錄》卷四三六，第8248頁）

辛亥，夜，月掩畢宿大星。（《明神宗實錄》卷四三六，第8254頁）

壬子，河道總督曹時聘以黃漲異常，土壩潰決，宜責令条政顧雲鳳等戴罪修築。章下工部。（《明神宗實錄》卷四三六，第8255頁）

甲寅，以班白移帳南行，久雨，邊墻傾塌，命薊遼督撫嚴行（抱本無"行"字）督（廣本無"督"字）道將等官躬親巡閱，加意修築防守。（《明神宗實錄》卷四三六，第8255頁）

乙卯，松潘茂州、汶川等處地震數日。（《明神宗實錄》卷四三六，第8257頁）

丁巳，順天府丞李炳以祈晴報命，上言："今幸雨歇，尚未知天意如何。"（《明神宗實錄》卷四三六，第8259頁）

雨雹，壞牛馬。（康熙《武平縣志》卷九《祲祥》；乾隆《汀州府志》卷四五《祥異》）

大水。是月大水，蔡河堤決，水幾及城，四境水深丈餘，禾稼房屋，潊没殆盡。（民國《淮陽縣志》卷八《災異》）

蛟，水壞民田舍，石門山中有物，如牛流出。（民國《華容縣志》卷一三《祥異》）

黑羊山水發，由澶淵濮來范，平地深數尺，徧野行舟，禾盡没。（民國《續修范縣縣志》卷六《災異》）

大水，禾稼潊没無遺。（康熙《雄乘》卷中《祥異》）

南鄉大水，禾皆漂没。（康熙《馬邑縣志》卷一《災祥》）

初五日，雨雹，大如雞卵，秋稼盡傷。（乾隆《漢陰縣志》卷三《災》）

大水。水夜至，灌入城中，南門及東西門各築堤坊，高二尺許。（萬曆《汶上縣志》卷七《災祥》）

蟲食禾。（道光《江陰縣志》卷八《祥異》）

青蟲食禾。（康熙《常州府志》卷三《祥異》）

大水。（順治《封邱縣志》卷三《祥災》）

大水，蔡河堤決，水將及城，四境水深丈餘，禾稼房屋潏没殆盡。（康熙《續修陳州志》卷四《災異》）

## 八月

辛酉朔，彗星見於井度，色蒼白，尾指西南，約長二尺，漸徙西北。（《明神宗實録》卷四三七，第8263頁）

丁丑，彗歷於房。（《明神宗實録》卷四三七，第8272頁）

戊寅，兵科都給事中宋一韓以星變上言："……今彗星復見（廣本、抱本'見'下有'于'字）東井，其咎安在？臣謹按星野東井秦分，彗尾西南，漸徙西北，又指秦地，秦其急乎……"（《明神宗實録》卷四三七，第8272～8273頁）

壬午，彗歷於心。（《明神宗實録》卷四三七，第8277頁）

戊子，泉州颶風大作，折屋。（《國榷》卷八〇，第4978頁）

飛蝗蔽日。（民國《成安縣志》卷一五《故事》）

二十八日，颶風大作，府儀門、府學欞星門頽，東嶽帝殿壞，北門城樓半圮，城自東北抵西南，雉堞窩鋪傾圮殆盡，洛陽橋樑折，城中石坊飄倒六座。（道光《晉江縣志》卷七四《祥異》）

二十八日，颶風大作，傾塌城垣廬舍，洛陽橋樑拆〔折〕。（嘉慶《惠安縣志》卷三五《祥異》）

廿八日中夜，颶風大作，暴雨如注，晦冥不辨，牆屋及山林樹木撼拔者不可勝數。（康熙《南安縣志》卷二〇《雜志》）

二十八日，颶風大作，府儀門、府學欞星門頽，東嶽帝殿壞，北門城樓半圮，城自東北抵西南，雉堞窩鋪傾圮殆盡，洛陽橋樑折，城中石坊飄倒六座。（乾隆《晉江縣志》卷一五《祥異》）

## 九月

癸巳，直隸巡按鄧渼以通州水災，四關（廣本作"門"）圮〔圮〕塌，無可防守。城垣之壞一千二百餘丈，並三十二年久（抱本作"大"）塌之垣

共一千七百三十餘丈，宜及時繕修。並請賑邺災民，及蠲免糧丁，事下該部。（《明神宗實錄》卷四三八，第 8292 頁）

丁未，山東撫按以地方亢旱，二麥不收，東、兗諸州縣應徵應留糧數，各改折有差。報聞。（《明神宗實錄》卷四三八，第 8302 頁）

## 十月

庚申朔，陝西西安天鼓三鳴。（《明神宗實錄》卷四三九，第 8307 頁）

癸亥，漕運總督李三才以揚州等虜天鳴，和州一帶地震，清桃、來安等虜俱有鹽徒屯聚，強盜流剽雖漸已解散，而北方大水，流民載道，占者咸恐有兵。（《明神宗實錄》卷四三八，第 8309～8310 頁）

戊辰，陝西咸寧、長安二縣天鳴地震。（《明神宗實錄》卷四三八，第 8312 頁）

旱，饑。（民國《增修膠志》卷五三《祥異》）

癸酉，蠲振旱災。（乾隆《諸城縣志》卷二《總紀上》）

雨血，沾衣有色。（民國《高淳縣志》卷一二《祥異》）

大雷電。（民國《婺源縣志》卷七〇《雜志》）

至次年無雨，二熟俱失收，斗米價高一錢有奇，皆仰濟於高、雷二處之米。（光緒《澄邁縣志》卷一二《紀異》）

## 十一月

甘露降。（光緒《四會縣志》編一〇《災祥》）

雷電。（乾隆《銅陵縣志》卷一三《祥異》）

## 十二月

甲戌，（今秋）霖雨異常。（《明神宗實錄》卷四四一，第 8377 頁）

地震有聲。先是，南鄉大水，禾皆漂沒。（民國《馬邑縣志》卷一《災異》）

雪數尺。（民國《高淳縣志》卷一二《祥異》）

雪二十餘日。（民國《婺源縣志》卷七〇《雜志》）

大雪，竹樹皆折。（光緒《邵武府志》卷三〇《祥異》）

木介。（民國《建寧縣志》卷二七《災異》）

## 是年

春，霪雨。（光緒《長汀縣志》卷三二《祥異》）

春，大旱。夏秋，大水。（同治《重修山陽縣志》卷一二《雜記》；光緒《淮安府志》卷四〇《雜記》）

春，大旱。（光緒《清河縣志》卷二六《祥祲》）

春，旱。秋，大雨，没廬舍。（康熙《堂邑縣志》卷七《災祥》）

春，大旱，蝗。秋，有年。（民國《壽光縣志》卷一五《大事記》）

夏，大雨雹。（同治《稷山縣志》卷七《祥異》）

夏，大水，損田萬餘畝，漂没房屋無算，溺斃猶眾。（民國《建德縣志》卷一《災異》）

夏，旱。秋，甘露降。（嘉慶《如皋縣志》卷二三《祥祲》）

夏，雨雹雷雨，諸水皆漲。（光緒《安東縣志》卷五《民賦下》）

夏，大雨水，衝毀護城石隄，高昌等村受潦。（光緒《唐縣志》卷一一《祥異》）

夏，霪雨兩月餘，城垣宇舍坍塌殆盡。（光緒《蠡縣志》卷八《災祥》）

夏，大雨四十餘日，河水溢。（光緒《定興縣志》卷一九《災祥》；民國《新城縣志》卷二二《災禍》）

水災，巡撫周孔教奏賑。（道光《徽州府志》卷五《郵政》）

大水。（康熙《石埭縣志》卷二《祥異》；康熙《番禺縣志》卷一四《事紀》；康熙《重修皋志》卷下《祥異》；康熙《玉田縣志》卷八《祥眚》；雍正《阜城縣志》卷二一《祥異》；乾隆《新樂縣志》卷二〇《續雜志》；乾隆《原武縣志》卷一〇《祥異》；乾隆《歷城縣志》卷二《總紀》；乾隆《任邱縣志》卷一〇《五行》；嘉慶《三水縣志》卷一三《編年》；嘉慶《沅江縣志》卷二二《祥異》；同治《武邑縣志》卷一〇《雜事》；光緒《趙州志》卷二《祥異》；光緒《霑化縣志》卷一四《祥異》；民國《無極縣志》卷一八《大事表》；民國《高邑縣志》卷一〇《故事》）

大水，城西北廬舍涇圮殆盡，稼没無迹。（民國《新河縣志》第一冊《災異》）

水災，城圯〔圮〕。（乾隆《隆平縣志》卷九《災祥》）

大水，房縣大水入城。（同治《鄖陽府志》卷八《祥異》）

大水入西城。（同治《房縣志》卷六《事記》）

邑東數十里，天雨豆，色赤，人取種之，成槐苗。（民國《華容縣志》卷一三《祥異》）

大風損稼。（同治《桂東縣志》卷一一《祥異》）

旱，無麥。（嘉慶《海州直隸州志》卷三一《祥異》）

大雨，壞民屋無算。（乾隆《蔚縣志》卷二九《祥異》）

大雨，壞民屋舍甚多。（光緒《蔚州志》卷一八《大事記》）

大雨，西城圮，街市行舟。（民國《臨清縣志·大事記》）

河決，大水，護城堤障之，城市無恙。（民國《德縣志》卷二《紀事》）

水，饑。（康熙《東平州志》卷一六《災祲》；民國《東平縣志》卷一六《災祲》）

山東旱饑，蠲田租。（民國《萊陽縣志》卷首《大事記》）

淫雨，水圍城四十日。（民國《齊東縣志》卷一《災祥》）

衛河決。（雍正《館陶縣志》卷一二《災祥》；民國《館陶縣志》卷一二《災祥》）

旱。（雍正《山西通志》卷一六三《祥異》；同治《嘗山縣志》卷二八《藝文》；光緒《松陽縣志》卷一二《祥異》）

秋，大水，房屋、田苗漂没無算。（光緒《容城縣志》卷八《災異》）

秋，大水傷禾，歲大饑。（康熙《新蔡縣志》卷七《雜述》；乾隆《新蔡縣志》卷一〇《雜述》）

春，大旱，饑。夏五月始雨，有秋。（嘉慶《昌樂縣志》卷一《總紀》）

夏，旱。秋，丁溪海潮泛入，河井水皆鹹。（嘉慶《東臺縣志》卷七《祥異》）

夏，旱。（道光《泰州志》卷一《祥異》）

夏，沂州大水。（乾隆《沂州府志》卷一五《記事》）

夏，旱，民饑。秋大有。（民國《臨汾縣志》卷六《雜記》）

夏，臨汾、夏縣、平陸等旱，民饑。秋，平陽諸州縣大有年。（萬曆《山西通志》卷二六《災祥》）

夏，大雨水，逾月不止，山水衝毀城北石堤。（康熙《唐縣新志》卷二《星野》）

夏，霪雨兩月餘，城垣宇舍坍塌殆盡，田禾被澇。奉文祈晴，始霽。（萬曆《保定府志》卷一五《祥異》）

夏，霪雨大水，各河決，民房盡行衝毀，水及城下。（光緒《大城縣志》卷一〇《災異》）

夏，淫雨，滹沱河水溢，由西門入城，壞民廬舍，城突塌塞住水口，幸免。（民國《晉縣志》卷五《災祥》）

夏，雨連綿四旬，民房倒塌殆盡。（咸豐《平山縣志》卷一《災祥》）

夏，澧州安鄉水。（萬曆《澧紀》卷一《災祥》）

夏，彗星見，大水。（乾隆《陸涼州志》卷五《雜志》）

洪水，多壞田屋。（雍正《歸善縣志》卷二《事紀》）

下石堰基在勸善寺，季夏暴水，嚙其址殆半。（康熙《桃源縣志》卷一《古跡》）

大水，漂沒水（疑當作“民”）居。（光緒《龍陽縣志》卷一一《災祥》）

縣東數十里天雨豆，人取種之，成槐秧。（乾隆《華容縣志》卷一二《志餘》）

房縣大水入城。（同治《鄖陽志》卷八《祥異》）

大水，漂没廬舍。（同治《鄆縣志》卷一《祥異》）

秋，大水傷禾，大饑。（嘉慶《息縣志》卷八《災異》）

大水，陸地行舟。（康熙《元城縣志》卷一《年紀》；民國《內黃縣志》卷一五《祥異》）

霪雨四十餘日，城垣頹幾盡。（順治《衛輝府志》卷三《城池》）

沁河決，大水，潞府城東北二關，城半頹圮，東西北三門土塞，舟泊城下，日用米菜等城上繫繩取之。（順治《衛輝府志》卷一九《災祥》）

水。（康熙《武寧縣志》卷二《水患》；乾隆《衡水縣志》卷一一《襪祥》）

大旱，鄉人禱之，大雨如注。（乾隆《鉛山縣志》卷三《建置》）

巡撫周孔教奏賑水災，知縣金汝諧差官買稻平糶賑之。（民國《婺源縣志》卷一一《邮政》）

蛟水泛溢，學宮傾圮。（道光《繁昌縣志》卷七《學校》）

橫版石橋，萬曆丁未遇洪水衝圮。（順治《涇縣志》卷九《人物》）

黃河決入淮，大水三載。（光緒《五河縣志》卷一九《祥異》）

大水，俱以千金助賑。（民國《當塗縣志·人物》）

蟲食松葉幾盡。（天啟《江山縣志》卷八《災祥》）

井泉皆枯。（民國《台州府志》卷一三四《大事略》）

黃淮交溢。（民國《阜寧縣新志》卷九《水工》）

黑羊山水發，野多水。（康熙《朝城縣志》卷一〇《災祥》）

大水，西城圮，街市行舟。（康熙《臨清州志》卷三《祥異》）

飛蝗自東北來，障天蔽日，經過二十餘日不盡，有落下者，即遺種其地，嗣後蝗蝻復生。（乾隆《東明縣志》卷七《灾祥》）

大水，民饑。（光緒《曹縣志》卷一八《災祥》）

（河）決單縣。（《明史·河渠志》，第2070頁）

雹傷麥。（康熙《莒州志》卷二《災異》）

霪雨，水圍城四十日。（民國《齊東縣志》卷一《災祥》）

河決，大水，護城隄障之，城市無恙。（乾隆《德州志》卷二

《紀事》）

水，崩没南廓城二十餘丈，居民房屋毁者大半。（民國《重修靈臺縣志》卷一《城池》）

旱，麥不熟，民飢。（乾隆《解州夏縣志》卷一一《祥異》）

鑄鐵牛鎮水東西門。三十五年，堤被水决，知縣張五美復加修築。（乾隆《武鄉縣志》卷一《城池》）

滛雨壞垣屋，山谷崩，洪流至縣南城濠，水與街平，潊没民舍地基大半，南城女墻無存。（康熙《五臺縣志》卷八《祥異附》）

汾水環抱省城。汾水大漲，環抱城東。（道光《陽曲縣志》卷一六《志餘叙録》）

大水，城西北廬舍漂圮殆盡，禾稼湮没無迹。（康熙《新河縣志》卷九《事實》）

大水，廬舍漂没。（光緒《鉅鹿縣志》卷七《災異》）

大雨半月，城内平地水深六尺，湮没房屋無算，居民徃來乘舟。（崇禎《永年縣志》卷二《災祥》）

滹沱漂冀州城西、南二關。（民國《冀州志》卷三《滹沱》）

大水入城，以門樓塌阻水道，免。（康熙《安平縣志》卷一〇《災祥》）

滹、漳交溢。先時，城内井泉甘美，地稱肥腴，經水後，井皆鹹，地皆城矣。（道光《重修武强縣志》卷一〇《機祥》）

河水决，平地行舟。（康熙《景州志》卷四《災變》）

洪水泛濫，民皆巢居。（康熙《獻縣志》卷八《祥異》）

河决。（民國《南皮縣志》卷一四《故實》）

黑陽山水决，汛溢逆行，陸地行舟，壞民居宅。大饑。（民國《交河縣志》卷一〇《祥異》）

夏，大雨水，景州尤甚。（萬曆《河間府志》卷四《祥異》）

堂垣圮于水。（天啟《高陽縣志》卷二《建置》）

霪雨四十日，禾生耳，壞民舍。（乾隆《直隸易州志》卷一《祥異》）

淫雨四十日，禾頭生耳，壞民舍。（崇禎《廣昌縣志·災異》）

大水，盡地無餘，城門土塞。八月後，水從地浸入城，凡城中隙地皆成水。（乾隆《新安縣志》卷七《禨祥》）

霪雨四十餘日，城垣堤岸俱崩。永清人晝夜鵠立水中，幾不能存活。（乾隆《永清縣志·水道圖第三》）

大水，廖家口決，民房盡行衝毀，城垣坍塌殆盡。（民國《文安縣志》卷終《志餘》）

大水入城，民多死。（康熙《香河縣志》卷一〇《災祥》）

大雨。（民國《懷安縣志》卷一〇《大事記》）

滹河水溢，壞民舍禾稼。（康熙《深澤縣志》卷一〇《祥異》）

香河、昌平、文安、大城、保定大水，廖家口決，四鄉民房衝毀，城垣攤塌殆盡。（光緒《順天府志》卷六九《災異》）

秋，大雨，樓山崩。（順治《延慶州志》卷六《災祥》）

秋，雨壞城。（康熙《曲陽縣新志》卷三《城池》）

秋，霖，滹、滋接溢，圍城，損稼潰屋，民有巢居。多蛟。（順治《饒陽縣後志》卷五《事紀》）

秋，淫雨，連綿者月餘，學宮傾圮過半。（乾隆《曲周縣志》卷五《學校》）

大雨雹。（道光《禹州志》卷二《紀事沿革表》）

秋，霖，滹沱、滋水交溢。（乾隆《饒陽縣志》卷下《事紀》）

夏，大雨水，衝毀護城石隄。（光緒《唐縣新志》卷一一《祥異》）

三十五年、三十六年，松陽復旱，雲和大水，溪高數丈，縣前街陷二里許，壞民屋五百餘間，三都壟鋪山崩，壞田廬，傷男婦四十餘人。（光緒《處州府志》卷二五《祥異》）

三十五年、三十六年，洪水泛濫，橋堰俱壞，田地湮沒，賴竹生米救飢。（乾隆《桐廬縣志》卷一六《災異》）

三十五年、三十六年、三十七年連旱，井泉皆枯。（康熙《仙居縣志》卷二九《災異》）

# 萬曆三十六年（戊申，一六〇八）

## 正月

丙申，四川地震，有聲如雷。（《明神宗實錄》卷四四二，第 8398 頁）

戊申，戶部言：“山東、河南及南直之淮、鳳、徐、揚水旱爲災，請發賑金。”不報。（《明神宗實錄》卷四四二，第 8404 頁）

陰霾障天，狂風逾月。（萬曆《肅鎮華夷志》卷四《災祥》）

戶部言揚州等水旱爲災，請發帑振濟。不報。（宣統《泰興縣志補》卷三上《蠲恤》）

## 二月

己未，南京昏晴，老人星見丁位。（《明神宗實錄》卷四四三，第 8412 頁）

戊辰，京師地震，昌平州亦震。（《明神宗實錄》卷四四三，第 8420 頁）

初二日起大雪降，深丈餘，凡山川禽獸死者不可勝數。（萬曆《肅鎮華夷志》卷四《災祥》）

十九日戊時，地震，雨雹，大者如巨石，自西至東百餘里，民屋擊壞。（民國《沙縣志》卷三《大事》）

不雨，至於五月。（順治《禹州志》卷九《機祥》）

富民隕霜。（天啟《滇志》卷三一《災祥》）

## 三月

庚寅，是日酉（廣本“酉”下有“時”字），寧夏天鼓鳴。（《明神宗實錄》卷四四四，第 8428 頁）

辛亥，是日未（抱本無“未”字），大風，黃塵四塞。（《明神宗實錄》

卷四四四，第 8438 頁）

大雨，至五月止，賑之。（道光《江陰縣志》卷八《祥異》）

撫台懷魯周公疏畧：今歲突遭水患，自三月二十九日以至五月二十四日，霪雨晝夜不歇，牆垣傾圮，萬井無煙，較之嘉靖四十年間被災更慘矣。（崇禎《松江府志》卷一三《荒政》）

二十九日至五月二十四日，淫雨傷稼，廬室漂蕩。（民國《吳縣志》卷五五《祥異考》）

至五月，淫雨，水浮岸丈許。（乾隆《震澤縣志》卷二七《災祥》）

二十九至五月二十四日，霪雨不止，竟成陸海。撫按發庫銀一萬二千兩，糶米貯倉平糶，以濟民艱。（康熙《常州府志》卷三《祥異》）

至五月，霪雨不止，平地成陸海。巡撫周孔教、大學士朱賡題，奉旨發賑銀二千八百兩。（嘉慶《重刊宜興縣舊志》卷末《祥異》）

大水，三月至五月霪雨不止，江堤決，濟五鄉俱没，遺民流離無依。知縣周良彌具文請賑。三、四月間，霪雨浹旬，湖暴漲，低田盡没，幸堤障江水，高者尚存。五月滛霖，武穴龍坪堤驟潰，田地廬舍無高低矣。（康熙《廣濟縣志》卷二《災祥》）

江南諸郡自三月二十九日以至五月二十四日，霪雨爲灾，晝夜不歇，千里之内，俱成陸海。（萬曆《常州府志》卷七《賑貸》）

三、四、五月雨，五月二十四江隄壞，水至，城内行舟。（光緒《沔陽州志》卷一《祥異》）

不雨，至六月，人凋米貴。（乾隆《海澄縣志》卷一八《災祥》；乾隆《南靖縣志》卷八《祥異》）

至六月，不雨。（乾隆《龍溪縣志》卷二〇《祥異》）

## 四月

丁巳朔，是日午，大風，黄塵四塞。（《明神宗實錄》卷四四五，第8441頁）

辛未，命順天府禱雨。（《明神宗實錄》卷四四五，第8447頁）

壬申，雨。（《明神宗實錄》卷四四五，第 8447 頁）

大風，摧折北城小樓一座。（道光《陽曲縣志》卷一六《志餘叙録》）

初三日連陰，至五月盡，山崩川溢。知縣楊浩詣錫山祈晴，開霽。邑人有《露禱回天》詩。（同治《通城縣志》卷二二《祥異》）

大水，辰谿縣西南城衝陷。（乾隆《辰州府志》卷六《禨祥》）

十四日，大水高十數丈，十字街民舍皆淹，西南城陷。（道光《辰溪縣志》卷三八《祥異》）

十四日，大水高數十丈，入城，十字街司前民舍淹没，舟行屋上，邊江一帶城垣民舍皆傾。（雍正《辰谿縣志》卷四《災祥》）

春，旱。四月十六日雨如注，踰月不止，無麥無禾，三湖之地化爲蛟窟。（康熙《高淳縣志》卷一四《名臣》）

四、五兩月，大雨如注，高下田廬盡没，水勢比嘉靖辛酉更甚。及水少退，有蟲如蚊，大倍之，窗壁欄扉飛集遍滿，至昏時亦復，如蚊市營聚成團，令人幾不能開眼，哄聲若雷，第不嗤人，共呼爲“荒蟲”云。（康熙《吳郡甫里志》卷三《祥異》）

四、五月，連雨四十餘日，江海水溢，西南鄉水高至丈餘，居民逃徙，詔留税銀振濟。（民國《太倉州志》卷二六《祥異》）

至五月終，大雨數十日不止，水驟漲，江水逆入龍山閘進城。（乾隆《杭州府志》卷五六《祥異》）

至于五月，大雨四十七日，後平地成海，行船者無河道可循，二麥俱爛。（康熙《嘉定縣志》卷三《祥異》）

下旬大雨，至七月下旬始晴，城中積潦盈尺，城外一望無際，郡抵邑、邑抵各鄉皆不由故道，望浮樹爲志，從人家檐際揚帆，高低田畝盡成巨浸。（光緒《常昭合志稿》卷四七《祥異》）

夏，大雨水。四月至五月終，大雨數十日夜不止，水驟漲，江上水逆入龍山閘進城。西湖水滿，從湧金門入湖舟撑至華光廟；從清波門入府堂，水深四尺；黃泥潭居民水及屋梁。一月水始退。二百年來未見此災。米價踴貴，一日斗米增百錢。（萬曆《錢塘縣志·災祥》）

夏，大雨水。四、五月間，大雨如傾者徹五十晝夜，田圩淹没。（道光《石門縣志》卷二三《祥異》）

四、五月，淫雨彌月不止，平地水深丈餘，旋退旋漲，漂沉廬舍，衝損田園。（民國《婺源縣志》卷七〇《雜志》）

四、五月，霪雨。（光緒《靖江縣志》卷八《祲祥》）

大水。四、五兩月，霪雨連綿，至五月初五，洪水衝入縣門，高深五尺，下深丈餘，官城民居浸墮幾半，男婦漂溺莫算；十八日，南山蛟龍，驟雨暴漲，田禾淹没。饑溺交困，災異極矣。（康熙《武寧縣志》卷三《水患》）

有怪鳥若兒啼，即大雨如注。四月朔至六月晦止，湖水泛溢，大饑。（同治《湖州府志》卷四四《祥異》）

## 五月

戊子，京師雨雹。（《明神宗實錄》卷四四六，第 8461 頁）

浙直大雨水，壞麥禾廬舍亡算，南京水入皇城，福州饑。（《國榷》卷八〇，第 4990 頁）

歙大水害稼，靈山崩，壓死居民三十餘人。婺源亦大水。（道光《徽州府志》卷一六《祥異》）

秦淮河竭十日，後潮忽漲，大雨半月餘，平地皆水，自學宮泛舟至大成殿前，濱江圩田盡没。（光緒《金陵通紀》卷一〇下）

秦淮河竭，十日後忽漲。大雨半月餘，平地皆水，近江圩田盡没。（同治《上江兩縣志》卷二下《大事下》）

大雨水，陸地泛舟。（道光《上元縣志》卷一《庶徵》）

大水，舟行市中，壞城郭廬舍。六月始平，秋饑。（同治《饒州府志》卷三一《祥異》）

初三日，秦淮河乾見底。至十三日湖水忽漲，二日夜即平岸。夏至後，大雨半月餘，平地皆水，自學宮泛舟直至大成殿前。江南圩田盡没，江中漂没浮屍相續。（康熙《江寧府志》卷二三《災祥》）

大水，郊原成河，禾黍俱漂，民饑。（光緒《嘉善縣志》卷三四

《祥眚》）

霪雨，湖水泛濫，無禾，民大饑。（崇禎《烏程縣志》卷四《災異》；光緒《歸安縣志》卷二七《祥異》）

大水，有旨改漕，仍發粟賑饑。（康熙《海寧縣志》卷一二上《祥異》）

大水。（乾隆《金豀縣志》卷三《祥異》；道光《海寧州志》卷一六《災祥》）

長子縣雹。（萬曆《山西通志》卷二六《災祥》）

鳳凰山蛟起，張弼墓前倏忽成潭。（嘉慶《松江府志》卷八〇《祥異》）

大水蕩民居，圩盡潰，歲大饑。（光緒《溧水縣志》卷一《庶徵》）

大水，水入縣治，高四尺，諸鄉堰塘皆潰，人多溺死。時發內帑銀九百兩，米豆一百六十二石，仍開預備倉穀〔穀〕六百石以賑。（康熙《臨安縣志》卷八《祥異》）

十九，夜，餘杭南湖塘決，一時水漲數尺，四望無涯，梁棟通舟，搖拽田畝中，田秧腐爛，米價踴貴。蓋二百年來未有之災也。（道光《石門縣志》卷二三《祥異》）

二十四日，黑赤光與日鬭者數合。二十七日，黑赤日復鬭，大雨浸淫，累月不止。（光緒《嘉興府志》卷三五《祥異》）

二十七日，黑赤，復大雨浸溢，累月不止。（民國《重修秀水縣志·災祥》）

霪雨。（雍正《瑞昌縣志》卷一《祥異》）

大水，舟行市上，壞城郭廬舍。六月始平。秋饑。（康熙《鄱陽縣志》卷一五《災祥》）

大饑。（乾隆《福州府志》卷七四《祥異》）

大水，舟入城。（乾隆《黃岡縣志》卷一九《祥異》）

大水，蘄州城堞可登舟，城內巷道水有深丈餘者。（光緒《蘄州志》卷三〇《祥異》）

大雨，四旬不息，洪水汎濫，長堤寸潰，巨浸懷山，穀價異貴，人情洶

洶。（光緒《黃梅縣志》卷三七《祥異》）

連雨四十餘日，湖海水溢，西南鄉水高丈餘，居民逃徙。（嘉慶《直隸太倉州志》卷五八《祥異》）

## 六月

戊辰，火星逆行，入女宿度。（《明神宗實錄》卷四四七，第 8473 頁）

辛未，夜望，月食。（《明神宗實錄》卷四四七，第 8474 頁）

丙子，南京守備太監劉朝用報江潮水災，乞行賑濟修省。得旨：“留都重地水患異常，百姓漂没，合行修省賑濟事宜，令該部議。”（《明神宗實錄》卷四四七，第 8475 頁）

戊寅，禮科都給事中胡忻言：“皇上軫念留都水患，議所以修省賑濟者，臣謹（廣本作‘請’）摘目前最切要，為皇上陳之。”（《明神宗實錄》卷四四七，第 8476 頁）

乙卯（疑當作“己卯”），月犯畢宿。（《明神宗實錄》卷四四七，第 8477 頁）

乙卯（疑當作“己卯”），南京科道內外守備、大小九卿、應天巡撫各揭稱：“地方霪雨連綿，江潮泛漲，自留京以至蘇、松、常、鎮諸郡皆被淹没。蓋二百年來未有之災。”大學士朱賡等請速議蠲賑，并乞罷免，以塞天變。（《明神宗實錄》卷四四七，第 8477 頁）

癸未，吏科右給事中翁憲祥言：“蘇、松等處自三月終旬雨，越五十餘日，晝夜不息，城市鄉村水深數丈，廬室漂没殆盡，數百里無復煙火，乞賜蠲恤。”不報。（《明神宗實錄》卷四四七，第 8479 頁）

夜，大風雨雷電，擊尊經閣鴟吻，貫至中柱閣盡燬，惟柱旁四箴碑如故。（光緒《浦城縣志》卷四二《祥異》）

大浸，都昌漂没縣門屏牆十餘日，居民架木以渡，建昌廬舍場穀一皆漂散。（同治《南康府志》卷二三《祥異》）

大水，南湖北堤決，漂没民房，街市乘船舉網。（嘉慶《餘杭縣志》卷三七《祥異》）

蝗蝻遍野，禾稼如掃。（康熙《遵化州志》卷二《災異》）

大水浸室廬，場穀一皆漂散，此後多水患。（康熙《建昌縣志》卷九《祥異》）

白龍見於黃浦龍華港，目光如電，一神人立其首。是歲大水，麥禾被淹，民大饑。（同治《上海縣志》卷三〇《祥異》）

江水溢，襄漢逆湧，漢川田地淹没，益以霪雨狂風，廬舍傾圮。饑殍盈途，更浮於嘉靖三十九年。（同治《漢川縣志》卷一四《祥祲》）

大水入城，漂没官署民居，死以百計。（康熙《武岡州志》卷九《徵異》）

六月、七月大水入城。秋，復大旱。（雍正《瑞昌縣志》卷一《祥異》）

## 七月

乙酉朔，南京兵部尚書孫鑛以水災自劾乞免，得旨慰留。（《明神宗實錄》卷四四八，第 8481 頁）

乙酉朔，禮部左侍郎楊道賓為留京水災，摘陳釀禍之源五欵。（《明神宗實錄》卷四四八，第 8481 頁）

丙戌，今歲水災從來罕見。（《明神宗實錄》卷四四八，第 8484 頁）

戊子，大學士朱賡以故鄉水患異常，先壠被災可憫，疏乞破格賑恤，併速放病臣。有旨著各該撫按分別蠲賑，其修墓不允。（《明神宗實錄》卷四四八，第 8484～8485 頁）

丁酉，是日午時，京師地震。（《明神宗實錄》卷四四八，第 8487 頁）

庚子，福建道御史方大美以南畿水災，言蠲之條有四，而賑之條有二：漕糧宜蠲也，條鞭宜蠲也，存留宜蠲也，疊税宜蠲也；曰目前無依之民宜賑也，來歲用力之民宜賑也。（《明神宗實錄》卷四四八，第 8488 頁）

丙午，大學上葉向高言："……今乃舉天下財賦之區，東南數千里，盡為馮夷所據。自江淮以北，如陝西、河南等處又旱魃為虐，赤地千里，則是天下無一樂土，百姓從何安生？"（《明神宗實錄》卷四四八，第 8490 頁）

大風拔木。（雍正《邱縣志》卷七《災祥》）

十一日，平虜衛大雨氷雹，禾稼盡傷，淹没居民廬舍。（萬曆《山西通志》卷二六《災祥》）

十六，颶風。（萬曆《常熟縣私志》卷四《敍産》）

大風雨。（乾隆《瑞安縣志》卷一〇《災變》）

## 八月

辛酉，火星順行，在女宿四度。（《明神宗實録》卷四四九，第8496頁）

丙子，南京曉晴，老人星見丙位。（《明神宗實録》卷四四九，第8503頁）

戊寅，甫昏，南京西南天鳴，聲如泄水者久之。（《明神宗實録》卷四四九，第8504頁）

甲辰，南京東南天鳴，隆隆有聲。（《明神宗實録》卷四四九，第8505頁）

庚辰，江西巡撫衛承芳查勘過南昌等府所屬南昌等縣各被水旱大災，欲將漕南二粮分別改折，並求寬宿逋停燒造，允之。（《明神宗實録》卷四四九，第8506頁）

庚辰，昏刻，南京西南天再鳴，聲亦如泄水。（《明神宗實録》卷四四九，第8507頁）

大旱。（乾隆《汀州府志》卷四五《祥異》）

大旱，署府同知區日振禱雨，應期，歲不爲災。（光緒《長汀縣志》卷三二《祥異》）

大水。上給賑濟銀八百兩。（同治《奉新縣志》卷六《蠲賑》）

初十日午，有三龍見於洋美鄉，其處水不盈數尺，倏忽波濤洶湧，三龍盤旋水中，須臾挾雲飛去。（民國《潮州府志略·述異》）

## 十月

癸未，湖廣巡撫張問達、史弼會題：“武昌府屬江夏等州縣各被水災異常，議于該年各存留倉（抱本無‘倉’字）米銀，悉照原勘分數依例蠲免。”部覆允行。（《明神宗實錄》卷四五一，第 8537 頁）

戊辰，大雷雨。（康熙《永平府志》卷三《災祥》；民國《盧龍縣志》卷二三《史事》）

## 十一月

丙申，月犯畢宿。（《明神宗實錄》卷四五二，第 8542 頁）

賑濟浙江杭州府水災。（乾隆《杭州府志》卷五六《祥異》）

## 十二月

甲寅朔，戶部言：“今歲東南水災，誠為百年異慘，謹就蘇松撫臣疏中逐一詳度，上不缺御用，下不匱邊需（抱本作‘儲’），而中有濟扵災沴。儻皇上再頒帑金，大加賑恤，尤吳民所翹首而冀者。”得旨：“准移咨山東稅務解進銀，留五萬兩差官解彼賑濟饑民。”（《明神宗實錄》卷四五三，第 8551 頁）

丁卯，霧露附草木。（《明神宗實錄》卷四五三，第 8554 頁）

己未，夜，大風。（《國榷》卷八〇，第 4996 頁）

初六日，夜，大風，風中飄星，其色白如雞子，狀如雪，著物不熱。（康熙《東安縣志》卷一《機祥》）

## 是年

夏，霪雨害稼。秋，大旱。（道光《桐城續修縣志》卷二三《祥異》）

夏，大旱。（乾隆《歸善縣志》卷一八《雜記》）

夏，江豚入山河，巨浸稽天，市中使船如使馬，人畜溺死者無算。（道光《蒲圻縣志》卷一《災異并附》）

夏，大水，饑甚。（民國《南昌縣志》卷五五《祥異》）

夏，大雨，平地水高數尺。（民國《建德縣志》卷一《災異》）

夏，大雨水。（光緒《石門縣志》卷一一《祥異》）

洪浸滔天，生白，孫公議補築之。（光緒《廬州府志》卷一三《水利》）

大水，漂没圩岸田廬，人畜溺死甚眾。（嘉慶《寧國府志》卷一《祥異附》）

大水，没圩堤，壞田舍，溺人畜。（民國《南陵縣志》卷四八《祥異》）

杭州、諸暨大水，民饑。（康熙《浙江通志》卷二《祥異附》）

大水。（康熙《鼎修德安府全志》卷二《災異》；康熙《德安縣志》卷八《災異》；嘉慶《如皋縣志》卷二三《祥祲》；嘉慶《溧陽縣志》卷一六《雜類》；嘉慶《太平縣志》卷八《祥異》；道光《寶慶府志》卷四《大政紀》；同治《臨湘縣志》卷二《祥異》；同治《孝豐縣志》卷八《災歉》；同治《東鄉縣志》卷九《祥異》；光緒《丹徒縣志》卷五八《祥異》；光緒《邵陽縣志》卷一〇《祥異》；光緒《撫州府志》卷八四《祥異》；民國《鄖城縣記》第五《大事篇》；民國《新纂雲南通志》卷一八《氣象》；民國《金壇縣志》卷一二《祥異》）

夏，大雨，米價騰湧，民乏食。（嘉慶《東流縣志》卷一五《五行》）

水入巢縣城，魚鰕滿溝澮圩，民賴以取食。（道光《巢縣志》卷一七《祥異》）

大水，圩岸衝決，廬舍傾毀，舟行陸地，河魚遊入市。（民國《蕪湖縣志》卷五七《祥異》）

大水，圩岸衝決，廬舍傾毀，舟行陸地，河魚遊入市廛。父老云：二百餘年未有之災。（康熙《蕪湖縣志》卷一《祥異》）

大水，羣蛟齊發，江漲丈餘，圩岸皆崩，民居漂没。由當塗至蕪湖，陸路無復存者，舟行屋上。禾麥不收，民劚草根樹皮以食。（康熙《太平府志》卷三《祥異》）

翁源大旱，知縣萬應奎申請減歲輸十之一。（同治《韶州府志》卷一一《祥異》）

大水，城垣幾毀。（民國《霸縣新志》卷六《災異》）

連遭水患，民多轉徙他鄉。（民國《項城縣志》卷三一《祥異》）

大水，江豕入山湖，金沙洲暨城外沿江民居盡没，城内編橋而渡。無年。（光緒《江夏縣志》卷八《祥異》）

大水，潯邑居之半。（光緒《武昌縣志》卷一○《祥異》）

大水浸山。（光緒《孝感縣志》卷七《災祥》）

安化、瀏陽大水，衝壞民田無數。（乾隆《長沙府志》卷三七《災祥》）

大旱。（萬曆《龍游縣志》卷一《通紀》；崇禎《鄖城縣志》卷一○《祥異》；嘉慶《莒州志》卷一五《記事》；嘉慶《義烏縣志》卷一九《祥異》；道光《遂溪縣志》卷一一《藝文》；光緒《無錫金匱縣志》卷三一《祥異》）

海州、贛榆旱，無麥禾。（嘉慶《海州直隸州志》卷三一《祥異》）

儀真大水，市可行舟。（雍正《揚州府志》卷三《祥異》）

蘇松水災，詔留税銀賑濟。（光緒《常昭合志稿》卷一二《蠲賑》）

旱，多火災。（光緒《淮安府志》卷四○《雜記》）

大水，詔留税銀五萬兩，賑鎮江、蘇、松、常四府飢民。（光緒《丹陽縣志》卷九《恤政》）

大水，饑，知縣蘇萬姓請賑蠲租，多方撫恤，黎民獲甦。（同治《餘干縣志》卷二○《祥異》）

大水，饑。（同治《萬年縣志》卷一二《災異》）

大水，城中水深數尺，以舟楫往來。（同治《德化縣志》卷五三《祥異》；同治《九江府志》卷五三《祥異》）

雨雹害稼。（光緒《長子縣志》卷一二《大事記》）

大雨，平地水高十餘丈。（光緒《嚴州府志》卷二二《祥異》）

大水，大街去水尺許。（民國《德清縣新志》卷一三《雜志》）

旱。（萬曆《汶上縣志》卷七《災祥》；康熙《衢州府志》卷三○《五行》；同治《江山縣志》卷一二《祥異》；光緒《松陽縣志》卷一二《祥異》；光緒《仙居志》卷二四《災變》；民國《衢縣志》卷一《五行》）

大水，溪高數丈。(同治《雲和縣志》卷一五《祥異》)

大雨霖，居民陸地行舟。(光緒《桐鄉縣志》卷二〇《祥異》)

大雨，累月不止，室廬俱壞，田可行舟，歲歉。(光緒《平湖縣志》卷二五《祥異》)

大雨。(道光《建德縣志》卷二〇《祥異》)

霉雨七晝夜，大水，民饑。(乾隆《諸暨縣志》卷七《祥異》)

雨七晝夜，諸暨大水，饑。(乾隆《紹興府志》卷八〇《祥異》)

湖州水災。(同治《長興縣志》卷九《災祥》)

萬曆戊申，溪水高數丈。(康熙《雲和縣志》卷三《災祥》)

宜賓春旱，宜民饑死大半。(雍正《四川通志》卷七《名宦》)

春，旱。夏，大水，城市行舟。(嘉慶《沅江縣志》卷二二《祥異》)

春，大旱。冬，大熟。(康熙《平和縣志》卷一二《災祥》)

春夏，沂州、莒州大旱。秋，大水。(乾隆《沂州府志》卷一五《記事》)

春，旱。秋，潦。(康熙《保定府志》卷二六《祥異》)

春夏，旱，至六月戊辰方雨。秋，大稔。(崇禎《蠡縣志》卷八《災祥》；光緒《蠡縣志》卷八《災祥》)

春夏，恒風。百二十日雨。秋，梨桃花。(康熙《莒州志》卷二《災異》)

自春徂夏大雨，三越月不止，青浦縣市水高盈尺，四鄉田圍盡決，廬舍漂没，流移無算。既至，告饑者以千計，倉廩空乏，官司束手。(崇禎《松江府志》卷一三《荒政》)

春夏，積雨連綿，彌望成波，粒麥不登，寸苗難藝。(康熙《長洲縣志》卷一〇《税粮》)

春夏之交，苦淫雨，漂没二麥幾盡。(康熙《合肥縣志》卷二《祥異》)

霪雨害稼。秋，大旱。(民國《潛山縣志》卷二九《祥異》)

澧州大水，城崩。秋，龍見琅琳湖，拔鄭雲山宅不知何所，楓林村稻化

爲蝶，飛出境。（康熙《岳州府志》卷二《祥異》）

夏，霪雨連旬，大水，淹没田舍無算，市皆行舟。秋大旱，民饑。（民國《宿松縣志》卷五三《祥異》）

夏，霪雨連旬，大水。秋大旱。（乾隆《望江縣志》卷三《災異》）

夏，漲水浮溢，市可行舟，二旬水始退。秋，復大旱。（乾隆《銅陵縣志》卷一三《祥異》）

夏，旱，早禾失收。（嘉慶《武義縣志》卷一二《祥異》）

夏，江水泛溢，田廬淹没。（雍正《江浦縣志》卷一《祥異》）

夏，大雨兩月，高下田里一時盡没。秋深水勢始退，有蟲如蟻。（雍正《淞南志》卷五《災祥》）

夏，大旱。秋冬，不稔。（雍正《歸善縣志》卷二《事紀》）

夏，荊南水溢入城，襄漢倒流。（康熙《景陵縣志》卷二《災祥》）

夏，暴水，齧址殆半。（嘉慶《常德府志》卷七《城池》）

夏，大水。（康熙《彭澤縣志》卷二《邮政》；光緒《興國州志》卷三一《祥異》）

夏，大水，圩壞。知縣周光祖請動府縣倉穀。（康熙《南昌郡乘》卷一〇《水利》）

夏，南昌府屬大水，漂流民居，禾盡没，南昌、新建、進賢縣饑尤甚。巡撫衛承芳奏改折兑粮，并發倉粟賑之。布政使陸長庚、丁佳嗣採知府廬廷選、知縣吳嘉謨議，弛長河漁禁以予災民。（康熙《南昌郡乘》卷五四《祥異》）

武定大疫。十八寨大水，没民居。（天啟《滇志》卷三一《災祥》）

又旱。（乾隆《營山縣志》卷三《祥異》）

旱。歲饑，知州事辜志會捐俸濟饑民，兼勸富室施粥，共濟之。時斗米值銀一錢，民半餓死，半流離。（道光《萬州志》卷七《前事畧》）

大旱，自八月至己酉八月止，田禾俱失收。（光緒《定安縣志》卷一〇《災祥》）

大旱。知縣萬應奎申請減歲輸十之一。（康熙《韶州府志》卷一

《災異》）

大水，衝壞民田無數。（同治《安化縣志》卷三四《五行》）

大水，城垣盡頹。（同治《益陽縣志》卷二五《災異》）

大水，民饑疫相侵。（光緒《龍陽縣志》卷一一《災祥》）

霪雨連旬，大水，街市通舟，浦市居民財貨漂洗一空。（萬曆《辰州府志》卷一《災祥》）

大水，饑疫相繼。（嘉慶《常德府志》卷一七《災祥》）

大水，水至東門下，浸梅山亭。是歲，大有年。（同治《新化縣志》卷一一《政典》）

洪水入城。（萬曆《辰州府志》卷一《災祥》）

邑大水，滋至學宮三尺。（道光《新寧縣志》卷三一《祥異》）

大水，田畝漂没。（同治《鄞縣志》卷一三《循良》）

水漲没城，城内行舟楫。（乾隆《華容縣志》卷二《城池》）

曾可前《上湖廣巡按請蠲賑書》：“大浸為虐，江陵而下，諸邑俱所不免，而三年三中其毒，則未有如石首之最慘者。前丙午、丁未連罹此患，官無可棲之廨，民有載道之殍，然猶屆秋始漲，早禾得以就鐮，二麥業已糊口，饑饉之憂，猶不在夏秋間也。乃今五旬之雨，二麥已化為烏有矣；五月即淹，早禾已無復餘穗矣。圍堤而居者為魚，攀木而槁者為鬼，城内與城外皆墼，哭聲與江聲震野。”（光緒《荆州府志》卷七九《紀文》）

沙洋隄決，下湖平地泥淤丈許。（光緒《荆州府志》卷七五《祥瑞》）

大水浸雉堞，城中危急，忽龍池岸裂斷，水洩，城乃獲全。（民國《麻城縣志前編》卷一五《災異》）

大水，壞民居，舟可入城。（康熙《羅田縣志》卷一《災異》）

大水，壞民居。（光緒《黄安縣志》卷一〇《祥異》）

大水浸山，田地盡没，市鎮屋舍傾圮無數，民多餓殍。（同治《黄陂縣志》卷一《祥異》）

大水入城郭，田園廬舍多被湮没。（同治《大冶縣志》卷八《祥異》）

大水，府治儀門登舟，天水相連，唯餘大別一山萬户鱗集。（同治《續

輯漢陽縣志》卷四《祥異》）

大水，江豕入山澗中，人畜多溺死，沿江民居盡没。（康熙《湖廣武昌府志》卷三《災異》）

大水，潏禾。（乾隆《太康縣志》卷八《雜志》）

大旱，斗米千錢。（康熙《元城縣志》卷一《年紀》；民國《内黄縣志》卷一五《祥異》）

鳳凰橋在十九都，萬曆三十六年水衝壞，邑令周紹祚修。（康熙《南安縣志》卷二《橋樑》）

（青雲橋）圮於水。（同治《南安府志》卷六《津梁》）

大水入城，潏没縣前屏墙十餘日，市人都架木爲筏，以通往來。（同治《都昌縣志》卷一六《祥異》）

大水，城中水深四尺，以舟楫通往來。（同治《湖口縣志》卷一〇《祥異》）

大水，府城街市行舟。貴池大饑。（光緒《貴池縣志》卷四三《災異》）

江南大水，青淹亦數次，田衝去者十二三。（光緒《青陽縣志》卷二《祥異》）

大水，平地丈餘，魚鱉入室，沿溪田廬牛畜漂没殆盡，巡撫周公孔教多方賑恤。（康熙《石埭縣志》卷七《祥異》）

大水，府城街市行舟，貴池、銅陵、東流尤甚。民大饑，巡撫周孔教賑恤之，賴以存活。（乾隆《池州府志》卷二〇《祥異》）

大水，圩堤盡没。（雍正《建平縣志》卷三《祥異》）

大水，禾黍盡無，自被水患以來，惟此年爲甚。（康熙《當塗縣志》卷三《祥異》）

大水，羣蛟齊發，江漲丈餘，圩岸皆潰，由當邑至蕪無復陸路。水患惟此爲甚，民剥樹皮、掘草根以食。（康熙《當塗縣志》卷三《祥異》）

大水，民多漂没。（民國《太湖縣志》卷四〇《祥異》）

大水，圩田俱潏没，溺死者無算。（嘉慶《舒城縣志》卷三《祥異》）

江水暴漲，城四圍水深數丈，溺死無數。（嘉慶《無爲州志》卷三四

《機祥》）

　　江水溢入湖，圩田禾稼盡没。（光緒《廬江縣志》卷一六《祥異》）

　　大水入城，壞民廬舍。（光緒《直隸和州志》卷三七《祥異》）

　　水大異常，自石門山尾，舟過梅山抵城下。（康熙《含山縣志》卷三《祥異》）

　　江水暴漲異常，五月下旬圩破，十月十六日又增水一尺，水入城，直至譙樓門内。山田夏旱半收。（雍正《巢縣志》卷二一《瑞異》）

　　連旱，井泉皆枯。（民國《台州府志》卷一三四《大事略》）

　　大水没田，民饑。知府陳幼學疏請蠲郵，改折糟糧。（道光《武康縣志》卷一《邑紀》）

　　有怪鳥若兒啼，即大雨如注，自四月朔至六月晦方止，處暑乃種，米價每石銀一兩六錢。奉旨改折蠲免停徵有差。（順治《長興縣志》卷四《災祥》）

　　是年大雨，粒米無收。（崇禎《嘉興縣志》卷一六《災祥》）

　　水。（乾隆《小海場新志》卷一〇《災異》；道光《泰州志》卷一《祥異》）

　　旱，多火災。（同治《重修山陽縣志》卷二一《雜記》）

　　水災，詔巡撫周孔教發銀一千五百兩檄縣賑濟，免米三萬一千一百七十一石有奇，銀五萬四千五百十四兩有奇；又兩院檄借府銀三千兩，令知縣買米行平糶法。（光緒《靖江縣志》卷一《蠲恤》）

　　大水，市可行舟，平陸皆溯，相傳從古未有。（康熙《儀徵縣志》卷七《祥異》）

　　霪雨大水，麥禾盡傷，詔留税銀。（乾隆《鎮江府志》卷一四《郵政》）

　　自戊申至辛亥，歲即大祲。（乾隆《海虞別乘·水利》）

　　大水，西庄水三尺。（萬曆《常熟縣私志》卷四《敘産》）

　　大水，亘五百餘里。（乾隆《崑山新陽合志》卷三七《祥異》）

　　大水，舟入市，歲大饑。（民國《高淳縣志》卷一二《祥異》）

　　巡撫都御史周懷魯具題，准留税粮二萬兩賑荒，各邑分給有差。巡撫周疏略：地方因陰雨連綿，江湖泛漲，自留京以至蘇、松、常、鎮等郡皆被潫沒，周回千餘里，茫然巨浸，二麥垂成而顆粒不登，秧苗將插而寸土難藝，圩岸無不衝決，廬舍無不傾頹，暴骨漂屍，淒涼滿目，棄妻失子，號哭震天，甚至舊都宮闕、監局向在高燥之地者，今皆蕩為水鄉，街衢市肆盡成長河，舟航遍於陸地，魚鱉游於人家，蓋二百年來未有之災也。（康熙《長洲縣志》卷一〇《稅粮》）

淫雨連旬，城市水深三尺，大饑。（康熙《重修崇明縣志》卷四《賦役》）

大蝗。嗣後豆虫遍地，豆田幾爲傷盡。（乾隆《東明縣志》卷七《灾祥》）

蝗。十二月，留稅銀三分之一賑饑民。（乾隆《平原縣志》卷九《災祥》）

大水，舜廟香泉發。（崇禎《歷乘》卷一三《災祥》）

雨圮垛口。（康熙《垣曲縣志》卷二《城池》）

大風拔木，壞城女牆。（萬曆《山西通志》卷二六《災祥》）

雨潦果應。秋後，桃李開花。（康熙《定襄縣志》卷七《災祥》）

大水，幾衝城。（康熙《霸州志》卷一〇《災異》）

大水。撥銀六百四十八兩有奇，分賑軍民。（雍正《高陽縣志》卷二《賑政》）

蝗。（民國《南皮縣志》卷一四《故實》）

滹沱水溢。（光緒《正定縣志》卷八《災祥》）

滛雨，坍塌七處。（光緒《延慶州志》卷一《城池》）

秋，大旱。（光緒《潁上縣志》卷一二《祥異》）

大旱，明年復旱。（光緒《安東縣志》卷五《民賦下》）

大水，麥禾被淹，大饑。次年猶饑。（光緒《川沙廳志》卷一四《祥異》）

大水，麥禾被淹，大饑。次年己酉，猶饑。（民國《南匯縣續志》卷二二《祥異》）

戊申、己酉間，連有水患。（康熙《當塗縣志補遺》卷一《孝義》）

三十六、七、八等年，大浸稽天，三吳之民胥淪魚鱉，禾稼不登。（乾隆《吴縣志》卷二〇《水利》）

# 萬曆三十七年（己酉，一六〇九）

## 正月

甲申朔，丑刻，永昌府地震，連十日如雷聲。（《明神宗實錄》卷四五四，第 8563 頁）

雷雪。（光緒《淮安府志》卷四〇《雜記》）

龍泉寺前積水湧溢，冰浮水面。逾時水落，而冰不解。（光緒《德平縣志》卷一〇《祥異》）

元旦，雨雹。（乾隆《番禺縣志》卷一八《事紀》）

癸未朔，大雨雹。（光緒《德慶州志》卷一五《紀事》）

大旱。自正月不雨，秋九月乃雨。（乾隆《新樂縣志》卷二〇《續雜志》）

## 二月

壬戌，夜，白雲氣一道，闊二丈餘，如疋練，從巽至乾，穿氐宿，入太薇垣，及北河井宿，良久乃散。（《明神宗實錄》卷四五五，第 8584 頁）

丙寅，益王常遷（廣本、抱本及《明史·諸王表》作“遷”）奏：“異常水災，府第沖塌。”（《明神宗實錄》卷四五五，第 8585 頁）

丙子，以江西水旱災傷，准將魚課銀兩，自三十六年以後，一併豁免。（《明神宗實錄》卷四五五，第 8590 頁）

## 三月

辛丑，申刻，金星見未位。（《明神宗實錄》卷四五六，第 8605 頁）

丁未，是日午，西北風大有聲，揚黃土沙，四方昏濁。（《明神宗實錄》卷四五六，第 8609 頁）

雨雹。（乾隆《番禺縣志》卷一八《事紀》；乾隆《歸善縣志》卷一八《雜記》）

丁未，大風，晝晦。（萬曆《灤志》卷三《世編》；萬曆《樂亭志》卷一一《祥異》；光緒《永平府志》卷三〇《紀事》）

二十日，峨眉山九灣等處雪雹，大如鵝蛋，滿地成堆，麥苗桐茶盡傷。本月三十日，新灘雷雨大作，頃刻傾盆，山崩石墜。（萬曆《歸州志》卷三《災祥》）

歸善雨雹。（光緒《惠州府志》卷一七《郡事上》）

大雨雹。（光緒《德慶州志》卷一五《紀事》）

富民雨雪。（天啟《滇志》卷三一《災祥》）

## 四月

辛未，工部覆：“以蘇、松、常、鎮等府水災異常，業經奉旨勘報，其應解四司料銀停徵，全免有差。”（《明神宗實錄》卷四五七，第8627頁）

戊寅，詔順天府祈雨。（《明神宗實錄》卷四五七，第8630頁）

十日，府城鼓樓瓦獸出煙。自四月不雨，至明年五月。（乾隆《太原府志》卷四九《祥異》）

二十六日，大風拔木揚沙，黃霧蔽天。（康熙《通州志》卷一一《災異》）

二十八日正午，天雨淋漓，山水漲漫，橋梁道路盡倒，水勢洶湧，駕出堤上。焦溪之水然後立消，堤址亦自是蕩然矣。（乾隆《鉛山縣志》卷一二《機祥》）

不雨，至於明年五月，省郡大饑。（雍正《山西通志》卷一六三《祥異》）

至明年五月不雨，大饑。（光緒《清源鄉志》卷一六《祥異》）

至秋不雨，民饑。（乾隆《榆次縣志》卷七《祥異》）

## 五月

辛丑，寅刻，金州天鼓響，地震。（《明神宗實錄》卷四五八，第8647頁）

甲辰，福建建寧等四府大水，丁口失者逮十萬。江西南昌等八府同日

災。（《明神宗實錄》卷四五八，第8649頁）

甲辰夜，洪水驟漲，雨下如注三晝夜。（康熙《甌寧縣志》卷一《祲祥附》）

初八日，大水，城崩，人民溺死者無算。（民國《泰寧縣志》卷三《大事》）

初八日，大水衝東壩、饒壩、登雲橋。二十四日，平地水深三丈，漂東北二橋，崩没官民田畝廬舍，及溺死者無算。水退，疫復作，知縣宋良翰勘災賑豁。（光緒《邵武府志》卷三〇《祥異》）

十七日，雨雹，不傷麥。（乾隆《白水縣志》卷一《祥異》）

二十四日夜，洪水驟漲，大雨三晝夜，舟從城上入，通都橋及城内外居民溺死無數，自威武門至通仙門，城垣俱毀，兩縣署、東西察院各館署衙門，一時俱圯〔圮〕。東察院適巡撫徐學聚駐節，幾不免，甌甯知縣易應昌角巾素衣，屏騶從行水，撫循捐俸買米，散給並瘞淹死者。（民國《建甌縣志》卷三《災祥附》）

大水，二十四日建寧蛟水發，沖壞城郭，漂流廬舍，壓溺男女以數萬計。是日延平之將樂、順昌等縣蛟水亦發，所蕩村落悉爲丘墟。二十六日，溯湃而下，勢若奔馬，倏忽間會城中，平地水深數尺，郭外至丈餘，一望彌漫。浮屍敗椽，蔽江塞野，五晝夜不絶，水皆鹵濁，人不敢江汲者浹月。當事以異災聞，奏請蠲賑。（崇禎《閩書》卷一四八《祥異》）

二十五日，大水入城，二十八日方退。水滿雉堞之上，漂流官民屋宇，溺死男婦甚眾。（康熙《延平府志》卷二一《災祥》）

二十六日，大水入城。（乾隆《福州府志》卷七四《祥異》）

二十六日，大水，北鄉寨洪水驟至縣治，山崩谷變，漂流田屋無數，淹死數千人。（民國《沙縣志》卷三《大事》）

雨如傾盆三晝夜，城垣半圯，漂没廬舍殆盡。（康熙《松溪縣志》卷一《災祥》）

旱。（乾隆《歸善縣志》卷一八《雜記》；光緒《惠州府志》卷一七《郡事上》）

雨。（光緒《淮安府志》卷四〇《雜記》）

貴溪洪水暴漲，南鄉冲没民居五百七十餘家，溺死人畜無算，埋塞民田六千三百八十餘畝。（同治《廣信府志》卷一《祥異附》）

蝗。（康熙《堂邑縣志》卷七《災祥》）

雨雹。（民國《聞喜縣志》卷二四《舊聞》）

大疫。八月，大水。（康熙《嘉定縣志》卷三《祥異》）

連雨，大水至儀門。（同治《弋陽縣志》卷一四《祥異》）

溪水暴漲，薌南冲没五百七十餘家，溺死人無算，又沙石衝堰田六千三百八十餘畝。知縣錢邦偉單騎至各都踏勘，施棺掩骨，賑受災之民，復勸開懇陞報，三年復舊。（道光《貴溪縣志》卷二七《祥異》）

將樂水大漲，沿溪一帶居民連棟流至呼救，至水南岸為大障樹壅下。知縣王繼美命舟以救，又將樟樹砍伐，救活甚眾，給衣米送回。死者無算。（康熙《順昌縣志》卷三《災祥》）

二十六日，大水。先是三月間，日暈如輪者二，多震雷霆雨，至是日大水入城五丈，山崩地裂，溺死者萬數，漂流民物、田園、房屋、城署、學宮、橋梁、道路不可勝計。數百年來，大水無如此甚者。（乾隆《將樂縣志》卷一六《災祥》）

五、六月無雨。秋，蝗。冬，無雪。（康熙《通州志》卷一一《災異》）

## 六月

辛酉，甘肅地震，紅崖、清水等堡軍民壓死者八百四十餘人。邊墩搖損凡八百七十里，東関地裂，南山一帶崩，討來等河絶流數日。（《明神宗實錄》卷四五九，第 8659 頁）

丙寅，卯刻，月當食，雲遮月體不見。（《明神宗實錄》卷四五九，第 8662 頁）

婺源大水，衝損橋樑，漂流民居。（道光《徽州府志》卷一六《祥異》）

颶。（宣統《高要縣志》卷二五《紀事》）

四日，薄暮，邑東門外天雨血，大如麻子，霑人衣裾，皆作小赤點，文昌宮、前後街、斗門隄，隨處有之。（民國《華容縣志》卷一三《祥異》）

淫雨，經旬二十四日，大水，山蛟四出，官署橋梁盡壞，漂没民居田無算，斗米百文，荒糧益甚。（民國《萬載縣志》卷一《祥異》）

白水雹，不爲災。初，雹入縣北境，忽旋風自泰山廟出，聲如破釜，色間紫赤，大蓋數十畝，直衝雲散。是年，麥大穰。（天啟《同州志》卷一六《祥祲》）

十一日夜，忽有猛風起，地大震，所壞城垣牆宮室廟宇，塌死人民物類，難以盡述。（萬曆《肅鎮華夷志》卷四《災祥》）

晦，天赤如焚，大雷雨蕩民居。（民國《龍山鄉志》卷二《災祥》）

晦，天赤如焚，是夜大雷雨，蕩民居。（道光《新會縣志》卷一四《祥異》）

## 七月

庚辰，昏刻，有星如盞大，赤色，尾跡炸散，光明照地，起中天，往東南方，行至近濁，後有三小星隨之。（《明神宗實錄》卷四六〇，第8676頁）

甲申，刑科給事中杜士全言："數日之間，災報四至，如天鳴、地震、山東之風旱、茂西之星變。"（《明神宗實錄》卷四六〇，第8679頁）

大水。（咸豐《順德縣志》卷三一《前事畧》；光緒《德慶州志》卷一五《紀事》）

蝻害稼。（康熙《堂邑縣志》卷七《災祥》）

旱，饑。（民國《介休縣志》卷三《大事》）

大旱，至明年夏五月九日方雨，邑民死徙者殆半。（光緒《壽陽縣志》卷一三《祥異》）

二十三日，海發颶風。（道光《會稽縣志稿》卷九《災異》）

雷擊石塚村不孝民賀金。（康熙《安州志》卷八《祥異》）

大旱，歲荒，斗粟錢二百三十有奇。（康熙《長子縣志》卷一

《災祥》）

十七日，颶風潮溢。（民國《崇明縣志》卷一七《災異》）

縣西三十一、二、三都暴雨驟注，衝山倒峽，水自小江出，漂流村屋無算，屍瀦積成阜。（乾隆《嵊縣志》卷一四《祥異》）

朔，大水，先數日炎氣如蒸，晦日薄暝，赤雲漫空，未幾靚雨傾盆，雷擊郡文廟。次日申時雨止，各坊水深四五尺，壞城內西隅房屋特甚。（嘉慶《羊城古鈔》卷一《機祥》）

大雨水。（乾隆《番禺縣志》卷一八《事紀》）

朔，大水，先數日炎氣如蒸，晦日薄暝，赤雲漫空，尋如靚雨如傾盆，雷擊郡文廟。次日申時雨止，各坊水深四五尺，壞城內西偏屋特甚。（康熙《南海縣志》卷三《災祥》）

朔，大水。（民國《龍山鄉志》卷二《災祥》）

颶風作，大雨。七日東城崩，平地水深數尺，壞民居無算。（道光《新會縣志》卷一四《祥異》）

大雨，壞城堞民居。（乾隆《新寧縣志》卷三《編年》）

朔，大水，城內外民居委圮，衝斷文昌橋垛。（乾隆《新興縣志》卷六《編年》）

七、八、九三月不雨，大飢。（光緒《夏縣志》卷五《災祥》）

大旱，明年五月方雨。（乾隆《平定州志》卷五《機祥》）

## 八月

甲寅，夜，雷劈西城上杆。（《明神宗實錄》卷四六一，第 8697 頁）

辛酉，是夜，月犯土宿。（《明神宗實錄》卷四六一，第 8701 頁）

甲子，先是，工部以雨水泛漲，衝毀陵橋，請修長陵等陵及壽宮等橋。（《明神宗實錄》卷四六一，第 8702 頁）

戊辰，浙江巡鹽御史韓浚言："兩浙鹽課崴二十三萬七千計，自過聽奸弁高時夏言加稅三萬七千，行之十年，浸以為例。今大水崴裰（疑當作'浸'），煎熬之所，化為江湖，竈商並困，正課且難，況于新稅，乞速賜罷

免。"不報。（《明神宗實録》卷四六一，第 8703～8704 頁）

己巳，南京禮科給事中晏文輝以江西水災，漕糧改折請。（《明神宗實録》卷四六一，第 8704 頁）

甲戌，時山右（抱本作"後"）、宣雲饑，福建、江西大水，徐州以北、畿南六郡及濟、青等郡蝗，楚、蜀、河南、全陝皆旱，黔大烈風，白氣亘天，歲歉。（《明神宗實録》卷四六一，第 8709 頁）

甲寅，福州大雨。（《國榷》卷八一，第 5009 頁）

乙卯，壽寧縣大雨水。（《國榷》卷八一，第 5009 頁）

大雨，初六日，烏石山崩，貢院内水深數尺，文場垣舍傾壞，巡撫陸夢祖改首場試期，至初十日，始入試。（乾隆《福州府志》卷七四《祥異》）

初七日至初十日，驟雨晝夜不止，湖南諸隄皆決。秋，臨安縣大水。（乾隆《杭州府志》卷五六《祥異》）

初七日，風潮，又淹田廬。歲饑。（民國《崇明縣志》卷一七《災異》）

七日，壽寧大雷雨以風四晝夜，水驟漲，各山崩裂，壓死男婦數百口，流壞田產不勝計。（康熙《建寧府志》卷四六上《災祥》）

初八日，大雨連日，潮湧山崩，城垣田屋崩壞無算。（道光《新修羅源縣志》卷二九《祥異》）

初八日，大雨，水復衝城垣。（嘉慶《連江縣志》卷二《城池》）

初八、初九水漲，城中漂没丈餘。是歲大荒。（光緒《福安縣志》卷三七《祥異》）

三十，城大水，城不浸者三版，田土變爲陵谷，村落山崩壓死者無數。人謂自有州治以來，此創見大災也。（乾隆《福寧府志》卷四三《祥異》）

大雨水。是月初七日起，至初十日止，驟雨晝夜不止。初九日，值鄉試，士子無不沾潤，舉子屋水深三尺。（萬曆《錢塘縣志·災祥》）

青田洪水，暴溢二十餘丈，舟行城内救溺，漂蕩民居殆盡。麗水是年大水，漂没田廬。松陽是年旱。（光緒《處州府志》卷二五《祥異》）

大水。（光緒《寶山縣志》卷一四《祥異》；宣統《臨安縣志》卷一《祥異》）

大水，洪水暴溢二十餘丈，城内街衢行舟救溺，漂傷民居殆盡。（光緒《青田縣志》卷一七《災祥》）

濟南、青州諸府蝗。（民國《山東通志》卷一〇《通紀》）

大雨水，低鄉復有水患，不久旋退。（道光《石門縣志》卷二三《祥異》）

大水。巡撫周孔教檄縣賑粥。（嘉慶《直隸太倉州志》卷一《恩旨》）

## 九月

庚辰，留都天西南有聲，如風鐸如濤者累日。（《明神宗實録》卷四六二，第 8713 頁）

乙未，河東巡按陳于庭言：“三晉饑民乞留商税，又旱魃為災，不獨桑田，鹽池一帶，盡成赤裂，正鹽不足，安取餘鹽？况詔免餘鹽，炳如日星，既彰信于淮左，獨爽期于河東，非一視之仁。”不報。（《明神宗實録》卷四六二，第 8719 頁）

乙巳，夜，東北方有星，如雞彈，青白色，尾跡有光，起上台，往西北行至近濁。（《明神宗實録》卷四六二，第 8727 頁）

徐州蝗。（民國《山東通志》卷一〇《通紀》；民國《銅山縣志》卷四《紀事表》）

旱。（民國《增修膠志》卷五三《祥異》）

蝗。（乾隆《曲阜縣志》卷三〇《通編》）

## 十月

癸丑，户部尚書趙世卿言：“三晉旱災異常，撫按魏養蒙、劉光復各以留税請；鹽臣陳于庭以停餘引請。此不過用地方之財，以安地方。”即税監張忠亦言：“機（疑當作‘饑’）民難活，商（廣本、抱本‘商’下有‘賈之’二字）税難徵，贅員無補，亟乞撤回，所當懇請明旨。”不報。（《明神宗實録》卷四六三，第 8731 頁）

丁卯，夜，東北方有星如雞彈，赤色，尾跡有光，起文昌，往東北方行

至近濁。（《明神宗實錄》卷四六三，第 8738 頁）

庚午，福建試場大霖雨。（《明神宗實錄》卷四六三，第 8741 頁）

雷。（康熙《番禺縣志》卷一四《事紀》）

## 十一月

丙戌，曉，火星犯氐宿。（《明神宗實錄》卷四六四，第 8752 頁）

丁酉，以直隸巡按李光輝言：“畿輔旱蝗特甚，水雹異常。”得旨：“今歲各處奏報水旱災傷，人民困苦，朕深為憫惻，畿輔重地，又復如此，益軫朕懷。著該部通行看議，作何蠲賑，分別來説，不得遲緩。”（《明神宗實錄》卷四六四，第 8761 頁）

雷鳴。（乾隆《歸善縣志》卷一八《雜記》；道光《新會縣志》卷一四《祥異》；光緒《惠州府志》卷一七《郡事上》）

## 十二月

乙卯，江西巡按顧慥勘報水災重大，户部覆，上命絹布還徵本色一半濟用。（《明神宗實錄》卷四六五，第 8773 頁）

壬戌，夜望，月食，自戌至亥既。（《明神宗實錄》卷四六五，第 8778 頁）

壬戌，雷。（光緒《德慶州志》卷一五《紀事》）

甲子，詔順天府祈雪。（《明神宗實錄》卷四六五，第 8778 頁）

雷。（乾隆《番禺縣志》卷一八《事紀》）

## 是年

春夏秋，大旱，蝗飛蔽日，大無麥禾。（乾隆《濟陽縣志》卷一四《祥異》）

夏，大旱，立秋日始雨。（乾隆《隆平縣志》卷九《災祥》）

夏，大旱，無禾。（乾隆《濟源縣志》卷一《祥異》；民國《孟縣志》卷一〇《祥異》）

夏，大旱，斗米二錢。（康熙《保德州志》卷三《風土》）

夏，大旱。（乾隆《府谷縣志》卷四《祥異》）

大風拔大木。（康熙《休寧縣志》卷八《機祥》）

大水，溺死無算。（嘉慶《順昌縣志》卷九《祥異》）

大水，民居蕩，五福橋盡塌。（民國《建陽縣志》卷二《大事》）

大水害稼。（民國《青縣志》卷一三《祥異》）

大旱。（雍正《猗氏縣志》卷六《祥異》；雍正《安東縣志》卷一五《祥異》；乾隆《蒲縣志》卷九《祥異》；乾隆《吉州志》卷七《祥異》；道光《武陟縣志》卷一二《祥異》；光緒《吉縣志》卷七《祥異》；光緒《垣曲縣志》卷一四《雜志》；光緒《沔陽州志》卷一《祥異》；民國《磁縣縣志》第二十章《災異》；民國《鄆城縣記》第五《大事篇》；民國《重修四川通志金堂採訪録》卷一一《五行》）

蝗，又大水，滏河決。（光緒《永年縣志》卷一九《祥異》）

湖廣旱。（道光《永州府志》卷一七《事紀畧》）

大水。（康熙《晉州志》卷一〇《事紀》；乾隆《辰州府志》卷六《機祥》；乾隆《無錫縣志》卷四〇《祥異》；乾隆《瀘溪縣志》卷二二《祥異》；嘉慶《沅江縣志》卷二二《祥異》；同治《安仁縣志》卷三四《祥異》；光緒《無錫金匱縣志》卷三一《祥異》）

大水，禾半登。（道光《江陰縣志》卷八《祥異》）

大水，建昌潦没縣堂四十餘日。（同治《南康府志》卷二三《祥異》）

旱。（乾隆《任邱縣志》卷一〇《五行》；嘉慶《莒州志》卷一《通紀》；同治《西寧縣新志》卷一《災祥》；光緒《松陽縣志》卷一二《祥異》；光緒《榮昌縣志》卷一九《祥異》；光緒《射洪縣志》卷一七《祥異》；光緒《增修灌縣志》卷一四《祥異》；民國《陽原縣志》卷一六《天災》）

大旱，自四月至次年五月不雨，民大飢。（乾隆《武鄉縣志》卷二《災祥》）

大旱，歲荒，斗粟錢二百三十有奇。（光緒《長子縣志》卷一二《大事記》）

終歲不雨。（康熙《定襄縣志》卷七《災祥》）

大旱，饑。（民國《臨晉縣志》卷一四《舊聞記》）

延安旱饑。（康熙《延綏鎮志》卷五《紀事》）

河清旱饑。（光緒《綏德直隸州志》卷三《祥異》）

旱，饑。（嘉慶《中部縣志》卷二《祥異》；嘉慶《延安府志》卷六《大事表》；民國《洛川縣志》卷一三《社會》）

仍大水，鳳儀塘決，居民受漂没之苦。（嘉慶《餘杭縣志》卷三七《祥異》）

復旱。（康熙《衢州府志》卷三〇《五行》；同治《江山縣志》卷一二《祥異》）

大水，漂没田廬。（同治《麗水縣志》卷一四《災祥附》）

旱，連年亢旱，泉井皆枯。（光緒《仙居志》卷二四《災變》）

嵊大水，民多溺。（乾隆《紹興府志》卷八〇《祥異》）

麗水、青田、遂昌大水。（雍正《處州府志》卷一六《雜事》）

寧波、嵊縣、杭州、遂昌大水，台州連旱。（康熙《浙江通志》卷二《祥異附》）

邑大水，捐貲以賑。（光緒《溧水縣志》卷一三《人物下》）

又大水，九河奔發，橫流於新安彈丸之地。登城凝望，勢如滔天，頃刻間崩隍潰陣，響如轟雷。（乾隆《新安縣志》卷一《輿地》）

饑。（同治《上海縣志》卷三〇《祥異》）

蝗。（道光《濟南府志》卷二〇《災祥》；同治《徐州府志》卷五下《祥異》；光緒《亳州志》卷一九《祥異》）

夏秋，大旱。（乾隆《武安縣志》卷一九《祥異》）

夏秋，旱。（順治《蔚州志》上卷《災祥》；康熙《西寧縣志》卷一《災祥》；康熙《龍門縣志》卷二《災祥》；乾隆《蔚縣志》卷二九《祥異》；乾隆《廣靈縣志》卷一《災祥》；民國《懷安縣志》卷一〇《大事記》）

夏秋，不雨，無稼。（康熙《潞城縣志》卷八《災祥》；乾隆《襄垣縣

志》卷八《祥異》；光緒《長治縣志》卷八《大事記》）

秋，大旱，禾皆焦槁，人飢。（同治《陽城縣志》卷一八《兵祥》）

秋，浙江大水。冬，無雪。（同治《湖州府志》卷四四《祥異》）

秋，復大水。（雍正《慈谿縣志》卷一二《紀異》）

秋，大水，漂没民居無算。（雍正《寧波府志》卷三六《祥異》；乾隆《鄞縣志》卷二六《祥異》）

三伏不雨。秋，大饑。（光緒《榆社縣志》卷一〇《災祥》）

春，大風霾，晝晦。（順治《饒陽縣後志》卷五《事紀》）

春夏秋，不雨，蝗蝻蛣蟲屈食穫殆盡，是歲無禾。（康熙《安州志》卷八《祥異》）

夏，大疫。秋，大水。（光緒《江東志》卷一《祥異》）

夏，大水。（康熙《新建縣志》卷二《災祥》；道光《豐城縣志》卷五《祥異》）

夏，大水，平地水深丈餘。（民國《建寧縣志》卷二七《災異》）

夏，大水，災民滿道。（道光《重纂光澤縣志》卷一《時事表》）

夏，南昌府屬大水，巡撫衛承芳、巡按顧造奏請蠲邮。（康熙《南昌郡乘》卷五四《祥異》）

邑大水，城市成巨浸，圩田與江接，波淼淼莫可辨，時東風推海潮西湧，月餘不退，倍助水虐。（光緒《六合縣志·附錄》）

夏，旱。（乾隆《曲阜縣志》卷三〇《通編》）

夏，大水，大風拔木。（天啟《新泰縣志》卷八《祥異》）

雨圮（鞏昌、興化、永清、崇明各門上建楼）。（民國《貴州通志·建置》）

大旱，民荒。（乾隆《富順縣志》卷一七《祥異》；嘉慶《内江縣志》卷五二《祥異》；道光《龍安府志》卷一〇《祥異》）

縣東門外六月四日薄晚天雨血，週圍文昌宮不數十丈，大如麻子，噴人衣裙皆紅點。（乾隆《華容縣志》卷一二《志餘》）

天雨粟。（乾隆《鍾祥縣志》卷一五《祥異》）

大旱，無禾。（乾隆《重修懷慶府志》卷三二《物異》）

大旱，人攫食於市，死者枕藉。（道光《輝縣志》卷四《祥異》）

大旱，人攫食於市，死者相枕藉。（乾隆《汲縣志》卷一《祥異》）

迎恩橋圮于水。（康熙《建寧府志》卷一一《津梁》）

大水，傷禾稼。（道光《瀘溪縣志》卷一一《休咎》）

大水，饑。（同治《進賢縣志》卷二二《禨祥》）

歲大祲。六月，復大水，東北爲甚，衝損橋梁，漂流民居。（民國《婺源縣志》卷七〇《雜志》）

大水，復入城。（康熙《都昌縣志》卷一〇《災祥》）

大水入城，潯没縣堂四十餘日。巡撫衛公承芳奏改折兌米，并發粟賑之。（同治《建昌縣志》卷一二《祥異》）

連有水患。（乾隆《當塗縣志》卷一《孝義》）

潁州、亳州蝗。（乾隆《潁州府志》卷一〇《祥異》）

大水，田禾漂没。（康熙《遂昌縣志》卷一〇《災眚》）

溪水高數丈，陷縣前巷街二里許，壞民屋五百餘間。三都礨鋪山崩石裂，壞屋田，壓傷男婦四十七人。（康熙《雲和縣志》卷三《災祥》）

連旱，井泉皆枯。（康熙《仙居縣志》卷二九《災異》；民國《台州府志》卷一三四《大事略》）

霆潦颶沸，圮廬沉稼。（康熙《續定海縣志·禨祥》）

有鼠從湖廣涉洞庭至揚子江，晝伏夜行，尾尾相銜，渡水如覆平土，至岸即入人家，在野即傷田禾。（康熙《江寧府志》卷二九《災祥》）

大旱，公徒步徃禱山川，輒雨。（天啟《雲間志畧》卷六《名宦》）

旱，飢。（民國《安塞縣志》卷一〇《祥異》）

大旱，民饑餓流離。（康熙《垣曲縣志》卷一二《災荒》）

旱災，大饑。（康熙《蒲縣新志》卷七《災祥》）

平陽府臨汾縣等三十四州縣旱災。（萬曆《平陽府志》卷一〇《災祥》）

大旱，沁州及沁源、武鄉自四月至次年五月不雨，民大饑。是年四月初

十日，省城鼓樓瓦獸吐煙，占主大旱，已而通省皆旱。（乾隆《沁州志》卷九《災異》）

大荒旱，人相食。（光緒《盂縣志》卷五《災異》）

大旱，歲大饑。（康熙《静樂縣志》卷四《災變》）

馬邑南鄉大水。（雍正《朔平府志》卷一一《祥異》）

旱荒，知縣王以悟躬歷窮僻，發粟賑救，全活無算。（光緒《邢臺縣志》卷三《前事》）

大水，害稼。（嘉慶《青縣志》卷六《祥異》）

大水，鄉民乘船入市，至城東北隅暴風船覆，溺死者十八人。（康熙《任邱縣志》卷四《祥異》）

大旱，蝗。次年更甚，民大饑。（光緒《容城縣志》卷八《災異》）

旱。秋，霜殺稼。（萬曆《山西通志》卷二六《災祥》）

秋，旱，民食樹葉草根。蒙部院停徵。（雍正《完縣志》卷九《藝文》）

秋，大旱，禾盡死。民大饑。（乾隆《鳳臺縣志》卷一二《紀事》）

秋，大旱，澤州、陽城、陵川禾焦死，民大饑。（雍正《澤州府志》卷五〇《祥異》）

秋，旱，無禾。（乾隆《續修曲沃縣志》卷六《祥異》）

秋，洪水驟發，城廓廬舍蕩然無遺。（民國《閩清縣志》卷一《大事》）

秋，大旱。（光緒《井研志》卷四一《紀年》）

冬，無雪。（崇禎《烏程縣志》卷四《災異》；光緒《歸安縣志》卷二七《祥異》；民國《重修秀水縣志·災祥》）

冬，大雪。（康熙《平和縣志》卷一二《災祥》）

大水。明年庚戌，又大水。（光緒《崑新兩縣續修合志》卷五一《祥異》）

大旱，蝗。次年更甚，民大饑。（光緒《容城縣志》卷八《災異》

三十七、八、九年，旱，蠲免秋夏稅。（光緒《直隸絳州志》卷二〇《災祥》；民國《新絳縣志》卷一〇《災祥》）

# 萬曆三十八年（庚戌，一六一〇）

## 正月

不雨，至於夏五月。（康熙《堂邑縣志》卷七《災祥》）

## 二月

癸酉，戌時，西南方有星有（廣本、抱本作"大"）如碗，青白色，尾跡炸散，光明照地，起自參宿，仍往西南方行，後有二小星随之。（《明神宗實錄》卷四六七，第8821頁）

癸酉，山西陽曲縣有流星大如斗，墜落西北，碎星不絕，随時天鼓鳴。（《明神宗實錄》卷四六七，第8821頁）

十三日，雨雹如弹丸。（康熙《漳浦縣志》卷四《災祥》）

二十七日，夜半，新化雨雪黑色，又雨雹大如雞子，江水皆黑。夏秋，雨蝗傷稻，民疫。（道光《寶慶府志》卷四《大政紀》）

至六月，不雨。（光緒《姚州志》卷一一《災祥》；民國《鹽豐縣志》卷一二《祥異》）

## 三月

乙未，四川龍安府石泉縣入夜地震，有聲。（《明神宗實錄》卷四六八，第8841頁）

大風霾，旱，諭陵廠等官捐俸行賑。（光緒《昌平州志》卷六《大事表》）

浮梁北鄉朱村廟雷，擊死男婦四人。（同治《饒州府志》卷三一《祥異》）

大風霾，數月不雨。帝諭諸陵門廠等官各捐俸行賑。（康熙《昌平州志》卷二六《紀事》）

庚子，自昏徹旦，鄉城鬼嘯。（嘉慶《松江府志》卷八〇《祥異》）

旱，賑濟。（康熙《柘城縣志》卷四《災祥》）

三日夕，雷震都御史李汝華誥勅樓。是夕，有火光大如斗者二，自東南飛入樓中，燬樓板墜落。一婢持燈上，見火光，以燈擲之，忽霹靂一聲，火起，風雨驟至。俄有二龍，一黑一赤，黑龍以一爪剔樓牆，自下至頂皆去一甎，如斧鑿然，移時二龍乃去。（光緒《續修睢州志》卷一二《災異》）

初六日，天鳴。（道光《蒲圻縣志》卷一《災異并附》）

十日，下黑雨。（道光《新修羅源縣志》卷二九《祥異》）

至五月，不雨。知縣張文耀心齋步禱，徧及神祇，浹日自龍巖歸，大雨隨車，原野沾足。（乾隆《富川縣志》卷一二《災祥》；光緒《富川縣志》卷一二《災祥》）

## 閏三月

丙午，是日，河南南陽府桐柏縣冰雹為災。（《明神宗實錄》卷四六九，第 8851 頁）

己巳，以祈雨遣官加祭各郊壇併龍王之神。（《明神宗實錄》卷四六九，第 8863 頁）

辛未，禮部以京師旱災上言："今日旱災皆諸政廢弛所召，蓋天下人情莫鬱於此時，鬱氣浮發，必結為災。如儲宮天下本也，不令與諸臣相接，講明經術，練習世務，而久置之深宮……"（《明神宗實錄》卷四六九，第 8863 ~ 8864 頁）

十四日，資縣東城小十字街、西城金帶街二處，忽有火星飛起，因風發火，東西南北狂風四合，延燒廨宇無數，總計一千二百八十三戶。明日，居人出徙城外，以逃回祿之患。其日復遇江水暴漲，人畜器物悉皆漂没，城中民免於焦土者，盡為魚矣。（光緒《資州直隸州志》卷三〇《祥異》）

二十四日庚子，夜，驟雨，城鄉鬼嘯徹旦。（同治《上海縣志》卷三〇《祥異》）

庚子，夜，驟雨，城鄉鬼嘯徹旦。（光緒《川沙廳志》卷一四

《祥異》）

　　庚子，夜，驟雨，自昏徹旦，鄉城鬼嘯。（民國《南匯縣續志》卷二二
《祥異》）

## 四月

　　戊寅，刑科給事中杜士全因旱災請亟赦滿朝薦、卞孔時等，及命官清理
刑部輕重獄（廣本、抱本作"罪"）囚。不報。（《明神宗實錄》卷四七〇，
第8871頁）

　　丁亥，山西陽曲、太原、清源、交城等縣夜地震有聲。（《明神宗實錄》
卷四七〇，第8875頁）

　　戊子，大學士葉向高以西北旱災，請發内帑賑救。未報。（《明神宗實
錄》卷四七〇，第8875頁）

　　辛卯，户科給事中王紹徽因齊、魯、燕、趙旱災，條上十一議。（《明
神宗實錄》卷四七〇，第8877頁）

　　辛卯，禮部以禱雨未應，疏請修省。上因諭百官曰："旱災異常，（疑
脱'朕'字）心深用儆惻，每於宮中引咎責躬，竭誠祈禱，緊要政務，次
第舉行。爾大小臣工，亦當仰體君上至意，僇力同心，共圖消彌（廣本、
抱本作'弥'）。若彼此紛紜攻訐不已，何名修省？以後著各修職業，凡有
論奏，俱候朝廷處分，毋得争兢。"（《明神宗實錄》卷四七〇，第8878頁）

　　乙未，湖廣武昌府大冶縣，蝗為災。（《明神宗實錄》卷四七〇，第
8881頁）

　　丁酉，户科給事中徐紹吉因京師久旱，請發粲救。（《明神宗實錄》卷
四七〇，第8881頁）

　　戊戌，湖廣武昌府崇陽縣風霾，晝晦，至夜轉烈，損官民屋木無算。
（《明神宗實錄》卷四七〇，第8884頁）

　　壬寅，湖廣郧陽府竹谿縣驟雹為災。（《明神宗實錄》卷四七〇，第
8884頁）

　　壬寅，貴州永赤（廣本、抱本作"志"）地方雷風雨異甚，俄暴雪，形

如土磚，至夜方止，房屋、壇庵等片瓦無存，田禾悉深入泥。（《明神宗實錄》卷四七〇，第 8885 頁）

寧化大水，壽寧橋圮〔圮〕。（乾隆《汀州府志》卷四五《祥異》）

晃州、沅州大水，河西一帶，舟行於市。（道光《晃州廳志》卷三八《祥異》）

癸未，白虹貫日。（同治《上海縣志》卷三〇《祥異》；光緒《川沙廳志》卷一四《祥異》；民國《南匯縣續志》卷二二《祥異》）

不雨，上傳太后諭，發帑銀十萬濟賑潮邑。（光緒《通州志》卷末《逸事》）

不雨，塗有餓莩。知縣劉公克勤煑粥賑濟，全活甚眾。（崇禎《廣昌縣志·災異》）

屬縣旱，饑。（乾隆《大同府志》卷二五《祥異》）

旱，饑。（同治《宜都縣志》卷一《祥異》）

大風雨。（天啟《淮安府志》卷二三《祥異》）

二十四日，大水，壽甯橋崩。（康熙《寧化縣志》卷七《灾異》）

二十八日酉時，瀘州迅雷大風，屋瓦皆飛，桅折樹拔。（萬曆《四川總志》卷二七《祥異》）

瀘州大風拔木，同時越巂、鎮西等處雹。（咸豐《邛巂野錄》卷六九《祥異》）

至八月水泉俱涸。（康熙《文昌縣志》卷九《災祥》）

## 五月

丁未，户科給事中徐紹吉援湖廣水灾。（《明神宗實錄》卷四七一，第 8888 頁）

連雨，没青苗殆盡。（道光《江陰縣志》卷八《祥異》）

終始雨。（康熙《定襄縣志》卷七《災祥》）

初三日，黔江水漲，衝没隆市河等街民房屋，西堤決，漂流人畜，死者千餘，至初七日方消。（萬曆《四川總志》卷二七《祥異》）

初七日，大風雨，潮溢，傷棉稼。（民國《崇明縣志》卷一七《災異》）

十三日，晝暝，移時風颮中見火光。（光緒《永濟縣志》卷二三《事紀》）

連雨，没青苗盡。改折漕糧正耗米。（康熙《常州府志》卷三《祥異》）

飛蝗蔽天。（光緒《淮安府志》卷四〇《雜記》）

霪雨，飛蝗蔽天。（乾隆《重修桃源縣志》卷一《祥異》）

大旱。（道光《蒲圻縣志》卷一《災異并附》；道光《封川縣志》卷一〇《前事》）

## 六月

己卯，是日，陝西延安府宜君縣雨雹為災。（《明神宗實録》卷四七二，第 8906 頁）

辛巳，今據督撫按官題稱天旱，水潦瘟疾（廣本作“疫”）相仍。（《明神宗實録》卷四七二，第 8907 頁）

丁亥，山東德州平原、禹城、齊河蝗蝻為灾。（《明神宗實録》卷四七二，第 8912 頁）

辛卯，以雨澤霑足，遣官祭各郊壇併龍王之神。（《明神宗實録》卷四七二，第 8912 頁）

初四日，濰决漂没田禾，壞城垣。（乾隆《昌邑縣志》卷七《祥異》）

雷震莊民韓三於城東。（崇禎《歷乘》卷一三《災祥》）

大水，海、贛、沭、桃為甚。（天啟《淮安府志》卷二三《祥異》）

大水。（乾隆《重修桃源縣志》卷一《祥異》；道光《封川縣志》卷一〇《前事》）

颶風，大雨水壞禾稼。（道光《新會縣志》卷一四《祥異》）

雷震南瀆廟柏樹。（萬曆《四川總志》卷二七《祥異》）

## 七月

旱饑。（嘉慶《介休縣志》卷一《兵祥》）

大雨雹。(光緒《清源鄉志》卷一六《祥異》)

新化雷震福德祠。(道光《寶慶府志》卷四《大政紀》)

## 八月

辛卯，寅時，火星逆行婁宿五度五十分。(《明神宗實錄》卷四七四，第8955頁)

復大水，風雨交作，譙樓吹倒。(萬曆《福寧州志》卷一六《時事》；乾隆《福寧府志》卷四三《祥異》；民國《霞浦縣志》卷三《大事》)

不雨，至次年夏四月始雨，大疫。(嘉慶《中部縣志》卷二《祥異》)

不雨，至次年夏四月，民多疫死。(乾隆《臨潼縣志》卷九《祥異》；光緒《永壽縣志》卷一〇《述異》)

不雨。(民國《洛川縣志》卷一三《社會》)

大雨。冬無雪。(天啟《淮安府志》卷二三《祥異》)

山鄉龍起，浪高數丈，覆舟漂屋，溺死百餘人。(乾隆《瑞安縣志》卷一〇《祥異》)

## 十月

乙亥，山東巡按馮嘉會以濟、青、登、萊四府旱災，視連年更劇，疏請本年存留秋糧照例蠲免。(《明神宗實錄》卷四七六，第8983頁)

辛巳，申時，金星晝見，順行在未位斗(抱本作"牛")宿度。(《明神宗實錄》卷四七六，第8984頁)

甲午，火星順行在奎宿十一度七十分，順行者不為災也。(《明神宗實錄》卷四七六，第8996~8997頁)

## 十一月

壬寅朔，日食約七分餘，在尾宿度，初虧未正，三刻申半，日入未復。(《明神宗實錄》卷四七七，第9001頁)

辛亥，夜戌時，金星犯土星約離(廣本無"離"字)三十分，金星在

下，俱順行虛宿度。（《明神宗實録》卷四七七，第9007頁）

己巳，禮部以冬雪愆荅，三農無望，疏請祈禱。（《明神宗實録》卷四七七，第9015頁）

晦，大風，雨雹大如栗。（道光《新會縣志》卷一四《祥異》）

## 十二月

晦，雷電大雨，晝晦。（康熙《興安州志》卷三《災異》）

除日，雷電大雨，晝晦。（康熙《紫陽縣新志》卷七《祥異》）

除日，大雷電雨。（乾隆《興安府志》卷二四《祥異》）

## 是年

春，大旱。（乾隆《武安縣志》卷一九《祥異》；光緒《鹿邑縣志》卷六下《民賦》）

春，霪雨傷麥。（民國《榮經縣志》卷一三《五行》）

夏，省城大旱。（天啟《滇志》卷三一《災祥》；康熙《雲南府志》卷二五《菑祥》）

夏，大旱。（乾隆《掖縣志》卷五《祥異》；道光《昆明縣志》卷八《祥異》；民國《宜良縣志》卷一《祥異》）

夏，大水潰隄。（宣統《高要縣志》卷二五《紀事》）

大旱。（順治《綏德州志》卷一《災祥》；雍正《猗氏縣志》卷六《祥異》；康熙《湖廣武昌府志》卷三《災異》；乾隆《蒲縣志》卷九《祥異》；乾隆《任邱縣志》卷一〇《五行》；同治《稷山縣志》卷七《祥異》；同治《黃縣志》卷五《祥異》；光緒《臨朐縣志》卷一〇《大事表》；光緒《吉縣志》卷七《祥異》；民國《順義縣志》卷一六《雜事記》；民國《福山縣志稿》卷八《災祥》）

黃河水漲，八里鋪隄決。（嘉慶《高郵州志》卷一二《雜類》）

大水，南河尤甚，水色黑，魚蝦浮出，大木漂流，陵谷變遷，懷〔壞〕民居無算，陷民田十餘頃。獨州隨峒大山出白蛟，耳如扇，目如炬，沫如

雨，大三尺許，長丈餘，水涸陸處，三日後風雨復作，隨水而去。（道光《陽江縣志》卷八《編年》）

海州、贛榆、沭陽皆旱蝗。（嘉慶《海州直隸州志》卷三一《祥異》）

贛榆地震。（嘉慶《海州直隸州志》卷三一《祥異》）

飛蝗蔽天，食禾苗且盡。（光緒《安東縣志》卷五《民賦下》）

飛蝗蔽野。（民國《續修范縣縣志》卷六《災異》）

大旱，發粟賑之。（民國《萊陽縣志》卷首《大事記》）

大水入城，城幾崩。（光緒《德平縣志》卷一〇《祥異》）

旱，民饑。（乾隆《樂平縣志》卷二《祥異》；民國《續修昔陽縣志》卷一《祥異》）

旱飢。（民國《浮山縣志》卷三七《災祥》）

全蜀荒旱。（嘉慶《漢州志》卷三九《祥異》）

荒旱。（乾隆《雅州府志》卷六《祥異》）

冰雹，大如雞子。（光緒《越嶲廳全志》卷一一《祥異》）

秋，日當午，旋風忽從田間起，高五丈餘，水轉旋如珠，始白色，漸而綠而紅，復成火燄，禾稼當之盡壞，久之乃息。（光緒《浦城縣志》卷四二《祥異》）

夏，旱，蝗。飢，賑。（乾隆《曲阜縣志》卷三〇《通編》）

蝗，歲大饑。（嘉慶《平陰縣志》卷四《災祥》）

全蜀荒旱，殍死無數。（萬曆《四川總志》卷二七《祥異》；同治《直隸綿州志》卷五三《祥異》）

秋冬，大旱。立春，雷震。（光緒《潁上縣志》卷一二《祥異》）

夏，大旱，發粟賑之。（乾隆《歷城縣志》卷二《總紀》；道光《濟南府志》卷二〇《災祥》）

飛蝗蔽日。（康熙《元城縣志》卷一《年紀》；民國《內黃縣志》卷一五《祥異》）

有年。（民國《同安縣志》卷三《災祥》）

大蝗。（乾隆《東明縣志》卷七《災祥》；光緒《曹縣志》卷一八《災

祥》；民國《太和縣志》卷一二《災祥》）

　　蝗。（民國《重修蒙城縣志》卷一二《祥異》）

　　水。（嘉慶《重刊宜興縣舊志》卷末《祥異》）

　　雨沒田。（萬曆《常熟縣私志》卷四《敘產》）

　　春，雪。夏，旱。民大饑。（萬曆《山西通志》卷二六《災祥》）

　　春月至夏無雨，麥豆一粒未收。（萬曆《山西通志》卷二六《災祥》）

　　夏，平陽府臨汾等三十四州縣旱災。（萬曆《平陽府志》卷一〇《災祥》）

　　蝗。衛水潰范勝堤，滙大名縣城外，越三月不涸。（民國《大名縣志》卷二六《祥異》）

　　夏，三旬無雨，知州戴瑞卿步禱霑足。是冬，無雪，亦步禱而雪，獨厚集滁疆。（萬曆《滁陽志》卷八《災祥》）

　　夏，比鄰飛蝗遍野，獨未入邑境，説者以為善政之符云。自秋入冬旱，本邑步祈得雪。立春雷震。（順治《潁上縣志》卷一一《災祥》）

　　夏，各屬大旱。（光緒《增修登州府志》卷二三《水旱豐饑》）

　　越西、鎮西等處雨雹，大如雞卵，菽麥入土成泥。（萬曆《四川總志》卷二七《祥異》）

　　荒旱，殍死無數。（乾隆《雅州府志》卷六《災異》；咸豐《天全州志》卷八《祥異》；光緒《廣安州新志》卷三五《祥異》）

　　復大旱，田無收穫，赤地千里。（光緒《榮昌縣志》卷一九《祥異》）

　　黔江一縣為雷雨漲江，衝城壞岸，蘆蕩瀦野，淪陷不知幾百里也。事見朱御史疏中。（同治《增修酉陽直隷州總志》卷末《祥異》）

　　復大旱，赤地千里，餓莩載道，民多離散，城野半空。（乾隆《富順縣志》卷一七《祥異》）

　　復大旱，全邑無收穫，赤地千里，民間饑死，流離載道，城野半空。發帑銀三百兩賑恤，又發倉煮粥施濟。（嘉慶《内江縣志》卷五二《祥異》）

　　霪雨城圮。（光緒《惠州府志》卷三八《善行》）

　　大水。（嘉慶《三水縣志》卷一三《編年》）

大水，泛漲五六丈，城近水者盡圮。（同治《茶陵州志》卷四《城池》）

襄水溢，漢川水。（同治《漢川縣志》卷一四《祥祲》）

異蟲食豆，大如指頭，頃刻立盡。知縣周維翰禱於八蜡祠，雨如注，冷風雨連日夜，蟲入泥水，隨流去如繩。（嘉慶《息縣志》卷八《災異》）

飛蝗蔽野，以米易蝗，民捕之不計其數。（嘉慶《范縣志》卷一《災祥》）

始獲，大有，乃淫雨，壞民間廬舍。（乾隆《登封縣志》卷四《土地記》）

大水，蝗。（乾隆《武寧縣志》卷一《祥異》）

旱，蝗。（天啟《新修來安縣志》卷九《祥異》）

自大暑至立秋，每日大東南風，天氣常如八九月，亦數十年未有事也。（《味水軒日記》卷二）

水，改折漕糧正耗米九百四十五石二斗零。（光緒《無錫金匱縣志》卷一一《蠲賑》）

大旱，饑民多疫死。（康熙《延綏鎮志》卷五《紀事》；嘉慶《延安府志》卷六《大事表》）

沿邊大旱，饑民多疫死。（民國《橫山縣志》卷二《紀事》）

旱，蠲免秋夏稅。（光緒《直隸絳州志》卷二〇《災祥》）

（吉縣）大旱。（乾隆《吉州志》卷七《祥異》）

大旱。至五月不雨，民大飢。（乾隆《武鄉縣志》卷二《災祥》）

大旱，粒不收，餓莩載道。（康熙《重修平遙縣志》卷八《災異》）

旱。（乾隆《平定州志》卷五《機祥》；乾隆《河間縣志》卷一《紀事》）

大風拔木，鴈落數千，民皆食之。春，大雪。夏，旱，無麥。（萬曆《山西通志》卷二六《災祥》）

春大旱，發穀六百石賑之。夏，大蝗，户部發銀一百九十六兩。秋，又發銀三千二十九兩，賑五千九百餘名。（光緒《唐山縣志》卷三

《祥異》）

水凶，穀價踴。上官發行賑濟，就食者眾。（萬曆《河間府志》卷四
《祥異》）

三十八、九年，己酉、庚戌俱有年。庚戌春夏間，諸縣多憂旱，獨同四
郊時雨霶足，無桔槔聲。（康熙《同安縣志》卷一〇《祥異》）

三十八年至四十年，比歲旱，蝗，麥禾若燒，奉文令民捕蝗上倉，蝗一
石准糧一石。（光緒《宿州志》卷三六《祥異》）

# 萬曆三十九年（辛亥，一六一一）

## 正月

元日，雷震。春，大饑。（順治《潁上縣志》卷一一《災祥》）

至五月不雨。六月始種禾。（光緒《仙居志》卷二四《災變》）

至五月不雨，六月始插苗。（康熙《浙江通志》卷二《祥異附》）

大旱，自正月不雨，至九月乃雨。（光緒《新樂縣志》卷一《災祥》）

## 二月

大風忽起，西北天色黃赤，不移刻冰雹大墜，如碗如盤，壞官署民居屋
瓦殆盡，林麓鳥獸死者無算。（光緒《臨桂縣志》卷一《禨祥》）

夜半，東風怒號，臥者恐怖，顛倒衣裳。次早始聞布政分司內牆垣井欄
傾圮。（萬曆《建昌縣志》卷一〇《災異》）

大風忽起，西北天色黃赤，不移刻冰雹大墜，如碗如盤，壞官署民居屋
瓦殆盡，林麓鳥獸死者無算。是歲大熟。（康熙《南寧府全志》卷三九《祥
異》）

## 三月

壬子，天鼓鳴，是夜三更，東方有流星大如碗，赤色照地。（《明神宗

實録》卷四八一，第 9058 頁）

河南大雨水傷稼。（《國榷》卷八一，第 5032 頁）

二十四日，寧海大雨雹。（順治《登州府志》卷一《災祥》）

至五月，不雨。（康熙《臨海縣志》卷一一《災變》）

## 四月

丙戌，旱，詔所司虔禱。（《明神宗實録》卷四八二，第 9074 頁）

寧化大水，龍門橋圯〔圮〕。（乾隆《汀州府志》卷四五《祥異》）

霪雨經旬，苗禾損。葉向高奏留稅銀，令地方官行賑。（光緒《昌平州志》卷六《大事表》）

蝗食麥苗。（康熙《通州志》卷一一《災異》）

始雨。（嘉慶《中部縣志》卷二《祥異》）

四日，蓬萊大雨雹。冬，無冰。（順治《登州府志》卷一《災祥》）

旱，令楊漣得異僧乞雨，驗。（萬曆《常熟縣私志》卷四《敘産》）

大水，衝圮東南城垣。（乾隆《潼川府志》卷一二《雜記》）

大水。（民國《潼南縣志》卷六《祥異》）

去年秋八月不雨，至今年夏四月，民多疫死。（乾隆《永壽縣新志》卷九《紀異》）

## 五月

辛丑，酉時，大雨，雷震正陽門樓，旗杆燬。（《明神宗實録》卷四八三，第 9090 頁）

辛丑，雷燬正陽門旂木。（《國榷》卷八一，第 5033 頁）

廣西大水，廣東江溢，壞田禾廬舍，溺人畜亡算。（《國榷》卷八一，第 5034 頁）

大雨，水。（宣統《高要縣志》卷二五《紀事》）

大水。（康熙《番禺縣志》卷一四《事紀》；乾隆《德慶州志》卷二《紀事》；乾隆《懷集縣志》卷一〇《編年》；嘉慶《廣西通志》卷二〇三

《前事》；道光《廣東通志》卷一八八《前事》；咸豐《順德縣志》卷三一《前事畧》；民國《龍山鄉志》卷二《災祥》）

雨雹，大者如拳，傷人畜甚眾，麥禾盡壞。（民國《南皮縣志》卷一四《故實》）

霪雨。（光緒《靖江縣志》卷八《祲祥》）

七日，飛蝗結陣過潁，聲如疾風，勢如雲暗，長可以三十里計，橫可以十餘里計，於本境秋毫無犯。至十有二日，蝗狀視昨愈盛，而於本境愈無恙。（乾隆《潁上縣志》卷一〇《藝文》）

十二日，大風雨拔木，鷙鳥多死。（順治《真定縣志》卷四《災祥》）

大雨雹，禾稼傷損，樹葉皆盡。（康熙《雄乘》卷中《祥異》）

恒雨。（天啟《淮安府志》卷二三《祥異》）

二十六日午時，雷轟北門外，尚周八母張氏死於柱下。（萬曆《歸化縣志》卷一〇《災祥》）

## 六月

壬申，總理河道巡撫鳳陽等處僉都御史劉士忠題：“淮安、鳳陽蝗旱災傷，乞賜行勘，分別蠲賑。”命戶部知之。（《明神宗實錄》卷四八四，第9115頁）

丙子，戶部奏：“浙西杭、嘉、湖三郡歲當戊申，重罹霆潦，洊饑為甚。”（《明神宗實錄》卷四八四，第9115頁）

壬午，大雨水，都城內外暴漲，損官民廬舍。（《明神宗實錄》卷四八四，第9119頁）

壬午，大學士葉向高奏：“自古稱禍災者必曰水旱。以水旱之害，最切民生，尤非他變可比，二者有一已不堪矣。乃今歲之旱與去歲同，今歲之水又與三十五年同，且有甚焉。徐州以北陰雨連綿，陸地皆成巨浸，田（廣本、抱本‘田’下有‘疇’字）潲沒，禾黍盡（廣本、抱本作‘絕’）收，到處蝗飛蔽天，所過之地，千里如掃。”（《明神宗實錄》卷四八四，第9119頁）

海大風。温州獲異船三。（《國榷》卷八一，第5035頁）

大風，通都橋敵樓圮〔圮〕，壓死男婦十餘人，巡按陸修祖行縣賑恤。（民國《建甌縣志》卷三《災祥附》）

大雨，河水溢。（光緒《定興縣志》卷一九《災祥》）

自徐州北至京師大水。（同治《徐州府志》卷五下《祥異》）

大水。（康熙《欒城縣志》卷二《事紀》；雍正《寧波府志》卷三六《祥異》；同治《鄞縣志》卷六九《祥異》；光緒《鎮海縣志》卷三七《祥異》；民國《鎮海縣志》卷四三《祥異》）

雨復霪注，越月後止。（雍正《慈谿縣志》卷一二《紀異》）

望，雨甚，水溢，至二十日始退。二十八日，雨復霪注。越月初二日乃已。南畝之實盡，秔不能登場。（光緒《慈谿縣志》卷五五《祥異》）

大雨，山崩。（光緒《奉化縣志》卷三九《祥異》）

陡發大水，雷雨交作，決堤。大饑。（萬曆《保定縣志》卷九《災異》）

十三日，夜，怪風陡作，暴雨如注，四晝夜不休，平地水深數尺，九河泛漲，諸堤俱決。（光緒《保定府志》卷三《災祥》）

大雨，河水溢。（民國《新城縣志》卷二二《災禍》）

暴風，雨冰雹，大如雞卵，城北大如甌，或近山大如斗，數日不消，禾稼樹木半傷，房舍人畜有圮而死者。（康熙《蒲城志》卷二《祥異》）

大風潮，漕涇聖母廟前湧一高岡，如達路墳起，內有銅器及大錢，又水井數口，宛似海船中貯水櫃也。（天啟《雲間志畧》卷二四《志餘》）

大雨。（萬曆《常熟縣私志》卷四《敘產》）

當午大風，通都橋頭敵樓崩倒，壓死男婦十餘人。按院陸修祖行縣賑恤。（萬曆《建寧府志》卷四七《災祥》）

龍起西門外，北磨磨屋皆毀，山崩水湧，大雨如注。是年大熟。（乾隆《莆田縣志》卷三四《祥異》）

## 七月

壬戌，卯時金星犯木星，約相離五十分，在柳宿度。（《明神宗實錄》

卷四八五，第 9149 頁）

丁卯，是夜二更有流星，如碗，青白色，光明照地，尾跡炸散，起織女星，西北行入貫索星。（《明神宗實錄》卷四八五，第 9151 頁）

大水。（康熙《成安縣志》卷四《災異》；民國《成安縣志》卷一五《故事》）

縉雲大水。（雍正《處州府志》卷一六《雜事》）

十四日，漳水潏沒常家莊、張達等百十村。七月十七日夜戌時，西南亦雲，如龍吞月，上有白光周布，似雷形。（雍正《肥鄉縣志》卷二《災祥》）

## 八月

甲申，河南巡按曾用升奏：“今天下民力竭矣，而州中為甚（抱本作‘而中州尤甚’，廣本‘州中’作‘中州’），災沴頻仍，饑饉洊臻。三十七、八兩年，荷蒙皇上蠲稅，發帑移米，賑濟災黎，藉延殘喘。詎意今春徂夏，開、歸、汝等處，霪雨浹旬，平地水深丈尺，飛蝗蔽野，禾麥一空，人畜漂流，廬舍衝塌，旁午告賑，視上年旱災更甚，一切蠲恤之恩尤難。”（《明神宗實錄》卷四八六，第 9155 頁）

己丑，兩廣總督張鳴岡奏：“茲歲五月積雨，粵西水漲，灌乎粵東，沿江州縣田禾，槩被潏沒，廬舍漂沉（廣本、抱本作‘流’），人民溺死無算。”（《明神宗實錄》卷四八六，第 9159 頁）

甲午，工部街（廣本作“御”）道廳主事沈正宗奏得：“京師連年水患，非問侵占，則溝渠必不通；非藉嚴法，則侵占必不可問；非務在必行，毫無假借，則法必不可行。”（《明神宗實錄》卷四八六，第 9161 頁）

漳河南徙。（雍正《臨漳縣志》卷一《災祥》）

黑蟲如蠶，食穗有聲，攘卻之。（康熙《江陰縣志》卷二《災祥》）

漳河南徙。（康熙《彰德府志》卷一七《災祥》）

## 十月

丁卯，禮科右給事中周永春等上言：“幾（抱本作‘畿’）輔今歲水災，

較之三十二、三十五兩年，其勢尤甚。"（《明神宗實録》卷四八八，第9193頁）

己巳，是夜，木星順行，犯軒轅星。（《明神宗實録》卷四八八，第9196頁）

北河水連二三日，如擊斗狀。癸未、甲申，兵賊往來，民不聊生。此後旱荒疾疫相繼，而至虎卧衢，非人不食。西望諸垸盡荒，東南近山之田畏虎不敢秉末，數十里無雞犬聲，米石至四五金不等，餓莩載道，豈非天發殺機乎。（乾隆《華容縣志》卷一二《志餘》）

## 十一月

丙午，辰時，大霧，著草木。（《明神宗實録》卷四八九，第9211頁）

甲子，命禮部行順天府祈雪。（《明神宗實録》卷四八九，第9217頁）

## 是年

春，大旱。秋有年。（光緒《延慶州志》卷一二《祥異》）

春，多火。入夏，數旬不雨，秧盡枯，農越鄉邑貸種。（雍正《慈谿縣志》卷一二《紀異》）

孟春至仲夏不雨。六月，始種禾。（民國《台州府志》卷一三四《大事略》）

夏，大旱。（乾隆《吉州志》卷七《祥異》；光緒《吉縣志》卷七《祥異》）

夏，旱。（雍正《猗氏縣志》卷六《祥異》；乾隆《蒲縣志》卷九《祥異》）

大水。（崇禎《固安縣志》卷八《災異》；崇禎《南海縣志》卷二《災異》；順治《汜志》卷二《城池》；康熙《任邱縣志》卷四《祥異》；康熙《武强縣新志》卷七《災祥》；康熙《大城縣志》卷八《災祥》；乾隆《新修廣州府志》卷三九《機祥》；乾隆《瀘溪縣志》卷二二《祥異》；乾隆《平原縣志》卷九《災祥》；民國《湖北通志》卷七五《災異》；嘉慶《沅江縣志》卷二二《祥異》；光緒《寶山縣志》卷一四《祥異》；民國《重修蒙城縣志》卷一二《祥異》；光緒《安東縣志》卷五《民賦下》；民國《滄縣志》卷一六《大事年表》）

積雨五閱月。（民國《來賓縣志》下篇《機祥》）

大水，穀貴甚。（乾隆《獻縣志》卷一八《祥異》；光緒《吳橋縣志》卷一〇《災祥》）

暴雨兩月，河水數溢害稼。（乾隆《鄧州志》卷二四《祥異》）

雨黃灰。（光緒《南陽縣志》卷一二《祥異》）

大旱，蚅蚄生，大饑。（民國《齊東縣志》卷一《災祥》）

旱疫。（同治《稷山縣志》卷七《祥異》）

蝗。（萬曆《鉅野縣志》卷八《災異》；康熙《延綏鎮志》卷五《紀事》；乾隆《綏德州直隸州志》卷一《歲徵》；嘉慶《延安府志》卷五《大事表》；道光《清澗縣志》卷一《災祥》；光緒《綏德直隸州志》卷三《祥異》）

黃梅無雨，仍有秋。（崇禎《烏程縣志》卷四《災異》；同治《湖州府志》卷四四《祥異》）

秋，大水，沙汰寶華巖前路，高五尺。（乾隆《連江縣志》卷一三《災異》；民國《連江縣志》卷二《氣候》）

冬，木冰。（嘉慶《涇縣志》卷二七《災祥》）

春，旱，至仲夏不雨。六月十三日夜，怪風陡作，暴雨如注，相連四晝夜不休，平地水深數尺，九河泛漲，諸堤俱決。（康熙《安州志》卷八《祥異》）

春，廣西積雨閱五月。（嘉慶《廣西通志》卷二〇三《前事》）

春，有雨雪。（萬曆《山西通志》卷二六《災祥》）

春，無雪雨，麥乾枯。（萬曆《山西通志》卷二六《災祥》）

（洛陽）春，河南大雨。（乾隆《河南府志》卷一一六《祥異》）

孟春至仲夏不雨。六月，秧始入土。（康熙《仙居縣志》卷二九《災異》）

春夏，旱。（乾隆《瑞安縣志》卷一〇《災變》）

蟲食麥。自春至夏旱，六月終雨，人方種穀，收時甚豐。（崇禎《乾州志》卷上《祥異》）

夏，河決夏口，闔縣修築用銀八千餘兩。（光緒《東光縣志》卷一一《事略》）

夏，平陽府臨汾縣等三十四州縣旱災。（萬曆《平陽府志》卷一〇《災祥》）

道署在南熏門内，水圮。（同治《蒼梧縣志》卷七《公廨》）

大水入城，水高八尺。（康熙《開建縣志》卷九《事紀》）

風雨，城東北隅傾陷。（雍正《廣東通志》卷一四《城池》）

大雨雹傷牛馬。（崇禎《興寧縣志》卷六《災異》）

大旱。（嘉慶《安化縣志》卷一八《災異》；嘉慶《益陽縣志》卷一三《災祥》）

大水，損田殺人。（宣統《重修恩縣志》卷一《災祥》）

辛亥、壬子，水澇連歲，城垣崩塌數處。（康熙《新寧縣志》卷三《城池》）

湖廣大水。（光緒《湖南通志》卷二四三《祥異》）

湖廣大旱。（道光《永州府志》卷一七《事紀畧》）

大水，穀貴。（同治《漢川縣志》卷一四《祥祲》）

雨黃土，厚寸許。（乾隆《裕州志》卷一《祥異》）

大水，田禾仍有秋。（順治《固始縣志》卷九《菑異》；順治《息縣志》卷一〇《災異》）

比歲旱蝗，麥禾若燒。（光緒《宿州志》卷三六《祥異》）

西安、江山、常山、開化旱，詔免四縣被災田地銀二萬四千二百九十九兩，發穀三萬四千八百五十八石以賑之。（康熙《衢州府志》卷一二《荒政》）

水。（崇禎《泰州志》卷七《災祥》；嘉慶《東臺縣志》卷七《祥異》；道光《重修武強縣志》卷一〇《機祥》）

蝗自北，不甚為害。（順治《六合縣志》卷八《災祥》）

水。不害稼。（崇禎《吳縣志》卷一一《祥異》）

大水。六月，龍鬭於黃渡浦。（乾隆《嘉定縣志》卷三《祥異》）

大旱無麥，民大饑，多疫死。（萬曆《齊東縣志》卷九《災祥》）

青城大旱，井泉枯，大清河底見。無麥。五月始雨，人多瘟疫，死者枕藉。秋蝗，食穀殆盡，民食豆秸、桑葉。（乾隆《青城縣志》卷一〇《祥異》）

旱，蠲免秋夏稅。（乾隆《直隸絳州志》卷二〇《雜志》）

大水，城圮。（康熙《河間府志》卷五《城池》）

大水，拔木，壞民廬百計。（順治《易水志》卷上《災異》）

大水，拔木，壞民廬，邊城多圮。（崇禎《廣昌縣志·災異》）

黑牛口決，五穀盡壞。（崇禎《文安縣志》卷一一《災祥》）

秋，大水，城覆於隍，民屋傾頹。（康熙《扶溝縣志》卷七《災祥》）

秋，蝗，傷稼十之七。（康熙《石城縣志》卷三《祥異》）

秋，雨，滹水復溢。（順治《饒陽縣後志》卷五《事紀》）

秋，飛蝗害稼，蚜蚄生。（雍正《肥鄉縣志》卷二《災祥》）

冬，除日大雪，大雷電。（天啟《新泰縣志》卷八《祥異》）

三十九年、四十年、四十一年，大水嚙堤。（同治《德化縣志》卷五三《祥異》；同治《九江府志》卷五三《祥異》）

三十九年、四十年、四十一年，俱大水。（康熙《湖口縣志》卷八《祥異》）

三十九年、四十年、四十一年，俱大水入城。（萬曆《辰州府志》卷一《災祥》）

# 萬曆四十年（壬子，一六一二）

## 正月

癸丑，巡按湖廣御史史記事，以勘實地方水災，請將漢川、黃梅、景陵

三縣南粮改折，餘各動支銀穀，賑邮有差。（《明神宗實錄》卷四九一，第9241頁）

癸丑，是日宣府懷来、延慶二衛地震。（《明神宗實錄》卷四九一，第9241頁）

丁巳，夜，有星如盞，起左攝提，行東北至近濁，尾跡炸散，光燭地。（《明神宗實錄》卷四九一，第9245頁）

元旦，大雪，深數尺。（康熙《清河縣志》卷一《祥異》）

元日，大雪，深數尺。（光緒《清河縣志》卷二六《祥祲》）

初七日，大雷震。（民國《大田縣志》卷一《大事》）

郡城火。二月雨，微疫，自正月晦前四日，至二月朔後五日，數處火災，延燒甚廣，民不聊生。又自冬迄春不雨，日色常赤，郡守孫敏政率屬祈禱，遂獲微霖，火患方息。（道光《遵義府志》卷二一《祥異》）

雨冰，榆柳多折損。（民國《淮陽縣志》卷八《災異》）

七日，大雷電，雨雹。（康熙《延平府志》卷二一《災祥》）

雨水，寒冰，大折樹木。（康熙《續修陳州志》卷四《災異》）

## 二月

壬申，祖陵地震連日夜，武昌、漢陽、荊州、德安同日地震者亦各數次。（《明神宗實錄》卷四九二，第9257頁）

乙亥，雲南大理、武定、曲靖等府地大震有聲，連震。次日又震，倘甸亦震，河忽溢，乾泉俱湧。（《明神宗實錄》卷四九二，第9259頁）

十一日，大風，馬江渡覆死者百餘人。（乾隆《福州府志》卷七四《祥異》）

大雨雹。（民國《來賓縣志》下篇《機祥》）

## 三月

丙午，直隸巡按顏思忠奏：“中都民饑最甚，當事請恤獨遺，乞賜賑救以重。”湯沐言：“鳳、泗、淮、徐等處先罹蝗旱，後遭霪雨災傷，仳離之悚，臣以（廣本、抱本作'已'）詳悉於請改折截留糴免發帑賑濟之疏矣。詎意戶部為饑民請命，獨遺一江北乎？夫中都之民不輕於七省之民，江北之災尤甚於七省之災，豈數月以後，便可賑恤，數月以前，即可遺忘乎？乞勑部簡覆前疏，速行蠲恤。"（《明神宗實錄》卷四九三，第9286頁）

大水，東昌坪沙洲江水改流直出。（民國《靈川縣志》卷一四《前事》）

雨雹殺禾。（順治《扶風縣志》卷一《災祥》）

蝗。（乾隆《杞縣志》卷二《祥異》；道光《尉氏縣志》卷一《祥異附》）

大水。（民國《靈川縣志》卷一四《前事》）

## 四月

戊寅，雲南臨安府地震。（《明神宗實錄》卷四九四，第9304頁）

己卯，月有食之。（《明神宗實錄》卷四九四，第9304頁）

甲申，奪欽天監推算官俸三月，仍諭禮部曆法緊要，還酌議修改。先是，該監題十五日，己卯曉望，月食六分二十秒，初虧，寅一刻復圓。辰初初刻（抱本作"二刻"）至期，部委主事一員，同五官靈臺郎劉臣測得候至寅時三刻初虧東南，其體赤色，約食三分，餘與前不合。禮臣請加罰治，從之。（《明神宗實錄》卷四九四，第9307～9308頁）

庚辰，淮安大風雹傷稼。（《國榷》卷八一，第5044頁）

大雪。（光緒《安東縣志》卷五《民賦下》）

（泗陽縣）季春霪雨。桃源四月二十六日異常風雨，冰雹大如碗缽，落地深五寸，二麥盡傷。（天啟《淮安府志》卷二三《祥異》）

十二日夜，近黃石地方雨雹大如拳，風雨大作，折木飛瓦。（乾隆《莆田縣志》卷三四《祥異》）

二十七日戌時，雨雹打麥，打死宿鳥不知其數。（康熙《修武縣志》卷四《災祥》）

二十八日，大水。（民國《分宜縣志》卷一六《祥異》）

二十八日，大水，屋舍漂流，民田剗壞無算，驟漲，民不及避，溺沒以

數千計。（民國《萬載縣志》卷一《祥異》）

清、桃冰雹，大如碗鉢，地深五寸，二麥盡傷。冬雷。（乾隆《淮安府志》卷二五《五行》）

風雹，大如碗鉢，落地深五寸，麥盡傷。（乾隆《重修桃源縣志》卷一《祥異》）

二十八日，大水，漂流屋舍，鏟壞民田無算，水驟漲，民不及避，溺没以數千計。（康熙《宜春縣志》卷一《災祥》）

## 五月

甲午朔，日有食之。（《明神宗實錄》卷四九五，第9313頁）

壬寅，金星晝見。（《明神宗實錄》卷四九五，第9324頁）

大水泛溢，毁山店江石橋。（民國《汝城縣志》卷三三《祥異》）

十二日，黑霧迷障，冒行者即疫，茹腥必斃。（乾隆《諸暨縣志》卷七《祥異》）

飛蝗食禾。（順治《沈丘縣志》卷一三《災祥》）

大水泛溢，洗去山店渡石橋。（乾隆《桂陽縣志》卷五《祥異》）

大水潦漲，北江田廬禾黍殆盡。闔城竹有華。（乾隆《新修廣州府志》卷三九《機祥》）

五、六月，恒陰。（天啟《淮安府志》卷二三《祥異》）

至八月，苦大旱。（康熙《瀏陽縣志》卷九《災異》）

至八月，大旱。（嘉慶《益陽縣志》卷一二《災祥》；嘉慶《安化縣志》卷一八《災異》）

## 六月

戊辰，宣府四海冶地震有聲。（《明神宗實錄》卷四九六，第9341頁）

己卯，襄城縣大雨水，淹男婦七百二十人。（《國榷》卷八一，第5047頁）

大水，城東北兩門淹没。（民國《禹縣志》卷二《大事記》）

旱蝗，海漲河决。（光緒《安東縣志》卷五《民賦下》）

城中雨雹，有重斤許者，内有一成麒麟像。（崇禎《瑞州府志》卷二四《祥異》）

大水。（雍正《蒼梧志》卷四《紀事》；乾隆《許州志》卷一〇《祥異》；民國《重修臨潁縣志》卷一二《災祥》；民國《許昌縣志》卷一九《祥異》）

大水。六月十六日，大雨如注，自西北來，平地突起二丈，漂没人口牲畜廬舍無數，城不没者三版。東、西、北三門水俱進城，西門更甚，十字街東西水相隔者僅五十步。横屍郊野，欄架樹巔，道旁牲畜發臭，不堪行。計淹没入册男婦七百二十口。（萬曆《襄城縣志》卷七《災異》）

二十四日，雷擊縣堂。（萬曆《邵武府志》卷六二《祥異》）

大水，漂舍淹禾，百年僅見，且雷電大作異常。（康熙《枝江縣志》卷一《災異》）

大風雨。（康熙《惠州府志》卷五《郡事》）

大颶風，折屋拔木，城垣傾頹。（乾隆《海豐縣志》卷一〇《邑事》）

大水，融縣水没縣堂，淹鄉厢數百家。（嘉慶《廣西通志》卷二〇四《前事》）

午後，雷雨交作如注，頃刻水深三尺。（乾隆《姚州志》卷四《災祥》）

## 七月

龍水瀑漲，石幕、白沙、黄龍一帶田塘山地衝洗成江，共約二千餘畝。知縣劉芳申請賑濟災傷人户。（康熙《新寧縣志》卷二《祥異》）

## 八月

大水潰隄。（宣統《高要縣志》卷二五《紀事》）

河决徐州，邳、睢河水耗竭。（同治《徐州府志》卷五下《祥異》）

夏，大旱。疫癘甚行，大人小孩多出疹。八月初五日，王家寨等處雹傷，初六日又雹，俱不離故道。（康熙《保德州志》卷三《風土》）

大雨，稼歉收，多疫。（崇禎《吳縣志》卷一一《祥異》）

烈風霪雨浹旬，福山江口龍鬬，颶風作，水溢，壞民居無數。（光緒《常昭合志稿》卷四七《祥異》）

雨雹大如石塊，有棱角。（康熙《瀘溪縣志》卷一《災異》）

大水，禾稼淹没。（嘉慶《增城縣志》卷一二《宦績》）

## 九月

丙辰，吏部覆河道總督劉士忠言："黄水衝決徐州縷隄，長二百八十丈，玄字遥隄口濶一百四十丈，荒字遥隄口濶四十丈，蔾林鋪以下二十里正河，悉為平陸，邳、睢河水陡耗。司道議開韓家壩隄外小渠，引水歸河，繇是壩以東河流漸深，可通舟楫，大約挽回水十分之三。惟玄字決口尚淺，政須版築，請留徐、邳、寧睢〔睢寧〕、宿遷、桃源等屬州縣正官免覲，共襄河事。"從之。（《明神宗實録》卷四九九，第9435～9436頁）

九、十、十一月、閏十一月亢暘。（天啟《淮安府志》卷二三《祥異》）

## 十月

丙子，夜，月有食之。（《明神宗實録》卷五〇〇，第9459頁）

雷震。（同治《象山縣志稿》卷二二《機祥》）

大稔，山海高下之日無處不熟。前年蝗臘食禾，稻子落盡，民幾無種，今年土中生苗成實，與反土而種者同收，郊原山谷露積倉盈，民有數歲逋負稱貸者，多賴償之。（崇禎《廉州府志》卷一《歷年紀》）

## 十一月

庚戌，山西臨汾縣地震。（《明神宗實録》卷五〇一，第9502頁）

夜，雨，有雷隱隱。時寧三十九都民汪應李家男婦兒女同室臥者，六人俱震死。（民國《寧國縣志》卷一四《災異》）

大風，拔木飛瓦。（康熙《鄞縣志》卷八《災異》）

西北大風，折樹飛瓦。（乾隆《重修盩厔縣志》卷一三《祥異》）

## 閏十一月

庚午，命順天府禱雪。（《明神宗實錄》卷五〇二，第 9516~9517 頁）

二十九日，無風，夏嘉塘水湧數尺。（順治《高淳縣志》卷一《邑紀》）

晦日，有龍六，見於潮。（康熙《吳郡甫里志》卷三《祥異》）

## 十二月

己酉，淮安大雷雨。（《國榷》卷八一，第 5056 頁）

晦，雷電。（嘉慶《莒州志》卷一五《記事》）

震雷。（乾隆《象山縣志》卷一二《機祥》）

晦，莒州雷電。（乾隆《沂州府志》卷一五《記事》）

二十日雷雨，二十八日丑時雷聲頻震，二十九日雪厚五寸五分。（天啟《淮安府志》卷二三《祥異》）

雷震。（乾隆《重修桃源縣志》卷一《祥異》）

除夕大熱，單衣汗流。（康熙《南豐縣志》卷一《災祥》）

## 是年

春，雨雹。（光緒《安東縣志》卷五《民賦下》）

夏，大水，沒田禾。五月至八月，大旱。（崇禎《長沙府志》卷七《祥異》）

夏，不炎蒸，入冬無雪，民大疫。（光緒《崑新兩縣續修合志》卷五一《祥異》）

夏，大水。秋，大風，禾豆損。冬暖，桃柳敷。（道光《江陰縣志》卷八《祥異》）

夏，冰雹，狂風從西北來。（光緒《新續渭南縣志》卷一一《祲祥》）

大水。（萬曆《如皋縣志》卷二《五行》；康熙《太平府志》卷三《祥異》；康熙《景陵縣志》卷二《災祥》；乾隆《陸凉州志》卷五《雜志》；

嘉慶《如皋縣志》卷二三《祥祲》；嘉慶《沅江縣志》卷二二《祥異》；嘉慶《瀏陽縣志》卷三四《祥異》)

大旱，饑。(光緒《鬱林州志》卷四《禨祥》)

大旱。(萬曆《辰州府志》卷一《災祥》；康熙《寧鄉縣志》卷二《災祥》；乾隆《重修固始縣志》卷二四《義輸》；民國《鹽山新志》卷二九《祥異表》)

大水，平地深丈餘，人多溺死。(咸豐《郟縣志》卷一〇《災異》)

大水，没田廬。(民國《鄆城縣記》第五《大事篇》)

松滋大水，潰堤溺死千餘人。枝江大水，漂舍淹禾，雷電大作，民有仆者。(光緒《荊州府志》卷七六《災異》)

瀏陽大旱。(乾隆《長沙府志》卷三七《災祥》)

贛榆蝗。(嘉慶《海州直隸州志》卷三一《祥異》)

蝗。(萬曆《鉅野縣志》卷八《災異》；康熙《永城縣志》卷八《災異》；嘉慶《海州直隸州志》卷三一《祥異》)

水。(崇禎《泰州志》卷七《災祥》)

郡城水，彌月不退，次年亦然。(同治《饒州府志》卷三一《祥異》)

秋，大水。(康熙《三水縣志》卷一《事紀》；康熙《杞紀》卷五《繫年》)

秋，大風雨。(嘉慶《莒州志》卷一五《記事》)

春，大水，平地數尺，田廬圩岸皆没，民間哄傳海嘯。(康熙《儀徵縣志》卷七《祥異》)

春，大旱，發倉平糶。(光緒《雄縣鄉土志》卷二《政績》)

入春，陰翳峭寒，暮春始霧。(康熙《扶溝縣志》卷七《災祥》)

春夏，無雨。(道光《金華縣志》卷一二《祥異》)

夏，寒，民有疾，六邑幾遍。民間接觀音會甚盛。(萬曆《池州府志》卷七《祥異》)

夏，雨暴下，自衛家潭西南嚙城百餘丈。(康熙《新鄭縣志》卷一《城池》)

夏，霪雨不止，會川泛漲，三峽之濤湧立起百尋，衝巴市廬舍數百家。

（萬曆《巴東縣志》卷三《人事》）

夏，大水。（嘉慶《安化縣志》卷一八《災異》；民國《順德縣志》卷二三《前事》）

夏，大水没田禾。（嘉慶《益陽縣志》卷一二《災祥》）

夏，雷震一賈人於四牌坊。（崇禎《歷乘》卷一三《災祥》）

夏，無暑，大疫。冬，無雪。（康熙《吴郡甫里志》卷三《祥異》）

夏，無暑。冬，無雪。民間大疫，死者相繼。（雍正《淞南志》卷五《災祥》）

夏，大水，桑園圍海舟基陷。（宣統《南海縣志》卷二《前事補》）

大水，淹没城垣廬舍，水至治事之堂。（康熙《彭水縣志》卷三《災祥》）

旱，饑。（乾隆《北流縣志》第三冊《記事》）

大雹。（康熙《長樂縣志》卷七《災祥》）

大風。（康熙《番禺縣志》卷一四《事紀》）

大水入城。（道光《辰溪縣志》卷三八《祥異》）

大水，城中升爨于樓。（同治《桂陽直隸州志》卷二二《天文》）

大水，田畝漂没。（康熙《鄮縣鼎修縣志》卷三《循良》）

永鎮觀決，大水。（光緒《潛江縣志續》卷二《災祥》）

山水暴漲，衝去棗園數十家。（康熙《荆門州志·災祥》）

重九登卷雪樓，午後忽發大風，揚沙拔木，雪子錚錚落。（《游居柿録》卷七）

水盛。（康熙《荆州府志》卷八《隄防》）

大水，不及三十六年者尺餘。（康熙《江夏縣志》卷一《災祥》）

漢水溢，上游永鎮觀決。大水。饑。（同治《漢川縣志》卷一四《祥禖》）

平地水深一丈，人多死。（康熙《汝州全志》卷七《災祥》）

大水没田廬。（順治《郾城縣志》卷八《祥異》）

黄河水溢，南出數百里，鄢陵受客水之害，淹没之慘，人不忍言。（同治《鄢陵文獻志》卷二三《祥異》）

蝗蝻生，食一小兒幾盡。（民國《夏邑縣志》卷九《災異》）

大水入城，四門俱圮。民病瘟疫。（康熙《洧川縣志》卷七《祥異》）

萬安橋，萬曆四十年圮于水。（光緒《長汀縣志》卷八《津梁》）

新屯橋，萬曆四十年大水衝壞。（乾隆《福建通志》卷八《橋梁》）

大水連浸，傷田。（康熙《瀘溪縣志》卷一《災異》）

連年巨浸，湖鄉尤苦，敗廬沉灶。（康熙《建昌縣志》卷九《祥異》）

比歲旱蝗，麥禾若燒。（光緒《宿州志》卷三六《祥異》）

未蟄先雷。（崇禎《烏程縣志》卷四《災異》）

蝗大作。典史游紹望捕，息。歲大稔。（康熙《重修贛榆縣志》卷四《紀災》）

官圩水破，人不聊生。（康熙《高淳縣志》卷一七《義士》）

高苑大水泛濫，土橋傾圮，行人苦之。（康熙《高苑縣續志》卷二《橋樑》）

旱。時山東、河南蝗，大名與二省接壤處有鴉數萬迎食之，蝗遂不入境。（咸豐《大名府志》卷四《年紀》）

大雨水，廡界諸祀及門坊垣墉庖湢俱傾圮。（光緒《保定府志》卷二九《學校》）

秋，大水，霪雨連月不休，平地水深三尺，凡近河居民、廬舍、田禾漂没殆盡。（康熙《續安丘縣志》卷一《總紀》）

秋，莒州大風雨。（乾隆《沂州府志》卷一五《記事》）

連年大水。（同治《南康府志》卷二三《祥異》；同治《星子縣志》卷一四《祥異》）

四十年、四十一年夏，大旱。（康熙《保德州志》卷三《風土》）

四十年、四十一年，漢水泛溢。（康熙《鍾祥縣志》卷一〇《災祥》）

壬子、癸丑，雨驟江漲，堤蕩盡决，極力賑恤。（乾隆《同安縣志》卷二〇《名宦》）

大水。自四十年起，每夏大水泛漲，壞田廬者無算。（嘉慶《安化縣志》卷一八《災異》）

# 萬曆四十一年（癸丑，一六一三）

## 正月

戊寅，風雨殊常。（光緒《蠡縣志》卷八《災祥》）

十三日，大風拔樹，吹倒城牆四十七丈。（乾隆《姚州志》卷四《災祥》）

## 二月

大雨，至四月下旬止，麥歉收。（崇禎《吳縣志》卷一一《祥異》）

十九日，橫州、永淳日重暈，黃黑如輪，自辰至酉。翌日復然。（道光《南寧府志》卷三九《機祥》）

## 三月

癸酉，夜望，月食（抱本作"蝕"）。（《明神宗實錄》卷五〇六，第9606頁）

大雨，雹積地三寸。（光緒《永年縣志》卷一九《祥異》）

浮梁疾風雨，縣北五里小河舟壞，溺死二十八人，亦一時之變云。（同治《饒州府志》卷三一《祥異》）

大水。（光緒《吉縣志》卷七《祥異》；光緒《洪洞縣志》卷一六《雜記》）

十四日，大風，冰墜。（崇禎《烏程縣志》卷四《災異》；同治《湖州府志》卷四四《祥異》）

十四日，大風，雨雹。（光緒《桐鄉縣志》卷二〇《祥異》）

十四日，大風雹。（光緒《歸安縣志》卷二七《祥異》）

晦日，大雨雹，落地三寸不化。（雍正《肥鄉縣志》卷二《災祥》）

陽曲大水。（乾隆《太原府志》卷四九《祥異》）

臨汾、太平、襄陵、洪洞、曲沃、趙城俱大水，賑濟有差。（雍正《平陽府志》卷三四《祥異》）

大水，賑濟有差。（乾隆《新修曲沃縣志》卷三七《祥異》）

## 四月

庚寅，淮安大冰，雪。（《國榷》卷八二，第5060頁）

雨雹如雞卵。（嘉慶《白河縣志》卷一四《祥異》；光緒《洵陽縣志》卷一四《祥異》）

興安州雨雹如彈，碎屋瓦，漢江以北如雞卵，牧牛馬者當之即死，禾稼盡傷。（康熙《陝西通志》卷三〇《祥異》）

大雨雹，碎屋瓦，傷稼。（康熙《紫陽縣新志》卷下《祥異》）

初二日，冰雹，大如鴨卵者數百里。（天啟《淮安府志》卷二三《祥異》）

## 五月

初七夜，白虹貫月。二十四日，颶風大雨，潿民戶屋數十間，傷人及畜。（康熙《詔安縣志》卷二《祥異》）

中旬，洪水漲，衝近河各鄉，新興五里房屋漂流，人民淹沒，地崩塌，盡成壑。（順治《浦城縣志》卷四《祥異》）

十九日，夜，大風，西城門鎖楗折，門夜辟，圮牌坊蘭座。（康熙《遵化州志》卷二《災異》）

二十六日，大水，漂壞民居。（康熙《漳浦縣志》卷四《災祥》）

二十六日，大水，城南新橋壞。（乾隆《龍溪縣志》卷二〇《祥異》）

二十六日，大水，龍溪、長泰、南靖民田廬舍漂損甚多，城南新橋衝壞。（萬曆《漳州府志》卷三二《災祥》）

廿六日，大水，民田廬舍漂損甚多。（同治《南靖縣志·災祥》）

霪雨，水漲，民廬官舍遂成溪壑。（康熙《松溪縣志》卷一《災祥》）

大水決隄。（宣統《高要縣志》卷二五《紀事》）

郡城大水，壞民居城郭，損田禾樹木。（乾隆《長沙府志》卷三七《災祥》）

庚申夜，大雨，雷擊西林寺塔，焚三級，火三日不絕。戊寅夜，雨，雷電竟夕，有鴉數百死塘橋鎮後。（嘉慶《松江府志》卷八〇《祥異》）

庚申夜，大雨，雷擊西林寺墻，焚三級，火三日不絕。戊寅夜，雨，雷電竟夕，有鴉數百死塘橋鎮北。（乾隆《婁縣志》卷一五《祥異》）

秋，大水，時霖雨，水與堤平，堤幾潰。（民國《沛縣志》卷二《沿革紀事表》）

霪雨，孤山東北角崩。（光緒《靖江縣志》卷八《禓祥》）

永豐大水。（同治《廣信府志》卷一《星野》）

大水，壞田廬，民多溺死。（同治《廣豐縣志》卷一〇《祥異》）

雨没田。（萬曆《常熟縣私志》卷四《敘產》）

大水，舟行市上，壞城郭廬舍。較三十六年尤甚，民多饑死。（康熙《鄱陽縣志》卷一五《災祥》）

崇安縣雪雨不止。十五日寅時，大水暴漲，城門堂廊鄉村皆浸没，廬舍傾圮，人畜多死。（萬曆《建寧府志》卷四七《災祥》）

山水暴漲，漂去東門、北門居民五十家，視十九年水高三尺。（萬曆《荊門州志》卷六《祥異》）

大水泛漲，壞民居，損田禾樹木。（嘉慶《益陽縣志》卷一三《災祥》）

大水，禾稼盡没。（嘉慶《沅江縣志》卷二二《祥異》）

淫雨，城壞十一處，共三十餘丈。（嘉慶《潮陽縣志》卷三《城池》）

## 六月

丙午，寧夏鎮地震。（《明神宗實錄》卷五〇九，第9643頁）

福寧州不雨，至九月重陽始雨，州洋田絕收，山田僅收三分之一。（乾隆《福寧府志》卷四三《祥異》）

大水，漂没田廬，蠲賑有差。（民國《大名縣志》卷二六《祥異》）

大水。（嘉慶《海州直隸州志》卷三一《祥異》；民國《磁縣縣志》第

二十章第二節《明清災異》）

漳河決，大水圍城。縣令百方捍禦，得不入村，民衝溺甚眾，連送陽寺被害尤毒。（民國《成安縣志》卷一五《故事》）

大雨四十日，田禾盡没。（光緒《蟲縣志》卷八《災祥》）

十九日，蝗蟲自東南飛向西北，蔽天日，食田大半，民大饑。（康熙《蒲縣新志》卷七《災祥》）

二十一日，汾水漲溢入城，民舍傾圮。（民國《新絳縣志》卷一〇《災祥》）

旱蝗。（乾隆《蒲縣志》卷九《祥異》）

通惠河決。（《明史·五行志》，第455頁）

水發，護救二十餘日，業已保全。被雄縣民盜決，傷禾。（萬曆《保定縣志》卷九《災異》）

慶雲見。初四日午未之交，有紫雲如幡摩蕩日，金光絢爛久者，觀者咸詫其奇。（康熙《定州志》卷五《事記》）

霪雨肆虐，河水暴漲，一夕（晉）橋忽傾圮。（康熙《襄陵縣志》卷八）

大水，海、贛、沭、邳俱浸，而邳、沭更慘。冬無雪。（天啟《淮安府志》卷二三《祥異》）

大水，壞公私廬舍。（同治《衡陽縣志》卷二《事紀》）

至秋七月，大雨。（道光《陽曲縣志》卷一《志餘叙録》）

## 七月

丙寅，京師大水。（《明神宗實録》卷五一〇，第9655頁）

丙寅，南京、江西、河南俱大水，守臣以聞。（《明神宗實録》卷五一〇，第9655頁）

丁卯，宣府大雨雹（廣本、抱本作"大"），殺禾稼。（《明神宗實録》卷五一〇，第9655頁）

大水。（康熙《杞紀》卷五《繫年》；乾隆《諸城縣志》卷二《總

紀上》）

灌決徐州祁家店，睢寧大水。（同治《徐州府志》卷五下《祥異》）

（成都）初三日戌時，雷擊社樹。（萬曆《四川總志》卷二七《祥異》）

七日，異風暴作，大雨如注，經三晝夜，廬舍傾圮，老樹皆拔，禾稼一空。（民國《福山縣志稿》卷八《災祥》）

七日，大風拔木。（乾隆《海陽縣志》卷三《災祥》；民國《萊陽縣志》卷首《大事記》）

初七日，午有黑氣，自東北來，異風鬻作，大雨如注。（道光《榮成縣志》卷一《災祥》）

烈風淫雨數日，拔木潝禾。（民國《增修膠志》卷五三《祥異》）

初七日，午有黑氣，自東北來。飆風暴作，大雨如注，經三晝夜，廬舍傾圮，老樹皆拔，禾稼一空。（光緒《文登縣志》卷一四《災異》）

海溢，漂没人物，田傷潟鹵。（乾隆《昌邑縣志》卷七《祥異》）

大風壞民舍，大木盡折，傷禾稼。（乾隆《掖縣志》卷五《祥異》）

烈風淫雨數日，拔木潝禾。（道光《膠州志》卷三五《祥異》）

大水，野稻大獲，有一畝收十二石者。（雍正《肥鄉縣志》卷二《災祥》）

涇水暴溢，高數十丈，漂没居民商賈無算。（康熙《陝西通志》卷二〇《祥異》）

海潮百二十里，壞民居田産無算。（康熙《淄乘徵》卷二六《雜志》）

霪雨數十日。（康熙《益都縣志》卷一〇《祥異》）

大水，潦沱數日，忽起大風，入夜愈甚，牆摧屋壞，禾偃木拔，崇朝而世界如毀矣。（康熙《續安丘縣志》卷一《總紀》）

七日，大風雨，越二日海溢，有黑氣自東北來，異風暴作，大雨如注，聯繫三晝夜，廬舍傾圮，文廟古樹及民間樹株皆拔，禾稼一空。又二日，霖雨再作，海嘯入城，沿海居民溺死無算。（康熙《登州府志》卷一《災祥》）

大霖雨，没禾壞屋，壓死三百餘人，及六畜。（天啟《中牟縣志》卷二

《物異》)

七、八月，大旱。(乾隆《莆田縣志》卷三四《祥異》)

## 八月

乙未，山東濟、兗、東、萊、登五府大水，青州府大風雨拔木，傾城屋。(《明神宗實錄》卷五一一，第 9667 頁)

辛丑，廣西、湖廣各大水。(《明神宗實錄》卷五一一，第 9667 頁)

辛亥，月掩犯軒轅南第五星。(《明神宗實錄》卷五一一，第 9670 頁)

大水。(乾隆《平原縣志》卷九《災祥》；民國《增修膠志》卷五三《祥異》)

初二日，三里河水溢，漂毀民屋無算。(光緒《藍田縣志》卷三《紀事沿革表》)

河水暴發，侵城二次。(雍正《臨漳縣志》卷二《城池》)

水為災。(萬曆《閩書》卷一四八《祥異》)

## 九月

丁巳，遼東大水。(《明神宗實錄》卷五一二，第 9674 頁)

甲子，南直隸大水。(《明神宗實錄》卷五一二，第 9679 頁)

庚午，夜望，月食。(《明神宗實錄》卷五一二，第 9681 頁)

甲戌，巡按直隸御史傅振商以真、順、廣、大四府水災洊至，懇蠲落地稅銀，并濬縣河稅。戶部言："稅不足額，必派之里甲包賠，災荒相繼以來，庫藏如洗，設處無所，流亡相踵，正供難給，而又敲朴隨之，逼以包額外之稅，揆時度勢，誠有所不忍。"不報。(《明神宗實錄》卷五一二，第 9682~9683 頁)

癸未，夜曉刻，月掩犯木星。(《明神宗實錄》卷五一二，第 9687 頁)

## 十月

大雪。(康熙《龍巖縣志》卷一〇《災祥》)

## 十一月

壬戌，命百官祈雪。（《明神宗實錄》卷五一四，第 9703 頁）

癸亥，（葉向高等言）："……今歲淫雨為災，幾徧天下，田疇淹没，男婦漂沉，不計其數，湖廣、山西尤為最甚。乞將報災各疏及户部覆疏盡行簡發，以慰元元之望。"（《明神宗實錄》卷五一四，第 9704 頁）

庚午，山西水災，巡按御史李若星請發帑賑貸。（《明神宗實錄》卷五一四，第 9706 頁）

癸酉，保定等處水災，巡撫都御史王紀請發內帑賑恤。（《明神宗實錄》卷五一四，第 9707 頁）

癸酉，廣東水災，巡按御史周應期請停重税，或准留税銀賑恤。（《明神宗實錄》卷五一四，第 9707 頁）

己卯，山西定襄縣地震天鼓鳴。（《明神宗實錄》卷五一四，第 9709 頁）

## 十二月

丁亥，廣西水災，巡撫都御史吳中明、巡按御史穆天颜請發內帑金錢，或留本處税銀賑恤。（《明神宗實錄》卷五一五，第 9715 頁）

己酉，大雷電，是日郡中迎春。（康熙《吳郡甫里志》卷三《祥異》）

二十九日酷熱，人多赤體淋汗；二十九日五更時，雷電大雨，午霽。（崇禎《吳縣志》卷一一《祥異》）

## 是年

初夏，大蝗，人共捕之。（嘉慶《餘杭縣志》卷三七《祥異》）

夏，大水，民廬官舍多傾圮，城圮九十餘丈。（康熙《定襄縣志》卷七《災祥》）

夏，大旱。（民國《福山縣志稿》卷八《災祥》；民國《萊陽縣志》卷首《大事記》）

復大水，築堤為二壩。（光緒《廬州府志》卷一三《水利》）

大水，湮没當塗官圩，繁昌被害尤劇。（康熙《太平府志》卷三《祥異》）

羅源縣大旱。（乾隆《福州府志》卷七四《祥異》）

大水，壞城郭田廬。（乾隆《永福縣志》卷一〇《災祥》）

大水，壞城郭田廬，有刁星現。（民國《永泰縣志》卷二《大事》）

大水。（萬曆《江浦縣志》卷一《縣紀》；康熙《冀州志》卷一《祥異》；康熙《宿松縣志》卷三《祥異》；康熙《漢陽府志》卷一《災祥》；康熙《瀏陽縣志》卷九《災異》；康熙《新鄭縣志》卷四《祥異》；康熙《武强縣新志》卷七《災祥》；康熙《大城縣志》卷八《災祥》；乾隆《濟源縣志》卷一《祥異》；乾隆《垣曲縣志》卷一四《雜志》；乾隆《河南府志》卷一一六《祥異》；道光《汝州全志》卷九《災祥》；同治《武邑縣志》卷一〇《雜事》；同治《都昌縣志》卷一六《祥異》；光緒《馬平縣志》卷一《機祥》；光緒《容城縣志》卷八《災異》；光緒《吳橋縣志》卷一〇《災祥》；光緒《孝感縣志》卷七《災祥》；光緒《安東縣志》卷五《民賦下》；民國《柳城縣志》卷一《災祥》；民國《莘縣志》卷一二《機異》）

知縣孫織錦因水勢泛漲，率合城士民，因前制而重築之，高二丈餘，南行植柳，森然茂密，一望煙籠，景況佳麗。（咸豐《固安縣志》卷一《輿地志》）

水。（道光《重修武强縣志》卷一〇《機祥》）

淫雨為災，城垣坍塌。（光緒《清河縣志》卷三《災異》；民國《清河縣志》卷一七《雜志》）

畿内大水，邑西北數處傷禾稼，其餘倖免。（乾隆《東明縣志》卷七《災祥》）

河決，周家口衝毀廬墓，淹没人畜甚眾。（民國《淮陽縣志》卷八《災異》）

甘露降地。（嘉慶《如皋縣志》卷二三《祥祲》）

邳、沭大水。（咸豐《邳州志》卷六《民賦下》）

大旱，人相食，鬻男女，道殣相望。（嘉慶《海州直隸州志》卷三一《祥異》；光緒《贛榆縣志》卷一七《祥異》）

飛蝗害稼。（弘光《州乘資》卷一《機祥》；光緒《通州直隸州志》卷末《祥異》）

雨，損二麥，有秋。（道光《江陰縣志》卷八《祥異》）

大水，壞田廬。（同治《興安縣志》卷一六《祥異》）

海水溢，潮踰百里，壞民產無算。（民國《壽光縣志》卷一五《大事記》）

水災。（康熙《安慶府志》卷九《名宦》；民國《襄陵縣志》卷二三《舊聞考》）

旱災。（民國《臨晉縣志》卷一四《舊聞記》）

大旱。（雍正《猗氏縣志》卷六《祥異》；乾隆《蒲州府志》卷二三《事紀》；乾隆《解州安邑縣運城志》卷一一《祥異》；光緒《榮河縣志》卷一四《祥異》）

又大水。（光緒《定遠廳志》卷二四《五行》）

晝晦如夜，無風，飛沙竟日。（嘉慶《中部縣志》卷二《祥異》）

秋，大水，遍野行舟。（康熙《范縣志》卷中《災祥》；民國《續修范縣縣志》卷六《災異》）

秋，水沒東關。（道光《西鄉縣志》卷四《祥異》）

秋，大水，平地深丈餘，人物漂没無數。（康熙《鄭州志》卷一《災祥》；民國《鄭縣志》卷一《祥異》）

秋，旱。（乾隆《晉江縣志》卷一五《祥異》；嘉慶《惠安縣志》卷三五《祥異》；光緒《嘉善縣志》卷三四《祥眚》）

夏，大水。（順治《新修東流縣志》卷四《災考》；康熙《三水縣志》卷一《事紀》；康熙《番禺縣志》卷一四《事紀》）

夏，旱。（萬曆《羅源縣志》卷八《雜事》）

夏，大蝗，秋無禾。（光緒《泰興縣志》卷末《述異》）

夏，大旱，知州胡栯祖《春秋繁露》法步禱，雨随應。禾登，不饑。（康熙《保德州志》卷三《風土》）

大旱。蜀莊災，門殿俱燼。（民國《重修四川通志金堂採訪録》卷一一《五行》）

大水，西城樓壞，東北城圮凡三十餘雉。（同治《藤縣志》卷六《建置》）

颶風大作，自夏徂秋，霖雨若注，全城極圮。（道光《博白縣志》卷一四《藝文》）

大水，早晚無收，民食草木，鬻妻子，饑殍載道。（康熙《安鄉縣志》卷二《災祥》）

久雨，兩溪水暴漲入城，公私廬舍盡圮。歷年未有。（萬曆《辰州府志》卷一《災祥》）

大水，禾不登，民食草木，鬻妻子。多災疫。（康熙《岳州府志》卷二《祥異》）

大水，舟行入文昌門内。（同治《續修東湖縣志》卷二《天文》；同治《宜昌府志》卷一《祥異》）

趙林灘決。（光緒《潛江縣志續》卷二《災祥》）

大水入城。（康熙《興國州志》卷下《祥異》）

大水堤決。今年五、六月大水，衝堤破防，蛟龍四出，有連屋列楹蔽江而下者，有牛馬豕畜逐波而浮者，有童女季婦紉衣見志、老弱少壯委髮脱齒狼藉江沙者，肉飽鳥鳶之啄，魂浮天際之煙。為此災傷，百姓僅見。臣邑廣濟，彼時洪水驟泛，譬如崩山倒海，從天而卜，白里之民皆為魚鱉。（乾隆《廣濟縣志》卷六《水利》）

大水，較三十六年小二尺。（康熙《蘄州志》卷一二《災祥》）

大水，上游趙林灘決。（同治《漢川縣志》卷一四《祥祲》）

大水，減三十六年二尺。（康熙《大冶縣志》卷四《災異》）

雨雹，有大如鵝卵者。（康熙《淅川縣志》卷八《災祥》）

大水害稼。（康熙《孟縣志》卷七《災祥》）

沁河泛溢。（康熙《河內縣志》卷一《災祥》）

水漲城塌，東南衝決更甚。（乾隆《滎陽縣志》卷二《城池》）

復大水，復壞雲龍橋，民舍物畜漂溺亦多。（康熙《德化縣志》卷一六《祥異》）

洪水淹没萬家，瘞亡恤存，民沾其惠，建太平橋。（乾隆《同安縣志》卷二一《循績》）

大水，民多饑殍。（同治《彭澤縣志》卷一八《祥異》）

大水，清溪口生洲。（康熙《池州府志》卷二九《災祥》）

大水，十字圩又壞。（康熙《當塗縣志》卷三《祥異》）

大水，圩田盡没。（乾隆《无为州志》卷二《灾祥》）

水，視三十六年減尺許。（康熙《無為州志》卷一《祥異》）

大水，止差三十六年者僅八寸，圩皆盡没焉。（順治《銅陵縣志》卷七《祥異》）

大水，圩無不没者，然較戊申之水尚減尺四寸。（康熙《巢縣志》卷四《祥異》）

大水異常。（順治《含山縣志》卷四《祥異》）

大水，自莘縣、堂邑流至館陶東北楊兒莊、八大堤，歸衛河。（乾隆《東昌府志》卷二《總紀》）

晝暝如夜，無風，飛沙竟日。（乾隆《新修慶陽府志》卷三七《祥眚》；乾隆《環縣志》卷一〇《紀事》）

大水，漂没田苗房屋極多，溺死者甚眾。（康熙《重修平遥縣志》卷八《災異》）

陽曲、定襄、臨汾、太平、襄陵、洪洞、平遥、曲沃、趙城、夏縣、垣曲、鄉寧、隰、絳、吉俱大水。滿州、臨晉、猗氏、榮河、萬泉、安邑、平陸、蒲縣大旱，賑濟有差。（雍正《山西通志》卷一六三《祥異》）

大水，尺地無餘，慘同三十五年。（乾隆《新安縣志》卷七《機祚》）

秋，大水。（康熙《臨汾縣志》卷五《祥異》；乾隆《曲阜縣志》卷三〇《通編》；民國《滄縣志》卷一六《大事年表》）

秋，水傷稼，奉文不賑。（萬曆《河間府志》卷七《賑恤》）

秋，客舟泊楊村，叟稚各一。忽烈風起，拔舟去岸百餘步，舟碎，叟稚無恙。（康熙《定興縣志》卷一《機祥》）

秋，大風雨，拔樹損粒，傾屋垣。（康熙《莒州志》卷二《災異》）

秋，大水。冬十月，桃李華。（嘉慶《昌樂縣志》卷一《總紀》）

四十一年以來，巨浸橫溢，渺無存者，人民移散，煙火蕭條，逋賦至萬千。（堤防）屢經修築，決不旋踵。（乾隆《沔陽州志》卷九《堤防》）

四十一、二年，俱大水。（康熙《德安縣志》卷八《災異》）

四十一、二年，雨潰水道兩處，城圮四十餘丈。（乾隆《保德州志》卷一《城垣》）

癸丑、甲寅，水災。（道光《進賢縣志》卷六《循吏》）

# 萬曆四十二年（甲寅，一六一四）

## 三月

庚辰，連日日色赤黃，如赭如血。（《明神宗實錄》卷五一八，第9772頁）

十一日甲子，大風至晚；十二日乙丑，大風至晚；十三日丙寅，大風至晚；十四日丁卯，大風至晚。（康熙《蘄州志》卷一二《災祥》）

十一日至十四日，皆大風至晚。（天啟《淮安府志》卷二三《祥異》）

雨，至四月。（光緒《興寧縣志》卷一八《災祲》）

## 四月

甲辰，命百官祈雨。（《明神宗實錄》卷五一九，第9790頁）

十二日，大雨雹。是日，雨雹毀民屋瓦，殺麥數十頃，木棉及禾稼盡傷，惟蜀秫晚發，一稈四穗。（民國《淮陽縣志》卷八《災異》）

大雹，傷麥。（萬曆《階州志》卷一二《災祥》）

雨雹，無麥。（順治《陳留縣志》卷一一《機祥》）

十二日，雨雹，如雞卵，無麥。（乾隆《通許縣舊志》卷一《祥異》）

十三日，風雹驟至，傷麥。（天啟《中牟縣志》卷二《物異》）

十二日，大雨雹，毀民屋瓦，殺麥數千頃，綿花禾稼盡傷，惟蜀秫晚發，一葉一穗。（乾隆《陳州府志》卷三〇《雜志》）

四、五月，大水，没田禾民居。（崇禎《長沙府志》卷七《祥異》）

## 五月

乙卯，夜，大雨雹（抱本作“電”）。（《明神宗實錄》卷五二〇，第9800頁）

江漲陡發，有木捆自魯港浮至鱉洲，橫射河干，值岸崩，墨雲之氣隨之，逕刷浮橋而去，聲如峽坼。（民國《蕪湖縣志》卷五七《祥異》）

大水決護城東隄，漂没田廬以萬計，府城四門築塞。（宣統《高要縣志》卷二五《紀事》）

連雨四十日，東西兩河水漲。（民國《順義縣志》卷一六《雜事記》）

黑風暴雷，拔木。（光緒《清河縣志》卷三《災異》）

江漲陡發，木捆自魯港浮至鱉洲，橫射河干，值岸崩，墨雲之氣隨之，逕刷浮橋而去，聲如峽坼。（乾隆《太平府志》卷三二《祥異》）

大水，與先年同。（康熙《鄱陽縣志》卷一五《災祥》）

大水。五月，斗米千錢。（康熙《安仁縣志》卷八《災祥》）

大水，颶，竹花。（民國《龍山鄉志》卷二《災祥》）

## 六月

庚寅，是日，陰雨。（《明神宗實錄》卷五二一，第9831頁）

大水，東南城女牆皆没，下里田廬蕩析，上里山岸衝決，父老云從來未見也。次年，大饑。（乾隆《長泰縣志》卷一二《災祥》）

大水，壞民舍三千餘間。（乾隆《裕州志》卷一《祥異》）

初一日，大水，東際東山之麓，西際西山之麓，辰漲酉消，幸不入城。（康熙《遂寧縣志》卷三《災祥》）

初一日，大水，辰漲西消。（民國《潼南縣志》卷六《祥異》）

初三日始雨。秋熟。（康熙《雄乘》卷中《祥異》）

初四日，雨雹傷禾苗，〈四〉風霾。（乾隆《府谷縣志》卷四《災祥》）

初四日，大雹；初六日，又雹，俱不離故道。（乾隆《保德州志》卷二《祥異》）

初四日，雨雹，傷禾幾盡。米麥一石價五錢，豆一石價三錢。（乾隆《府谷縣志》卷四《祥異》）

黃縣颶風，海水溢，淹禾稼屋舍。（光緒《增修登州府志》卷二三《水旱豐饑》）

河決靈璧縣陳鋪，入冬淤平，河流復故。（乾隆《靈璧縣志略》卷四《災異》）

水没縣堂鄉厢數百家。（嘉慶《廣西通志》卷二〇四《前事》）

## 七月

癸亥，上諭：如今天氣暄热，两法司并锦衣衛見監罪囚，笞罪無干證的放了，徒流以下便減等擬審發落，重囚情可矜疑并枷號的都寫來看。（《明神宗實錄》卷五二二，第9835頁）

戊寅，户科給事中姚宗文疏言：“各省災傷，紛然見告，除浙江一省霪雨為災，緣撫臣初任未經奏聞外，應天撫臣徐民式則以應、鎮、太、安、池五郡，或旱或潦，請改漕（廣本無‘漕’字）折。漕運督臣陳薦則以淮、徐、鳳陽諸郡邑，或旱或潦，請議蠲賑。江西撫臣王佐則以江右諸郡邑到處潦没，流民告蠲、告賑、告糴，為民請命。兩廣候代督臣張鳴岡則以兩廣水災異常，請破格蠲賑。河南撫臣梁祖齡則以中牟、祥符、陳留等縣，異常冰雹，請破格賑濟。”（《明神宗實錄》卷五二二，第9839～9840頁）

雨雹傷禾。（民國《沛縣志》卷二《沿革紀事表》）

大雨。（光緒《永嘉縣志》卷三六《祥異》）

初二日，雨中霹靂三聲。海、贛、桃、宿、安、鹽赤地千里。（天啟

《淮安府志》卷二三《祥異》）

初九日，夜，大雨。（民國《平陽縣志》卷五八《祥異》）

## 八月

初五日，大風雨，飛瓦拔木，西、南、北三溪水漲，田廬槥柩多漂入海。（乾隆《龍溪縣志》卷二○《祥異》）

初五暴雨，午後水聲如雷，湍激疾奔，頃刻湧高數丈，壞民居無數。（康熙《南安縣志》卷二○《雜志》）

初五日，風雨大作，飛瓦拔木。次日，洪水漲發西、北、南三溪，田廬槥柩有漂搖入海者。（崇禎《海澄縣志》卷一四《災祥》）

六日，水暴漲。（乾隆《僊遊縣志》卷五二《祥異》）

雨雹傷稼。（嘉慶《如皋縣志》卷二三《祥祲》）

雨雹，大如雞卵。（嘉慶《延安府志》卷五《大事表》）

十四日，大風，雹仆十七都、一都田禾數百畝。（康熙《光澤縣志》附卷《祥異》）

二十一日，蘇帖一里雹大如雞卵，田禾盡偃。知縣陳汝元請賑。（道光《清澗縣志》卷一《災祥》）

大風雨。（乾隆《瑞安縣志》卷一○《災變》）

霪雨不止，水從地出，平地數尺，城垣崩壞，衝塌民舍百餘間，溺死者幾百人。（乾隆《安溪縣志》卷一○《祥異》）

## 九月

癸亥，天氣暴寒。（《明神宗實錄》卷五二四，第9869頁）

甲子，夜望，月食。（《明神宗實錄》卷五二四，第9869頁）

丁卯，湖廣、武昌等處地震。（《明神宗實錄》卷五二四，第9872頁）

庚午，山西、河南等處地震。（《明神宗實錄》卷五二四，第9876頁）

雪。（萬曆《如皋縣志》卷二《五行》）

二十一日，後山民房發火，燒菌存其藁。少頃，龍從鼓尾潭起，大雨滅火。漁船四隻為龍攝去，墜地粉碎。又攝網户鄭進德過二里餘，墜田中，撻回十餘日，尚極臭如銅。（同治《長樂縣志》卷一〇《祥異》）

不雨，至明年十月。（乾隆《諸城縣志》卷二《總紀上》）

## 十一月

乙丑，夜，火星逆行柳宿。（《明神宗實錄》卷五二六，第 9893 頁）

月終，下大雪尺餘，至次月二日，邑民罕見戲磊獅子，咸慶賞之。（崇禎《興寧縣志》卷六《災異》）

大雪，積尺許。（乾隆《橫州志》卷二《畜祥》）

## 十二月

癸卯，夜，月掩犯心宿火星。（《明神宗實錄》卷五二七，第 9909 頁）

## 是年

夏，旱，無麥。（民國《陽信縣志》第二册卷二《祥異》）

夏，雨雹，大如卵，傷稼。（乾隆《通許縣舊志》卷一《祥異》）

夏，海水一日三潮。秋，大水，平地數尺，田宅廬墓多壞。（乾隆《晉江縣志》卷一五《祥異》）

大旱，飛蝗傷稼。（光緒《五河縣志》卷一九《祥異》）

長樂縣后山民房發火，有龍起於鼓尾潭，大雨，火滅。（乾隆《福州府志》卷七四《祥異》）

州被旱荒，斗米百錢。（乾隆《福寧府志》卷四三《祥異》）

州又被旱荒。（民國《霞浦縣志》卷三《大事》）

大水，不考其月。（咸豐《順德縣志》卷三一《前事畧》）

風霾蔽日，晝晦如夜。（康熙《霸州志》卷一〇《災異》；民國《霸縣新志》卷六《灾異》）

旱。（乾隆《瑞金縣志》卷一《祥異》；光緒《孝感縣志》卷七《災祥》）

大旱，饑。（同治《宿遷縣志》卷三《紀事沿革表》）

仙一都曹坊蛟溢，湧水丈餘。（道光《宜黃縣志》卷二七《祥異》）

大旱饑，斗米千錢。（同治《饒州府志》卷三一《祥異》）

旱，大饑。（同治《贛縣志》卷五三《祥異》）

鉛山河口雨赤水。（同治《廣信府志》卷一《祥異附》）

旱蝗，令民捕蝗，照蝗給穀。（雍正《館陶縣志》卷一二《災祥》）

大水傷稼。（康熙《膠州志》卷六《災祥》；道光《重修平度州志》卷二六《大事》；道光《膠州志》卷三五《祥異》；民國《增修膠志》卷五三《祥異》）

大旱，蝗。（民國《莘縣志》卷一二《禨異》）

浙江霪雨為災，浙江大水。（乾隆《杭州府志》卷五六《祥異》）

大旱。（道光《黃岡縣志》卷二三《祥異》；乾隆《象山縣志》卷一二《禨祥》；同治《黃安縣志》卷一〇《祥異》）

大水傷禾。（乾隆《掖縣志》卷五《祥異》）

澗水大漲，没地甚多。（民國《岳陽縣志》卷一四《災祥》）

浙江霪雨為災，水饑，秋旱。（同治《湖州府志》卷四四《祥異》）

太平蝗，傷稼。（民國《台州府志》卷一三四《大事略》）

夏秋，大水，（乾隆《諸城縣志》卷二《總紀上》）

秋，旱。（崇禎《烏程縣志》卷四《災異》；康熙《秀水縣志》卷七《祥異》；光緒《歸安縣志》卷二七《祥異》；光緒《嘉興府志》卷三五《祥異》；光緒《桐鄉縣志》卷二〇《祥異》）

秋，大水，疫。（嘉慶《莒州志》卷一五《記事》）

冬，大雪，人以為瑞，次年果豐。（咸豐《興甯縣志》卷一二《災祥》）

春，昭平縣城中雹。（康熙《廣西通志》卷四〇《祥異》）

春，多疫。夏，大旱，至七月初旬方雨。（崇禎《武定州志》卷一一《災祥》）

春夏，無雨，饑。（康熙《天長縣志》卷一《祥異附》）

春夏，霖。秋，旱。（萬曆《常熟縣私志》卷四《敘產》）

夏，赤地千里。秋冬，復大旱。（康熙《安東縣志》卷二《災祥》）

夏，夜，大水，洗去邑南，山南流河店，人畜盡傷。山上起龍，衝回洗為沙石。（康熙《商城縣志》卷八《災祥》）

夏，旱，知州戴瑞卿露禱，自柏潭至東西關，月餘，雨僅及郊。（萬曆《滁陽志》卷八《災祥》）

夏，大水，民饑。（康熙《宿松縣志》卷三《祥異》）

夏，旱。秋，蝗。（崇禎《蠡縣志》卷八《災祥》）

夏，無麥，大水。（雍正《深州志》卷七《事紀》）

夏，大旱，無麥。秋，霪雨。（康熙《棲霞縣志》卷七《祥異》）

夏，蓬萊大旱無麥。（光緒《增修登州府志》卷二三《水旱豐饑》）

夏，大水，縣前堤決灌城，諸堤多決。時亦大於丙戌十四年一尺四寸。（康熙《三水縣志》卷一《事紀》）

夏，大水。（康熙《番禺縣志》卷一四《事紀》）

夏，大水，沒田禾民居。（嘉慶《益陽縣志》卷一三《災祥》）

大水。（崇禎《南海縣志》卷二《災異》；康熙《岳州府志》卷二《祥異》；同治《蒼梧縣志》卷一七《記事》；光緒《沔陽州志》卷一《祥異》；民國《來賓縣志》下篇《機祥》）

大水，亘古未之逢云。（乾隆《德慶州志》卷二《紀事》）

大水，諸堤多決。（康熙《高明縣志》卷一七《紀事》）

大雨雪，摧木折枝，有墜木壓覆民居者。此後水旱災盜頻仍。（乾隆《潮州府志》卷一一《災祥》）

大雨。（康熙《瀏陽縣志》卷九《災祥》）

大旱，多蝗蟲。（康熙《羅田縣志》卷一《災祥》）

蝗入城，歲大祲。（康熙《應城縣志》卷三《災祥》；康熙《德安安陸郡縣志》卷八《災異》；康熙《咸寧縣志》卷六《災祥》）

大水，穀貴。（康熙《漢陽府志》卷一一《災祥》；同治《漢川縣志》卷一四《祥祲》）

雨雹，大如鵝卵。（順治《南陽府志》卷三《災異》）

河決小桃園。（順治《封邱縣志》卷三《祥災》）

蝗。（乾隆《重修懷慶府志》卷三二《物異》；乾隆《新安縣志》卷七《禨祥》）

蝗蝻食禾稼，民大饑。王無言輸豆千石助賑。（道光《尉氏縣志》卷一《祥異附》）

饑。是歲秋，又大旱。（康熙《光澤縣志》附卷《祥異》）

大水，穀貴民饑。（康熙《進賢縣志》卷一八《災祥》；康熙《臨江府志》卷六《歲眚》；康熙《新喻縣志》卷六《歲眚》；乾隆《峽江縣志》卷一〇《祥異》）

水，傾二王廟堤七十丈。（康熙《豐城縣志》卷一《邑志》）

河口雨赤水。（康熙《鉛山縣志》卷一《災異》）

邑大水，決堤。（道光《廣豐縣志》卷二二《孝友》）

大水，荒。（康熙《新建縣志》卷二《災祥》）

廬山蛟出。（同治《德化縣志》卷五三《祥異》）

銅陵、建德水。（康熙《池州府志》卷二九《災祥》）

大潦，（知縣）倡賑請蠲，全活無算。（同治《祁門縣志》卷二一《名宦》）

蝗，禾麥樹葉皆空。（順治《潁上縣志》卷一一《災祥》）

大水入城。（光緒《和州志》卷三七《祥異》）

大水，泛溢入城。（康熙《含山縣志》卷三《祥異》）

有鼠千萬，群從江北渡入郡境食禾。（乾隆《銅陵縣志》卷一三《祥異》）

復大水，差去年八寸，江北諸圩盡沒，銅藉堤埂無損。（順治《銅陵縣志》卷七《祥異》）

旱，詔免被災田地銀三萬七千四百八十一兩，發穀五萬三千二百五十六石以賑之。（康熙《衢州府志》卷一二《荒政》）

蝗蟲傷稼，又旱。（康熙《太平縣志》卷八《祥異》）

雨雹傷稼。(崇禎《泰州志》卷七《災祥》;民國《鹽城續志校補》卷七《祥異》)

旱,次年亦旱。(萬曆《六合縣志》卷二《災祥》)

旱,蝗。(光緒《莘縣志》卷四《機異》)

旱,蝗。歲饑。(光緒《菏澤縣志》卷一八《雜記》)

大水,水逆行入經閣寺,轉而東,衝毀民舍數十家。(崇禎《內邱縣志》卷六《變紀》)

大水。民樂有秋。(民國《雄縣新志·文獻》)

大水,發天津倉米五百石以賑。(天啟《高陽縣志》卷四《賑政》)

旱,綿蟲寸長,遍地黑色,傷害田稼。民饑。(康熙《交河縣志》卷七《災祥》)

蝗,黑小如蟻。知縣徐廷松令民捕納,易以倉粟,一如蔣侯之法,蝗不為災。(康熙《容城縣志》卷八《災變》)

夏秋,大水。自九月不雨,至明年十月。(乾隆《諸城縣志》卷二《總紀上》)

夏秋,無雨。(康熙《曲阜縣志》卷六《災祥》)

夏秋,水。(康熙《費縣志》卷五《災異》)

秋,莒州、費縣大水。莒州大疫。(乾隆《沂州府志》卷一五《記事》)

秋,霪雨六十餘日,大水傷稼。(民國《濰縣志稿》卷二《通紀》)

秋,蓬萊、黃縣淫雨,山水衝淹田禾。(光緒《增修登州府志》卷二三《水旱豐饑》)

秋,大水,霪雨六十餘日。(康熙《續安丘縣志》卷一《總紀》;康熙《杞紀》卷五《繫年》)

秋,大水。(雍正《樂安縣志》卷一八《五行》)

秋,復水,發倉米。(康熙《河間縣志》卷八《恤政》)

秋,蝗。(順治《真定縣志》卷四《災祥》)

秋,暴雨三晝夜,城崩十之七,南門半塌,城樓遂以蕩然。(康熙《福

山縣志》卷二《城池》）

秋冬，復大旱。（天啟《淮安府志》卷二三《祥異》）

秋冬，不雨。（康熙《南豐縣志》卷一《災祥》）

冬，大雪。（康熙《長樂縣志》卷七《災祥》）

冬，無雪。（光緒《萊蕪縣志》卷二《災祥》）

甲寅、丙辰間，水旱頻仍。（乾隆《鄰水縣志》卷三《孝友》）

四十二年、四十三年，皆大水，西北郊田禾盡没。（康熙《建德縣志》卷七《祥異》）

四十二年、四十三年，皆大旱。（光緒《鹽城縣志》卷四七《祥異》）

四十二、三、四、五連年長、善大水。（乾隆《長沙府志》卷三七《災祥》）

# 萬曆四十三年（乙卯，一六一五）

## 正月

戊辰，鞏昌府地震。（《明神宗實錄》卷五二八，第9924頁）

甲戌，鞏昌府地震。（《明神宗實錄》卷五二八，第9933頁）

正月，日暗無光。（道光《新會縣志》卷一四《祥異》）

春正月暨夏六月，不雨。（乾隆《滿城縣志》卷八《災祥》）

至於秋七月，大荒，饑。人民結黨搶掠，人相食。詔發倉賑濟，勸富户輸粟助賑。（康熙《遷安縣志》卷七《災祥》）

至秋七月，不雨，大饑荒。（萬曆《樂亭志》卷一一《祥異》）

至秋七月，不雨，民大饑，結黨搶掠，人相食，詔發倉賑濟，勸富户輸粟助賑。（民國《遷安縣志》卷五《記事篇》）

不雨，至七月初三日始雨。（康熙《定興縣志》卷一《機祥》；光緒《定興縣志》卷一九《災祥》）

至七月初旬，不雨。十一日夜，大雨，穀始播。十三日，立秋。（光緒

《鉅鹿縣志》卷七《災異》）

至七月十三日始雨。（民國《新城縣志》卷二二《災禍》）

不雨，至於秋九月，大饑。（民國《盧龍縣志》卷二三《史事》）

至於秋九月，大饑。（康熙《永平府志》卷三《災祥》）

## 二月

己卯，楊〔揚〕州地震，狼山寺殿壞塔傾，江神祭牌崩裂。（《明神宗實錄》卷五二九，第9941頁）

雨雹大如雞子，深三尺，方三十里，毀民舍無算。（光緒《普安直隸廳志》卷一《災祥》）

初二日，黃風大作，黑霧蔽天，晝冥如晦。（康熙《密雲縣志》卷一《災祥》）

縣庠登雲橋下，池現冰花。（康熙《邢臺縣志》卷一二《事記》）

至六月，不雨。（道光《雲南通志稿》卷三《祥異》；民國《祿勸縣志》卷一《祥異》；民國《鹽豐縣志》卷一二《祥異》）

至六月，不雨。十月，五色雲見西北。（乾隆《姚州志》卷四《災異》）

## 三月

丁未朔，日食。（《明神宗實錄》卷五三〇，第9963頁）

戊申，是日，白晝有星隕于清豐縣之東流村，入地二尺五寸，聲如雷。（《明神宗實錄》卷五三〇，第9964頁）

壬子，天津衛地震有声。（《明神宗實錄》卷五二〇，第9967頁）

月初，大雪。秋，大饑。（康熙《新城縣志》卷一〇《災祥》）

大雪。夏，大旱，發粟賑之。（乾隆《歷城縣志》卷二《總紀》）

大雪，桃杏無花。麥熟後大旱，汶水絕流，城門樓獸噴煙。（康熙《山東通志》卷六三《災祥》）

雨毒如拳，擊死牛馬，又大風拔樹，漂沒民居，死不知所在者八九人。（康熙《衡州府志》卷二二《災異》）

至六月，不雨。（萬曆《河間府志》卷四《祥異》）

大旱。自三月不雨，至七月初九日始雨。又至九月，不雨，蝗蝻徧野，人噉木皮，城幾罷市，邑人邵君儀煮粥賑之，全活者衆。（光緒《文登縣志》卷一四《災異》）

至七月始雨，歲則大熟。（民國《獻縣志》卷一九《故實》）

至七月，不雨，民情嗷嗷，多逃亡者，蓋自京畿、河北以至山東方三千里。（乾隆《東明縣志》卷七《灾祥》）

大旱，自三月至九月不雨，五穀不登。（康熙《福山縣志》卷一《災祥》）

## 四月

戊寅，湖廣石首縣天雨豆，有大有小，有黑有紅。（《明神宗實録》卷五三一，第9992頁）

癸未，萊州府掖縣海（廣本"海"下有"神"字）廟火起，延燒殿廊、神像、鐘皷，并在集貨物數萬金，人畜有傷殞者。其前一日，颶風怒號，有雙鸛（廣本、抱本作"鶴"）銜火，飛來大（抱本作"焚"）殿之異。山東撫臣具奏，工部題覆。上命行布政司修之。（《明神宗實録》卷五三一，第9995頁）

甲申，陝西道御史劉廷元言："近日各處天鳴、地震、亢旱、狂風，白晝隕星，暮春日食，皆時政失常所致。懇乞皇上裁必不可濫之恩，如丈田貨鹽，亟當報罷；舉必不可緩之典，親（抱本'親'上有'如'字）迎選婚，亟當允行。莫令父子骨肉之間，恩義失中，厚薄倒置，席（廣本、抱本作'庶'）常德修，而天變可回也。"不報。（《明神宗實録》卷五三一，第9995頁）

辛丑，户（廣本、抱本"户"上有"初"字）部覆浙江撫按疏稱："浙省水旱災傷，議將本省稅銀五千餘兩，南北二關新增稅銀，各二千四百兩，贓罰銀內姑留一半，計三千三百五十兩，賑濟饑民。已經三請，未蒙俞允，復請如初。"上曰："這贓罰等銀依議留賑，以昭朝廷軫恤災民德意。"

（《明神宗實録》卷五三一，第 10005～10006 頁）

八日，大雨雹傷麥。二十一日，復雨雹。（乾隆《解州安邑縣運城志》卷一一《祥異》）

十二日，大雨雹傷麥，大風拔木。（民國《淮陽縣志》卷八《災異》）

十二日晚，大雨雹，麥間被傷，大風拔木。（康熙《續修陳州志》卷四《災異》）

蝗。（乾隆《武鄉縣志》卷二《災祥》）

大旱，蝗。（民國《萬泉縣志》卷終《祥異》）

大雪，多大熟。（民國《平民縣志》卷四《災祥》）

飛蝗從東南來，如蜂蟻遮天，禾稼大損。（康熙《山西直隸沁州志》卷一《災異》）

諸縣大旱，蝗。（乾隆《蒲州府志》卷二三《事紀》）

大雪，次日始消，麥大熟。（光緒《永濟縣志》卷二三《事紀》）

大饑，人相食。自四月不雨，黍、穀、豆俱無。（康熙《青州府志》卷二一《災祥》）

四、五、六月不雨，秋大饑，斗粟銀六錢。（康熙《高苑縣續志》卷一○《祥災》）

## 五月

乙丑（疑當作“乙亥”），方今亢旱不雨。（《明神宗實録》卷五三二，第 10056 頁）

己酉，京師風霾。（《國榷》卷八二，第 5082 頁）

祁門大水，城内高丈餘，市上乘船往來，竟日方落，死者甚衆。（道光《徽州府志》卷一六《祥異》）

## 六月

戊寅，禮部請祈禱雨澤，自朔日起，停刑禁屠五日。上曰：“今歲亢旱異常，朕心深切警懼，朕謹於宫中竭誠露禱，將緊要政務次第舉行。爾大小臣工也都要痛加修省，盡心營職，毋事虛文，其祭告各官，務竭虔感格，稱朕敬天勤民之意，餘依擬行。"（《明神宗實錄》卷五三三，第 10065 頁）

辛巳，雲南景東府地震，越三日又震。（《明神宗實錄》卷五三三，第 10070 頁）

癸未，以祈禱雨澤，遣公張惟賢，侯郭大成（廣本、抱本及《明史·功臣世表》作"誠"），駙馬候拱宸，伯陳偉，侍郎李誌、何宗彥祭告南郊、北郊、社稷、山川、風雲雷雨壇，護國、濟民、神應、龍王之神，收回脯醢（廣本作"醢"）果酒，頒賜二輔臣三桌。（《明神宗實錄》卷五三三，第 10072 頁）

丁亥，諭刑部："朕見自春至夏以來，亢旱不雨，三農失望，朕心憂懼……"（《明神宗實錄》卷五三三，第 10076 頁）

壬寅，禮部以連旬彌旱，乞勅大臣分詣南郊、北郊、社稷、山川、風雲雷雨等壇，併護國、濟民、神應、龍王之神，再行虔禱太歲之神，及東嶽廟，俱乞命大臣祭告行禮。（《明神宗實錄》卷五三三，第 10095 ~ 10096 頁）

壬寅，諭刑部、都察院、錦衣衛："如今天氣暄熱，兩法司并錦衣衛見監罪囚，笞罪無干證者放之，徒流以下便減等擬審發落，重囚情可矜疑并枷號者，都開寫來看。"（《明神宗實錄》卷五三三，第 10096 ~ 10097 頁）

全椒大水，畿内旱。（《國榷》卷八二，第 5087 頁）

初一日，是夜，天雨紅豆，色甚光瑩。先是石首雨，後公安雨，至是江陵亦雨。（《游居柿錄》卷一〇）

大水，漂沒廬舍，民多溺死。（民國《全椒縣志》卷一六《祥異》）

七日，虹見於西，暴雨，大水腐禾。（乾隆《諸暨縣志》卷七《祥異》）

大旱。（順治《真定縣志》卷四《災祥》）

大旱，東城樓獸噴煙，三月不雨。歲大饑，父子相食。上遣御史過庭訓賑之。（崇禎《歷乘》卷一三《災祥》）

麥熟。夏，大旱。六月，穀甚貴，盜大起。（萬曆《齊東縣志》卷九《災祥》）

颶風，海嘯水溢，淹禾稼人民屋舍，沙壓鄰海田土。（康熙《黃縣志》卷七《災異》）

春夏，大旱，野無苗。六月，汶水絕流，官山火熾。七月始雨，八月霜降，晚禾盡殺。民饑，至屑樹及銼草，節雜糠秕啖之，老幼男女遺棄委置，屍骸橫遍。九月停徵。（光緒《萊蕪縣志》卷二《災祥》)）

大雨，城內水深三尺，損田廬甚眾。（萬曆《江浦縣志》卷二《縣紀》）

大雨。（萬曆《常熟縣私志》卷四《敘產》）

十六日，大雨連晝夜，洪水瀑漲，民間廬舍傾圮者無數，溺死男婦近千。（康熙《滁州志》卷三《祥異》）

大水，漂沒民廬無算。秋旱，歲大歉。（康熙《天長縣志》卷一《祥異》）

大水。（天啟《新修來安縣志》卷九《祥異》）

大水，衝壞石橋。（康熙《永定縣志》卷三《橋渡》）

自前冬十月，至夏六月不雨，市絕糧，人情洶洶。（乾隆《雞澤縣志》卷一八《災祥》）

## 七月

己酉，薊遼督撫薛三才、吳崇禮各奏："畿輔旱災，饑民聚亂，懇乞聖慈，大賜蠲賑，以收人心，併停本年應徵、帶徵錢糧，與各衛所屯糧，議改議折。"上曰："畿輔旱災異常，以致饑民羣聚搶奪，著先發通倉米七萬石，分賑被災處所，務使人沾實惠。如有姦民乘機劫掠的，行各該有司官嚴拏治罪，以靖地方，無得姑息養亂。其錢糧應蠲折及發漕粟等事，著該部詳議具奏。"（《明神宗實錄》卷五三四，第 10103 頁）

癸亥，巡撫山東右僉都御史錢士完疏言："東省六郡自正月至六月不雨，田禾枯槁，千里如焚，耕叟販夫，蜂起搶奪，相率而求一飽。臣即出示撫戢以定人心，發倉糶以濟緩急。然倉儲有限，歲月尚遙，雖救目前，終難久恃。查得萬曆三十八年，皇上發內帑十五萬（廣本、抱本'萬'下有'兩'字），臨清、德州倉米三十萬石，分賑直隸、山東、山西、河南等處。

臣未敢泛請，獨臨清、德州二倉，以原貯東民之脂，救東民之急，于理既順，于例又合，易搶奪而享泰寧，實為便計。"上曰："該省旱災異常，蠲恤事宜，著戶部酌議具奏。"（《明神宗實錄》卷五三四，第 10113 ~ 10114 頁）

丁卯，惟是東省旱災，饑民搶掠。（《明神宗實錄》卷五三四，第 10121 頁）

辛未，保定巡撫王紀奏："畿南亢旱異常，秋禾盡槁，萬民待哺，逃（廣本、抱本'逃'上有'而'字）竄搶奪，報無虛日，懇乞聖明，速賜破格蠲賑，以消亂萌。"（《明神宗實錄》卷五三四，第 10123 ~ 10124 頁）

辛未，山東巡撫錢士完連疏請酌議藩政，併求罷歸。上曰："田地事已有旨了（廣本、抱本無'了'字），東省近罹旱災，全賴撫臣綏輯。錢士完著照舊供職，不允所辭。"（《明神宗實錄》卷五三四，第 10124 頁）

初二，連日霆雨，河水橫溢，田廬漂沒，溺死男婦十餘人。（康熙《定襄縣志》卷七《災祥》）

勢江山崩，出蛟，河水瀑漲，魚死塞江，水不可飲，民惟掘泉取水以爨。（光緒《恭城縣志》卷四《祥異》）

大風雨，傾折石坊三座。（同治《饒州府志》卷三一《祥異》）

雨。（康熙《山東通志》卷六三《災祥》；乾隆《武定府志》卷一四《祥異》；乾隆《樂陵縣志》卷三《祥異》）

自春亢旱，至七月初四日始雨，禾稼幾於槁盡，饑民蜂起，白晝聚搶。（天啟《東安縣志》卷一《機祥》）

春夏大旱，七月始雨。（光緒《保定府志》卷三《災祥》）

春夏大旱，米價騰踴。至七月初三日始雨。（康熙《容城縣志》卷八《災變》）

春夏，旱，七月乃雨。（崇禎《廣昌縣志·災異》）

春夏，旱，七月乃雨。民大饑。（順治《易水志》卷上《災異》）

春夏，大旱，至七月望始雨。民多掠食，詔加賑恤。（光緒《東光縣志》卷一一《祥異》）

始雨，歲大熟。（康熙《任邱縣志》卷四《祥異》）

春夏，旱，至七月始雨，村民劫奪。知州吳世忠請發倉廩，詔加賑恤。（民國《景縣志》卷一四《故實》）

十五，自去秋至今不雨，升米值數十錢，搶掠四起。（道光《寧國縣志》卷一〇《疏》）

二十有六日始雨，穀不登，斗米錢百五十，民大饑。（萬曆《棗強縣志》卷一《災祥》）

大旱，米價騰湧。七月初六始雨，後仍有年。（雍正《深州志》卷七《事紀》）

方雨，惟稷少獲，餘苗枯死。（康熙《武邑縣志》卷一《祥異》）

大雨彌月，湮沒南園周家廟。（康熙《靜樂縣志》卷四《災變》）

蝗。（乾隆《歷城縣志》卷二《總紀》）

初夏大旱，至七月初七日微雨。禾枯人亂，秋八月又臘。草食、木食、血食、人食，人亡十之三，至四十四年春季始聊生。（萬曆《蒲臺縣志》卷七《災異》）

大旱，饑。時炎蒸異常，道多暍死。七月初九日始雨，又至九月不雨，蝗蝻生，人啖木皮，城幾罷市。知府陶朗先多方賑恤，糴於遼，招南北商船兼糴於淮，廣設粥廠，單騎稽察，全活九萬餘口。（康熙《登州府志》卷一《災祥》）

初九日始雨，又至九月不雨，蝗蝻生，人啖木皮，民幾罷市。（康熙《棲霞縣志》卷七《祥異》）

大旱，蝗。七月，不雨，人相食。山東捎販子女日數百車，攘奪相殺，道殣如山。（康熙《重修贛榆縣志》卷四《災紀》）

恭城勢江山崩，出蛟。平邑河水暴漲，魚死塞江，水不可飲。（雍正《平樂府志》卷一四《祥異》）

## 八月

乙亥朔，雲南楚雄府地震，其聲如雷，居民驚殞。（《明神宗實錄》卷

五三五，第 10129 頁）

壬午，巡按福建御史李凌雲勘過去歲八月內，興、泉、漳三府水災情形，據實具奏，請將原題稅銀五萬兩，或全或半，存留賑恤。不報。（《明神宗實錄》卷五三五，第 10135 頁）

丁亥，以畿南東省兩地旱災，發臨、德二倉粟米平糶，每處各十萬石。（《明神宗實錄》卷五三五，第 10137 頁）

己巳，東安霜殺禾稼。（《國榷》卷八二，第 5090 頁）

永福縣大水，漂流城郭田園，人畜溺死無算。（乾隆《福州府志》卷七四《祥異》）

繁霜。（民國《東安縣志》卷九《機祥》）

甘露降。（嘉慶《如皋縣志》卷二三《祥祲》）

淫雨，海嘯風雹三日夜，霹靂碎石。贛榆、沭陽大旱，人相食，鬻男女，道殣相望。（嘉慶《海州直隸州志》卷三一《祥異》）

隕霜。（民國《無棣縣志》卷一六《祥異》）

霜，晚禾盡傷，諸州邑大饑，發帑金十六萬兩，倉粟十六萬石，遣御史過庭訓賑之。（乾隆《樂陵縣志》卷三《祥異》）

霜，晚禾盡傷。諸州邑大饑，詔發帑金十六萬兩，倉粟十六萬石賑之。（乾隆《武定府志》卷一四《祥異》）

八日，隕霜，民大饑，多餓死。（萬曆《齊東縣志》卷九《災祥》）

霜，晚禾盡傷，大饑，或父子相食。（康熙《山東通志》卷六三《災祥》）

霪雨，山水衝淹夾河金家疃等處居民田土禾稼。（康熙《黃縣志》卷七《災異》）

隕霜殺菽。冬大饑，人櫚食，死者相枕藉。（天啟《新泰縣志》卷八《祥異》）

霪雨。（天啟《淮安府志》卷二三《祥異》）

霪雨，海州海嘯，平地大湧。冰雹三日夜，霹靂碎石，湫鎮民周望數家房震，孫登父子四人俱死。（乾隆《淮安府志》卷二《祥異》）

大風雨。（乾隆《瑞安縣志》卷一〇《災變》）

至八、九月間，蝗蝻蔽地，食麥苗又盡，於是粟價湧貴，盜賊蜂起。（康熙《青州府志》卷二一《災祥》）

## 閏八月

丁巳，山東巡撫錢士完奏東省旱災盜起。（《明神宗實錄》卷五三六，第 10158～10159 頁）

丁卯，是夜三更，東南方有流星，大如盞，赤色，有光。（《明神宗實錄》卷五三六，第 10166 頁）

二十五日，霜，凍禾稼。（天啟《東安縣志》卷一《機祥》）

## 九月

辛卯，是日戌初遼東地震，其响如雷。（《明神宗實錄》卷五三七，第 10189 頁）

蚩尤旗見東南，光芒噴薄，狀如火樹，高數十丈。復有黑氣直侵紫垣，七日乃滅。（道光《欒城縣志》卷末《災祥》）

二十一夜，雪。（萬曆《常熟縣私志》卷四《敘產》）

## 十月

辛酉，是日五更，京師地震。（《明神宗實錄》卷五三八，第 10219 頁）

十七日，房舍草木上皆如雪架，即屋内蛛網遊絲皆然。早行人鬚眉巾帕皓白豎凝不可去，其臭如鐵腥，如是者十有五日。（康熙《蒲城志》卷一二《祥異》）

## 十一月

乙未，户部覆巡按直隸御史過庭訓疏稱，畿輔旱災異常，飢民亂形已見。（《明神宗實錄》卷五三九，第 10254 頁）

上曰："畿輔災傷重大，憫恤宜先。這所奏蠲折停緩等項，俱依擬行，

務便（抱本作'使'）德澤及民，称朕軫念窮黎至意。"（《明神宗實錄》卷五三九，第 10255 頁）

三日冬至，天氣陰暖，入冬連陰雨暖，至是（四日）大澍雨，如春夏蒸溽時。二十一日，漸見冰澌。（《味水軒日記》卷七）

初三日冬至卯時，雷響數聲，逾時微雷有小雨。（康熙《詔安縣志》卷二《祥異》）

雲霧罩地。（順治《閿鄉縣志》卷一《星野》）

## 十二月

甲辰，以雪澤愆期，命順天府竭誠祈禱。（《明神宗實錄》卷五四〇，第 10265 頁）

乙卯，以祈雪有應，遣官祭謝郊壇。（《明神宗實錄》卷五四〇，第 10271 頁）

## 是年

春，大旱，秋乃雨，麥禾盡槁。（民國《東安縣志》卷九《禨祥》）

春，大旱，五穀不生，盜賊蜂起，民多流亡。至七月方雨，大荒。（民國《昌黎縣志》卷一二《故事》）

春，大旱蝗。是歲，大饑，人相食。（乾隆《掖縣志》卷五《祥異》）

自春至夏六月，不雨，大饑。（崇禎《鄆城縣志》卷七《災祥》；光緒《壽張縣志》卷一〇《雜事》）

春夏，大旱。（康熙《定襄縣志》卷七《災祥》；光緒《容城縣志》卷八《災異》）

春夏，不雨，縣屬劉營村地裂五丈，深無底。（光緒《永年縣志》卷一九《祥異》）

春夏，大旱，麥盡枯。秋，大水。（光緒《淮安府志》卷四〇《雜記》）

春夏，大旱。秋，雨，獲稼。（光緒《延慶州志》卷一二《祥異》）

春夏，旱，至七月始雨，村民刼奪，知州吳世忠請發倉廩，詔加賑恤。

（民國《景縣志》卷一四《故實》）

　　山東春夏大旱，千里如焚。（道光《觀城縣志》卷一〇《祥異》）

　　夏，昆明大旱。（康熙《雲南府志》卷二五《菑祥》）

　　夏，大旱。（康熙《福建通志》卷六三《雜記》；乾隆《行唐縣新志》卷一六《事紀》；道光《昆明縣志》卷八《祥異》；民國《宜良縣志》卷一《祥異》；民國《無棣縣志》卷一六《祥異》）

　　夏，旱蝗。秋，大饑。（光緒《臨朐縣志》卷一〇《大事表》）

　　夏，大旱，有蝗蚄蛃復起，禾稼盡，大饑，人相食。秋，大疫。（道光《膠州志》卷三五《祥異》）

　　夏，大旱，穀貴，盜大起。（民國《齊東縣志》卷一《災祥》）

　　夏，大旱，有蝗蚄蛃復起，禾稼盡，人相食。秋，大疫。（民國《增修膠志》卷五三《祥異》）

　　夏，大水。（康熙《三水縣志》卷一《事紀》；康熙《番禺縣志》卷一四《事紀》；乾隆《潮州府志》卷一一《災祥》；嘉慶《澄海縣志》卷五《災祥》）

　　夏，旱。（嘉慶《如皋縣志》卷二三《祥祲》；民國《大名縣志》卷二六《祥異》）

　　夏，大水決隄。（宣統《高要縣志》卷二五《紀事》）

　　夏，旱，蝗。（康熙《杞紀》卷五《繫年》）

　　大水，縣令吳羽文賑給民錢穀。（民國《全椒縣志》卷六《蠲賑》）

　　地震逾月，旱蝗，穀價騰貴。次年，蝗復如之。（光緒《霍山縣志》卷一五《祥異》）

　　大旱，賑饑民。（民國《順義縣志》卷一六《雜事記》）

　　大旱，斗米錢百五十，民大饑。（民國《棗强縣志》卷八《災異》）

　　邳州、宿遷大旱。是年，蕭大熟。（同治《徐州府志》卷五下《祥異》）

　　旱，無麥禾。（咸豐《邳州志》卷六《民賦下》）

　　大旱，無麥。（嘉慶《海州直隸州志》卷三一《祥異》）

　　大旱，大饑。（同治《宿遷縣志》卷三《紀事沿革表》）

河漲。（光緒《安東縣志》卷五《民賦下》）

大旱，雨雹，蝗蝻滿地，禾麥全無。（民國《陽信縣志》第二冊卷二《祥異》）

邑大旱，人相食，鄰邑皆大饑。（光緒《霑化縣志》卷一四《祥異》）

大旱，自三月至九月不雨，千里如焚，蝗蝻徧野，人啖樹皮。（民國《福山縣志稿》卷八《災祥》）

登屬大旱，千里如焚，饑疫，詔免夏粮秋稅，已納者留以充賑。（民國《萊陽縣志》卷首《大事記》）

旱蝗，大饑，人相食。（民國《高密縣志》卷一《總紀》）

旱蝗。歲大饑，人相食，御史過庭訓齎帑賑荒。（民國《壽光縣志》卷一五《大事記》）

大旱，米穀甚貴。（民國《莘縣志》卷一二《襍異》）

大旱。（萬曆《階州志》卷一二《災祥》；康熙《鹽山縣志》卷九《災祥》；康熙《太平縣志》卷八《祥異》；咸豐《寧陽縣志》卷一〇《災祥》；光緒《德平縣志》卷一〇《祥異》）

大旱，饑民就食河南。（道光《長清縣志》卷一六《祥異》）

大旱，蝗，禾豆災，死者枕籍〔藉〕於道。（光緒《日照縣志》卷七《祥異》）

蝗旱，來春大饑，人相食，婦女南販。（乾隆《昌邑縣志》卷七《祥異》）

旱。（天啟《衢州府志》卷六《禮典》；康熙《濱州志》卷八《紀事》；康熙《衢州府志》卷三〇《五行》；雍正《常山縣志》卷一二《拾遺》；乾隆《浦江縣志》卷一〇《恤政》；同治《江山縣志》卷一二《祥異》）

諸暨大水。（乾隆《紹興府志》卷八〇《祥異》）

旱災。（民國《衢縣志》卷一《五行》）

旱，禱又應。（康熙《保德州志》卷三《風土》）

蝗蝻害稼。（民國《浮山縣志》卷三七《災祥》；民國《翼城縣志》卷一四《祥異》）

大旱，蝗。（萬曆《鉅野縣志》卷八《災異》；光緒《榮河縣志》卷一四《祥異》）

大水。（光緒《霑益州志》卷四《祥異》；光緒《沔陽州志》卷一《祥異》）

大旱，立秋二日雨。（乾隆《隆平縣志》卷九《災祥》）

秋，大水。（民國《榮經縣志》卷一三《五行》）

旱。秋，八坼臘，歲大饑，人相食。（咸豐《濱州志》卷五《祥異》）

秋，蝗蝻遍野，食禾幾盡。（道光《榮成縣志》卷一《災祥》）

春，翼城蝗。（雍正《平陽府志》卷三四《祥異》）

春，冰雹，殺禾。夏，蝗。秋，不雨，人相食，多瘟疫。（康熙《沭陽縣志》卷一《祥異》）

大旱，自春至秋不雨，多蝗。（康熙《朝城縣志》卷一〇《災祥》）

春夏，大旱，麥盡枯。鹽城縣大旱，草木死。（乾隆《淮安府志》卷二五《五行》）

春夏，大旱，麥盡枯。（天啟《淮安府志》卷二三《祥異》）

春夏，旱，賑饑。（光緒《廣平府志》卷三三《災異》）

春夏，大旱，蝗，千里如焚。民饑，或父子相食。詔留稅銀，發倉粟，遣御史過庭訓賑之。庭訓賑恤有方，全活者眾。（乾隆《平原縣志》卷九《災祥》）

春夏，不雨，縣西劉營村地裂五六丈，寬可二尺，深無底。數日後，於內走出一綠龜，是晚大雨如注，遠近霑足。（崇禎《永年縣志》卷二《災祥》）

大旱，歷春夏無雨。（萬曆《棗強縣志》卷一《災祥》）

春夏，旱。秋，雨足。（順治《饒陽縣後志》卷五《事紀》）

自春入夏，不雨。（康熙《昌平州志》卷二六《紀事》）

夏，旱，七月始雨。歲則大熟。（乾隆《河間縣志》卷一《紀事》）

夏，旱，蝗。秋，大饑，粟價湧貴，民刮木皮和糠秕而食，林木為之一盡，餓死者道相枕藉，乃有割屍肉而食者。（康熙《續安丘縣志》卷一

《總紀》）

夏，旱，蝗。大饑，人相食。遣使賑荒。（嘉慶《昌樂縣志》卷一《總紀》）

夏，大旱，饑，人相食。遣御使過庭訓賑之。（康熙《齊河縣志》卷六《災祥》）

夏，省城大旱。（天啟《滇志》卷三一《災祥》）

夏，倫明堂為霆雨所傾。（乾隆《信宜縣志》卷一一《藝文》）

夏，雨偶集，適黃山諸地蛟發，水入夜驟漲，邑中人多熟睡，不及下榻。凡旬日始退。（順治《六合縣志》卷八《災祥》）

颶。（民國《龍山鄉志》卷二《災祥》）

大颶。（順治《南海九江鄉志·災祥》）

大雨雪，摧木折枝，有墜木壓壞民居者。此後水旱災盜頻仍。（民國《大埔縣志》卷三七《大事》）

大水異常。（嘉慶《益陽縣志》卷一三《災祥》）

學前瀟江上春水暴漲，湧石成洲。（道光《永明縣志》卷一三《軼事》）

蝗。（康熙《羅田縣志》卷一《災異》；道光《黃安縣志》卷九《災異》；同治《襄陽縣志》卷七《祥異》）

久旱，夜半雨下，涇城塹中深五尺。（同治《廣濟縣志》卷七《仕績》）

蝗蝻大盛。（乾隆《裕州志》卷一《祥異》）

蝗食禾。（康熙《南陽縣志》卷一《祥異》）

蝗無翼，遍野，從北而來，糾纏相抱，如滾渡河，延城而進，入人房廚臥榻，嚙人衣，久則生羽飛去。（康熙《新蔡縣志》卷七《雜述》）

大旱，自春至秋不雨。（康熙《濮州志》卷一《災異》）

（晉江縣）水。（萬曆《閩書》卷一四八《祥異》）

重陽大雪。（康熙《當塗縣志》卷三《祥異》）

尋旱，有蝗。（康熙《廬州府志》卷三《祥異》）

浙西大水。(《海昌叢載》卷四《祥異》)

河決，淮安一帶大水。(民國《阜寧縣新志》卷九《水工》)

山、安、桃、清俱大水。邳、贛、宿、沭、鹽、睢大旱，草木死。山東流移就食者數百萬，百姓洶囂。(天啟《淮安府志》卷二三《祥異》)

旱，蝗。歲大饑。(光緒《菏澤縣志》卷一八《雜記》)

大旱，人民離散。(乾隆《魚臺縣志》卷三《災祥》)

旱，大饑。(康熙《嶧縣志》卷二《災祥》；康熙《濟寧州志》卷二《灾祥》；民國《東平縣志》卷一六《災祲》)

大旱，民饑，流離賣鬻子於河南，人相食。(康熙《東平州志》卷六《災祥》)

大旱，經年不雨。大饑，人民相食。(康熙《滋陽縣志》卷二《災異》)

大旱，井泉枯竭。(天啟《新泰縣志》卷八《祥異》)

蝗蝻遍野，禾稼一空，遂成大饑，人相食，父子、夫妻、兄弟不相保聚，或數十文錢即鬻其妻，一二饅首即鬻其子。流亡載道，非常之災。(康熙《郯城縣志》卷九《災祥》)

大旱，饑。(乾隆《海陽縣志》卷三《災祥》)

大旱，自三月至九月不雨，赤地千里，蝗蝻遍野。(民國《牟平縣志》卷一〇《通紀》)

大旱，饑。時炎蒸異常，多暍死。(康熙《棲霞縣志》卷七《祥異》)

大旱，蝗。大饑，人相食，鬻子女，至有人市。(乾隆《諸城縣志》卷二《總紀上》)

旱，蝗。歲大饑，人相食，齊地生齒十去五六。(康熙《壽光縣志》卷一《總紀》)

大旱，人相食，群聚為盜。(康熙《慶雲縣志》卷一一《災祥》)

大旱，赤地千里，人相食。(嘉慶《禹城縣志》卷一一《灾祥》)

大雨，(啟聖公)祠圮。(康熙《續修商志》卷二《文廟》)

北胡村河水泛溢，衝塌房屋千間，淹死人畜，漂没雜粟無算。(乾隆《忻州志》卷四《災祥》)

不雨至七月，百禱不應。（雍正《肥鄉縣志》卷二《災祥》）

大旱，詔加賑恤。（民國《滄縣志》卷一六《大事年表》）

大水，西北之郊田禾盡没。（康熙《建德縣志》卷七《祥異》）

旱。發德州倉米八百石，以其半賑，餘作平糶納銀二百兩。（崇禎《高陽縣志》卷四《賑政》）

大旱，至七月不雨。民掠，路絶行人。（康熙《遵化州志》卷二《災異》）

秋，大旱，蝗。留稅銀賑之。（乾隆《曲阜縣志》卷三〇《通編》）

冬至日，雷鳴。（康熙《長樂縣志》卷七《災祥》）

冬，無冰。（光緒《廣平府志》卷三三《災異》）

四十一、三、四、五年，俱大水異常。（崇禎《長沙府志》卷七《祥異》）

四十三、四、五年，蝗蝻遍食稻禾三載。（康熙《修武縣志》卷四《災祥》）

四十三年至四十五年，三年旱蝗相連，人民相食，死者枕藉。（康熙《肥城縣志》卷下《災祥》）


# 萬曆四十四年（丙辰，一六一六）

## 正月

丁亥，月食。（《明神宗實錄》卷五四一，第 10289 頁）

大雪，雪有黄、紅、黑色，屋瓦皆有巨人跡。（光緒《無錫金匱縣志》卷三一《祥異》）

大雪，深四五尺。（同治《饒州府志》卷三一《祥異》）

京師大雪。（光緒《順天府志》卷六九《祥異》）

朔，大雪二十餘日。冬燠，桃李華。（康熙《宿松縣志》卷二《祥異》）

二日，大雪四晝夜。（康熙《遂昌縣志》卷一〇《災眚》）

初三，天雨紅雪。（順治《六合縣志》卷八《災祥》）

三日，晝慘黯，雪墜空如傾封垛，可一二尺許或三尺許，山中坎陷平填七八尺，摧拉竹木無算。時入春十日，歲裏雷早發，而陰凍連旬不解，人共瘴瘃，簷冰長短垂如銀栅排户。（光緒《慈谿縣志》卷五五《祥異》）

四日大雪，雪中見大人跡，長尺有咫。（康熙《武進縣志》卷三《災祥》）

雨紅雪，沾衣成斑。（萬曆《如皋縣志》卷二《五行》）

雨雪黑。正月大雪，見紅黃黑三色，屋上有巨人跡。（光緒《直隸和州志》卷三七《祥異》）

大雪，深四五尺。（康熙《鄱陽縣志》卷一五《災祥》）

大雪，正月至二月初旬始霽，先後及丈餘。（崇禎《吳縣志》卷一一《祥異》）

## 二月

丙寅，山東比年荒旱，道殣委藉，父子兄弟互相殘食，婦女流鬻江南，淮安遂成人市。盜賊並起，所在攻劫。督理荒政御史過庭訓入境以聞，有旨：“饑民嘯聚，亂形已成，務相機捕除首惡，餘設法解散。”（《明神宗實錄》卷五四二，第 10308 頁）

大雪彌月，深數尺，山獸落平原，人手搏（同“搏”）之。夏，蝗蝻為災，其飛有翅如雀，高數十丈，一下田畝，食苗立盡。（康熙《太平府志》卷三《祥異》）

初七日，渾河移至本縣。（天啟《東安縣志》卷一《機祥》）

壬戌日，雷鳴雹霰不已，間有霹靂。（天啟《淮安府志》卷二三《祥異》）

清明後六日，杭州下雪，珠濺入蓬窗甚巨，鵝首頃刻可掬。（乾隆《杭州府志》卷五六《祥異》）

## 三月

庚辰，月犯軒轅大星。（《明神宗實錄》卷五四三，第 10313 頁）

朔，猶嚴寒。（崇禎《吳縣志》卷一一《祥異》）

鎮城大風，晝晦如夜。（乾隆《宣化縣志》卷五《災祥》）

未時，黑風西來，窈冥盡晦，居民張火作食。（康熙《保安州志》卷二《災祥》）

不雨，牟麥盡枯。州守閉南門祈禱，至三月二十七日始微雨，秋禾稍熟。（崇禎《武定州志》卷一一《災祥》）

## 四月

丙午，雷火焚稅監張燁棲居，燁榷稅通灣，而治第于黃華坊。是日，將午，風雨驟至，電火四發，霹靂從樓中出，三十餘間，頃刻立爐。（《明神宗實錄》卷五四四，第10326頁）

丁未，夜，東南方有流星，大如彈，赤色，有光。（《明神宗實錄》卷五四四，第10326頁）

戊午，山東濟南等府蝗復生。（《明神宗實錄》卷五四四，第10333頁）

路江大水，北郭外田成巨浸，沙渚灣環趨合大江。（民國《靈川縣志》卷一四《前事》）

大水漂没廬舍無數，居民避居山坡。（光緒《龍南縣志》卷一《禨祥》）

蝗，復大饑。（民國《增修膠志》卷五三《祥異》；民國《山東通志》卷一〇《通紀》）

旱。（康熙《成安縣志》卷四《災異》）

文水、長治、潞城、臨汾、安邑、聞喜、稷山、臨晉、猗氏、萬泉、芮城、垣曲、蒲、絳諸州縣飛蝗蔽天，食禾立盡。（雍正《山西通志》卷一六三《祥異》）

臨汾飛蝗蔽天，食禾立盡。霍州有年。（雍正《平陽府志》卷三四《祥異》）

飛蝗蔽田，食禾立盡。（乾隆《絳縣志》卷一二《祥異》）

蝗蟲蔽天而下，鄉民帥室家婦子焚香告天，哭聲震野。（順治《麟遊縣

志》卷一《災祥》)

初六日，水大漲，傾（青草橋）北頭第一、第二兩拱。(雍正《衡陽縣志》卷五《津梁》)

至五月，雨，西北二門城傾四十餘丈。(嘉慶《潮陽縣志》卷三《城池》)

至八月不雨，禾菽枯死。蝗生，民多逃亡。(康熙《天長縣志》卷一《祥異附》)

## 五月

辛未，夜，湖廣衡州府三河水暴漲，郡縣官署水深至五六尺。(《明神宗實錄》卷五四五，第 10337 頁)

辛卯，兵科給事中熊明遇奏："自本年以來，天鼓兩震（廣本'震'下有'于晉陲，流星盡隕于清豐，雷火霹靂于馬蘭'十七字），霞光起落，于濕州（廣本、抱本作'溫州'）地震凡二十八見，天火，凡九見，石首雨荳。"(《明神宗實錄》卷五四五，第 10344 頁)

初一日，龍巖大水，壞龍津橋，城垣崩，田産没。(道光《龍巖州志》卷二〇《雜記》)

初一、二、三日，霪雨不止，蛟蜃并出，一夜水高三丈。(光緒《長寧縣志》卷首《機祥》)

初一、二、三，霪雨不止，蛟蜃并出，一夜水高數丈。(同治《贛縣志》卷五三《祥異》)

初二日，水從郴江溪發。(光緒《耒陽縣志》卷一《祥異》)

初二，平地水湧，衝牆拔屋，蔽江而下。秋，復旱。(康熙《新淦縣志》卷五《歲眚》)

初三日，保昌洪水，漲十餘丈，多所漂没。(道光《直隸南雄州志》卷三四《編年》)

初三日，大水，衝陷城池田畝，民大饑，道殣相望。(康熙《始興縣志》卷四《災祥》)

初四夜，曲江英德大水入郡，城深五六尺，舟行闌闠中，人民漂没廬舍，衝圮城外。（同治《韶州府志》卷一一《祥異》）

初四日，大水冒城，漲至府前，初五日退，初六日復漲，加二丈，自西門至東門壞民舍不可勝計。（康熙《延平府志》卷二一《災祥》）

初四，夜，水入郡城，深五六尺，闌闠成河，舟桴行市，所不甚潰者，惟縣學之明倫堂與嶺南道公署而己〔已〕。人民漂没，房舍衝圮〔圮〕，城外什九，城中什一。井泉為穢濁所蓄，飲輒患痢，死者又日以百計。是歲，秋不熟，鄉落饑，采蕨根竹實療之。（光緒《曲江縣志》卷三《祥異》）

大水。（順治《雩都縣志》卷二《災異》；乾隆《潮州府志》卷一一《災祥》；嘉慶《澄海縣志》卷五《災祥》；咸豐《順德縣志》卷三一《前事畧》）

水大入城。（康熙《仁化縣志》卷上《災異》；民國《仁化縣志》卷五《災異》）

海水嘯。（光緒《揭陽縣續志》卷四《事紀》）

霪雨不止，蛟蜃并出，一夜水高數丈，廬舍田禾皆没，居民溺死無算，雩都、信豐亦如之。（同治《贛州府志》卷二二《祥異》）

南康大水，（疑脱“城”字）東民居多漂没。（同治《南安府志》卷二九《祥異》）

飛蝗蔽野，食秋禾一空，村落如掃。（光緒《萊蕪縣志》卷二《災祥》）

飛蝗蔽天。（天啟《淮安府志》卷二三《祥異》）

大水，決馬湖堤三百餘丈，漂民廬舍，壞洪橋。（乾隆《豐城縣志》卷一六《祥異》）

大水災，入城，内外民居盡被圮。侍郎郭子章代里民具呈請賑。（乾隆《泰和縣志》卷二八《祥異》）

大水，三日乃退，嘉定石橋圮，東門民居蕩析盡。（康熙《信豐縣志》卷一一《祥異》）

水災，新造龍興橋被水衝壞，郡城垣堞傾壞尤甚。秋冬，旱。（康熙《興國縣志》卷一二《天災》）

淫雨，蛟蜃并出，水湧丈餘。（同治《大庾縣志》卷二四《祥異》）

大水，城東以外民居漂没。（康熙《南康縣志》卷一三《祥異》）

大水，平地數丈，城隅崩壞，民居倒壓及淹死者數十人，漂没田禾，米價騰貴。（康熙《英德縣志》卷三《祥異》）

大水潦漲，北江田廬禾黍蕩盡。（崇禎《南海縣志》卷二《災異》）

水忽暴漲，居民多没，田禾多損。（乾隆《懷集縣志》卷一〇《編年》）

蝗食禾。（順治《沈丘縣志》卷一三《災祥》）

大旱，自五月至七月初二日始雨。（民國《商水縣志》卷二四《祥異》）

大旱，五月不雨，至七月初三日始雨。（順治《項城縣志》卷八《災祥》）

五、六月，多雨，不害稼。（崇禎《吳縣志》卷一一《祥異》）

五、六月，旱。（嘉慶《會同縣志》卷八《秩官》）

# 六月

丁巳，山西平陽府蝗，蒲解尤甚。（《明神宗實録》卷五四六，第10353頁）

己未，先是，五年熱審，以小滿爲期。是歲逾兩月，俞〔諭〕旨未下，會暑雨，獄中多疫。該部科臣屢請，閣臣亦言：“御史劉光復繫獄一年，念母憂焦，且感危症，倘一旦瘐死图圄，将使聖明之世有僇諫臣之名，臣等所不忍聞也。”不報。（《明神宗實録》卷五四六，第10354頁）

己未，江西贛州等處水，城垣崩頹，没人民無數。（《明神宗實録》卷五四六，第10355頁）

丁卯，時暑雨。（《明神宗實録》卷五四六，第10357頁）

大水。（宣統《高要縣志》卷二五《紀事》）

飛蝗蔽天，自東來，數日不絕。（民國《聞喜縣志》卷二四《舊聞》）

飛蝗蔽天。（雍正《猗氏縣志》卷六《祥異》）

十四，冰雹傷禾，猛水入城。（萬曆《階州志》卷一二《災祥》）

十六日，春大饑，飛蝗蔽天，大雨如注，蝗皆死。（光緒《藍田縣志》卷三《紀事沿革表》）

十九日，大雨，古城堡東衝爲壑，漂没寺廟人民。（乾隆《鳳翔府志》

卷一二《祥異》；民國《寶雞縣志》卷一六《祥異》）

大雨五六日。（乾隆《淳化縣志》卷五《大事記》）

二十二日，大雨如注五六日。（光緒《三原縣新志》卷八《雜記》）

文水、蒲州、安邑、聞喜、稷山、猗氏、萬泉旱，蝗。春夏，不雨，飛蝗蔽天，復生蝻，禾稼立盡。（康熙《山西通志》卷三〇《祥異》）

旱，蝗。春夏不雨，飛蝗蔽天，孳復生蝻，禾稼立盡。（康熙《臨汾縣志》卷五《祥異》）

二十二日，大雨如注五六日。涇陽縣口子鎮人見有羊相鬭，忽化為龍，橫截峪水，須臾而下，推激大石如萬雷聲，兩傍山為之動，直抵雲陽，至三原越龍橋而過，淹沒百里，漂七十餘村，白渠以北鮮有存者。數月，平地水方盡。（康熙《陝西通志》卷三〇《祥異》）

蝗，蝗自關東來，聲如風雨，大害秋禾，遺育遍野。冬，大雪，遂絕種焉。（乾隆《續耀州志》卷八《紀事》）

飛蝗蔽天，西去不為災。（萬曆《同官縣志》卷一〇《災異》）

飛蝗自東南來，食苗。（康熙《潼關衛志》卷上《災祥》）

雨沒田。（萬曆《常熟縣私志》卷四《敘產》）

蝗，食穀黍殆盡，生蝻甚多。官以穀易之捕者，堆積如山。是歲民饑。（康熙《開封府志》卷三九《祥異》）

（黃河）決開封陶家店、張家灣，由會城大堤下陳留，入亳州渦河。（《明史·河渠志》，第2071頁）

蝗。（康熙《鹿邑縣志》卷八《災祥》；道光《尉氏縣志》卷一《祥異附》）

柘境飛蝗蔽天。（康熙《柘城縣志》卷四《災祥》）

蝗自北來，城內外積厚寸許，秋禾無存。次年丁巳，亦復如此。（康熙《扶溝縣志》卷七《災祥》）

蝗向東來，城內外積厚寸餘，秋禾無存。次年丁巳，亦復如是。（順治《鄢陵縣志》卷九《祥異》）

蝗未傷稼。秋冬，白氣障日，周露纖紅，歷卯辰巳，光乃全復。（乾隆

《新野縣志》卷八《祥異》）

（衡州）官衙民舍皆湮，府廳各官避居城樓。衡山城圮，城中水深五尺，耒陽縣亦同。次年丁巳五月，又大水，較先年稍減。（康熙《衡州府志》卷二二《祥異》）

飛蝗蔽天，旱。蛹厚一尺，越城升樓，街衢莫不有之，禾盡，食人衣帽。（順治《禹州志》卷九《機祥》）

飛蝗蔽天，自東而西食苗。七月，蛹子復生，九月，降霜凍死。（順治《閿鄉縣志》卷一《星野》）

## 七月

己卯，大同渾源州地震。（《明神宗實錄》卷五四七，第 10362 頁）

壬午，夜，西北流星如盞，行入貫索，二星隨之。（《明神宗實錄》卷五四七，第 10366 頁）

壬辰，河南安陽諸縣大蝗，按臣令民捕斗蝗者，給以斗穀。倉穀殆盡，蝗種愈繁，田婦至有對禾號泣，立而縊死者。（《明神宗實錄》卷五四七，第 10370 頁）

壬辰，陝西旱。南直（廣本"直"下有"隸"字）常、鎮、淮、揚諸郡蝗，土鼠千萬成群，夜啣尾渡江，徃南絡繹不絕者，幾一月（廣本、抱本作"日"）方止。（《明神宗實錄》卷五四七，第 10370 頁）

乙未，時江西報水忽漲，民居蕩析，浮屍蔽江。河南報蝗蝻、冰雹。廣東報南韶一路霪雨驟決，田禾蕩然。（《明神宗實錄》卷五四七，第 10372 頁）

甲戌，大風雨拔木，折安定門及皇城北中門、東上門關。（《國榷》卷八二，第 5100 頁）

一十有五日，雷雨大作，空中聞龍吟聲。（乾隆《莊浪志略》卷一九《災祥》）

颶風，會同、樂會尤甚，壞屋拔樹殆盡。（道光《瓊州府志》卷四二《事紀》）

二十日，颶風作，壞屋折樹。（嘉慶《瓊東縣志》卷一〇《紀災》）

旱，蝗蔽野，食禾殆盡。（民國《大名縣志》卷二六《祥異》）

揚州蝗。（光緒《增修甘泉縣志》卷一《祥異附》）

大雷震電。（乾隆《解州安邑縣運城志》卷一一《祥異》）

飛蝗蔽天。（光緒《蒲城縣新志》卷一三《祥異》）

蝗飛蔽天，落地尺餘，原溝塹盡平，大傷禾稼。後蝻生，復食豆蔬。人民饑饉。（康熙《遷安縣志》卷七《災祥》）

飛蝗蔽天，落地尺餘。大饑，詔發通倉粟賑之。（民國《盧龍縣志》卷二三《史事》）

蝗落地尺餘，食禾稼。（萬曆《樂亭志》卷一一《祥異》）

旱，蝗蝻蔽野，食禾殆盡。（康熙《元城縣志》卷一《年紀》）

大蝗害稼。（乾隆《富平縣志》卷一《祥異》）

蝻子生。（康熙《潼關衛志》卷上《災祥》）

初旬間，魁從山東飛來，過六合境，多入江。二十七日，蝗飛蔽天，聲如雷轟耳，散佈六合境殆遍，稼傷強半。其飛未至江者，食瀕江蘆葦，一帶如刈，亦有入江水者，然無幾也。自七月末至八月初旬，飛集無間日，時山東、閩南連歲荒，蝗無復可食，故直與彼中餓民同侵江以南。（康熙《六合縣志》卷八《災祥》）

十二日，蝗蔽天。（順治《高淳縣志》卷一《邑紀》）

蝗。土鼠千萬成群，夜銜尾渡江，絡繹不絕，幾一月方止。（嘉慶《揚州府志》卷七〇《事略》）

十二日，西郊起蜃水，從小柵橋出，高丈餘，舟多覆，近蜃穴民居浸于水者，三時始退。（光緒《海鹽縣志》卷一三《祥異考》）

旱，蝗。（光緒《直隸和州志》卷三七《祥異》）

旱，蝗蝻蔽野，食禾殆盡。（乾隆《内黃縣志》卷六《編年》）

災旱頻仍，飛蝗蟲蝻遍野，食禾殆盡。（康熙《清豐縣志》卷二《編年》）

河決陶口，溰睢、拓，黃水夾城而流。煮粥賑之。（康熙《柘城縣志》卷四《災祥》）

廣東水。秋冬，廣東大旱。(《明史·五行志》，第 455 頁)

蝗。(嘉慶《會同縣志》卷八《秩官》)

雨，蝗蝻死，歲不於歉。(順治《禹州志》卷九《機祥》)

## 八月

戊辰，延慶州地震，日中有黑光。(《明神宗實錄》卷五四八，第10387頁)

初一日，飛蝗蔽日。(康熙《無為州志》卷一《祥異》)

颶發海溢，城內水深三尺，中恍惚有火光，漂廬舍，淹田禾，溺死民物，村落為墟。(光緒《揭陽縣續志》卷四《事紀》)

六日，雨雷，蝗東去。(順治《高淳縣志》卷一《邑紀》)

二十六日，飛蝗入境，蝗從西北來，蔽天所集，竹蘆青草立盡，不傷稼。(光緒《靖江縣志》卷八《祲祥》)

蝗。九月，蝗生子。(乾隆《白水縣志》卷一《祥異》)

百穀將成，既堅既好，未割未穫，俄然大風暴起，拔木飛沙。(乾隆《重修和順縣志》卷八《藝文》)

蟲食禾節，多秕。(萬曆《常熟縣私志》卷四《敍產》)

蝗從北來，遍集五縣。(萬曆《常州府志》卷七《賑貸》)

蝗。(康熙《武進縣志》卷三《災祥》；同治《隨州志》卷一七《祥異》)

日光摩蕩，有五六日并見，經月始滅。(萬曆《如皋縣志》卷二《五行》；乾隆《直隸通州志》卷二二《祥祲》)

飛蝗自北來，合肥、廬江、無為、巢縣食稻過半。(康熙《廬州府志》卷三《祥異》)

初旬，飛蝗北至，蔽天集地，厚數寸，食稻過半，乃去。(康熙《巢縣志》卷四《祥異》)

飛蝗蔽日，食禾無餘。(乾隆《新野縣志》卷八《祥異》)

飛蝗蔽日。(康熙《麻城縣志》卷三《災異》)

飛蝗蔽天，禾稼盡損。(康熙《鍾祥縣志》卷一〇《災祥》)

## 九月

甲戌，應天、溧陽等處水災，江寧、廣德等處蝗蝻大起。按臣駱駸曾疏陳其狀，且云：“蝗不渡江，乃（廣本、抱本‘乃’上有‘渡江’二字）異也。今垂天蔽日而來，集于田而禾黍盡，集于地而菽粟盡，集于山林而草皮木實、柔桑疎竹之屬，條榦枝葉都盡。竊聞數郡之內，數口之家，有履田一空，而合戶自經者。非皇上睠焉惠顧，救此一方民，則江南半璧〔壁〕，殆岌岌乎危矣。”不報。（《明神宗實錄》卷五四九，第 10391 頁）

己丑，河南撫按以通省旱蝗為厲，議改四十四年漕粮三（廣本、抱本作“一”）十一萬石，臨、德二倉米八萬石，每石折銀五錢，仍求緩徵。（《明神宗實錄》卷五四九，第 10396 頁）

江寧蝗起，食禾黍，竹樹皆盡。（光緒《金陵通紀》卷一〇下）

蝗。（乾隆《直隸通州志》卷二二《祥祲》；光緒《通州直隸州志》卷末《祥異》）

有蝗。（萬曆《如皋縣志》卷二《五行》）

廣德蝗蝻大起，禾黍竹樹俱盡。（乾隆《廣德州志》卷四八《祥異》）

## 十月

甲子，夜，大風壞正陽門橋坊。（《國榷》卷八二，第 5102 頁）

大風異常，自晨至晚。（天啟《淮安府志》卷二三《祥異》）

## 十一月

丙戌，夜，月掩犯軒轅左角星。（《明神宗實錄》卷五五一，第 10420 頁）

甲午，曉刻，月掩房宿南第二星。（《明神宗實錄》卷五五一，第 10424 頁）

戊子，夜，大風。（《國榷》卷八二，第 5103 頁）

甲午，雲南大雷電。（《國榷》卷八二，第 5103 頁）

二十一日，夜，大風異常，樹枝纏成火球，人家草屋梁亦多有之，如西瓜大。（天啟《東安縣志》卷一《機祥》）

雨雹。(康熙《鍾祥縣志》卷一〇《災祥》)

## 十二月

丁酉，工部奏："頃江西按臣陳于庭以江省薦饑，洪水暴漲，浮屍相枕，題留户工二部税銀及蔴鐵等項一年一備(廣本作'以備')蠲賑。但該司稱弓箭胖襖，繫(廣本、抱本作'係')軍務要需，難以留賑，惟暫寬一年，以竣(舊校改'竣'作'俟')帶徵。至事例銀一節，户七工三，宜照舊例，共留一年給賑。"從之。(《明神宗實錄》卷五五二，第 10425 頁)

丙午，夜，火星逆行翼宿初度。(《明神宗實錄》卷五五二，第 10425 頁)

甲寅，廣東巡按御史田生金再請留税賑災，言：水旱之災，有一于此，民已不堪，而東粤一歲之中，蓋兩罹也。先是五月間洪水為虐，淹浸城市，壞廬舍，漂人民，殊為數十年未有之變。迨後七月不雨，至于十有一月，民間樹藝粒米無收。(《明神宗實錄》卷五五二，第 10430 頁)

十八，夜，有雷大震，自塔子山起，至教場後。(康熙《平和縣志》卷一二《災祥》)

## 是年

春夏，永州蝗，復大水。(道光《永州府志》卷一七《事紀畧》)

春夏，蝗，復大水。(光緒《零陵縣志》卷一二《祥異》)

春夏，大旱，蝗。(民國《臨晉縣志》卷一四《舊聞記》)

旱。夏，飛蝗蔽天。秋，復生蝻，食禾稼立盡，數年為害不已。(民國《芮城縣志》卷一四《祥異考》)

夏，蝗傷稼。是夏飛蝗蔽天，禾黍一空，餘木棉蕎麥菽。(民國《淮陽縣志》卷八《災異》)

夏，飛蝗蔽野，城市盈尺，凡留六日，草木俱盡，自去年至今年，山東及徐州饑民就食淮安，不下百萬人，死者暴骨如麻。(光緒《安東縣志》卷五《民賦下》)

夏，大水。秋，旱蝗。(道光《江陰縣志》卷八《祥異》)

夏，蝗，大饑。（民國《德縣志》卷二《紀事》）

夏，大水，大興圍決。（光緒《四會縣志》編一〇《災祥》）

夏，旱。（道光《嵊縣志》卷一四《祥異》；同治《嵊縣志》卷二六《祥異》；民國《成安縣志》卷一五《故事》；民國《嵊縣志》卷三一《祥異》）

夏，大水，城西南水深至仞，東北半之民多避居古教場。水退，城市多魚。（同治《樂昌縣志》卷一二《灾祥》）

夏，大水。（崇禎《博羅縣志》卷一《年表》；宣統《涇陽縣志》卷二《祥異》）

雷擊大樟，中分有劉庭之三字。（光緒《邵武府志》卷三〇《祥異》）

旱，至七月乃雨。（民國《南皮縣志》卷一四《故實》）

彗星見，大旱，自五月至七月初二日始雨。（民國《項城縣志》卷三一《祥異》）

飛蝗蔽天。（乾隆《解州安邑縣運城志》卷一一《祥異》；光緒《淮安府志》卷四〇《雜記》）

大旱。（康熙《朝邑縣後志》卷八《災祥》；道光《重修寶應縣志》卷九《災祥》）

蝗殺禾稼。（道光《長清縣志》卷一六《祥異》）

蝗，旱，大饑。（乾隆《掖縣志》卷五《祥異》）

飛蝗蔽天，食禾立盡。七月，螟生，寸草不遺。（民國《解縣志》卷一三《舊聞考》）

蝗。（康熙《絳州志》卷三《祥異》；康熙《益都縣志》卷一〇《祥異》；康熙《潞城縣志》卷八《災祥》；康熙《孟縣志》卷七《災祥》；康熙《雄乘》卷中《祥異》；乾隆《新安縣志》卷七《機祚》；乾隆《河津縣志》卷八《祥異》；乾隆《新樂縣志》卷二〇《災祥》；乾隆《羅山縣志》卷八《災異》；乾隆《濟源縣志》卷一《祥異》；乾隆《氾水縣志》卷一二《祥異》；嘉慶《重刊宜興縣舊志》卷末《祥異》；光緒《長治縣志》卷八《大事記》；光緒《廣平府志》卷三三《災祥》；民國《新絳縣志》卷一

〇《災祥》）

　　飛蝗蔽天，食禾立盡。（同治《稷山縣志》卷七《祥異》）

　　蝗蟲遍野，傷禾。（康熙《文水縣志》卷一《祥異》）

　　飛蝗遍地，大饑。（民國《蠡屋縣志》卷八《祥異》）

　　蝗蝻害稼。次年，夏旱，秋潦，冬復燠。（民國《澄城縣附志》卷一一《大事記》）

　　大旱，飛蝗蔽日。（民國《平民縣志》卷四《災祥》）

　　飛蝗蔽天，鄉民哭聲震野。（光緒《麟遊縣新志草》卷八《雜記》）

　　旱，蝗。（順治《息縣志》卷一〇《災異》；康熙《延綏鎮志》卷五《紀事》；乾隆《平原縣志》卷九《災祥》；嘉慶《延安府志》卷六《大事表》；道光《清澗縣志》卷一《災祥》）

　　大旱，蝗。秋，大水。（嘉慶《中部縣志》卷二《祥異》）

　　秋，飛蝗入境，稍傷稼。（光緒《永壽縣志》卷一〇《述異》）

　　冬，無水。（乾隆《雞澤縣志》卷一八《災祥》）

　　冬，旱。（光緒《金陵通紀》卷一〇下）

　　山水暴發。（民國《續修醴泉縣志稿》卷一四《祥異》）

　　春，霪雨，無麥，斗米三錢五分。（乾隆《滎經縣志》卷三《祥異》）

　　春，雨豆，色微赤，自城市至田野皆然。煮食之作脤，種之苗如初，生柳亦不結實。（乾隆《石首縣志》卷四《祥瑞》）

　　春，大雪。（順治《新修望江縣志》卷九《災異》）

　　春，旱。秋，蝗，死者無算。（萬曆《霑化縣志》卷七《災祥》）

　　春，大旱，幾無麥。夏，蝻。秋，飛蝗蔽天。（天啟《新泰縣志》卷八《祥異》）

　　春夏，霪雨。（康熙《新淦縣志》卷五《歲眚》）

　　春夏，饑，旱，蝗。（崇禎《歷乘》卷一二《災祥》）

　　春夏，大旱，飛蝗蔽日，禾稼一空。官以斗粟易斗蝗，猶不能盡。至秋，復生蝻蝻遍野，人不能捕，多於壟首掘坑驅瘞之。（光緒《永濟縣志》卷二三《事紀》）

春夏，霪雨不絕，山東流移充斥，益饑。（天啟《淮安府志》卷二三《祥異》）

夏，蝗。冬，暵。（康熙《江寧府志》卷一八《宦績》）

夏，旱，飛蝗蔽天。（天啟《新修來安縣志》卷九《祥異》）

夏，蝗。（光緒《續修故城縣志》卷一《紀事》）

夏月，路江水衝北郊外，田成巨浸。（雍正《靈川縣志》卷四《祥異》）

夏，大水。賑之，人穀三斗，縣獲賑一千二百八十一人。（乾隆《廣寧縣志》卷一〇《年表》）

夏，大水，諸堤多決。都御史周嘉謨、御史田生金疏請蠲免有差。（康熙《番禺縣志》卷一四《事紀》）

夏，蝗，復大水。（民國《祁陽縣志》卷二《事略》）

蝗災。（康熙《臨淄縣志》卷七《災祥》）

盛旱，滴水不通。（民國《崇慶縣志·江源文徵》）

諸郡大水，縣前堤決灌城，諸堤各決。督撫周嘉謨、巡按田生金疏請蠲免有差，發金修兩郡堤。（康熙《三水縣志》卷一《事紀》）

旱，大荒。（康熙《長樂縣志》卷七《災祥》）

堤潰，田盡淹没，廬舍蕩析。（雍正《東莞縣志》卷五《水利》）

蝗傷禾稼。是年五月大水。（嘉慶《零陵縣志》卷一六《祥異》）

大螟。（康熙《靖州志》卷五《災異》；康熙《通道縣志》卷二《災異》）

光化縣飛蝗遍野，捕之愈甚。（順治《襄陽府志》卷一九《災祥》）

飛蝗遍野，食稼，捕之愈甚。（順治《襄陽府志》卷一九《災祥》）

大旱，繼之以蝗，食禾殆盡，顆粒無收。（順治《河南府志》卷三《災異》）

蝗食禾。（乾隆《澠池縣志》卷中《災祥》）

蝗蝻大盛，傷禾稼無遺。（乾隆《裕州志》卷一《祥異》）

蝗，食稼殆盡。（乾隆《確山縣志》卷四《機祥》）

蝗，食禾始盡。（順治《汝陽縣志》卷一〇《外紀》；康熙《上蔡縣志》卷一二《編年》）

蝗，食竹樹殆盡。（順治《鄆城縣志》卷八《祥異》）

大蝗，蔽天匝地，逾屋越城，井竈釜甖皆滿，秋禾盡傷。（萬曆《襄城縣志》卷七《災異》）

蝗飛蔽天。（民國《重修臨潁縣志》卷一三《災祥》）

大蝗，遍天匝地，逾屋越城，井竈釜罄皆滿，秋禾盡傷。州守田示捕蝗一斗者，易穀一斗，時積蝗如山。（康熙《許州志》卷九《祥異》）

蝗食禾殆盡，牆壁皆蝗。（乾隆《西華縣志》卷一〇《五行》）

州大蝗，飛者蔽天，行者入市，穀黍一空，間餘木棉蕎麥及菽。（乾隆《陳州府志》卷三〇《雜志》）

蝗蝻生。（康熙《河內縣志》卷二《災祥》）

蝗，無秋。（康熙《陽武縣志》卷八《災祥》）

蝗至。（順治《密縣志》卷七《祥異》）

大蝗蔽天，小蝻匝地，寸草無收。（順治《新鄭縣志》卷五《祥異》）

霪雨大水，民多溺死。（康熙《上杭縣志》卷一一《祲祥》）

洪水淹沒民居，并壞田地，衝崩羅星橋。（康熙《安遠縣志》卷八《災異》）

巨潦漂沒，虔廬之間一夕為魚者萬家，衙宇播揚波浪中。（知縣洪皋謨）挈其室家宿於城樓。水退，戴星而出，披露而入，潰城圮廨需次補葺。（康熙《吉水縣志》卷四《職官》）

大水，民饑。（道光《廬陵縣志》卷一《機祥》；光緒《吉安府志》卷五三《祥異》）

水，決沙河基堤。（道光《清江縣志》卷二《圩堤》）

蝗食田苗，赤地如焚。（康熙《虹縣志》卷上《祥異》）

蝗，復如之。（順治《霍山縣志》卷二《災祥》）

蝗害稼。（康熙《安慶府太湖縣志》卷二《災祥》）

又水。（乾隆《龍泉縣志》卷二《建置》）

　　大旱，多蝗，落處溝濠盡平。復生蝻，晚禾食盡。（康熙《朝城縣志》卷一〇《災祥》）

　　大旱，蝗起，流離載道。（光緒《曹縣志》卷一八《災祥》）

　　旱蝗相連，人民相食，死者枕藉。（康熙《肥城縣志》卷下《災祥》）

　　亢旱，大饑，人相食。（光緒《費縣志》卷一六《祥異》）

　　周歲無雨，稼穡一粒無獲。（康熙《費縣志》卷五《災異》）

　　大旱，蝗起。青、濟尤甚，婦女販賣流離載道。（康熙《城武縣志》卷一〇《祲祥》）

　　旱。（道光《會寧縣志》卷一二《祥異》）

　　合省大旱。（康熙《陝西通志》卷三〇《祥異》；乾隆《甘肅通志》卷二四《祥異》）

　　蝗蟲過境，未傷稼穡。（崇禎《乾州志》卷上《祥異》）

　　蝗，大饑。（康熙《鄠縣志》卷八《災異》；光緒《保定府志》卷三《災祥》）

　　飛蝗蔽空，禾稼一空。七月，蝻生，寸草不遺。（康熙《解州全志》卷一二《災祥》）

　　飛蝗自東來，遮天蔽日，頃刻食苗無遺。（康熙《垣曲縣志》卷一二《災荒》）

　　水，壞城西北隅一十三丈餘，知州儲至俊重修。（康熙《隰州志》卷七《城池》）

　　蝗傷稼。（崇禎《內邱縣志》卷六《變紀》）

　　蝗蝻大作。（順治《涉縣志》卷七《災變》）

　　蝗，旱，民饑嗷嗷。（光緒《南皮縣志》卷七《文獻》）

　　鄰境多蟲蝗蝻，惟定獨鮮，未幾麥成，有異穗并本者，諸穀如此者甚眾。是歲大稔。（康熙《定州志》卷九《物異》）

　　蝗蝻災。（康熙《撫寧縣志》卷一《災祥》）

　　自夏及秋，蝗蝻彌漫山野，食禾稼俱盡，有入室咀衣之異。（康熙《長葛縣志》卷一《災祥》）

秋，飛蝗入境，不為災。（萬曆《江浦縣志》卷一《縣紀》）

旱，無麥。秋，復雨下，七日方止，壞民居。（康熙《交河縣志》卷七《災祥》）

秋，蝗蔽天。（康熙《昌黎縣志》卷一《祥異》）

秋，飛蝗蔽天，禾盡，草木皆空，民間廚廁皆滿，捕之不盡。（順治《洛陽縣志》卷八《災異》）

秋，旱。（崇禎《興寧縣志》卷六《災異》）

秋，大蝗。（天啟《同州志》卷一六《祥祲》）

冬至，雷鳴。（乾隆《潮州府志》卷一一《災祥》）

冬，大雪。（康熙《榆次縣續志》卷一二《災祥》）

冬，學宮遍地冰花。（康熙《原武縣志》卷末《災祥》）

冬，燠，桃李華。（康熙《安慶府潛山縣志》卷一《祥異》；康熙《望江縣志》卷一一《災異》；康熙《安慶府志》卷六《祥異》）

蝗害稼。冬燠，桃李華。（道光《桐城續修縣志》卷二三《祥異》）

丙辰、丁巳，洪水為祟，巨浸滔天，邑幾為沼矣。櫺星門漂沒殆盡，先師廟棟折榱頹瓦解垣塌。（乾隆《永興縣志》卷一一《藝文》）

丙辰、丁巳二年，蝗蝻蔽野，傷禾稼殆盡。（順治《陝州志》卷四《災祥》）

丙辰、丁巳，連有蝗災，彌天蔽日，所過禾稻一空。（康熙《合肥縣志》卷二《祥異》）

四十四、四十五兩年，蝗蝻為災。秋，無禾。（民國《萬泉縣志》卷終《祥異》）

四十四年、四十五年，俱大水。（嘉慶《益陽縣志》卷三《災祥》）

四十四、五年，連有蝗災，彌天蔽日，所過禾稻一空。（順治《廬江縣志》卷一〇《災祥》）

四十四、五二年，陝、靈、閿蝗蝻蔽野，傷禾稼殆盡。（乾隆《重修直隸陝州志》卷一九《災祥》）

# 萬曆四十五年（丁巳，一六一七）

## 正月

丁丑，總督兩廣周嘉謨以粵省水旱，乞蠲廣、肇、南、韶、潮、惠六府監稅。不報。（《明神宗實錄》卷五五三，第 10442 頁）

辛巳，夜望，月食。（《明神宗實錄》卷五五三，第 10443 頁）

恒雨。（天啟《淮安府志》卷二三《祥異》）

## 二月

庚子，火星逆行（廣本、抱本無"行"字）入星度。（《明神宗實錄》卷五五四，第 10454 頁）

戊午，時三冬無雪，入春不雨，人咸以農事為憂。（《明神宗實錄》卷五五四，第 10464～10465 頁）

蝗生。（光緒《靖江縣志》卷八《祲祥》）

風霾晝晦，空中如萬馬奔騰，州人震驚。（康熙《通州志》卷一一《災異》）

十八日，大雨雹。（乾隆《橫州志》卷二《蓄祥》）

至八月不雨，蝗復生。（康熙《天長縣志》卷一《祥異附》）

## 三月

乙亥，以江西水災，准留二監額稅銀二萬兩賑濟。從巡按御史陳于庭請也。（《明神宗實錄》卷五五五，第 10471 頁）

蝗旱。（光緒《昌平州志》卷六《大事表》）

五日，黑風西來，鬵骸晝晦，居民張燈作食。（乾隆《宣化府志》卷三《災祥附》）

（蝗螟）遺種繁生，知府劉廣生先於二月設法捕獲……五月念九日，復自他境飛來，亘數十里，西隔一帶踐傷禾苗。種子，飛去。自六月朔至念日，而子盡出矣，時方苦旱，百姓車（疑當作"捕"）救不暇。（萬曆《常州府志》卷七《賑貸》）

## 四月

丁未，以雨澤應祈，祭謝南郊、北郊、社稷、山川、風雲雷雨壇，護國濟民神、應龍王之神、太歲之神。（《明神宗實錄》卷五五六，第10487頁）

大水。（天啟《封州縣志》卷四《災異》；咸豐《興甯縣志》卷一二《災祥》）

零陵復雨桂子。（道光《永州府志》卷一七《事紀署》）

復雨桂子。（光緒《零陵縣志》卷一二《祥異》）

旱，禱而得雨。五月大水，至六月霖雨不止。請上僚寬徵。（康熙《瀲水志林》卷一五《祥異》）

夜，雨桂子，與正德四年相似。是年蝗。（嘉慶《零陵縣志》卷一六《祥異》）

陡發洪水，湧去龍歸洞，黃陂墟溺死一百二十七人，鋪屋廬舍一蕩而盡。（崇禎《興寧縣志》卷六《災異》）

大水，至於六月。穀貴。（康熙《三水縣志》卷一《事紀》）

至六月，俱大水。（道光《高要縣志》卷一〇《前事》）

至七月不雨，秋禾不登。（康熙《鄠縣志》卷八《災異》）

至九月不雨。飛蝗蔽天，食苗稼殆盡。其年大饑。（康熙《當陽縣志》卷五《祥異》）

## 五月

甲戌，鳳陽府天鼓鳴，地震。（《明神宗實錄》卷五五七，第10500頁）

丙子，禮部奏祈禱雨澤。（《明神宗實錄》卷五五七，第10500頁）

丁丑，戶部覆廣東巡按田生金疏："粵中水旱異常，流亡滿境，乞將廣東監（廣本、抱本無'監'字）稅暫留一年，以抵蠲賑修築等項之費。"

（《明神宗實錄》卷五五七，第 10502 頁）

初三日，大水衝陷城池田畝，民大饑，道殣相望。知縣陳炳奎修城垣，開義倉，以賑窮民。（民國《始興縣志》卷一六《編年》）

湘鄉大水入城，街道縣治皆没，剷傾田廬洲渚。（乾隆《長沙府志》卷三七《災祥》）

復旱蝗。（民國《解縣志》卷一三《舊聞考》）

岳陽旱，飛蝗頭翅盡赤，翳日蔽天。（雍正《平陽府志》卷三四《祥異》）

冰雹傷田。夏，旱。冬燠，桃杏花。（乾隆《富平縣志》卷一《祥異》）

十一日，日下有紅綠二暈，歷五六日方解；十五日，龑宮内雷霹殿柱六株。（乾隆《將樂縣志》卷一六《災祥》）

大水，自昆侖橋起，至衙後合面街道房屋俱傾，洲〔州〕之左鑱成河，縣治有水脅之慮。（康熙《湘鄉縣志》卷一〇《兵災附》）

二十三日，大水漫西城，舟從雉堞上入，民間房舍漂溺，軍民多死。（康熙《武岡州志》卷九《災祥》）

大水入城，没東西北三門。（康熙《新化縣志》卷一一《災異》）

大水。（天啓《封川縣志》卷四《事紀》）

二十九日，飛蝗入境，從西北來，蔽天集地，厚尺許。有兩龍自西南下，震風大作，一時卷蝗盡去。（光緒《靖江縣志》卷八《祲祥》）

春夏，饑。夏五月，霪雨連旬，河水漲至學宮前，民居傾圮，湖寮、三河亦然。（乾隆《潮州府志》卷一一《災祥》）

## 六月

丙申，直隸巡按劉廷元奏："畿南亢旱異常，既失望于夏麥，又難有收于秋成。"（《明神宗實錄》卷五五八，第 10522 頁）

承天大水。（《國榷》卷八三，第 5110 頁）

六日午時，諸暨雹雷驟作，寒逾冬月。（乾隆《諸暨縣志》卷七《祥異》）

大雨，西、北二溪水漲，城垣不没者尺許。（乾隆《龍溪縣志》卷二

〇《祥異》)

二十日，大風雨，連日不止，洪水漲，壞沿溪廬舍。（乾隆《海澄縣志》卷一八《災祥》)

黑霜隕殺夏秋禾，盡潰道路以腥。（乾隆《靜寧州志》卷八《祥異》)

大水。（天啟《封川縣志》卷四《事紀》；乾隆《潮州府志》卷一一《災祥》嘉慶《澄海縣志》卷五《災祥》)

暴雨，渾河溢西城下。（民國《東安縣志》卷九《機祥》)

二十二日，（蝗）復從西北飛回，始及境內，秋禾被傷，凡所經處生子，旬日出蝻蔽野，是年大旱。（民國《淮陽縣志》卷八《災異》)

蝗。（民國《許昌縣志》卷一九《祥異》)

飛蝗蔽天。時久旱，苗出寸餘，食立盡。（民國《聞喜縣志》卷二四《舊聞》)

飛蝗蔽日。（乾隆《平陸縣志》卷一一《祥異》)

春，不雨，六月十二日始雨。（康熙《定興縣志》卷一《機祥》)

春，不雨，至六月十二日始雨。（民國《新城縣志》卷二二《災禍》)

久旱不雨。（光緒《東光縣志》卷一一《祥異》)

解州及五縣飛蝗蔽天。時久旱，苗出寸餘，一食立盡。（康熙《解州全志》卷九《災祥》)

二十六日，有蝗從東來，群飛蔽天，旋復西去，不傷苗。（萬曆《郇志》卷六《續事紀》)

夏，大旱。六月二十一日，蝗大至，蔽天數日，禾盡掃。（萬曆《齊東縣志》卷九《災祥》)

飛蝗復至，絡繹不絕，四野充斥，夏禾食盡，遺種生蝻，攢食晚禾無存者。歷七、八、九月，寸草不苗。（光緒《萊蕪縣志》卷二《災祥》)

水。（康熙《信豐縣志》卷一一《祥異》)

大雨連日不止，西北二溪水漲，城垣不浸者僅尺許，城外沿溪海澄等處民舍悉漂去，溺死者不可勝數。（康熙《漳州府志》卷三三《災祥》)

大水，蓮葉徑後埔謝家住屋後山崩。　（康熙《平和縣志》卷一二

《災祥》）

大雨連日夜不止，水漲，溺者無算。（乾隆《南靖縣志》卷八《祥異》）

洪水暴漲，西南至東樓牆俱圮。（康熙《龍巖縣志》卷三《城池》）

# 七月

癸亥朔，日食。（《明神宗實錄》卷五五九，第 10543 頁）

戊辰，是夜，雲陰雷電，雨雹大如栗，自西南來，狂風驟起，屋瓦俱震。吹折社稷壇門及東中等門，門楗打死守門軍人，復吹落五鳳樓、東華等門樓吻獸，刮倒午門前聖旨牌及東河邊大樹數株。（《明神宗實錄》卷五五九，第 10544 頁）

戊寅，夜，月食。（《明神宗實錄》卷五五九，第 10551 頁）

壬辰，時山西大旱。江北、山東蝗。泉州大水，饑疫。（《國榷》卷八三，第 5111 頁）

怪風。（光緒《昌平州志》卷六《大事表》）

旱，運河竭。（嘉慶《如皋縣志》卷二三《祥祲》）

蝗。（光緒《長子縣志》卷一二《大事記》）

雨，九月止。（民國《商南縣志》卷一一《祥異》）

東直門初六日，夜，本門魚樓迤西兩鋪旗杆狂風吹倒二根，山牆箔縫板吹落，倒壞垛口八丈；又安定門初六日晚風雷暴雨，門拴傷斷二節，鎖鏈折損二節，甕城外大槐樹拔起一株；又德勝門初六日戌時大風吹倒本門城面旗杆九根，垛口三座；又西直門初六日大風損倒旗杆五根；又朝陽門初六日大風吹折旗杆一根。夫疾風迅雷，皆天地之怒氣，怒而至於撼門拔木墮城。（康熙《寧國縣志》卷九《災異》）

復大風。（康熙《通州志》卷一一《災異》）

蝗飛蔽日。（崇禎《蠡縣志》卷八《災祥》）

大旱，七月初三日始雨。（康熙《雄乘》卷中《祥異》）

初七日，飛蝗從東南來，頭翅盡赤，翳日蔽天。（民國《沁源縣志》卷

六《大事考》）

十四日，颶風大作，傾屋拔木，有舟飛屋上，禾盡淹。（光緒《吳川縣志》卷一〇《事略》）

蛹復生，十八日始雨。（萬曆《齊東縣志》卷九《災祥》）

夜半後，南天有白氣上衝，長數丈，廣數尺，頭銳而東指，狀如刀，月餘而滅。占者曰，此蚩尤旗。（乾隆《吳縣志》卷二六《祥異》）

十四日，颶風暴雨，官民房屋十壞八九。（康熙《石城縣志》卷三《祥異》）

蝗。七月雨至九月止。（乾隆《直隸商州志》卷一四《災祥》）

始雨，以後復霪雨不止。十月始霽，穀豆皆腐。（康熙《朝城縣志》卷一〇《災祥》）

## 八月

初四日，烏雲密佈，雨下如注，山澗水湧，巨浪滔天，連崩一十三嶺，樹木拔折，沿江一帶下至平樂、梧州，鱗介之物死者無算。巨木散材，河崖堆積如山。（雍正《平樂府志》卷一四《祥異》）

颶風大水。（康熙《漳浦縣志》卷四《災祥》）

初四日，烏雲密佈，雨下如注，山澗水湧，巨浪滔天，連崩十三嶺，樹木拔折，沿江一帶下至平樂、梧州，鱗介之物死者無算，巨木散材。（光緒《恭城縣志》卷四《祥異》）

大雨，蜇死，仍有秋。（民國《靈川縣志》卷一四《前事》）

十五日，又風。（光緒《吳川縣志》卷一〇《事略》）

雨雹。（康熙《杞紀》卷五《繫年》）

風潮，江濱禾稼傷。（光緒《靖江縣志》卷八《祲祥》）

大雨雹，大雨如注，中有雹冰異常，自巳至午方止。（康熙《續安丘縣志》卷一《總紀》）

大雨雹。（嘉慶《昌樂縣志》卷一《總紀》）

安丘青河村青白二龍鬭。（《明史·五行志》，第440頁）

既望，五色雲見。（乾隆《溧水縣志》卷一《庶徵》）

颶風大作，潮溢傷稼。（乾隆《海澄縣志》卷一八《災祥》）

蝗飛蔽天，所過苗食幾盡，民大饑。（萬曆《荆門州志》卷六《祥異》）

幸八月大雨，蟲洗，年豐如舊。（雍正《靈川縣志》卷四《祥異》）

秋，大蝗。八月，大雨雹。（民國《濰縣志稿》卷二《通紀》）

## 九月

癸酉，濟南府地裂者二，安丘縣大雨雹，麥稼盡傷。（《明神宗實錄》卷五六一，第 10580 頁）

乙酉，户部尚書李汝華覆河南巡按張惟任題，沈兵（舊校改"兵"作"丘"）等五十州縣因旱蝗為虐，漕粟難輸，議將該省正改兑糧，及臨、德二倉粟米共三十九萬石，内改折五分，每石徵銀六錢，限十月終通完解到，接濟軍需，其餘五分，仍照本色，依期起運。（《明神宗實錄》卷五六一，第 10587～10588 頁）

## 十月

壬子，大學士方從哲言："適接薊遼總督汪可受揭帖，言自湖廣起，行赴任道，經河南，見各處地方，旱蝗相繼，民不聊生，洶洶思亂……"（《明神宗實錄》卷五六二，第 10602 頁）

## 十二月

己未，夜半，大雷電。（乾隆《婁縣志》卷一五《祥異》；嘉慶《松江府志》卷八〇《祥異》；光緒《青浦縣志》卷二九《祥異》）

己未，夜半，震電。（光緒《川沙廳志》卷一四《祥異》；民國《南匯縣續志》卷二二《祥異》）

己未，夜半，震雷電。（乾隆《華亭縣志》卷一六《祥異》）

二十八日，大雨雷電。（民國《吴縣志》卷五五《祥異考》）

## 是年

春，旱，穀貴。（道光《高要縣志》卷一〇《前事》；宣統《高要縣志》卷二五《紀事》）

春，不雨，六月十二日，始雨。（光緒《定興縣志》卷一九《災祥》）

春，猛雨，經旬不絕，田廬淹没，不可勝計。（光緒《興寧縣志》卷一八《災禩》）

春，大風霾。秋，雨雹，有司平糶停徵，民多賴之。（光緒《延慶州志》卷一二《祥異》）

春，大雪。（同治《江山縣志》卷一二《祥異》）

春，大雨雪。（康熙《衢州府志》卷三〇《五行》；雍正《常山縣志》卷一二《拾遺》；光緒《常山縣志》卷八《祥異》）

春夏，大旱。秋，大蝗蝻。（康熙《隰州志》卷二一《祥異》）

夏，旱。秋，澇，大饑。（康熙《興安州志》卷三《災異》；嘉慶《白河縣志》卷一四《祥異》；光緒《洵陽縣志》卷一四《祥異》）

夏，大旱，飛蝗散天，食禾浄盡。秋七月，蝻生。（民國《齊東縣志》卷一《災祥》）

夏，蝗。（嘉慶《如皋縣志》卷二三《祥禩》）

夏，大旱。知縣宣大勳、訓導陳天街禱雨有應。（道光《蒲圻縣志》卷一《災異并附》）

夏，旱，飛蝗蔽天。六月終始雨。（同治《陽城縣志》卷一八《兵祥》）

大旱，蝗。（順治《高淳縣志》卷一《邑紀》；道光《重修寶應縣志》卷九《災祥》；民國《全椒縣志》卷六《蠲賑》）

大旱，饑。（光緒《盱眙縣志稿》卷一四《祥禩》）

大旱。（崇禎《文安縣志》卷一一《災祥》；乾隆《柳州縣志》卷一《機祥》；光緒《馬平縣志》卷一《機祥》；民國《滄縣志》卷一六《大事年表》；民國《來賓縣志》下篇《機祥》）

大旱，自五月至九月，雨始降。（康熙《天柱縣志》下卷《災異》）

旱，蝗。（光緒《保定府志》卷四〇《祥異》；光緒《臨朐縣志》卷一〇《大事表》；民國《東安縣志》卷九《機祥》）

旱。（康熙《霍邱縣志》卷一〇《災祥》；康熙《撫寧縣志》卷一《災祥》；光緒《撫寧縣志》卷三《前事》）

蝗。（順治《絳縣志》卷一《祥異》；乾隆《漢川縣志·祥祲》；乾隆《直隸絳州志》卷二〇《雜志》；道光《永州府志》卷一七《事紀畧》；光緒《永年縣志》卷一九《祥異》；光緒《零陵縣志》卷一二《祥異》；光緒《安東縣志》卷五《民賦下》）

大旱，飛蝗蔽天。（康熙《羅田縣志》卷一《災異》；康熙《建平縣志》卷三《祥異》；嘉慶《高郵州志》卷一二《雜類》）

六日，諸暨雷電驟作，寒逾冬月。（乾隆《紹興府志》卷八〇《祥異》）

飛蝗，集亙數十里。（道光《江陰縣志》卷八《祥異》）

水。（康熙《新城縣志》卷一《祥異》；同治《江西新城縣志》卷一《機祥》）

旱蝗為災，饑民益眾。（康熙《陽信縣志》卷三《災祥》；民國《陽信縣志》第二冊卷二《祥異》）

大蝗，捕納三百石，准充附生。（乾隆《昌邑縣志》卷七《祥異》）

蝗蟲食穀，歲饑。（民國《安澤縣志》卷一〇《祥異》；民國《岳陽縣志》卷一四《祥異》）

復旱，飛蝗自東南來，十二日不斷。（同治《稷山縣志》卷七《祥異》）

旱，蝗遍野，邑侯周公捕之。是秋，大豐。（道光《泌陽縣志》卷三《災祥》）

秋，又大水，較前稍減。（光緒《耒陽縣志》卷一《祥異》）

冬，木稼。（民國《芮城縣志》卷一四《祥異考》）

蝗從東南來，泔北禾盡傷，蝻生。次年，并無麥。（民國《續修醴泉縣

志稿》卷一四《祥異》)

春，蝻生遍野，麥苗盡食。是年無夏，民饑困，餓死甚多。夏，大旱，六月終始雨。(康熙《垣曲縣志》卷一二《災荒》)

春，蝗蝻食禾。(萬曆《同官縣志》卷一〇《災異》)

春，蝗生。縣令劉天興令民捕之，其蝗如蠅，捕一斗者，與粟一斗；捕蝻二斗者，與粟二斗；撲飛蝗三斗者，與粟一斗。飛蝗不為災。(民國《望都縣志》卷一〇《大事記》)

蝗，自春至秋不止。(乾隆《新安縣志》卷七《機祚》)

夏，畿南亢旱，北畿旱蝗，自二月至八月不雨，蝗復生。(康熙《天長縣志》卷一《祥異附》)

夏，蝗，民移食東郡。(康熙《海豐縣志》卷四《事記》)

夏，旱。秋，澇。冬，復燠，桃杏開華，鳥有伏雛者。(天啟《同州志》卷一六《祥祲》；順治《澄城縣志》卷一《災祥》)

夏，旱，蝗不損稼。(順治《銅陵縣志》卷七《祥異》)

夏，大旱。秋，細雨連綿，穫蕎麥盡爛，大饑。(天啟《新修來安縣志》卷九《祥異》)

夏，大旱，禱雨有應。(康熙《新修蒲圻縣志》卷一四《祥眚》)

夏，大旱，赤地千里。入秋，霪雨浹旬，籽粒無收，人饑相食。(康熙《河津縣志》卷八《祥異》)

夏，大水。(康熙《番禺縣志》卷一四《事紀》)

大旱，融縣尤甚。人民死亡相繼，鬻賣男女不下數千人。鐵爐廂及上郭、拱辰坊、北城腳煙火之地盡為丘墟。明年末復業，知縣應懋璜代輸粮賦。(乾隆《柳州府志》卷一《機祥》)

大旱，饑民死亡相繼，鬻賣男女於楚及逃竄者數千人。(道光《羅城縣志》卷一《災祥》)

旱，大饑。(乾隆《懷集縣志》卷一〇《編年》)

郡大水，漂去青龍橋，舟從牆垛入城，毀壞民居無算，軍民多死。(康熙《邵陽縣志》卷六《祥異》)

飛蝗害稼。（順治《襄陽府志》卷一九《災祥》；乾隆《黃州府志》卷二〇《祥異》；同治《續輯漢陽縣志》卷四《祥異》；光緒《光化縣志》卷八《祥異》）

大旱，蝗蟲蔽野。（康熙《景陵縣志》卷二《災祥》）

大水，虎子灘水怪傷人。（乾隆《黃岡縣志》卷一九《祥異》）

飛蝗害稼。（乾隆《黃州府志》卷二〇《祥異》）

蝻。（康熙《淅川縣志》卷八《災祥》）

復蝗。詔賑饑，免稅賦。（嘉慶《孟津縣志》卷四《祥異》）

蝗又食禾。（乾隆《澠池縣志》卷中《災祥》）

水災大作，淹没多人。（康熙《詔安縣志》卷二《祥異》）

蝗復甚，郡縣令捕之，里納數石，如數受賞，患乃息。是年，江北田鼠渡江而南，每群千計，水中彼此相負，至岸乃散，月餘方止。（康熙《當塗縣志》卷三《祥異》）

蝗復交作，流殣載道。（康熙《滁州志》卷三《祥異》）

大蝗。（順治《蒙城縣志》卷六《災祥》；嘉慶《涉縣志》卷七《祥異》）

蝗，旱，禾稼盡枯。（雍正《舒城縣志》卷二九《祥異》）

大水，鼠食苗。（順治《新修望江縣志》卷九《災異》）

連有蝗災，彌天蔽日，所過禾稻一空。（順治《廬江縣志》卷一〇《災祥》；康熙《合肥縣志》卷二《祥異》）

旱甚。四月，蝗飛蔽天，食禾苗盡，草無遺，入民居室，牀帳皆滿，積厚五寸許。秋復至，分司李聯芳購捕蝗，每蝗石給穀五斗，共得蝗七十五石，蒸解鹽運司。（嘉慶《東臺縣志》卷七《祥異》）

旱甚，蝗飛蔽天，三日不絕。（崇禎《泰州志》卷七《災祥》）

揚州、高郵、寶應、泰州、興化飛蝗蔽天，三日不絕，秋無收。（康熙《揚州府志》卷二二《災異》）

蝗種繁生，知府劉廣生設法搜捕。五月，復自他境飛集，捕獲萬六百六十七石八斗。（嘉慶《重刊宜興縣舊志》卷末《祥異》）

既遭旱蝗，無復有秋之望。於是七月略種蕎麥，以資百一，忽生促織，遍滿田隴，每夜來食其莖，但嚙斷擲之耳，非果食入腹也。（順治《六合縣志》卷八《災祥》）

大旱，蝗蔽天。賑荒。（康熙《城武縣志》卷一〇《祲祥》；光緒《曹縣志》卷一八《災祥》）

大蝗蔽天，禾稼頃刻殆盡，自六月中旬至七月終方止。（康熙《費縣志》卷五《災異》）

旱蝗相連。人民相食，死者枕藉。（康熙《肥城縣志》卷下《災祥》）

蝗蝻遍地，傷禾稼。（天啟《新泰縣志》卷八《祥異》）

新城蝗，大饑。蝗穿城逾樓閣，所過一空，禾一莖有至百餘者。是歲，蝗災遍山東，餓死甚眾。（崇禎《新城縣志》卷一一《災祥》）

蝗蝝仍為患。（萬曆《安邑縣志》卷八《祥異》）

亢陽不雨，且旱蝗大作。知州張應春作文告于龍王神前，次日甘雨大降，四野霑足，蝗亦稍稍滅息。（乾隆《吉州志》卷一一《藝文》）

蒲、解、絳、隰、沁州，岳陽、萬泉、稷山、聞喜、安邑、陽城、長子復旱，飛蝗頭翅盡赤，翳日蔽天。沁源蝗不為災。（雍正《山西通志》卷一六三《祥異》）

大旱，蝗蝻遍地。（康熙《丘縣志》卷八《災祥》）

蝗入民居。桃李冬花。（順治《雞澤縣志》卷一〇《災祥》）

蝗，旱。煮粥賑濟。（光緒《南皮縣鄉土志·名宦》）

蝗災。（康熙《淄乘徵》卷二六《雜志》；雍正《直隸定州志》卷一〇《祥異》）

旱，饑。民將為亂，煎粥以活之。（咸豐《固安縣志》卷五《官師》）

秋，有收。蝗。（康熙《無為州志》卷一《祥異》）

秋，大旱。知縣余樞申請秋粮改折，復請發預備倉稻并六鎮社倉稻共一千五百石賑濟饑民。（萬曆《江浦縣志》卷一《縣紀》）

秋，大蝗。（康熙《續安丘縣志》卷一《總紀》；乾隆《諸城縣志》卷二《總紀上》；嘉慶《昌樂縣志》卷一《總紀》）

秋，大蝗。奉文：捕蝗三百石者，得充儒學生員。（康熙《壽光縣志》卷一《總紀》）

蝗蝻為災，秋，無禾。（康熙《萬泉縣志》卷七《祥異》）

冬，晨霧迷空，樹枝寒凝如雪數日。或云樹介木冰。（康熙《解州全志》卷九《災祥》）

四十五、六年丙辰、丁巳歲，連漲洪水十丈，禾、米、豆、麻無收。（《湖南郴縣橋口鄉·水文刻崖》）

# 萬曆四十六年（戊午，一六一八）

## 正月

乙丑，兵部覆奏："山東濟屬武定、濱州等十四州縣荒旱，蝗蝻，東、兗、青三府亦然，議停濟衛班軍，寬馬價糸罰，及俵馬減價改折等事。"不報。（《明神宗實錄》卷五六五，第 10633 頁）

乙亥，是夜亥初二刻，月食二分。（《明神宗實錄》卷五六五，第 10638 頁）

丁亥，山東巡撫李長庚以東省旱蝗乞罷。（《明神宗實錄》卷五六五，第 10645 頁）

元旦，雪深三尺。（萬曆《常熟縣私志》卷四《敘產》）

十日，大雪，兩晝夜方霽。（民國《吳縣志》卷五五《祥異考》）

十日，大雪。（康熙《嘉定縣志》卷三《祥異》）

大雨雹，堅如圓石，打壞人家房屋無數。（康熙《平和縣志》卷一二《災祥》）

## 二月

甲辰，大風，黃塵四塞。（《明神宗實錄》卷五六六，第 10656 頁）

乙巳，以廣東水潦災傷，准將四十五年解部稅銀留賑，以昭朝廷寬恤德

意。從撫按之請也。(《明神宗實錄》卷五六六,第10656頁)

癸卯,東安縣黑風晝晦。(《國榷》卷八三,第5113頁)

暴風,陰霾竟日。(康熙《新鄭縣志》卷四《祥異》)

數風霾。(順治《真定縣志》卷四《災祥》)

十四,颶風。(萬曆《常熟縣私志》卷四《敘產》)

至五月,大雨。(乾隆《諸暨縣志》卷七《祥異》)

# 三月

辛未,是日,方從哲言:"昨日申刻,天氣晴朗(廣本、抱本作'明'),忽聞空中有聲,如波濤洶湧之狀,隨即狂風驟起,黃塵蔽天,日色晦冥,咫尺莫辨。及將昏之時,見東方電流如火,赤色照地。少頃,西亦如之。又雨土(廣本、抱本無'土'字)濛濛,如霧如霰,氣(廣本、抱本'氣'上有'土'字)襲人,入夜不止。當春和景明之時,突然有此風霾之異,天心示警,不言可知。"(《明神宗實錄》卷五六七,第10669頁)

庚午,大風霾。(《國榷》卷八三,第5114頁)

庚辰,長泰、同安二縣大雨雹如斗,壞城舍樹畜,斃二百二十餘人。(《國榷》卷八三,第5114頁)

有大風自西北來,伐竹折木,屋瓦皆飛,大雨如注,雜冰雹,巨若雞卵。(光緒《霍山縣志》卷一五《祥異》)

初四,郡旱,禱雨。未時,有雲從西南至,雨皆雹,大如雞卵。是年,樂會颶風七作,大雨連月,城市行舟。(道光《瓊州府志》卷四二《事紀》)

初四,旱禱。未時,有雲從西南至,雨皆雹,大如雞卵,申時方止。(咸豐《瓊山縣志》卷二九《雜志》)

初四日,值旱,禱未時,有雲從西南起,雨雹大如雞卵,小如龍荔,至申時方止。(康熙《瓊山縣志》卷九《雜志》)

風雪,行人有凍死者。(光緒《容城縣志》卷八《災異》)

風雪異常,行人有凍死者。(康熙《保定府志》卷二六《祥異》)

十六日,白日無光,逾時大風,天黃。(康熙《鎮原縣志》卷下

《災異》）

庚午，薄暮雨土，乍如霧霰，著衣方知，入夜不止。（光緒《寧津縣志》卷一一《祥異》）

無雨，秧苗不開；二十六日，甘澍如注，四野霑洽。是年五月穀貴，民饑。秋冬時，疫盛行，人口多災。（康熙《興國縣志》卷一一《天災》）

風仆欞星門。（乾隆《昭化縣志》卷六《雜志》）

## 四月

辛卯，大學士方從哲言：“兩月來，風霾晦冥，白日無光，黃塵四塞。”（《明神宗實錄》卷五六八，第10679頁）

乙卯，金星行犯玉女東四廂。（《明神宗實錄》卷五六八，第10690頁）

雨雹，大者如杵，屋瓦皆碎，殺麥禾，樹皮盡脫。（順治《曲周縣志》卷二《災祥》）

雨大雹，二麥損傷。（乾隆《解州夏縣志》卷一一《祥異》）

## 閏四月

己未，河南道御史潘汝禎奏：“今春以來，風霾屢見，河水變（廣本、抱本作‘盡’）赤。”（《明神宗實錄》卷五六九，第10700頁）

丁丑，黃霾自東北起，頃刻蔽天，日色無光。（《明神宗實錄》卷五六九，第10719頁）

乙酉，時風霾屢作，禮臣引《洪範》庶徵時風、恒風為言。又自丙戌至戊子三日，日旁有黑氣出入，日中磨蕩者久之。南（廣本“南”下有“京”字）大理寺丞董應舉以聞，而北司臺不報。（《明神宗實錄》卷五六九，第10723頁）

己卯，陝西大雨雪，凍斃人畜。（《國榷》卷八三，第5118頁）

甲申，大風霾。（民國《盧龍縣志》卷二三《史事》）

甲申，大風霾。冬，蚩尤旗見東方。（民國《昌黎縣志》卷一二《故事》）

甲申，風霾蔽日。（萬曆《樂亭志》卷一一《祥異》）

甲申，風霾蔽日。冬，蚩尤旗見東方。（康熙《灤志》卷二《世編》）

大水。（天啟《封川縣志》卷四《事紀》）

## 五月

癸巳，大學士方從哲言：“今天心示警，災異疊呈，如廣寧民婦產猴，殷家堡兩廡樑杆發火，山西州縣地震，壓死五十（抱本作‘千’，廣本無‘五’字）餘人。狂風毀坊，拔木摧折門橝（廣本作‘環’，抱本作‘橝’），烈火焚宮，河水變赤，羣鼠渡江，風霾晝晦，皆變異之大者。”（《明神宗實錄》卷五七〇，第 10732 頁）

庚子，福建巡按崔爾進奏：“三月二十一日，福建長泰、同安二縣大雨雹，大（廣本、抱本無‘大’字）如斗如拳，擊傷城廓、廬舍、田園、樹、畜，民壓死者二百二十餘人，請留洋餉二萬，同去歲被水地方，通融分賑。”（《明神宗實錄》卷五七〇，第 10739 頁）

戊申，陝西總督楊應聘奏：“四月二十二日（廣本、抱本作‘二十一日’），陝西等處大雨雪。”（《明神宗實錄》卷五七〇，第 10743 頁）

大水，人多溺死，衝壞田廬無算。饑。（道光《永定縣志》卷四《沿革表)》）

大水。（乾隆《潮州府志》卷一一《災祥》）

## 六月

乙丑，總督三邊楊應聘奏：“本年四月二十二日（廣本、抱本作‘二十三日’），固鎮大雪。”（《明神宗實錄》卷五七一，第 10767 頁）

壬申，大風刮倒西直門牌（廣本、抱本無“牌”字）樓。（《明神宗實錄》卷五七一，第 10771 頁）

壬午，京師地震。（《明神宗實錄》卷五七一，第 10782 頁）

諸溪不雨而漲，仲家廖洞傳有龍闘，日夜不休，山水若決，率皆坍淖，牛在野不及避，間沉於浪中。濱江徒手拾魚，不計其數。（雍正《平樂府

志》卷一四《祥異》；光緒《恭城縣志》卷四《祥異》）

旱，六月二十三日，始得雨。（民國《無極縣志》卷一八《大事表》）

蝗。（光緒《永濟縣志》卷二三《事紀》；民國《平民縣志》卷四《災祥》）

霪雨數日。（民國《榮經縣志》卷一三《五行》）

天雨花。（光緒《蘭谿縣志》卷八《祥異》）

涇水漲溺，人甚多。（民國《續修醴泉縣志稿》卷一四《祥異》）

飛蝗蔽天。（康熙《曲沃縣志》卷二八《祥異》）

五色雲見。（乾隆《香山縣志》卷八《祥異》）

七日，彩鳳山彩雲見，色如錦綺，竟日不散。（光緒《雲龍州志》卷一《災祥》）

## 七月

癸巳，近日盛夏大雪，凍死馬贏以千計，亦一大異也。（《明神宗實錄》卷五七二，第 10793 頁）

甲辰，夜，京師大雨雹。（《明神宗實錄》卷五七二，第 10806 頁）

廣西旱。（《國榷》卷八三，第 5123 頁）

旱，至九月十二乃雨。是歲，盜賊蜂起，村落多被掠。（民國《靈川縣志》卷一四《前事》）

大水，壞民廬舍，溺死甚眾。（雍正《寧波府志》卷三六《祥異》；乾隆《鄞縣志》卷二六《祥異》）

大水，壞民廬，溺死男女無算。（光緒《奉化縣志》卷三九《祥異》）

大水，壞廬舍，溺死者甚眾。（光緒《慈谿縣志》卷五五《祥異》）

大風雨雹，風之所至，圍抱大樹中斷，如斧斫。雹大如雞卵，或如拳，屋瓦盡碎，池塘皆滿。（乾隆《長泰縣志》卷一二《災祥》）

白氣見東。（乾隆《南澳志》卷一二《災異》）

## 八月

庚申，潮州大風潮溢，潮陽、澄海、揭陽、饒平、普寧漂數萬人，壞田舍亡算。（《國榷》卷八三，第5124頁）

庚辰，沭陽、桃源、睢寧、高郵等水災。（《國榷》卷八三，第5124頁）

大颶，海嘯，風中帶磷火。（嘉慶《澄海縣志》卷五《災祥》；光緒《潮陽縣志》卷一三《灾祥》）

大水。（康熙《汝陽縣志》卷五《磯祥》；康熙《上蔡縣志》卷一二《編年》；民國《確山縣志》卷二〇《大事記》）

雨雹損稼。（咸豐《平山縣志》卷一《災祥》）

大雨出蛟，山水暴溢，漂民廬居，溺死者六七百人。巡撫包見捷以聞。（道光《奉新縣志》卷一二《祥異》）

颶風大雨，水湧尋丈，水色赤，五日乃退。（乾隆《潮州府志》卷一一《災祥》）

月中，颶風異常，六門樓敵臺城垛共壞二百三十丈七尺。（康熙《潮陽縣志》卷二《城池》）

## 九月

己亥，湖廣巡按彭宗孟奏："景陵、鍾祥、潛江、來（抱本作'耒'）陽四縣水旱為災，乞議蠲賑改折。"（《明神宗實錄》卷五七四，第10853～10854頁）

壬子，浙江錢塘、富陽、餘杭、臨安、新城、孝豐、歸安、長興、臨海、黃巖、太平、天台、仙居、寧海（抱本作"定海"）等縣洪水為災，田舍人民淹沒無筭，按臣乞照四十二年留錢糧賑濟。（《明神宗實錄》卷五七四，第10865～10866頁）

甲寅，甘肅巡撫祁伯裕奏："六月二十九日午時，寧遠堡東北天鼓如大炮，震響一聲，往西北去。又紅崖堡地震二次，有聲如雷。"（《明神宗實

録》卷五七四，第 10866～10867 頁）

乙卯，有長星見于東南，其星白氣一道，形如疋布，闊尺餘，長二丈餘，東至軫，西入翼，凡一十九日而滅。（《明神宗實録》卷五七四，第 10867 頁）

乙卯，是日，京師地震。（《明神宗實録》卷五七四，第 10867 頁）

雪。（康熙《上蔡縣志》卷一二《編年》；康熙《汝陽縣志》卷五《機祥》）

大雨水，時最融和。至十三日酉刻，大雨雪，落樹俱成冰塊，折傷者無算，凜烈如冬，數日方燠。（順治《高平縣志》卷九《祥異》）

二十六日曉，白氣見東南，半月而滅；尋有星孛於東方，漸移而北，光長數丈，直亙天中。（康熙《江陰縣志》卷二《災祥》）

二十六日，晚，白氣見東南，半月而滅。（崇禎《靖江縣志》卷一一《災祥》）

二十八日午刻至申，忽大風，雪雹如碗大，旋成雪磚，平地水湧三尺。數日，洞庭來者云：有龍已斃，長十餘丈，臭不可聞。（康熙《龍陽縣志》卷一《祥異》）

東方星煙如火，或二三□齊煙，數月乃止。（康熙《儋州志》卷二《祥異》）

## 十月

丁巳，江西巡撫包見捷奏："八月間，奉新等州縣蛟災四出，洪水橫流，漂蕩城郭、廬舍、人民無數。"因陳宗禄日廣，宜裁絲絹、弓箭、胖襖等項，宜折湖税，宜罷遺佚，宜起數事。（《明神宗實録》卷五七五，第 10869 頁）

戊午，大學士方從哲以京師地震，乞點吏科及差巡城御史，不報。（《明神宗實録》卷五七五，第 10869 頁）

辛酉，昏，有星如斗，霹靂一聲，隕于南京安德門外，化為石，重二十一斤，而萬善鄉亦報星石二塊，重一百三十斤，俱存京庫。（《明神宗實録》

卷五七五，第 10871 頁）

乙丑，彗星出于氐，如鷄彈（廣本作"卵"）大，長丈餘，色蒼白，尾指東南。後十數日，轉指西北，掃犯太陽守星，入亢七度一十分。又三日，漸往西北方行，尾掃北斗、天璇、天璣、文昌、五車等星，逼紫垣，在亢六度，至次月十九日始滅。（《明神宗實録》卷五七五，第 10873 頁）

乙丑，旦又有花，白星見于東方，與彗星爲二。（《明神宗實録》卷五七五，第 10873 頁）

庚午，中書劉復元（廣本、抱本作"光"）請輸穀千石濟江西水患，許之。（《明神宗實録》卷五七五，第 10878 頁）

庚午，應天巡撫奏："七月中，宣城、寧國、青陽三縣洪水，潏没田園萬餘畝，溺死五十餘人，乞勑勘明，分別蠲賑。"（《明神宗實録》卷五七五，第 10878 頁）

壬申，大學士方從哲言："自三月，狂風晝晦，火光燭天，嗣後猴妖豕恠見于遼東、山西。純陽之月，大雪凍斃驛馬，見于關内。至于祖陵之地，以是月而有天鳴地震之報。遼左八月同時而震者三（廣本作'二'）。京師大（廣本作'之'）内，咫尺天顔而地震，一見于秋初，再見于秋杪。未幾，白氣現于東南，彗星出於氐宿，妖象恠徵，層見疊出。夫豈偶然？除臣等奉職無狀，痛自修省外，所望皇上大奮乾綱，亟修郊廟，臨御儲講實政，以與天下更始。立補閣部臺省諸臣，舉廢宥蠲，罷徵停織，批發如流，將人心悦而天意得（廣本'人心悦而天意得'作'人心悦而天意可同'）。太平萬世之休禎，以一念轉之而有餘（廣本'餘'下有'矣'字）。"時禮臣臺省，亦多以爲言。（《明神宗實録》卷五七五，第 10879 頁）

丁丑，廣西巡撫林欲廈奏："梧城火災（抱本作'大火'），延燒公署、官舍、樓亭二百九十餘所，民居無數，死者四十四人，煨燼不辨者不可勝計也（廣本無'也'字）。兼之亢旱爲災，啼饑滿路。除另議賑濟外，乞留知府陳鑒免覲，以安子遺。"（《明神宗實録》卷五七五，第 10884 頁）

戊寅，廣西巡按潘一桂以粵西亢旱，赤地千里，奏留稅銀四萬餘，糴粟備賑，併額徵全稅，盡數蠲免，以救邊荒。（《明神宗實録》卷五七五，第

10884 頁）

癸未，廣西巡撫林欲廈奏："柳州、潯、南、太平、梧州、慶遠及樂平（疑當作'平樂'）、桂林、思恩各府亢旱為災，乞賜停稅蠲賑，以慰遺黎。"（《明神宗實錄》卷五七五，第 10888 頁）

甲申，保定巡撫靳于中奏："九月三十日，易州、慶都、定興、清苑、涞水、唐縣、河間、任丘、景州（廣本無'景州'二字）、肅寧等州縣及紫荆關、馬水口、沿河口、天津等處同日地震，有聲如雷。"（《明神宗實錄》卷五七五，第 10888～10889 頁）

壬午，雲南大雨雹。（《國榷》卷八三，第 5127 頁）

四日，夜，雷電大雨。（民國《吳縣志》卷五五《祥異考》）

四日，大雷電，雨。（乾隆《吳江縣志》卷四〇《災變》；乾隆《震澤縣志》卷二七《災祥》）

壬午，雨雹。（道光《雲南通志稿》卷三《祥異》；道光《昆明縣志》卷八《祥異》）

雷電。（同治《湖州府志》卷四四《祥異》）

四季多雨。十月雷雨。（天啟《淮安府志》卷二三《祥異》）

雷電。（光緒《烏程縣志》卷二七《祥異》）

## 十一月

戊戌，夜，霧霜附草木。（《明神宗實錄》卷五七六，第 10902 頁）

壬寅，兩廣總督許弘綱奏："粵東潮郡八月初四日，颶風大作，暴雨中火星燭天，海水湧起數丈，潮陽、澄海、揭陽（廣本無'揭陽'二字）、饒平、普寧等縣人民漂没以數萬計，衙宇、城垣、堤岸、田園潰決無算。乞勅下戶部行巡按御史勘詳，分別蠲濟，并乞留各縣官免覲，以撫茲孑遺。"（《明神宗實錄》卷五七六，第 10906 頁）

乙巳，有星自北隕南，其大如斗，其聲如雷，光芒燭地，乍〔炸〕裂分散。（《明神宗實錄》卷五七六，第 10907 頁）

十一月、十二月，多雨雪。（天啟《淮安府志》卷二三《祥異》）

## 十二月

雪三日，時冱陰寒甚，雪晝下如珠，次日復下如鵝毛，六日至八日乃已。山谷之中，峯盡壁立，林皆瓊挺，父老俱言從來未有。自是，連歲皆稔。（崇禎《從化縣志》卷八《災祥》）

大雪，寒甚，自六日至八日乃已。（民國《順德縣志》卷二三《前事》）

大雪，冱陰寒甚，雪晝下如珠，次日下如鵝毛，六日至八日乃已。山谷之中峯盡壁立，林皆瓊挺，父老皆言從來未之見也。連歲皆稔。（康熙《陽春縣志》卷一五《祥異》）

### 是年

春，大雨，傷麥。（光緒《靖江縣志》卷八《祲祥》）

春，雨，傷麥。（道光《江陰縣志》卷八《祥異》）

夏，旱。（康熙《開州志》卷四《災祥》；光緒《吳川縣志》卷一〇《事略》；光緒《高州府志》卷四八《記述》）

夏，大風霾。（光緒《撫寧縣志》卷三《前事》）

水。（民國《重修蒙城縣志》卷一二《祥異》）

颶風屢作，淫雨數月，樹木多折，禾盡浸傷。（嘉慶《瓊東縣志》卷一〇《紀災》）

全省大旱，民饑死者，白骨叠邱。（光緒《臨桂縣志》卷一《襪祥》）

大旱，饑。（光緒《鬱林州志》卷四《襪祥》）

大旱，柳、慶、邕、潯、梧藤諸郡縣民多饑死流離，白鬵者無數。知府陳鑒盡發倉穀〔穀〕，平價令民糶，又轉糶廣東相濟，民賴全活。（光緒《藤縣志》卷二一《雜記》）

大旱無收，饑死枕藉流離，自鬵者無數。（民國《遷江縣志》第五編《災祥》）

大旱，田皆赤，盜賊四起，民存什一。（民國《來賓縣志》下篇《襪祥》）

旱。（嘉慶《黃平州志》卷一二《祥異》；道光《雩都縣志》卷二七《祥異》；同治《贛縣志》卷五三《祥異》）

大旱，風霾傷麥。（光緒《延慶州志》卷一二《祥異》）

大雨水，颶風，回江潮入湖。頃刻，水高數丈，閱日乃退。（嘉慶《義烏縣志》卷一九《祥異》）

蝗，地震。（光緒《榮河縣志》卷一四《祥異》）

秋，大暑，民病疫癘死者相枕藉。（同治《贛州府志》卷二二《祥異》）

秋，浦城縣午刻大風。（《國榷》卷八三，第5126頁）

秋，有赤白雲一片，長丈餘，似刀形，俱於夜分後見於東方，閱數月乃止。（乾隆《晉江縣志》卷一五《祥異》）

秋，酷暑，大旱，民疫，死者相枕藉。（光緒《長寧縣志》卷首《禨祥》）

春，蝗，忽自滅。是歲大豐。（天啟《新修來安縣志》卷九《祥異》）

春，積陰。夏，旱，蝗生。夏，蝗起，食蕩草殆盡。（嘉慶《東臺縣志》卷七《祥異》）

春，雨，無麥。（康熙《常州府志》卷二《祥異》；嘉慶《重刊宜興縣舊志》卷末《祥異》）

風霾晝晦。春夏，大旱。（康熙《雄乘》卷中《祥異》）

夏，飛蝗蔽日。（康熙《平陸縣志》卷八《雜記》）

夏，大水，漂没沿河居民房屋。（康熙《天長縣志》卷一《祥異附》）

旱，夏，蝗。（嘉慶《揚州府志》卷七〇《事略》）

夏，雹傷人。（康熙《孟縣志》卷七《災祥》）

夏，大旱，蚜蚄害稼。（乾隆《膠州志》卷六《大事記》）

夏，縣大水，毛源村跤水暴漲，衝圮民房，田地亦多損傷，縣北民橋亦被衝圮。（乾隆《平江縣志》卷二四《事紀》）

旱，疫。（道光《清平縣志》卷六《祥異》）

大旱。（天啟《中牟縣志》卷二《物異》；順治《伊陽縣志》卷二《災

異》；乾隆《橫州志》卷二《菑祥》；民國《隆安縣志》卷一《世紀》）

大旱，米貴如珠。冬，大疫。（乾隆《開泰縣志》卷一《祥異》）

大旱，饑死枕藉。（道光《潯州府志》卷七六《綜紀》）

大旱，無收。大饑，知府陳鑒盡發倉廩平糶，又轉糴於廣東濟之。（雍正《蒼梧志》卷四《記事》）

大旱，人民饑死甚眾。（乾隆《昭平縣志》卷四《祥異》；嘉慶《永安州志》卷四《祥異》）

大旱，人民饑死甚眾。是歲，大旱。（康熙《平樂縣志》卷六《災祥》）

旱魃為虐，所轄十餘城，郊圻盡赤，道殣相望。（乾隆《柳州府志》卷二四《名宦》）

府屬大旱，人相食，疫癘死者十七八，庶民寥落始此。（道光《慶遠府志》卷二〇《祥祲》）

旱災，赤地千里，流離遍野，斗米價至四錢。（道光《賓州志》卷二三《祥異》）

全省大旱，丹良顆粒無收，民多饑死。（道光《白山司志》卷一五《機祥》）

旱災，赤地千里，流離遍野，斗米價至四錢。右江所轄十餘城郊圻盡赤。（嘉慶《廣西通志》卷二〇四《前事》）

發倉粟賑民，轉糴於廣東。是年大旱，柳、慶、邕、潯、梧皆無收，諸郡饑死枕藉，流離自鬻者無數。知梧州府陳鑒盡發倉谷，平價於民，又以價轉糴東省相濟，民賴全活。（道光《南寧府志》卷一七《蠲賑》）

樂會一歲颶風七作，連雨三月，大水澎漲，城市行舟。（康熙《瓊郡志》卷一《災祥》）

大颶。（順治《南海九江鄉志·災祥》）

颶。（民國《順德縣志》卷二三《前事》）

大水，舟從牆堤入城，田宅皆毀。（乾隆《瀘溪縣志》卷二二《祥異》）

大水，舟從女牆入城，田宅皆毀。（乾隆《辰州府志》卷六《機祥》）

大水冒城，田宅俱壞。（道光《辰溪縣志》卷三八《祥異》）

蝗復為災，大旱。（康熙《羅田縣志》卷一《災祥》；道光《黄安縣志》卷九《災異》）

大旱，蝗。（光緒《黄州府志》卷四〇《祥異》）

蝗。鹽貴至六錢。（乾隆《漢陽縣志》卷四《祥異》）

蝗復為害，大旱。（同治《續輯漢陽縣志》卷四《祥異》）

大蝗。（康熙《盧氏縣志》卷四《災祥》）

蝗。人相食。（民國《澠池縣志》卷一九《祥異》）

蝗，食竹樹殆盡。（順治《鄖城縣志》卷八《祥異》）

蝗蔽天，食穀殆盡。（乾隆《滑縣志》卷一三《祥異》）

北溪大水，衝壩壞城。（乾隆《泰寧縣志》卷一〇《祥異》）

大水，霪雨弗止，漲没城堞。水退，朱泰禎乃發備賑贖鍰一千二百有奇，分賑災民。（民國《龍巖縣志》卷八《名宦》）

蝗。（雍正《懷遠縣志》卷八《災祥》；乾隆《亳州志》卷一《災祥》；光緒《永年縣志》卷一九《祥異》）

蝗害稼。（道光《桐城續修縣志》卷二三《祥異》）

旱，詔免被災田地銀三萬四千六百二十五兩，發穀四萬二百五十八石以賑之。（康熙《衢州府志》卷一二《荒政》）

龍門大橋在縣南四十里，四十六年大水，橋圮。（光緒《富陽縣志》卷一〇《橋樑》）

雨暘時若。（雍正《安東縣志》卷一五《祥異》）

夜見白氣亘天，自東北而西北。（康熙《揚州府志》卷二二《災異》）

（富縣）飛蝗蔽天，經過不為災。（康熙《鄜州志》卷七《災祥》）

雷震異常。（崇禎《乾州志》卷上《祥異》）

復大雨。（康熙《武功縣重校續志》卷三《藝文》）

東方白氣竟天。（民國《昌圖縣志》卷一《災祥》）

大水，兩山為岸，民房倒塌，人巢於樹。（康熙《薊州志》卷一《祥異》）

秋，大旱。（康熙《陽朔縣志》卷二《災祥》）

秋，雷震玉屏山石一竅，光澈如火。（光緒《鶴慶州志》卷二《祥異》）

秋，不雨，全省皆旱，南寧尤甚。次年，米價騰貴，民之枕藉而死者，白骨壘丘。（康熙《南寧府全志》卷三九《祥異》）

冬，寒，異甚。（乾隆《金谿縣志》卷三《祥異》）

冬，雪後，宣聖殿墀雪融成冰，冰結為花，花如牡丹，枝幹畢具。在學博沈署亦然，諸生聚觀，咸以為異。（乾隆《句容縣志》卷末《祥異》）

蝗，至明年不絕。（順治《息縣志》卷一〇《災異》）

地內西南隅馬家坑凍，結冰花，枝葉如畫，至崇禎三年復見。（康熙《西平縣志》卷一〇《外志》）

四十六、七年夏，霪雨。秋，枯旱，青蝗食禾，青蟲食豆。歲大饑。（康熙《宿州志》卷一〇《祥異附》）

四十六年、四十七年，俱蝗。（順治《潁州志》卷一《郡紀》）

戊午、己未兩歲，柳郡大旱。（乾隆《柳州府志》卷二五《鄉賢》）


# 萬曆四十七年（己未，一六一九）

## 正月

辛丑，夜五更，火星逆（廣本、抱本“逆”下有“行”字）測在軫宿度分。（《明神宗實錄》卷五七八，第 10944 頁）

七日旱，雷電大雨。（崇禎《吳縣志》卷一一《祥異》）

## 二月

丁巳，夜五更，火星逆行，入軫宿六度二十分。（《明神宗實錄》卷五七九，第 10955 頁）

癸亥，夜四更，火星逆行，入軫宿三度八十分。（《明神宗實錄》卷五七九，第 10957 頁）

戊辰，夜四更，火星逆行，入軫宿一度五十分。（《明神宗實録》卷五七九，第 10958 頁）

壬申，夜五更，火星逆行，測在翼宿（廣本、抱本作"軫"）十八度二十分。（《明神宗實録》卷五七九，第 10959～10960 頁）

甲戌，是日，從未至酉，天色忽變，蒙塵沙赤，黄色漲天。（《明神宗實録》卷五七九，第 10960 頁）

己卯，夜四更，火星逆行，入翼宿十六度三十分。（《明神宗實録》卷五七九，第 10967 頁）

癸酉，大風霾。（《國榷》卷八三，第 5131 頁）

十日，大風，雨霾。（乾隆《新安縣志》卷七《機祚》）

十九日，大風折木，日晦如夜，至酉時色變而紅，初更風定。次日如之。（光緒《定興縣志》卷一九《災祥》；民國《新城縣志》卷二二《災禍》）

十九巳時，風霾大作，晝晦如夜，至申乃微熄。（乾隆《武清縣志》卷四《機祥》）

十九日巳時，風霾大作，晝晦如夜，至申時微熺。（康熙《永清縣志》卷一《機祥》）

十九日未刻，西南風起，大木摧折，日晦如夜。（康熙《保定府志》卷二六《祥異》）

二十日，風霾，晝晦。（民國《盧龍縣志》卷二三《史事》）

大風霾，日無光。（光緒《永年縣志》卷一九《祥異》）

大風晝晦。（康熙《新續宣府志》第一册《災祥》；乾隆《蔚縣志》卷二九《祥異》；乾隆《廣靈縣志》卷一《災祥》）

大風晝晦，雨如黄泥。（萬曆《香河縣志》卷一〇《災祥》；康熙《通州志》卷一一《災異》）

二十日，風霾晝晦，黄塵四塞。（康熙《山海關志》卷一《災祥》；乾隆《永平府志》卷三《祥異》；民國《綏中縣志》卷一《災祥》）

二十日申時，紅氣，已而滿天皆紅，晝晦，室中燃炬。（天啓《東安縣

志》卷一《機祥》）

二十日巳午間，左衛風沙忽作，日色漸昏。少頃，黃霾從西南方起，遂四塞蔽天，晦暝若暮。風停霾結，天色轉紅，微落細雨，著衣皆泥，涉申至酉方開。起鼓後風勢轉迅，疾吼怒號，從來所罕見者。（雍正《朔平府志》卷一二《外志》）

二十五日，大風霾，日無光。（雍正《肥鄉縣志》卷二《災祥》）

風土晝晦。（康熙《陽曲縣志》卷一《祥異》）

黃霧四塞。（順治《禹州志》卷九《機祥》）

## 三月

甲申，大學士方從哲題：“頃接經略楊鎬手書，原擬二十一日大兵出邊剿賊。適十六日天降大雪，跋涉不前，復改於二十五日。當此進兵之時，勝敗安危，決於一舉。而前日之風變若彼，連日之陰霾又若此，天心示儆，極其昭著。臣愚欲乞皇上降勅一道，令兵部傳諭東征將士，用示鼓舞，臣謹借擬諭帖一紙，恭進御覽，伏惟裁改（廣本作‘決’）酌行。”（《明神宗實錄》卷五八〇，第 10969 頁）

乙酉，夜，東南方有星如碗大，赤黃色，尾跡有光，起自大角星，東北方行至近濁。（《明神宗實錄》卷五八〇，第 10972 頁）

丙戌，夜，火星逆行，入冀（廣本、抱本作“翼”）宿十五度一十分。（《明神宗實錄》卷五八〇，第 10973 頁）

甲午，夜，火星逆行，入翼宿十四度二十分。（《明神宗實錄》卷五八〇，第 10985 頁）

庚子，夜，火星逆行，入翼宿十三度七十分。（《明神宗實錄》卷五八〇，第 10997 頁）

甲辰，大學士方從哲言：“連接巡撫周永春揭帖，海州有白虹貫日之異；神機庫有軍器被焚（廣本作‘被火’；抱本作‘火焚’）之異；瀋陽有風折旗杆之異；涼馬甸有五星相鬭之異；大清堡有門樓火起，焚燬火藥火器，及延燒民房數百間，燒死男婦數十人之異。又十一日夜，狂風驟起，將

撫院門前旗杆平根摧折，鎮虜臺旗杆三處火起。"（《明神宗實録》卷五八〇，第 11005 ~ 11006 頁）

丁未，夜，火星順行，在翼宿十六度十一分。（《明神宗實録》卷五八〇，第 11017 頁）

壬子，曉（廣本作"晚"）刻，金星、木星俱行相合，犯在璧〔壁〕宿度，約相離三十分餘，金星在東。（《明神宗實録》卷五八〇，第 11025 頁）

甲午，廣寧大風，折巡撫門旐。（《國榷》卷八三，第 5134 頁）

二十一日，晝晦。是月不雨，至九月猶無雨，大旱。（民國《重修蒙城縣志》卷一二《祥異》）

雨沙。（民國《東安縣志》卷九《磯祥》）

風霾蔽日，路迷行人。（光緒《容城縣志》卷八《災異》）

黄霧四塞者再至，對面不相見。（光緒《平湖縣志》卷二五《祥異》）

二十一日，卯刻，天色忽晦，有物從長泰之萬丈潭起，大雨雹隨之。其一徑邑之海豐、潯尾、下崎、馬巷至香山；其一經豪嶺、苧溪至西山，食傾乃止，雹大如碗，擊斃人畜甚夥，松柏皆去皮而枯。（乾隆《同安縣志》卷一三《災祥》）

二十九日，紅沙四起，咫尺不辨，室中燃炬。（天啟《東安縣志》卷一《磯祥》）

旱，自三月至八月乃雨，是歲大荒。（康熙《汝州全志》卷七《祥異》）

雨雹。（崇禎《從化縣志》卷八《災祥》）

## 四月

大雨雹，有如杵者。時張推隨父俱在田間，猝無可避，乃以身覆翼其父，納頭於草蕡中。父體得無傷，推卧病三月乃愈。（順治《曲周縣志》卷二《人物》）

風霾晝晦。（光緒《祁縣志》卷一六《祥異》）

大水，壞龍興橋，城崩。冬，疫。（乾隆《興國縣志》卷一八《祥異》）

## 五月

癸巳，是日申二刻，夏至，候得風從西北乾方來，其時有雲。（《明神宗實錄》卷五八二，第 11070 頁）

癸巳，京師河水溢。（《國榷》卷八三，第 5137 頁）

夜，雨雹，大風拔木發屋，雷震真定城，西門閂折，有光如炬，流入城。（光緒《正定縣志》卷八《災祥》）

十一日，水溢。（天啟《東安縣志》卷一《機祥》）

雨，壞民廬舍。（崇禎《廣昌縣志·災異》）

大風撤縣衙，民居毀塌無數。（道光《香山縣志》卷八《祥異》）

五、六兩月，大風雷雨，長泰山裂數十丈，水從地湧起，有蛟騰去，二穴為深潭。（乾隆《安溪縣志》卷一〇《祥異》）

至七月不雨。（康熙《太平縣志》卷八《祥異》）

## 六月

辛酉，大學士方從哲題："適文書官恭捧聖諭到閣，諭臣曰：'朕昨入夏以來，天氣乍寒乍燠，以致腹痛瀉痢，服藥稍愈。近（廣本、抱本作"適"）又連日陰兩（廣本、抱本作"陽"，當作"雨"），偶爾（廣本、抱本作"冒"）中暑，頭目眩暈，動（廣本、抱本作"步"）履艱難……'……"（《明神宗實錄》卷五八三，第 11097 頁）

乙丑，順天大水潲稼。（《國榷》卷八三，第 5138 頁）

十四日，大水，潲禾。（天啟《東安縣志》卷一《機祥》）

蚼蚄食稼。（乾隆《惠民縣志》卷四《祥異》；民國《無棣縣志》卷一六《祥異》）

初五，夜，大風雨，潮没沿江田禾。（乾隆《瑞安縣志》卷一〇《災變》）

自春至六月，無雨。（康熙《天長縣志》卷一《祥異附》）

朔，龍岡鎮廟龍見空中，鬐須鱗甲畢露，光芒陸離，頃黑雲自西北來，龍附雲轉北而去，合鎮見之。（同治《天長縣纂輯志稿·祥異》）

## 七月

壬午，夜二更，東南方有流星，大如蓋，青白色，有光，尾跡炸。起自閣道星，西南行入室宿。（《明神宗實錄》卷五八四，第11129頁）

甲辰，上諭兵部曰："昨覽巡按直隸御史董元儒疏奏洪水大發，冲陷城堡，亟控危邊，議留遊擊朱萬良，以濟燃眉。"（《明神宗實錄》卷五八四，第11170～11171頁）

大風霾，晝晦，赤光，射人如血。（光緒《昌平州志》卷六《大事表》）

初八日，大風拔木折屋，海口傷運船九十六隻，溺死水工百餘人。（道光《榮成縣志》卷一《災祥》）

## 八月

乙卯，山東濟南、東昌、登州等府蝗，議蠲今年被災州縣運遼米豆三年帶徵。（《明神宗實錄》卷五八五，第11187～11188頁）

己巳，河道總督王佐言："天道亢暘，河漕淺阻，運道不通不下一千八百餘里，抵灣無日，除挑淺設法蓄水濟用外，據實報聞。"（《明神宗實錄》卷五八五，第11199頁）

丙寅，鳳陽大旱，無麥禾。（《國榷》卷八三，第5141頁）

大颶風，毀屋拔木，三日方止。（雍正《惠來縣志》卷一二《災祥》）

蝗。（乾隆《曲阜縣志》卷三〇《通編》；乾隆《歷城縣志》卷二《總紀》；光緒《增修登州府志》卷二三《水旱豐饑》；民國《福山縣志稿》卷八《災祥》；民國《萊陽縣志》卷首《大事記》）

二十六日未初，地震，大雨連日夜，江漲堤毀。（萬曆《四川總志》卷二七《祥異》）

## 九月

丙戌，揚州、鳳陽、淮安等府所屬州縣大旱，乞踏勘被災處所蠲賑改折。漕運總督王紀具奏以聞。（《明神宗實錄》卷五八六，第 11219 頁）

癸卯，夜五更，月犯掩（廣本、抱本作"撝"）軒轅右角星。（《明神宗實錄》卷五八六，第 11233 頁）

黑風晝晦，天鼓鳴。（光緒《永年縣志》卷一九《祥異》）

大風，海溢，田廬漂没。（民國《平陽縣志》卷五八《祥異》）

十一日，黑風迷晝，天鼓鳴。（雍正《肥鄉縣志》卷二《災祥》）

二十九日、十月初四日，雷聲大震。十一月初五日，有背氣四重，珥氣一重；二十一日，背氣三重，暈匝三道。（天啟《淮安府志》卷二三《祥異》）

（河）決陽武脾沙岡，由封丘、曹、單至考城，復入舊河。時朝政日馳，河臣奏報多不省。（《明史·河渠志》，第 2071 頁）

日出無光，如是者彌月。（光緒《柘城縣志》卷一〇《災祥》）

## 十月

復雷。（道光《永州府志》卷一七《事紀畧》）

雷。（光緒《零陵縣志》卷一二《祥異》）

樹花盡開。（道光《蘭州府志》卷一二《雜紀》）

樹花悉開。（乾隆《皋蘭縣志》卷三《祥異附》）

## 十一月

庚子，日生暈兩耳，及背氣二道，各青赤黄色。（《明神宗實錄》卷五八八，第 11262 頁）

## 十二月

戊午，以（廣本、抱本"以"上有"上"字）雪澤愆期，命禮部竭誠祈禱。（《明神宗實錄》卷五八九，第 11285 頁）

省城大雨雹，雷電交作，雲色黃白。（康熙《雲南府志》卷二五《菑祥》）

除夜，大雷電。（順治《銅陵縣志》卷七《祥異》）

省城大雨雹，震電交作，風雲黃白。（天啟《滇志》卷三一《災祥》）

## 是年

春，旱。（乾隆《海澄縣志》卷一八《災祥》）

夏，旱。（康熙《棲霞縣志》卷七《祥異》；康熙《黃縣志》卷七《災異》；民國《福山縣志稿》卷八《災祥》；民國《萊陽縣志》卷首《大事記》）

夏，海水暴長，不逾時。（光緒《永嘉縣志》卷三六《祥異》）

旱。（康熙《臨海縣志》卷一一《災變》；乾隆《富平縣志》卷一《祥異》；民國《全椒縣志》卷一六《祥異》；民國《台州府志》卷一三四《大事略》）

英德旱，田坼裂，炎瘴鬱蒸。（同治《韶州府志》卷一一《祥異》）

旱災，赤地千里，流離徧野，米價騰貴。（民國《遷江縣志》第五編《災祥》）

大旱，麥禾全無。（康熙《新鄭縣志》卷四《祥異》；康熙《中牟縣志》卷六《祥異》；民國《鄭縣志》卷一《祥異》）

大旱，無禾。（乾隆《濟源縣志》卷一《祥異》）

蝗。（順治《潁州志》卷一《郡紀》；雍正《懷遠縣志》卷八《災異》；乾隆《亳州志》卷一《災祥》；乾隆《獨山州志》卷二《祥異》；道光《江陰縣志》卷八《祥異》；道光《安定縣志》卷一《災祥》；道光《永州府志》卷一七《事紀畧》；光緒《零陵縣志》卷一二《祥異》）

蝗，平地高尺餘。（乾隆《句容縣志》卷末《祥異》）

有鼠渡江如前。（光緒《金陵通紀》卷一〇下）

旱，蝗。（光緒《安東縣志》卷五《民賦下》）

大旱，赤地千里。冬，大雪，平地丈餘，淮河冰合。（光緒《盱眙縣志稿》卷一四《祥祲》）

春，水。（嘉慶《重刊宜興縣舊志》卷末《祥異》）

春，晝晦。（乾隆《直隸易州志》卷一《祥異》）

春，大風，晝晦。（崇禎《廣昌縣志·災異》）

初夏，霪雨連月，民苦耕種。（康熙《石門縣志》卷七《藝文》）

夏，海水暴長，不逾時而落，鱗介之屬，僵死盈路。（乾隆《永嘉縣志》卷二五《祥異》）

夏，各屬旱。（光緒《增修登州府志》卷二三《水旱豐饑》）

夏，大旱，禾苗若掃。（康熙《宿州志》卷一〇《祥異附》）

夏，夜，大水，洗去邑南牛山河店，人畜盡傷。南山一帶山上蛟龍數起，衝田洗去，盡為沙石。（康熙《商城縣志》卷八《災祥》）

大旱，夏，蝗。冬，蚩尤旗見於東方。（同治《荊門直隸州志》卷二《星野》）

復旱。（嘉慶《黃平州志》卷一二《祥異》）

旱，田皆龜坼，炎瘴鬱蒸。（康熙《英德縣志》卷三《災異》）

大水。（康熙《寧州志》卷一《祥異》；乾隆《辰州府志》卷六《機祥》；光緒《桐鄉縣志》卷二〇《祥異》）

蝗蔽天。（順治《遠安縣志》卷四《祥異》）

旱，斷青，人相食。（康熙《新安縣志》卷一七《災異》）

蝗食禾，饑。（康熙《鎮平縣志》卷下《災祥》）

又蝗。（康熙《淅川縣志》卷八《災祥》）

蝗食稼，蛹遍野，草木滌。（康熙《南陽縣志》卷一《祥異》）

大旱，野斷青。次年大有，斗粟十餘錢。（順治《氾志》卷三《祥異》）

大旱，人相食。（康熙《榮陽縣志》卷一《災祥》）

洪水為災，城垣圮壞。（乾隆《安溪縣志》卷二《城署》）

大旱，無麥禾，民食樹皮，餓死者半。大饑，人相食。（乾隆《鳳陽縣志》卷一五《紀事》）

大雪，鳥多餓死。（順治《潁上縣志》卷一一《災祥》）

西安縣水，詔免被災田地銀六千八百五十六兩，發穀八千九百七十二石

以賑之。（康熙《衢州府志》卷一二《荒政》）

大水，瀕江民多溺死。（光緒《諸暨縣志》卷一八《災異》）

大旱，改折。（崇禎《泰州志》卷七《災祥》；嘉慶《東臺縣志》卷七《祥異》）

蝗食苗。（順治《高淳縣志》卷一《邑紀》）

旱，無禾。惟白水有秋。（天啟《同州志》卷一六《祥祲》；順治《白水縣志》卷下《災祥》）

久雨城圮，石多損折。（乾隆《雒南縣志》卷二《城池》）

大水，漂没麥田房屋甚多。（康熙《重修平遥縣志》卷八《災異》）

大風晝晦。（康熙《廣靈縣志》卷一《災祥》）

風雨，遇樹即凝，如介冑然。占書謂之木介。（順治《威縣續志·祥異》）

大旱，三秋無雨，麥未播種。（康熙《元城縣志》卷一《年紀》；乾隆《内黄縣志》卷六《編年》；民國《大名縣志》卷二六《祥異》）

夏秋，大水，城不浸者三版。（康熙《唐縣志》卷一《災祥》）

秋，東南有白氣，約三丈許。（道光《重輯渭南縣志》卷一一《祲祥》）

秋日，晴空中雷擊三人死。（康熙《建德縣志》卷七《祥異》）

冬，大雪，深五六尺。（康熙《蘄州志》卷一二《災祥》）

# 萬曆四十八年（庚申，一六二〇）

## 正月

戊申，户部覆湖廣巡撫徐兆魁疏言："湖廣連年荒旱，如四衛、五寨、黎靖（抱本作'清'）一帶，所藉以禦諸苗、衛全楚者，尤宜體卹。議將該府州縣義社等倉積穀一半糶賣濟餉，其存剩一半及藩司有可那動銀兩，聽撫臣便宜酌處，以分賑飢民。"從之。（《明神宗實錄》卷五九〇，第11323頁）

元旦，大雷電。（順治《銅陵縣志》卷七《祥異》）

五日，大雷雨。（乾隆《震澤縣志》卷二七《災祥》）

大雷。（同治《湖州府志》卷四四《祥異》）

五日，大雷雨。（乾隆《吳江縣志》卷四〇《災變》）

大雷。（光緒《烏程縣志》卷二七《祥異》）

雨土……十九日午黃風起，蔽日，至夜乃止。（民國《重修泰安縣志》卷一《祥異》）

五日，大雷雨，至二月風雨連綿，無三日晴。米價驟湧，每石一兩四錢有奇。（崇禎《吳縣志》卷一一《祥異》）

## 二月

庚戌，湖廣沔陽等州、京山等縣地震。（《明神宗實錄》卷五九一，第10328頁）

癸丑，是日午時，日生交暈，如連環。下生背氣一道，黃白色，左右生戟氣，青赤色，白虹彌天，各鮮明，良久散。（《明神宗實錄》卷五九一，第11330頁）

戊午，大學士方從哲奏："昨初五日，日生交暈，背氣、戟氣一時并見。"（《明神宗實錄》卷五九一，第11332頁）

丁卯，夜五更，月犯房宿北第二星，月在上。（《明神宗實錄》卷五九一，第11338頁）

戊寅，夜，南寧府雨雹，大如瓜，次如拳，壞廨舍樹木。（《國榷》卷八三，第5148頁）

連雨，米石一兩四錢。（同治《震澤縣志》卷二七《災變》）

己卯，有雲色黃紅，漸變黑霧，昏晦如夜，風雨如注，宜良瓦石皆飄。（康熙《雲南府志》卷二五《菑祥》）

己卯，有雲氣黃紅，漸變黑霧，昏晦若夜，大風雨如注。（道光《昆明縣志》卷八《祥異》）

己卯，有雲色黃紅，漸變黑霧，昏晦如夜，風雨大作，瓦石皆飄。（民

國《宜良縣志》卷一《祥異》）

己卯，有雲氣黃紅，漸變黑霧，晝晦如夜，大風，吹曲靖城堞，圯〔圮〕三丈，吹一人去地丈餘方墜。（咸豐《南寧縣志》卷一《災祥附》）

己卯，有雲氣黃紅，漸變黑霧，晝晦如夜，大風雨如注，平彝折木無數。（康熙《平彝縣志》卷一《災祥》）

連雨，夏，旱。（同治《湖州府志》卷四四《祥異》）

初三日，大風雹。（雍正《肥鄉縣志》卷二《災祥》）

連雨，米石一兩四錢。（乾隆《吳江縣志》卷四〇《災變》）

連雨。夏，旱，饑。（光緒《烏程縣志》卷二七《祥異》）

乙丑，夜，月變黃白色，恒星晦昧無光。（天啟《滇志》卷三一《災祥》）

乙卯，有雲氣黃紅，漸變黑霧，晝晦如夜，大風雨如注。宜良飄瓦石。曲靖傾城堞三丈，吹起一人，去地丈餘方墜。（天啟《滇志》卷三一《災祥》）

乙卯，有雲氣黃紅，漸變黑霧，晦冥如夜，大風雨如注。（康熙《新興州志》卷一《災祥》）

## 三月

壬辰，是日，京師大風雹。（《明神宗實錄》卷五九二，第11359頁）

己亥，京師，大風雹。（《明神宗實錄》卷五九二，第11361頁）

乙未，京師，大風雹。威縣怪風來自西北，飛沙揚石，白晝如夜。（《國榷》卷八三，第5149頁）

三日，大風晝晦。（萬曆《鉅野縣志》卷八《災異》）

暴風揚沙。（康熙《通州志》卷一一《災異》；乾隆《沛縣志》卷一《水旱祥異》；光緒《昌平州志》卷六《大事表》）

初六日，弋陽大雹如石，毀屋瓦。（同治《廣信府志》卷一《星野》）

初六日，夜，大雹如石，屋瓦俱穿。（康熙《弋陽縣志》卷一《祥異》）

大風霾，白晝如夜。（光緒《永年縣志》卷一九《祥異》）

十七日，怪風自西北起，飛沙揚石，白晝如夜。（順治《威縣續志·祥異》）

三月，六、七月皆霪雨。（天啟《淮安府志》卷二三《祥異》）

## 四月

大雨水，暴雨迎潮，水深八尺，西門外蛋場、華壕一帶，民房崩陷者七百餘家，白沙頂、麻布演、津頭萌等村廬舍淹沒殆盡。（道光《陽江縣志》卷八《編年》）

二十一日，大雪。（康熙《會稽縣志》卷八《災祥》；嘉慶《山陰縣志》卷二五《機祥》）

大雨水，暴雨迎潮，水深八尺，西門外蛋場、麻壕一帶民房崩陷者七百餘家，白沙頂、麻布演、津頭萌等村廬舍淹沒殆盡。從來水患，莫此為甚。夏六月，颶風大作。大有年。（康熙《陽江縣志》卷三《縣事紀》）

至秋八月，大水。（宣統《高要縣志》卷二五《紀事》）

大水，至於八月。（康熙《番禺縣志》卷一四《事紀》）

大水，自四月至於八月。（康熙《三水縣志》卷一《事紀》）

## 五月

大雨水。五月五日午時，下村民方飲節酒，忽大雨，山崩水溢成河，男女俱没。（民國《沙縣志》卷三《大事》）

大冰雹。是月廿三日酉刻，大者如杵，未逾時遍城內外，房瓦俱碎，數年猶未補全。縣治內更大如升，大風拔折丹墀槐樹。父老相傳，從來之冰雹，未有如此之慘也。（順治《高平縣志》卷九《祥異》）

龍鬭於清河。天微陰，未雨，一龍赤色從東來，距地二三丈，一角，四爪攫空，按步而行，如履平地。鱗甲翕張，出火。須臾，又一黑龍從西來，行步亦如赤龍。相遇初若相悅，交頸而靡，既而若怒，相嚙而鬭，口若有聲。俄，黑雲漸濃蔽之，二龍皆不見。巳〔已〕而風霆大作，雨下如注。（康熙

《續安丘縣志》卷一《總紀》）

久雨，未葺城垣，復圮。（雍正《萬載縣志》卷一《形勢》）

冰雹大如雞卵，自辰至午，屋瓦皆碎，麥已熟，稭粒盡没。（康熙《清豐縣志》卷二《編年》）

## 六月

壬戌，（大行皇后梓宮發引，例不出百日）時當溽暑大雨。（《明神宗實錄》卷五九五，第 11419 頁）

颶風大作。（道光《陽江縣志》卷八《編年》）

蓬萊、棲霞六月不雨。（光緒《增修登州府志》卷二三《水旱豐饑》）

不雨。（康熙《棲霞縣志》卷七《祥異》；康熙《登州府志》卷一《災祥》）

旱。米價每石一兩五錢。（康熙《桐鄉縣志》卷二《災祥》）

大雨雹，雷震太平門。（康熙《敘永廳志》卷二《籌邊》）

六、七、八月間，旱魃為虐，草木盡枯，賊盜蜂起。（康熙《密雲縣志》卷一《災祥》）

## 七月

乙酉，遼東旱，巡按御史陳王庭乞海運接濟。（《國榷》卷八三，第 5152 頁）

大風雨，雷火竟天。冬，雷電。（光緒《淮安府志》卷四〇《雜記》）

初八日，蓬萊海溢，文登大風拔木折屋，壓死人畜甚眾。（光緒《增修登州府志》卷二三《水旱豐饑》）

八日，海溢，是日文登大風，拔木折屋，壓死人畜甚眾。靖海碼頭海口傷運船七十餘隻，溺死水工百餘人，漂漕粮一萬五千餘石。（康熙《登州府志》卷一《災祥》）

初八日，大風，拔木折屋。（道光《榮成縣志》卷一《災祥》）

二十二日辰時，雨中大霹靂連發四聲，同日同時霹靂，火光竟天。（天

啟《淮安府志》卷二三《祥異》）

壬寅，烈風暴雨，牆屋盡偃，淮水大漲，陸地行舟。（乾隆《鳳陽縣志》卷一五《紀事》）

夜，有白氣，長數丈，起東北，止西南，至八月乃滅。（乾隆《黃州府志》卷二〇《祥異》）

大霜。（弘光《州乘資》卷一《機祥》）

大水。（民國《全椒縣志》卷一六《祥異》）